中国科协学科发展研究系列报告

中国科学技术协会 / 主编

兽医学
学科发展报告

—— REPORT ON ADVANCES IN ——
VETERINARY MEDICINE

中国畜牧兽医学会 / 编著

U0393085

中国科学技术出版社
·北 京·

图书在版编目（CIP）数据

2018—2019兽医学学科发展报告 / 中国科学技术协会主编；中国畜牧兽医学会编著 . —北京：中国科学技术出版社，2020.9

（中国科协学科发展研究系列报告）

ISBN 978-7-5046-8540-7

Ⅰ.① 2… Ⅱ.①中… ②中… Ⅲ.①兽医学—学科发展—研究报告—中国—2018—2019 Ⅳ.① S85-12

中国版本图书馆 CIP 数据核字（2020）第 037011 号

策划编辑	秦德继　许　慧
责任编辑	何红哲
装帧设计	中文天地
责任校对	吕传新
责任印制	李晓霖

出　　版	中国科学技术出版社
发　　行	中国科学技术出版社有限公司发行部
地　　址	北京市海淀区中关村南大街16号
邮　　编	100081
发行电话	010-62173865
传　　真	010-62179148
网　　址	http：//www.cspbooks.com.cn

开　　本	787mm×1092mm　1/16
字　　数	515千字
印　　张	22.5
版　　次	2020年9月第1版
印　　次	2020年9月第1次印刷
印　　刷	河北鑫兆源印刷有限公司
书　　号	ISBN 978-7-5046-8540-7 / S·772
定　　价	125.00元

2018—2019

兽医学
学科发展报告

首席科学家　金宁一

专家组组长　杨汉春　刘　琳

专家组成员（按姓氏笔画排序）

丁家波	丁　铲	马保华	王荣军	王俊东
王　哲	王晓钧	王笑梅	王海东	王家鑫
王德云	卞建春	文心田	文利新	邓干臻
邓旭明	朱连勤	朱战波	刘　云	刘永杰
刘金华	刘宗平	刘钟杰	刘晓雷	刘维全
刘　晶	刘　群	关贵全	江青艳	许乐仁
杜　建	李士泽	李安兴	李宏全	李　昌
李俊平	杨光友	杨利峰	杨晓静	杨焕民
步志高	肖希龙	吴宗福	邱银生	何洪彬
张才乔	张龙现	张永亮	张建海	张海彬

张　强　张路平　张新玲　陈华涛　陈金顶

陈鸿军　陈耀星　范　开　林鹏飞　林德贵

欧阳红生　金艺鹏　金梅林　周　栋

周振雷　孟春春　赵宝玉　赵茹茜　赵德明

胡建民　柳巨雄　钟友刚　侯加法　姜　平

袁宗辉　夏国良　倪学勤　徐士新　徐世文

高　丰　高玉伟　黄一帆　黄克和　黄玲利

梅　琳　曹　静　崔　胜　崔　燕　彭克美

董玉兰　董　强　韩　军　韩　博　韩　谦

程世鹏　程安春　焦新安　鲁会军　曾振灵

靳亚平　雷连成　雷治海　赫晓燕　雒秋江

廖　明　潘志明　潘保良　穆　祥　魏彦明

执　　笔（按姓氏笔画排序）

马保华　王晓钧　刘　琳　刘　群　刘永杰

刘宗平　刘钟杰　李　昌　杨利峰　杨晓静

邱银生　张龙现　陈鸿军　陈耀星　范　开

周振雷　侯加法　高　丰　曹　静　崔　胜

韩　博　靳亚平　赫晓燕

学术秘书组组长　阎汉平

学术秘书组成员　李传业　石　娟

序
FOREWORD

当今世界正经历百年未有之大变局。受新冠肺炎疫情严重影响，世界经济明显衰退，经济全球化遭遇逆流，地缘政治风险上升，国际环境日益复杂。全球科技创新正以前所未有的力量驱动经济社会的发展，促进产业的变革与新生。

2020年5月，习近平总书记在给科技工作者代表的回信中指出，"创新是引领发展的第一动力，科技是战胜困难的有力武器，希望全国科技工作者弘扬优良传统，坚定创新自信，着力攻克关键核心技术，促进产学研深度融合，勇于攀登科技高峰，为把我国建设成为世界科技强国作出新的更大的贡献"。习近平总书记的指示寄托了对科技工作者的厚望，指明了科技创新的前进方向。

中国科协作为科学共同体的主要力量，密切联系广大科技工作者，以推动科技创新为己任，瞄准世界科技前沿和共同关切，着力打造重大科学问题难题研判、科学技术服务可持续发展研判和学科发展研判三大品牌，形成高质量建议与可持续有效机制，全面提升学术引领能力。2006年，中国科协以推进学术建设和科技创新为目的，创立了学科发展研究项目，组织所属全国学会发挥各自优势，聚集全国高质量学术资源，凝聚专家学者的智慧，依托科研教学单位支持，持续开展学科发展研究，形成了具有重要学术价值和影响力的学科发展研究系列成果，不仅受到国内外科技界的广泛关注，而且得到国家有关决策部门的高度重视，为国家制定科技发展规划、谋划科技创新战略布局、制定学科发展路线图、设置科研机构、培养科技人才等提供了重要参考。

2018年，中国科协组织中国力学学会、中国化学会、中国心理学会、中国指挥与控制学会、中国农学会等31个全国学会，分别就力学、化学、心理学、指挥与控制、农学等31个学科或领域的学科态势、基础理论探索、重要技术创新成果、学术影响、国际合作、人才队伍建设等进行了深入研究分析，参与项目研究和报告编写的专家学者不辞辛劳，深入调研，潜心研究，广集资料，提炼精华，编写了 31 卷学科发展报告以及 1 卷综合报告。综观这些学科发展报告，既有关于学科发展前沿与趋势的概观介绍，也有关于学科近期热点的分析论述，兼顾了科研工作者和决策制定者的需要；细观这些学科发展报告，从中可以窥见：基础理论研究得到空前重视，科技热点研究成果中更多地显示了中国力量，诸多科研课题密切结合国家经济发展需求和民生需求，创新技术应用领域日渐丰富，以青年科技骨干领衔的研究团队成果更为凸显，旧的科研体制机制的藩篱开始打破，科学道德建设受到普遍重视，研究机构布局趋于平衡合理，学科建设与科研人员队伍建设同步发展等。

在《中国科协学科发展研究系列报告（2018—2019）》付梓之际，衷心地感谢参与本期研究项目的中国科协所属全国学会以及有关科研、教学单位，感谢所有参与项目研究与编写出版的同志们。同时，也真诚地希望有更多的科技工作者关注学科发展研究，为本项目持续开展、不断提升质量和充分利用成果建言献策。

中国科学技术协会

2020 年 7 月于北京

兽医学是被中国科学技术协会列入首批50个开展学科发展研究的一级学科之一。在中国科学技术协会的领导和资助下，中国畜牧兽医学会从2007年开始，先后组织专家学者开展了4轮畜牧学和兽医学学科发展研究。囿于研究报告篇幅限制，2007年和2009年的两轮学科发展研究分别聚焦于畜牧学学科和兽医学学科的部分领域进行。鉴于畜牧学和兽医学各自均拥有独立而又完整的学科体系，为了全面系统地反映其发展状况，2014—2015年集中对畜牧学学科发展进行研究，2018—2019年集中对兽医学学科发展进行研究。

本轮兽医学学科发展研究是在2007年和2009年两轮学科发展研究的基础上进行的。在2007年学科发展研究中，兽医学学科选择了兽医免疫学、兽医微生物学、兽医传染病学、兽医寄生虫学和兽医卫生检疫学5个分支学科；在2009年学科发展研究中，兽医学学科选择了兽医内科学、兽医外科学与外科手术学、兽医产科学、中兽医学和兽医公共卫生学5个分支学科。本轮学科发展研究涵盖兽医学学科全部主干分支学科，其中动物解剖学与组织胚胎学、动物生理学与生物化学、兽医药理学与毒理学和兽医病理学首次被列入参加学科发展研究。鉴于有专门学会开展水生动物疾病学和实验动物学发展的研究，本卷报告仅涉及其少量内容。

为了既与2007年和2009年学科发展研究衔接，又突出近年来的学科进展，本报告重点总结了2015—2019年兽医学学科及其13个主干分支学科的新进展和取得的重大成果，适当兼顾之前相关内容，着重介绍兽医学学科在科学研究、学术建制、人才培养、研究平台、创新团队、学术活动、学术期刊等方面的发展状况，在分析兽医学学科发展现状、特点和趋势的基础上，提出推动学科发展的相关建议。

2018年8月23日，中国畜牧兽医学会副理事长兼秘书长杨汉春教授在中国农业大学主持召开2018—2019兽医学学科发展研究启动预备会。会议研究了列入本轮学科发展研究的学科领域、时间跨度、组织方式、牵头分会以及专题报告等，讨论了兽医学学科发展研究报告编写大纲草案，确定中国工程院院士金宁一研究员担任首席科学家指导研究工作，杨汉春教授和刘琳研究员担任专家组组长主持具体工作，阎汉平研究员担任学术秘书组组长负责研究活动事务工作。

2018年9月9日，杨汉春教授在北京主持召开2018—2019兽医学学科发展研究开题会，部署本轮学科发展研究工作。中国科协学科发展研究项目管理负责人、学会相关负责人、相关分会领导和秘书处工作人员40余人参加了会议。会议确定中国畜牧兽医学会所属的22个兽医学学科分会参加本轮学科研究工作，动物解剖与组织胚胎学分会、动物生理生化学分会、兽医病理学分会、兽医药理毒理学分会、动物传染病学分会、兽医寄生虫学分会、兽医公共卫生学分会、兽医内科与临床诊疗学分会、兽医外科学分会、兽医产科学分会和中兽医学分会作为牵头分会，承担相关学科的研究和专题报告的撰写；刘琳研究员负责综合报告的撰写和全书统稿，并参加本轮学科发展报告综合卷兽医学科的编撰。

2019年3月23日，中国畜牧兽医学会在海口市召开理事会暨2018—2019兽医学学科发展讨论会，听取和征集理事会和同行专家意见。刘琳研究员主持会议并介绍学科发展研究整体情况，各牵头分会负责人作专题报告，学会理事以及来自全国高校、研究所和省级学会近200名专家学者对报告初稿进行了讨论。金宁一院士、杨汉春教授对各分支学科发展研究报告进行点评并提出了修改建议。会后撰稿人根据有关意见对报告进一步补充修改，形成了本书终稿，首席科学家金宁一院士审定了报告。2019年12月12日，通过了中国科学技术协会组织的审读并得到高度肯定。

本书包括综合报告、专题报告、英文摘要、附录和索引5个部分。综合报告分析了兽医学学科定位、总体情况、突出进展、重大成果、国内外比较和未来发展的重点方向和总体趋势；专题报告分别详细叙述了兽医学学科各分支学科研究进展、学科成果、国内外比较和未来展望等；英文摘要简要介绍了学科进展情况；附录收集了与学科进展有关的重大科技成果奖励、代表性论文、重大研究项目、核心期刊和学术活动等资料；为了便于读者查阅，本卷报告编辑了索引。

需要说明的是，综合报告参阅并引用了各专题报告的内容，其中的兽医学学科主要研究进展、国内外比较和学科发展的重点方向内容是在各专题报告相关内容基础上整理而成，获奖成果内容根据各获奖团队提供的材料仅作文字修改，某些重点实验室的业绩内容系基于实验室公布的材料编辑而成。鉴于各专题报告已列出所引用的参考文献，综合报告不再重复列示。综合报告的英文摘要中分支学科内容为各分会提供。

本轮学科发展研究工作得到了众多专家学者的大力支持，有100多位专家参加研究，他们为此付出了辛勤劳动，在此一并表示感谢。由于受篇幅、时间所限，介绍兽医学学科所取得的进展难免挂一漏万；受撰稿人水平所限，尽管评述力求客观，但难免有不当之处，仅致歉意，并敬请读者不吝赐教。

2019 年适逢中华人民共和国成立 70 周年，尽管本报告并非阐述 70 年的发展，但却反映的是 70 年来兽医学学科发展最快、成果最多、进步最大的阶段，中国畜牧兽医学会也历经 83 年沧桑，谨以此书献礼祖国及为兽医事业不懈奋斗的科技工作者们！

中国畜牧兽医学会

2020 年 3 月

目录
CONTENTS

ABSTRACTS

Comprehensive Report

Reports on Special Topics

综合报告

兽医学学科发展研究

一、引言

兽医学（Veterinary Medicine）是研究动物生命活动规律进而预防、诊断和治疗其疾病的科学知识体系和实践活动。中国存在着两种不同理论的兽医学术体系，即传统兽医学和现代兽医学。

传统兽医学亦称中兽医学，是由中国本土创立的应用自然疗法防治动物疾病和动物保健的兽医学术体系。它以阴阳五行和整体观念为理论基础，以脏腑经络学说、四诊八纲和辨证论治为核心，采用天然植物药、动物药、矿物药、针灸等自然疗法防治动物疾病和动物保健，形成了理、法、方、药、术独特的学术体系。具有地域特点的少数民族的兽医技术，丰富了传统兽医学。传统兽医学与中医学同宗同源，既有与其相同的理论、诊疗术及药物，又具有自身特点。春秋战国时期的《黄帝内经》、汉代的《神农本草经》是中国最早的人畜通用医学和药学专著。

中国是兽医学形成和发展较早的国家之一。原始社会新石器时代出土的砭石、骨针、石刀；夏商时期甲骨文中马疾病的卜辞和阉割术的象形文字记载；西周《周礼·天官》设有专职"兽医"；战国时期有专职"马医"；秦代制定最早的畜牧兽医法规"厩苑律"；汉代有专职"牛医"，汉简中有兽医方剂，东汉末《列仙传·马师皇》载有兽医针灸术；北魏《齐民要术》里的畜牧兽医专卷；唐代开设最早的兽医教育、编撰最早的兽医专著《司牧安骥集》；宋代开设最早的兽医院、兽医药房、皮剥所；元代的《痊骥通玄论》；明代的《元亨疗马集》《马书》等；清代的《牛医金鉴》《猪经大全》《抱犊集》等。中华5000多年灿烂文明孕育了兽医学，不仅为中国的经济社会发展发挥了重要作用，还远在1000多年前传播到亚洲、欧洲，为世界兽医科学的发展作出了独特贡献。

现代兽医学亦称西兽医学。1904年，北洋马医学堂成立，讲授西方兽医学课程，被认为是现代兽医学系统传入中国的发端。现代兽医学以探讨动物机体结构形态和生命活动规律为基础，研究动物疾病的发生、发展过程及其致病原理，借助实验室检查、器械检查等手段，采用化学合成、半合成等药物对动物疾病进行诊断、治疗和预防，形成了解剖、组织、生理、病理、药理、免疫、诊断、治疗等多个领域知识的学术体系。

这两个并存的学术体系在临床实践中发挥各自的优势，共同推动中国兽医学学科发展。西方兽医学在传入中国后以其通俗的理论原理、直观的研究方法、现代的检查手段、易行的群体防控、系统的专业教育和利于学科交叉融合等优势被接受并逐渐本土化，成为当代中国兽医教育、研究、临床实践活动的主流。

学术体系构成了兽医学的内涵，而学科体系搭建了兽医学知识的框架。为了指导规范学科建设和研究生人才培养，国务院学位委员会、教育部（国家教育委员会）于1983年、1990年、1997年和2011年先后四次颁布学科目录，兽医学在四个版本的学科目录中均为一级学科。在本科层次的专业目录里"兽医学"改为"动物医学"。国家标准《中华人民共和国学科分类与代码》第一版（GB/T 13745-1992）和第二版（GB/T 13745-2009）中，兽医学与畜牧学并列为一级学科。国务院学位委员会、教育部（国家教育委员会）颁布的学科目录中的兽医学分支学科的变动见表1。

表1 兽医学学科分支变动概览

颁布年度	学科门类		一级学科		二级学科	
	代码	名称	代码	名称	代码	名　　称
2011	09	农学	0906	兽医学		
1997	09	农学	0906	兽医学	090601	基础兽医学
					090602	预防兽医学
					090603	临床兽医学
1990	09	农学	0903	兽医	090301	动物解剖学、组织学与胚胎学
					090302	动物生理学、动物生物化学
					090303	兽医药理学与毒理学
					090304	兽医病理学
					090305	兽医微生物学与免疫学
					090306	传染病学与预防兽医学
					090307	兽医寄生虫学与寄生虫病学
					090308	兽医公共卫生学
					090309	兽医内科学
					090310	兽医外科学
					090311	兽医产科学
					090312	禽病学
					090313	中兽医学
					090314	实验动物学
					090315	兽医临床诊断学

续表

颁布年度	学科门类		一级学科		二级学科	
	代码	名称	代码	名称	代码	名　　称
1983	农学		兽医			动物解剖学、组织学与胚胎学
						动物生理学、生物化学
						兽医药理学与毒理学
						兽医病理学
						兽医微生物学与免疫学
						传染病学与预防兽医学
						兽医寄生虫学与寄生虫病学
						兽医卫生检验学
						兽医内科学
						兽医外科学
						兽医产科学
						禽病学
						中兽医学
						实验动物学

资料来源：国务院学位委员会、教育部。

注：2011年颁布的学科目录只有一级学科；1990年和1983年颁布的学科目录一级学科为"兽医"；1983年颁布的学科目录无学科代码。

　　兽医学起源于畜牧业，但目前兽医学研究已不局限于单纯的家畜家禽疾病诊疗，而扩展到研究其他经济动物、伴侣动物、水生动物、观赏动物、实验动物以及野生动物等动物的疾病预防和诊疗，并涉及公共卫生学、医学、生物学、环境等领域。为满足14亿人的肉类、禽蛋和奶类消费供应，保障巨量的畜产品生产，特别是规模化健康养殖，兽医科学发挥了不可或缺的技术支撑作用；为防范人兽共患病的传播、不健康动物产品携带的病原微生物和寄生虫，以及来自农药残留、兽药残留、真菌毒素和重金属污染，保障公共卫生和食品安全，兽医科学发挥了不可替代的技术保障作用。同时，由于兽医学学科在动物克隆、基因组学、生物医学、比较医学、医学动物模型等方面的独特优势，为生命科学研究提供了丰富的试验平台。

　　本轮兽医学学科发展研究是在2007年、2009年两轮学科发展研究的基础上进行的。为既与前两轮研究衔接，又突出近年来的进展，本卷报告重点分析2015—2019年兽医学学科在科学研究、学术建制、人才培养、研究平台、创新团队、学术交流等方面的状况，适当简述之前相关内容，概述学科发展特点和趋势展望，提出促进本学科发展的建议。

二、我国兽医学学科发展状况

（一）主要研究进展

近年来，兽医学学科进展显著，取得了一些突破性成果，2014—2018 年科技论文竞争力指数同学科全球排名第一，动物疫病防控领域专利技术生产力、影响力、认可度同领域全球均排名第二，专利竞争力指数同领域全球排名第九[1]，实现了从全面"跟跑"到"跟跑""并跑""领跑"并存的转变。兽医学科两项研究被列入 2019 中国农业科学十大进展。2015—2019 年，兽医学学科承担国家重大科技计划课题共 142 项，详细内容参阅本卷报告附录 7 兽医学学科重大研究项目概览。

1. 动物解剖学与组织胚胎学

动物解剖学、组织学与胚胎学研究对象涉及的动物种类日益丰富，基础研究与生产实践相结合日益增多，数字化和信息化技术的应用日益广泛。应用高压冷冻电镜、电转和脑片培养等现代神经生物学方法，在褪黑激素改善睡眠不足诱导肠道炎症的研究、家禽视觉回路的形成及单色光对鸡生产性状表达和免疫功能的影响研究中取得重要进展，相关研究发表于国际知名期刊 *Journal of Pineal Research*（IF=12.197）上。具有优质生物学性状的外来物种扩展了研究对象；对动物机体形态结构的研究深入分子和蛋白水平、时间和空间的多维因素以及作用机制和调控机理等方面，并取得了一定的成果；建立和完善了转基因动物实验规程和动物模型；在转基因克隆动物、干细胞、体细胞克隆、胚胎细胞重编程等方面取得了一定的进展。

2. 动物生理学与生物化学

在动物生长与代谢领域，筛选了能在表遗传调控机制中发挥作用的营养物质，并从多个表遗传调控途径方面进行了系统研究。在生殖生理领域，对雌性胚子发生发育、雄性配子发育成熟、胚胎着床及母胎对话进行了系统研究。在泌乳生理领域，发现泌乳期奶牛饲喂混合粗精饲料可以显著提高乳腺动脉氨基酸和短链脂肪酸含量增加乳脂和乳蛋白的合成。在神经内分泌领域，揭示了环境内分泌干扰物信号调节垂体促性腺激素的合成与分泌的机制，阐明了转录因子 Isl-1 调节褪黑素合成的机制。在动物免疫与应激领域，探究了冷应激对动物内环境稳态及稳态重构的发生发展机制，分析了慢性应激对畜禽机体代谢功能的影响。在反刍动物消化生理领域，在瘤胃组织发育与功能、瘤胃消化逃逸技术、提高或调控瘤胃消化性能的研究等方面都取得显著进展。同时开展了功能性氨基酸和小肽、功能性脂质以及生物活性植物提取物等生物活性分子对畜禽生长调控作用的研究。

---

① 数据来源于中国农业科学院《2019 中国农业科技论文与专利全球竞争力分析》。

3. 兽医病理学

兽医病理学新方法、新技术不断涌现，应用领域全方位拓展；深入挖掘多种重大动物疾病、常见病或新发病的病理机制，获得不少突破性成果。紧密结合动物临床诊断，解决生产一线问题；行业服务领域显著拓宽，涉及畜禽、野生动物、水生动物、实验动物等疾病病理诊断、实验动物疾病模型表型鉴定、伴侣动物临床病理诊断、药物毒性病理学评价等；基础教育不断加强，国外经典病理学译著、原创动物病理学图谱、精品病理学教材等陆续出版，显微镜互动和数字化切片扫描平台的应用显著提升了教学质量；兽医病理学从业人员队伍显著扩大，学术交流活跃，内容丰富形式多样；体现了学科衔接、融合的特点与潜在优势；制定了病理行业技术规范，开展实验动物健康监测。

4. 兽医药理学与毒理学

在细菌耐药性、药动—药效同步模型、生理药动学、兽药残留检测技术等领域的研究达到国际先进水平，在耐药性监控和兽药残留检测技术研究方面有重大进展。耐药性研究主要关注的病原菌有产碳青霉烯酶病原菌、携带 mcr-1 基因病原菌和耐甲氧西林金黄色葡萄球菌，开展了畜禽重要病原耐药性检测与控制技术研究、畜禽药物的代谢转归和耐药性形成机制研究；"我国人群可转移性黏菌素耐药基因（mcr-1）的高流行率及其与经济和环境因素的关联性分析"被评为 2019 年中国农业科学十大进展之一；制订了兽医临床常用药物的合理用药方案，预测了剂量调整和种属外推，降低耐药性产生的方案；开展了重要兽药在实验动物与食品动物的比较代谢动力学与体内处置研究。药效学研究主要集中在抗感染药物领域，特别是针对日益严重的畜禽病原菌耐药性问题开展研究。对新兽药（或饲料添加剂）进行毒理学安全性评价，以及对毒性较大或毒理资料不完善的现有兽药（或饲料添加剂）进行安全性再评价以及其可能的毒理机制研究。

5. 兽医微生物学

在新病原发现与鉴定、微生物结构解析与功能认知、致病机制与免疫防控等方面取得了丰硕成果。新发和再发病原微生物鉴定方面的进展尤为突出。2015—2018 年，确证了新基因 4 型禽腺病毒（FAdV-4）、H5N6 型流感病毒、猪肠道甲型冠状病毒（SeACoV）和非洲猪瘟病毒，尤其是非洲猪瘟病原的快速准确鉴定。2019 年首次全面解析出非洲猪瘟病毒颗粒精细三维结构，并揭示了病毒可能的装配机制。针对口蹄疫、禽流感、新城疫、猪瘟、伪狂犬病、猪繁殖与呼吸综合征、猪链球菌病等动物重大传染病病原的全基因组结构进行完全解析，筛选到大量具有重要价值的功能基因，解析了病原体毒力相关蛋白的结构与功能关系，揭示了动物病原微生物与感染靶细胞之间的相互作用以及对宿主致病的分子基础。针对动物检疫、疫情预警、环境生物污染监测、食品安全监管的微生物检测技术和方法研究呈现快速发展。"H7N9 高致病性禽流感病毒的快速进化及其成功防控"被评为 2019 年中国农业科学十大进展之一。

6. 兽医免疫学

新一代测序技术、组学技术、分子标记技术、基因打靶技术、克隆技术等迅速应用于兽医免疫学研究中，快速推进了不同动物免疫分子机理的研究，发展了多种分子诊断技术和疫苗产品。对畜禽的免疫学研究多数针对天然免疫和获得性免疫组成、不同物种间免疫分子和机制的差异开展研究。感染免疫研究领域成为热点。开展了针对危害我国畜牧业的重要疫病病原的感染与免疫研究，如口蹄疫病毒、禽流感病毒、新城疫病毒、猪繁殖与呼吸综合征病毒、马传染性贫血病毒等，发现了一系列抗病毒天然免疫应答分子机制。对不同病原感染后机体的免疫应答机理进行了大量探索，尤其是在天然免疫识别、天然免疫信号通路激活和调节、病原拮抗和逃逸天然免疫识别机制方面取得了众多发现；对病原影响细胞代谢、改变细胞环境以创造生存条件的机制进行了有益探索，揭示了新的免疫学机制；利用新材料作为免疫刺激剂和佐剂探索了疫苗研发新途径和机理。

7. 兽医传染病学

在重大动物疫病病原学与流行病学、病理学与致病机制、免疫学及综合防控技术与方法等领域取得了重大进展，建立了一批新技术、新工艺和新方法，在国际著名期刊发表一系列学术论文，授权专利和一二类新兽药注册明显增多。新传入疫病小反刍兽疫、H7亚型禽流感和非洲猪瘟的研究取得重大或阶段性成果。系统解析了 H7N9 禽流感病毒产生、变异进化和流行传播规律及水禽的适应性演化。测定传入我国的非洲猪瘟病毒属基因Ⅱ型，与格鲁吉亚、俄罗斯、波兰公布的毒株全基因组序列同源性为 99.95%。在世界上首个解析了非洲猪瘟病毒结构。发现新的病原、亚型或变异，如导致猪水泡性疾病的新病原 – 赛尼卡谷病毒，引起 A–Ⅱ 型仔猪先天性震颤的非典型瘟病毒，新的猪肠道冠状病毒 – 猪 δ 冠状病毒、猪圆环病毒 3 型、猪繁殖与呼吸综合征类 NADC30 毒株，H5N6 等新的动物流感病毒亚型。在野生动物中检测出禽流感、山羊传染性胸膜肺炎、非洲猪瘟等传染病病原。传统疫苗和亚单位疫苗、合成肽疫苗、活载体疫苗、核酸疫苗等新一代疫苗的研制取得新进展。我国创制的世界首批禽流感 DNA 疫苗产品禽流感 DNA 疫苗（H5 亚型，pH5–GD）、猪口蹄疫 O 型病毒 3A3B 表位缺失灭活疫苗（O/rV–1 株）、兔出血症病毒杆状病毒载体灭活疫苗（BAC–VP60 株）达到国际先进水平。利用基因工程技术制备抗原组装试剂盒的研究进展较快，推出了一批与基因工程疫苗相配套的鉴别诊断试剂盒。

8. 兽医寄生虫学

围绕着畜禽球虫病、新孢子虫病、片形吸虫病、捻转血矛线虫病和畜禽螨病、虫媒病等重要畜禽寄生虫病进行研究，取得多项国际先进成果。国内已有数个实用的鸡球虫病活疫苗应用于生产，基因调控表达技术成功地应用于新孢子虫，建立研究寄生性线虫显微注射技术体系平台。建立了家畜梨形虫病的血清学和分子生物学检测方法，申报了《牛泰勒虫病诊断技术》《牛巴贝斯虫病诊断技术》行业标准。深度、系统地研究了我国弓形虫病和隐孢子虫病,多篇文章发表在国际重要刊物上。制定和修订了农业行业标准《棘球蚴病诊断技术》(NY/T 1466),在包虫病高发区近 200 个县推广犬无污染驱虫的"单项灭绝病原"的控制策略,在流行区对绵羊实行棘球蚴病重组蛋白疫苗的强制免疫。成功建立猪旋毛虫病"无盲区"免疫学诊断与检验技术。鸡球虫病疫苗和绵羊棘球蚴病重组蛋白疫苗获得新兽药证书。

9. 兽医公共卫生学

动物性食品安全、人兽共患病控制及监督检查、比较医学与动物健康福利、生态平衡维持、重大应急事件的应急管理、环境污染对人和动物的危害等都是兽医公共卫生研究的范畴。其重要作用在于从源头上做起,监测和控制人兽共患病、控制养殖废弃物对环境的污染、保证"从农场到餐桌"过程中动物源性食品安全、通过动物医学实验促进人类医学发展。面对日益严峻的人兽共患病及动物重大疫病疫情、动物性食品安全问题、动物养殖污染问题、动物源性微生物严重的耐药性等现状,该学科在食源性病原微生物危害识别技术及风险性评估领域建立了较完善的监测网络系统,并在食源性寄生虫、人兽共患病、兽药和饲料添加剂残留等领域均有着长足的进步。

10. 兽医内科学

系统调查了奶牛能量代谢紊乱疾病(酮病和脂肪肝)的流行病学,建立了首个围产期奶牛疾病发病率数据库;阐明了酮病和脂肪肝奶牛肝脏脂代谢紊乱的关键环节和调节机制。明确了奶牛围产期代谢应激的特征是脂肪动员和氧化状态失衡,筛选了奶牛围产期疾病预测预报的相关指标,建立了生物抗氧化剂调控奶牛围产期代谢应激关键技术。创制了能有效防控奶牛和猪热应激综合征的饲料添加剂;建立了畜禽硒缺乏症预防与治疗方案;分离鉴定了新的益生菌菌株,创制了新型硒源和锌源益生菌饲料添加剂。查清我国天然草原毒草种类 52 科 168 属 316 种,编制了毒草分布系列图 29 张,建立了草原毒草基础数据库,创建了以生态治理为核心的技术体系。饲料主要霉菌毒素的系统研究取得许多重要成果。建立了畜禽重金属等环境污染物中毒病的群体监测、预测预报及诊断方法或技术。先进影像学设备的临床应用,显著提高了诊疗水平。

11. 兽医外科学

围绕动物神经外科病研究的理论前沿、诊疗新技术,学术交流气氛活跃,进一步促进了兽医神经外科新理论、新知识、新技术的传播、应用与推广。宠物诊疗业的快速发展,先进医疗仪器设备在小动物医院的大量装备,加速了兽医外科新技术的普及。现代吸入麻醉技术已在兽医临床广泛应用,手术安全性得到很大程度的提高。疼痛管理理念和技术日益在兽医临床得到重视。微创与介入手术技术对患病动物的损伤与应激小,疗效佳,提升了疑难危重病例的救治成功率。兽医外科分科趋势日趋凸显,延伸出眼科、牙科、皮肤科、骨科、肿瘤科、神经外科等方向,2019 年召开了小动物医学专科建设启动会。多本专著、译著出版,为培养我国兽医外科、小动物医学专门人才发挥了重要作用。兽医外科领域的

专家与学者承担麻醉、动物肿瘤、干细胞和组织工程、骨与关节疾病、微创外科、实验外科、矫形外科等领域课题，取得了一些标志性成果，促进了学科的建设和发展。

12. 兽医产科学

针对动物重要产科疾病开展致病机理、防治新理论等基础研究和新技术、新方法的研发与应用，重点解决制约集约化畜牧场生产效益和母畜繁殖效率的动物子宫疾病、卵巢疾病和奶畜乳房炎，以及动物传染性繁殖障碍疾病的预防与辅助治疗工作。在动物卵子发生与卵泡发育领域，从基因表达和信号通路等角度，解析激素、生长因子和其他调节因子在动物卵泡发育与闭锁、卵母细胞成熟等生殖生理过程中的调控作用及其调控机制。在动物子宫内膜容受性建立和胚胎附植领域，阐明了内质网应激与胚胎附植的相关性，深入研究了有关子宫内膜容受性建立机制，发掘并揭示调控子宫内膜容受性关键基因的作用机理。在动物生殖生物钟领域，已在几种动物初步阐述了生殖系统生物钟基因及其表达产物与某些生殖活动的关系。在动物生殖免疫学领域，阐明了生殖激素与子宫局部免疫细胞的调节机制，子宫局部内分泌—免疫调控网络的调节机制研究。在雄性动物生殖领域，主要开展了精子发生、雄性动物生殖调控及其生殖毒理等方面的研究工作。在动物转基因体细胞克隆与克隆胚胎的重编程已成为动物胚胎生物技术领域最为活跃的研究内容；动物胚胎工程与基因精准编辑技术相结合，推动了家畜抗病育种和家畜优良性状基因编辑育种技术的发展与应用，尤其是在牛羊基因编辑领域处于世界领先水平；克隆犬、克隆猫和基因编辑克隆犬研究与应用跻身世界先进行列。

13. 中兽医学

中兽医学学科立足临床，不断开发防治动物疾病的新技术。在动物疾病个体化诊疗方面，尤其是伴侣动物诊疗，陆续开设了中兽医门诊，中兽医疗法逐渐得到普及。另外，中兽医研究也融合了现代医学的技术和方法，对中兽医证型理论、药物、针灸进行了组织、细胞、分子层面的研究，阐释了中兽医诊疗的现代医学机理；通过中药药剂学研究，开发中兽药新剂型，提高了药物的利用效率。密切结合畜牧业生产开发新药，近5年获新兽药证书57项，部分中兽药已打开了国际市场，产生了较好的经济效益和社会效益。中兽医专业本科已在部分高校试点恢复。国内多所高校开设中兽医对外本科教学，积极推动了中兽医学的国际传播。

各分支学科研究进展的详细情况参阅本卷的专题报告。

（二）重大科技成果

国家科学技术奖励是衡量科技创新和重大成果产出的重要指标之一。2010—2019年，兽医学科共有22项重大科技成果获得国家科学技术奖励，其中获得国家自然科学奖2项，国家技术发明奖8项，国家科学技术进步奖12项。按照学科领域划分，其中兽医传染病学领域14项，兽医药理学与毒理学领域4项，兽医公共卫生学领域3项，兽医产科学领域1项。

1. 获得国家自然科学奖的成果

2010—2019 年，兽医学学科共有两项重大科技成果获得国家自然科学奖，这两项成果均来自兽医传染病学 / 兽医公共卫生学研究领域，见表 2。国家自然科学奖的奖励方向是在基础研究和应用基础研究中阐明自然现象、特征和规律而作出的重大科学发现。这是自设立国家自然科学奖以来，兽医学学科首次荣获该奖项，反映了兽医学学科在应用基础研究中的突破性进步。两项成果第一完成人皆为中国科学院院士、中国农业科学院哈尔滨兽医研究所陈化兰研究员。有关获奖成果的其他完成人及单位请参阅本卷报告附录 1 国家自然科学奖兽医学学科获奖成果名录。

表 2　2000—2019 年国家自然科学奖兽医学学科获奖成果

序号	成果名称	等级	第一完成人	获奖年度
1	禽流感病毒进化、跨种感染及致病力分子机制研究	2	陈化兰	2013
2	动物流感病毒跨种感染人及传播能力研究	2	陈化兰	2019

资料来源：科学技术部。

（1）禽流感病毒进化、跨种感染及致病力分子机制　该项研究成果获 2013 年度国家自然科学奖二等奖。

高致病性禽流感是禽类的烈性传染病和重要的人兽共患病。H5N1 高致病性禽流感病毒（以下简称 H5N1 病毒）已在 60 多个国家引起野鸟和家禽的疫情，造成巨大经济损失，并导致 500 多人感染，对人的致死率近 60%，构成了全球性的公共卫生威胁。禽流感病毒的研究和防控对兽医学、医学的发展及养殖业和人类生命健康具有重大意义。自 1994 年开始，陈化兰研究员主持的该项目开展了系统的禽流感流行病学、病毒学基础研究及防控技术研究，在 H5N1 病毒的进化、跨越种间屏障感染哺乳动物的分子基础、对禽类和哺乳动物致病力以及在哺乳动物间水平传播能力的分子机制研究方面取得重要发现。

1）发现 H5N1 病毒在自然进化中逐步获得感染和致死哺乳动物的能力。禽流感病毒具有宿主特异性，一般不具备感染哺乳动物的能力。该研究发现，水禽、候鸟携带的 H5N1 病毒在进化中形成复杂的基因型，多种基因型病毒都可随时间推移，逐渐获得感染和致死哺乳动物的能力，对公共卫生构成严重威胁；自然条件下高原鼠兔感染和携带 H5N1 病毒，有可能在病毒适应哺乳动物的进化中发挥作用。陈化兰研究员等的 *PNAS* 论文发表后 *Nature* 杂志给予专评，周继勇教授等的论文被 *JVI* 选为当期"亮点"论文。

2）发现决定 H5N1 病毒跨越禽—哺乳动物种间屏障及在哺乳动物之间水平传播能力的重要分子标记。H5N1 病毒在多个国家感染并致人死亡，其突破种间屏障感染人类及在人间的传播潜力和机制仍是未解之谜。该项研究发现，PB2 基因对 H5N1 病毒感染哺乳动物能力及在哺乳动物之间水平传播起决定作用，其中 D701N 突变发挥关键作用。同时发现，HA 基因 158~160 位点的糖链缺失可使 H5N1 病毒获得识别人类受体（α-2, 6 唾液酸）的能力，促进病毒在哺乳动物间的水平传播。PB2 的 701N 和 HA 的 158~160 位的糖链缺失已成为 H5N1 病毒感染人类风险预警的重要分子标记。

3）发现 NS1 是影响 H5N1 病毒对禽和哺乳动物致病力的关键基因，并揭示其影响致病力的关键位点及机制。H5N1 病毒致病力的机制尚未得到充分揭示，该项研究发现 NS1 是影响 H5N1 病毒对鸡和小鼠致病力的关键基因；NS1 的 A149V 突变和 191~195 位氨基酸缺失均可使 H5N1 病毒丧失拮抗宿主天然免疫的能力，影响其对鸡的致病力。尤其重要的是，NS1 的 P42S 突变是病毒获得对哺乳动物致病力的重要前提，其机制与阻止哺乳动物宿主细胞 NF-κB 和 IRF-3 信号通路的激活有关（Jiao，JVI，2008）。焦培荣博士等人的论文被同时评为 JVI 的当期"亮点"和 ASM 会刊 Microbe 的精彩论文。

该研究发现为科学认知禽流感病毒作出了贡献，为禽流感的防控提供了科学依据。支持发现点的 8 篇代表论文分别发表在 PNAS，PLoS Pathogens 和 JVI，累计影响因子 51.053，被 SCI 论文他引 745 次。引文期刊包括 Nature，Science，Lancet，PNAS，PLoS Pathogens 及 JVI 等。陈化兰研究员被 Nature 评为"2013 年全球十大科学人物"。

（2）动物流感病毒跨种感染人及传播能力研究　该项研究成果荣获 2019 年度国家自然科学奖二等奖。

根据病毒两个表面糖蛋白血凝素（HA）和神经氨酸酶（NA）的抗原性不同，A 型流感病毒被划分为 16 种 H 亚型和 9 种 N 亚型。除高致病性 H5 和 H7 流感病毒可引起家禽流感暴发外，动物流感病毒最令人关注的危害是其跨越动物和人的种间屏障，在人间引起流感大流行。自 1918 年以来，已有 H1N1、H2N2 和 H3N2 三种亚型流感病毒跨越种间屏障感染并引起人流感大流行；其他亚型病毒感染人及引起人流感流行的潜力尚不清楚。陈化兰研究员主持完成的本项成果对 H1N1、H5N1、H7N9 等动物中广泛存在的流感病毒进行了系统研究，重点评估和揭示了它们跨越种间屏障感染并引起人流感大流行的潜力。

1）H7N9 病毒在人体内复制后可获得关键突变使其致病力和传播能力增强。发现活禽市场是 H7N9 病毒感染人的主要场所；H7N9 病毒内部基因来自家禽的 H9N2 病毒，这种 H9N2 的内部基因的组合有助于病毒在哺乳动物之间的水平传播；H7N9 病毒在人体内复制过程中可发生关键位点的突变，进一步增强其对人类的致病力及其人间水平传播的风险，具有在人群引起暴发流行的高度风险。

2）H5N1 病毒与 2009 年 H1N1 甲型流感病毒重配后会产生多种具有呼吸道飞沫传播能力的 H5N1 病毒。H5N1 禽流感病毒在自然界中持续进化，基因型和生物表型具有高度多样性。更重要的是，本项研究发现 H5N1 病毒与在人群中广泛存在的 H1N1 甲型流感病毒发生基因重配后，可产生多种对哺乳动物高度致死，可在豚鼠之间通过呼吸道飞沫高效传播的 H5N1 子代病毒，揭示了 H5N1 病毒对公共卫生蕴藏的巨大风险。

3）发现 2009 年 H1N1 甲流病毒高效传播的关键分子机制并揭示"类禽"H1N1 的大

流行潜力。聚合酶 PB2 的 271A 和血凝素 HA 的 226Q 的协同突变是 2009/H1N1 病毒在人群高效传播的前提条件；发现"类禽"H1N1 猪流感病毒已具备了在人群中高效传播的能力，而目前使用的人流感疫苗和人群现有免疫力不能针对这些病毒为人体提供足够保护。

这些对不同亚型动物流感病毒跨种感染和传播能力的系统研究，揭示了它们引起人流感大流行的潜力，为动物流感的防控和人流感的预警预报以及防控政策制定提供了重要科学依据。项目第一完成人陈化兰研究员 2016 年获"全国杰出科技人才奖"和"世界杰出女科学家成就奖"，2017 年当选中国科学院院士。

2. 获得国家技术发明奖的成果

2010—2019 年，兽医学科共有 8 项重大科技成果获得国家技术发明奖奖励，其中 5 项成果来自兽医传染病学领域，2 项成果来自兽医药理学与毒理学领域，1 项成果来自兽医产科学领域（见表 3）。有关获奖成果的其他完成人及单位请参阅本卷报告附录 2 国家技术发明奖兽医学学科获奖成果名录。

表 3　2010—2019 年国家技术发明奖兽医学学科获奖成果

序号	成果名称	等级	第一完成人	获奖年度
1	鸭传染性浆膜炎灭活疫苗	2	程安春	2013
2	传染性法氏囊病的防控新技术构建及其应用	2	周继勇	2013
3	基于高性能生物识别材料的动物性产品中小分子化合物快速检测技术	2	沈建忠	2015
4	安全高效猪支原体肺炎活疫苗的创制及应用	2	邵国青	2015
5	良种牛羊高效克隆技术	2	张　涌	2016
6	动物源食品中主要兽药残留物高效检测关键技术	2	袁宗辉	2016
7	猪传染性胃肠炎、猪流行性腹泻、猪轮状病毒三联活疫苗创制与应用	2	冯　力	2018
8	基因Ⅶ型新城疫新型疫苗的创制与应用	2	刘秀梵	2019

资料来源：科学技术部。

（1）基于高性能生物识别材料的动物性产品中小分子化合物快速检测技术　该项研究成果获 2015 年度国家技术发明奖二等奖，由中国工程院院士、中国农业大学沈建忠教授主持完成。

我国是世界上最大的动物性产品生产和消费国，其中肉类、禽蛋的产量居世界之首。但由于在动物饲养过程中抗菌药物的不规范使用、饲料霉变等导致食品安全问题，而我国快速检测技术尤其是高灵敏、高通量和多残留的快速检测产品研发相对滞后，严重制约了动物性产品安全的有效监控。针对上述问题，研究团队经过多年研究，在半抗原合理设计、高性能生物识别材料创制、检测产品核心试剂配方与工艺技术发明等方面取得了以下

重大突破和显著成效。

1）创制了磺胺类、霉菌毒素、β-兴奋剂和三聚氰胺等小分子化合物新型半抗原，显著提高了制备优良抗体的成功率和准确率。设计出了 37 个小分子化合物半抗原，通过定量分析候选半抗原和目标物的分子参数，创制出了含苯环或直链多元醚间隔臂的 5 种免疫半抗原，增强目标分子的刚性和极性，提高了免疫系统对其的识别能力，使优良抗体的制备成功率提高了 50% 以上，解决了传统半抗原依靠经验和"试错法"设计的盲目性和不确定性。

2）创制了受体蛋白和单链抗体等多种新型生物识别材料，为小分子化合物高通量多残留快速检测提供了关键技术和材料。对来源于肺炎链球菌等 13 种微生物中的共 34 个青霉素结合蛋白（PBP）亚型进行筛选，获得了高亲和力的 PBP2x 亚型，并对其结构域进行改造，创制出了在 0.3~15.2ng/mL 范围内能同时识别 18 种 β-内酰胺类药物的新型 PBP2x，解决了抗体无法同时识别青霉素类和头孢菌素类主要品种的问题。制备出了黄曲霉毒素、喹诺酮类等 8 种单链抗体，在阐明抗体分子识别机制的基础上，通过关键氨基酸的定点突变改造，创制出了 3 个广谱性单链抗体，可分别识别 6 种黄曲霉毒素（B、M、G 族）、19 种喹诺酮类药物和 5 种以上 β-兴奋剂，为制备小分子化合物广谱性抗体提供了新方法。

3）发明了系列核心试剂配方和工艺技术，提高了快速检测产品的稳定性、广谱性和灵敏度。针对黄曲霉素、青霉素类等目标物易于降解和吸附造成的定量检测不准确问题，发明了含有掩蔽剂和表面活性剂的系列配方，解决了目标物标准溶液长期保存的难题。创新了定向、团簇标记技术和组合抗体多点设计模式，突破了传统标记效率和检测通量低的技术难点。使用 β-环糊精和甘氨酸增强和稳定荧光信号，解决了磺胺类和喹诺酮类检测试剂盒中量子点易于淬灭的问题。与仪器方法比较，试纸条和试剂盒产品的符合率可达到 95% 以上。

本项研究获授权发明专利 19 项，在 *Anal Chem*、*Biosens Bioelectron* 等发表 SCI 收录论文 31 篇，他引累计 234 次、单篇最高 67 次；获国家重点新产品 2 个和北京市自主创新产品 8 个。快速检测产品已在全国 30 个省（市）超过 1000 家各级检测机构和动物养殖、屠宰以及食品加工等企业广泛应用，取得了显著的经济效益和社会效益，推动了我国食品安全快速检测技术的进步，为保障我国动物性食品安全提供了强有力的技术支撑。沈建忠教授 2015 年当选中国工程院院士。

（2）安全高效猪支原体肺炎活疫苗的创制及应用　该项研究成果获 2015 年度国家技术发明奖二等奖，由江苏省农业科学院邵国青研究员主持完成。

猪支原体肺炎是世界范围内重要的猪传染病，感染率 70%~90%，发病率 40% 以上。国内外防控该病主要依靠抗生素和灭活疫苗，但抗生素易导致病原菌产生耐药性，灭活疫苗存在免疫期短、保护率低等缺陷。活疫苗具有免疫保护快、效力高等优势，但猪支原体肺炎活疫苗研制一直存在野毒的高效分离、强毒致弱的免疫原性保持，特别是弱毒株的无细胞培养等方面的难题。该项研究历经30多年攻关，发明了国际上首个适应体外无细胞培养的猪肺炎支原体克隆致弱株，创制了免疫力居国际领先水平的猪支原体肺炎活疫苗及其应用配套技术体系，推动了猪支原体肺炎疫苗研发与应用的技术进步。

1）发明了国际上首个无细胞培养的猪肺炎支原体克隆致弱株。创制了KM2无细胞培养基和"病肺块浸泡法"分离培养技术，有效解决了猪肺炎支原体体外分离培养的技术难题，并从12个省市分离鉴定的55株猪肺炎支原体野毒中成功筛选出具有超强毒力的安宁系168强毒株。独创了"KM2无细胞培养—本种动物回归交替传代"的致弱技术，解决了猪肺炎支原体强毒传代致弱过程中毒力下降伴随免疫原性丧失的技术难题，历经14年，连续继代致弱强毒株至322代以上，经多次固相克隆纯化，攻克了传统致弱方法难以避免的外源微生物、制剂污染的难关，最终育成国际上首个无细胞培养的安全高效猪肺炎支原体克隆致弱株，为活疫苗创制奠定了关键性基础。

2）创制了免疫效力居国际领先水平的猪支原体肺炎活疫苗。优选建立安全高效的肺内免疫途径，显著诱导猪呼吸道免疫保护，疫苗保护效率达80%~96%，免疫期达9个月。构建了高效低成本的疫苗生产新工艺，突破了规模化生产与应用的技术瓶颈。建立了人工发病模型和早期免疫程序，制定了疫苗制造与检验规程及质量标准，创制的猪支原体肺炎活疫苗产品效价高、应激低，免疫效力达到国际领先水平。与进口灭活疫苗相比，保护率提高20%，免疫期延长3~5个月，成本降低80%。

3）创建了猪支原体肺炎活疫苗配套技术体系。建立了猪肺炎支原体抗原与抗体快速敏感检测技术，制定了猪支原体肺炎诊断与综合防控技术标准，创建了以猪支原体肺炎活疫苗免疫为核心，集猪支原体肺炎的早期检测、动态监测、环境控制、饲养管理、生物安全为一体的应用配套技术体系，实现了活疫苗规模化推广与应用。

该项研究发表论文139篇，出版专著1部，他引384次，获授权发明专利4项、实用新型1项，二类新兽药注册证书1件，制定地方标准3项。猪支原体肺炎活疫苗在全国28个省市应用3544.02万头份，改变了我国该病防控完全依赖进口疫苗的局面。

（3）良种牛羊高效克隆技术 该项研究成果获2016年度国家技术发明奖二等奖，由中国工程院院士、西北农林科技大学张涌教授主持完成。

体细胞克隆技术和基因定点精确编辑技术已成为现代牛羊良种繁育的关键技术，但前者成功率偏低，后者安全性较差，成为限制优质高效牛羊业发展的瓶颈。该项研究历时16年，开展了良种牛羊高效克隆技术的深入研究和应用，取得一系列创新成果。

1）发现用维生素C、组蛋白去乙酰化酶抑制剂Oxamflatin和组蛋白甲基转移酶抑制剂miR-125b联合处理体细胞和克隆胚，用chromeceptin处理克隆胚，可有效降低克隆胚H3K9me3水平，提高H19表达，降低Igf-2表达，纠正克隆胚的重编程错误，发明了可有效提高体细胞供核能力和克隆胚质量的表观修饰技术；发现IGFBP-7、IFI6等19个基因在克隆囊胚期能否正常表达决定克隆胚发育能力，由不同个体体细胞构建的克隆囊胚这19个基因显现出不同的表达谱和差异显著的发育能力，发明了优秀供核体细胞筛选技术；同时创建了优质卵母细胞筛选方法、体细胞和去核卵高效电融合方法和提高克隆胚质量的体外培养方法，集成创立了牛羊体细胞克隆胚高效发育技术，形成了规模化生产良种牛羊克隆胚的能力，牛羊克隆囊胚体外发育率分别达到 49.5% 和 35.8%。

2）发明了整合酶介导的基因定点插入技术、锌指切口酶和 Tale 切口酶介导的基因精确编辑技术，在牛羊体细胞的预定位点插入和敲除基因，在细胞水平全面检测基因编辑的正确性，以正确基因编辑的体细胞为供核细胞，高效克隆引入预定突变的牛羊胚胎，创立了牛羊基因编辑体细胞克隆胚高效发育技术，有效排除了随机整合和非特异突变，使克隆牛羊全部正确表达目的基因，解决了原有技术的安全问题，牛羊基因编辑克隆胚囊胚体外发育率分别达到 48.6% 和 34.6%。

3）建立了克隆牛羊高效生产技术和应用技术，克隆优级种牛 1083 头、种羊 1271 只，受体牛羊产犊率和产羔率分别达到 30.9% 和 38.2%。用上述克隆种牛和种羊生产良种胚胎，在全国推广克隆牛冷冻胚 59257 枚，生产犊牛 28131 头，推广良种羊胚 28505 枚，生产羔羊 17673 只；利用克隆种公牛生产冻精 71 万多支，生产良种牛 149518 头、改良牛 118209 头，利用克隆种公羊生产良种羊 80055 只、改良羊 125358 只。应用该技术进行基因编辑体细胞克隆牛羊研制，培育出抗乳腺炎高产奶牛和奶羊育种材料 5 个，富含多不饱和脂肪酸肉牛、肉羊和高强度羊毛克隆绵羊等育种材料各 1 个，为培育基因编辑牛羊新品种、抢占制高点做好了战略储备。

该项研究成果获陕西省科学技术奖一等奖 2 项、国家授权发明专利 15 项，在 *Nature Comm* 等学术刊物发表 SCI 论文 106 篇，在国际上产生了重要影响。通过推广应用，在全国形成技术辐射和良种辐射，带动了我国动物繁育生物技术的发展，对提升牛羊种质创新和良种繁育水平，推动我国优质高效畜牧业发展发挥了重要作用，产生了显著的经济和社会效益。张涌教授 2019 年当选为中国工程院院士。

（4）动物源食品中主要兽药残留物高效检测关键技术　该项研究成果获 2016 年度国家技术发明奖二等奖，由华中农业大学袁宗辉教授主持完成。

动物源食品中的兽药残留危害消费者健康，检测是发现和处置兽药残留违法的有效措施。长期以来，因缺乏通量高、适用面广、性能稳定、简便快速、价格低廉的高效检测技术，国家不能施行大规模的兽药残留监控。项目在国家重点支撑计划等支持下，历时 17 年，发明兽药残留高效检测的核心试剂和样品前处理技术，自主研发一批检测产品和检测方法标准。

1）针对抗菌药残留缺乏高通量筛查技术的问题，筛选和构建对多类（种）抗菌药敏感的工作菌种 9 种，发明培养基 21 种，突破抗菌药残留不能同时检出的问题，研制出基于微生物抑制原理的拭子、试瓶和微孔板等产品 13 个。其中，适用于养殖场、屠宰场、奶站、超市和实验室，快速筛查牛奶、尿液、肌肉和肾组织中多类或一类抗菌药（共 8 类 63 种）残留的 7 个产品为国内外首创。

2）针对复杂基质中痕量违禁物残留难以同时检出多组分的问题，破解小分子化合物无免疫原性等难题，发明免疫原和包被原 125 种，创制灵敏、高产、优质单克隆抗体/受体 68 种，研发基于抗体/受体的试剂盒和试纸条 53 种。其中，能在现场和实验室分别同时检出芬噻嗪类 10 种、雄性激素类 6 种、磺胺类 17 种、硝基咪唑类 5 种、孔雀石绿类 4 种、β–内酰胺类 21 种的核心试剂及产品为国内外独创。

3）针对动物可食性组织中多类（种）残留物不能同时提取等问题，发明加速溶剂萃取技术和恒温萃取装备，攻克复杂基质中痕量多组分残留物提出物少、提取率低和基质干扰大等难题，建立标准化定量/确证分析法，并考察自主发明的高效检测产品的性能。能分别测定动物源食品中糖皮质激素 8 种、大环内酯类 18 种、氨基苷类 13 种、四环素类 7 种、有机胂类 5 种化合物等 12 种定量/确证法，填补了国内外空白。

该项研究成果共获授权发明专利 39 件，制定国家标准 19 项，备案产品 17 个，保藏物种 41 种，发表论文 164 篇（其中 SCI 论文 89 篇，单篇最高他引 128 次）；鉴定为国际领先水平成果 8 项，国际先进水平成果 4 项；获省部级技术发明和科技进步奖一等奖 4 项，其他奖 3 项。

该项研究成果在全国 30 个省市的农业、质检、卫生和贸易系统的采用率达 40%~50%，承担国家和地方 60% 以上兽药残留检测任务。全国兽药残留超标率由使用前的 8%~10% 下降到现在 2% 以内。在 500 多家养殖企业的使用率达 60%~70%，残留发生率控制在 1% 以内。该项目完善了国家兽药残留监控技术体系，提高了兽药残留检测水平与执法能力，提升了兽医兽药和食品安全科技的自主创新能力。在发现、追查和处置"瘦肉精""多宝鱼""红心鸭蛋"等食品安全事件中作出独特贡献。

（5）猪传染性胃肠炎、猪流行性腹泻、猪轮状病毒三联活疫苗创制与应用　该项研究成果获 2018 年度国家技术发明奖二等奖，由中国农业科学院哈尔滨兽医研究所冯力研究员主持完成。

猪传染性胃肠炎病毒（TGEV）、猪流行性腹泻病毒（PEDV）和猪轮状病毒（PoRV）感染是哺乳仔猪死亡的"第一杀手"，7 日龄以内仔猪感染死亡率可高达 100%，每年经济损失超过 100 亿元。2010 年后猪病毒性腹泻疫情再次暴发，使生猪产业遭受重创，引起我国政府高度关注。疫苗是防控该类疫病的最有效手段。针对我国这三种病毒混合感染日趋严重的现实问题，该项目组历经 12 年科学攻关，发明了我国首个安全高效猪传染性胃肠炎、猪流行性腹泻、猪轮状病毒（G5 型）三联活疫苗（以下简称猪病毒性腹泻三联活疫苗），攻克了三种病毒混合感染无疫苗可用的难题，实现了猪病毒性腹泻精准高效防控。

1）发明了适应传代细胞系的安全性高、免疫原性好，具有独特分子标记的 TGEV、PEDV 和 PoRV（G5 型）弱毒株，攻克了三种猪腹泻病毒难以适应细胞、致弱过程中免疫原性减弱、强弱毒株难以区分的世界性难题。通过筛选敏感传代细胞系，优化添加胰酶、二甲基亚砜（DMSO）等辅助因子使病毒成功适应细胞。在病毒致弱过程中，采用敏感细胞系和未吃初乳仔猪交替继代，结合固相病毒蚀斑克隆及全基因组测序等技术，优选安全性高、免疫原性好的克隆株，独创了猪腹泻病毒分离致弱体系，发明了安全、稳定、免疫原性好并具有独特分子标记的 TGEV 华毒株、PEDV CV777 株和 PoRVG5 型 NX 株三种弱毒株，为三联活疫苗的创制及产业化奠定了关键性基础。

2）创制了我国首个安全高效的猪病毒性腹泻三联活疫苗，主、被动免疫保护率分别高达 96.15% 和 88.67%，实现了一针防三病。创建了传代细胞系替代原代细胞的生产新工艺，降低约 2/3 的生产成本，突破了原代细胞培养过程中外源病毒污染难以控制的技术瓶颈。制定了疫苗制造与检验规程及质量标准。利用发明的三种弱毒株及新工艺，创制了我国首个猪病毒性腹泻三联活疫苗，主动免疫保护率 96.15%，被动免疫保护率 88.67%，对哺乳仔猪、妊娠母猪在内的所有猪只均安全。该疫苗的发明填补了我国无猪病毒性腹泻三联活疫苗、无猪轮状病毒疫苗可用的空白，对单一感染与混合感染均有效。

3）创立了与疫苗配套应用的检测和监测技术体系，实现了猪病毒性腹泻精准高效防控。根据疫苗毒株独特的分子标记，独创了与该疫苗完全匹配的强、弱毒株鉴别诊断方法，实现了疫苗株与野毒株的鉴别；建立了敏感特异的抗原、抗体检测和监测技术；制定了猪病毒性腹泻诊断行业标准；创立了以疫苗为核心、以诊断为支撑的猪病毒性腹泻精准高效防控技术体系。

该项研究获发明专利 2 项、国家二类新兽药注册证书 1 项，制定行业标准 2 项；获黑龙江省技术发明一等奖 1 项、中国专利优秀奖 1 项；发表文章 81 篇（SCI 23 篇）。疫苗转让含 4 家上市公司在内的 7 家生产企业，金额 1.10 亿元。疫苗在全国累计应用 2560 万头份，免疫覆盖仔猪 1.54 亿头，实现销售收入 2.01 亿元。经测算经济效益为 38.94 亿元，社会生态效益显著。

（6）基因Ⅶ型新城疫新型疫苗的创制与应用　该项研究成果获 2019 年度国家技术发明奖二等奖，由中国工程院院士、扬州大学刘秀梵教授主持完成。

新城疫是严重危害养禽业的烈性传染病，同时也是我国《国家中长期动物疫病防治规划》中规定优先防治和重点防范的禽类两个重大疫病之一。20 世纪 90 年代以来，鹅群中新城疫的大面积暴发及免疫鸡群中非典型新城疫的频繁发生，给我国养禽业造成了巨大的经济损失。为给我国新城疫防控提供科学依据和有效技术产品，在国家项目的持续支持下，项目组历经 18 年的攻关，取得了一系列发明成果。

1）发明了新城疫病毒（NDV）遗传进化快速分析系统，确定了 NDV 流行毒株的优势基因型及其感染机制，为新疫苗的创制提供了理论依据。根据基因组进化特征，开发了基于 Web 的 NDV 基因自动分型系统和全基因组核酸序列可视化分析系统；通过分离病毒的遗传进化分析，确定了 20 世纪 90 年代以来我国禽群中流行的 NDV 强毒优势基因型为Ⅶ型；

揭示了原有疫苗株与流行株之间的基因型和抗原性差异及Ⅶ型NDV强毒对家禽免疫器官侵嗜性增强，是造成免疫鸡群感染NDV流行株的主要原因。

2）发明了与流行株匹配性好的基因Ⅶ型NDV疫苗株，解决了原有疫苗株与优势流行株之间基因型不一致的问题。创建了基因Ⅶ型NDV反向遗传技术平台，通过致弱突变技术首次获得了致弱的基因Ⅶ型NDV疫苗株，实现了强毒株的精准、快速致弱，攻克了NDV强毒通过常规技术难以致弱的难题；新型疫苗株病毒效价高、毒力低、免疫原性强、与流行株基因型相匹配，综合性能优于原有疫苗株，可有效预防免疫禽群中基因Ⅶ型NDV强毒的感染。

3）发明了首个基因Ⅶ型重组新城疫病毒灭活疫苗（A–Ⅶ株），获一类新兽药注册证书，解决了禽群中新城疫频发的问题。以致弱的基因Ⅶ型NDV疫苗株研制灭活疫苗，除将临床保护作为疫苗效力检验标准外，首次将减少排毒作为新城疫疫苗效力检验标准，大幅提升了新城疫灭活疫苗的质量标准。该疫苗免疫效力显著高于La Sota株灭活疫苗，清除NDV强毒感染的能力强，能有效控制免疫鸡群的非典型新城疫和鹅新城疫，有利于养禽场新城疫的净化，为我国新城疫的根除提供了有力的技术支撑。

本项研究获发明专利3项，国家一类新兽药注册证书1项，软件著作权登记证书2项，教育部科学技术进步一等奖1项，中国专利优秀奖1项。成果"重组新城疫病毒灭活疫苗（A-Ⅶ株）"于2016年经遴选参加了国家"十二五"科技创新成就展。创制的基因Ⅶ型重组新城疫病毒新型疫苗已实现规模化生产，并在全国范围内得到迅速的推广和应用，使我国新城疫发生数量与NDV强毒感染率呈明显下降趋势。目前该疫苗已累计生产销售75.1亿羽份，疫苗生产企业新增利润2.5亿元，养殖企业使用后减少经济损失或增效50多亿元，产生了显著的经济、社会和生态效益。

3. 获得国家科学技术进步奖的成果

2010—2019年，兽医学科共有12项重大科技成果获得国家科学技术进步奖，见表4，其中一等奖1项，二等奖11项。按照学科领域划分，其中兽医传染病学领域9项，兽医药理学与毒理学领域2项，兽医公共卫生学领域1项。有关获奖成果的完成人及完成单位详细信息请参阅本卷报告附录3国家科学技术进步奖兽医学学科获奖成果名录。

表4　2010—2019年国家科学技术进步奖兽医学学科获奖成果

序号	成果名称	等级	第一完成人	获奖年度
1	重要动物病毒病防控关键技术研究与应用	1	金宁一	2012
2	猪繁殖与呼吸综合征防制技术及应用	2	蔡雪辉	2010
3	禽白血病流行病学及防控技术	2	崔治中	2011
4	动物流感系列快速检测技术的建立及应用	2	金梅林	2011
5	猪主要繁殖障碍病防控技术体系的建立与应用	2	王金宝	2011

序号	成果名称	等级	第一完成人	获奖年度
6	禽用浓缩灭活联苗的研究与应用	2	王泽霖	2012
7	猪鸡病原细菌耐药性研究及其在安全高效新兽药研制中的应用	2	王红宁	2012
8	高致病性猪蓝耳病病因确诊及防控关键技术研究与应用	2	田克恭	2013
9	我国重大猪病防控技术创新与集成应用	2	金梅林	2016
10	针对新传入我国口蹄疫流行毒株的高效疫苗的研制及应用	2	才学鹏	2016
11	重要食源性人兽共患病原菌的传播生态规律及其防控技术	2	焦新安	2017
12	动物专用新型抗菌原料药及制剂创制与应用	2	刘雅红	2019

资料来源：科学技术部。

（1）重要动物病毒病防控关键技术研究与应用　该项研究成果获 2012 年度国家科学技术进步奖一等奖，由中国工程院院士、中国人民解放军军事医学研究院军事兽医研究所金宁一研究员主持完成。这是设立国家科学技术进步奖以来，兽医学学科获得的第二个一等奖。

动物病毒病的暴发与流行不仅严重危害养殖业健康发展，而且对动物源性食品安全、公共卫生安全、濒危野生动物种质资源安全、生态环境安全造成巨大影响和威胁。本项目针对畜禽、特种经济动物和野生动物病毒病防控中存在的病原基础研究薄弱、诊断与疫苗产品缺乏等重大科技需求，以提升动物病毒病综合防控能力为目标，开展了 18 种重要动物病毒病的病原确认、溯源、跨种传播、感染与致病机制、流行规律、诊断试剂和疫苗研究。该项研究历时 27 年，主要成果如下：

1）分离鉴定了猪瘟病毒、口蹄疫病毒、猪繁殖与呼吸综合征病毒、猪圆环病毒、伪狂犬病病毒、猪细小病毒、乙型脑炎病毒、不同亚型禽流感病毒、新城疫病毒、传染性支气管炎病毒、传染性法氏囊病毒、禽白血病病毒、鸡痘病毒、牛病毒性腹泻病毒、犬瘟热病毒、水貂细小病毒、犬腺病毒、西江病毒 18 种畜禽、特种经济动物和野生动物病毒，形成了毒种库和基因库，首次发现并证明新城疫病毒对鹅的致死性感染。

2）首次发现了高致病性禽流感病毒跨种感染猫科动物虎和犬科动物狐狸，犬瘟热病毒跨种感染大熊猫、猕猴，制定了监测与防控措施，保护了濒危野生动物种质资源安全。

3）率先启动了我国动物病毒分子流行病学研究，重点明确了猪瘟、口蹄疫、猪圆环病毒病、禽流感、新城疫、传染性支气管炎、犬瘟热、细小病毒病 8 种动物病毒病在我国的流行特征，国际上首次发现了貂犬瘟热病毒新基因型；解析了禽流感病毒、新城疫病毒、口蹄疫病毒、猪瘟病毒、犬瘟热 5 种病毒的感染与致病机理，首次揭示了口蹄疫病毒免疫逃避和重组的新机制。

4）攻克了毒种选育、病毒浓缩、病毒灭活、多联多价疫苗抗原配伍、佐剂优化、转瓶大规模培养、生物富集、免疫效力替代试验、载体构建等 17 项疫苗研制及产业化关键技术，在国内率先研制了 15 种畜禽和特种经济动物疫苗，其中禽流感灭活疫苗（H9 亚型，SS 株）7 种疫苗获得新兽药注册证书（表 5）；禽流感灭活疫苗（H5N2 亚型，D7 株）、犬瘟热 Vero 细胞活疫苗获准临床试验；建立了我国首个特种经济动物疫苗 GMP 生产基地，实现了国内特种经济动物病毒疫苗零的突破。

表 5 获得批准注册的新生物制品

序号	名　　称	类别
1	禽流感灭活疫苗（H9 亚型，SS 株）	二类
2	狐狸脑炎活疫苗（CAV-2C 株）	
3	水貂犬瘟热活疫苗	
4	水貂细小病毒性肠炎灭活疫苗（MEVB 株）	三类
5	鸡新城疫病毒（La Sota 株）、禽流感病毒（H9 亚型，SS 株）二联灭活疫苗	
6	鸡新城疫、传染性支气管炎、禽流感病毒（H9 亚型）三联灭活疫苗（La Sota 株 +M41 株 +SS 株）	
7	猪圆环病毒 2 型灭活疫苗（DBN-SX07）	
8	猪伪狂犬病病毒 ELISA 抗体检测试剂盒	
9	猪伪狂犬病病毒 gE 蛋白 ELISA 抗体检测试剂盒	

5）建立了针对动物病毒的基因芯片、PCR、RT-PCR、LAMP、荧光定量 PCR、ELISA 等 15 种检测方法，解决了临床诊断中的鉴别诊断难、通量低、非特异性高、灵敏度低、强弱毒株甄别难等 8 项技术难题，获得"猪伪狂犬病病毒 ELISA 抗体检测试剂盒""猪伪狂犬病病毒 gE 蛋白 ELISA 抗体检测试剂盒"2 项诊断试剂新兽药注册证书，"伪狂犬病诊断技术""鸡传染性支气管炎诊断技术"2 项诊断技术被列为国家标准，实现了疫病诊断和免疫监测技术的标准化。

相关研究成果获省部级科技进步一等奖 7 项（表 6）、二等奖 15 项，新兽药注册证书 9 项，新型候选疫苗转基因生物安全证书 6 项（表 7）；授权发明专利 9 项（表 8），国家标准 2 项。

表 6 获得省级科技进步一等奖的研究成果

序号	研 究 成 果	奖　项
1	鸡痘病毒分子背景、载体构建、新城疫病毒基因特征及重组表达研究	吉林省科技进步一等奖
2	新城疫病毒抗肿瘤机理的研究	
3	口蹄疫病原分子背景、诊断及疫苗研究	
4	毛皮动物犬瘟热疫苗毒株驯化和产业化配套关键技术研究	
5	毛皮动物（貂、狐、貉）生物制品产业化开发	
6	禽流感灭活疫苗的研制与推广	广东省科技进步一等奖
7	新城疫预防与控制的研究	

表 7　获得转基因生物安全证书的新型候选疫苗

序　号	名　　　称
1	表达新城疫病毒 F 基因和传染性囊病毒 VP0 基因的重组鸡痘病毒基因工程活载体疫苗
2	表达禽流感病毒 HA、人工合成多表位基因与鸡 IL-18 基因重组鸡痘病毒活载体疫苗
3	表达猪繁殖与呼吸综合征 ORF5、ORF3 和猪圆环病毒病 ORF2 基因的二联重组核酸疫苗
4	表达口蹄疫病毒 P1-2A 基因和猪白介素 18 基因重组核酸疫苗
5	表达口蹄疫病毒 P1-2A 基因和 3C 蛋白酶基因重组鸡痘病毒载体活疫苗
6	表达 O 型、A 型口蹄疫病毒 VP1 基因，Asial 型口蹄疫病毒 VP1 多表位基因和猪 IL18 基因的重组鸡痘病毒载体活疫苗

表 8　授权发明专利（中国）

序　号	发　明　名　称	专利号
1	一种高产量大规模质粒制备方法	ZL02109351.2
2	O 型口蹄疫病毒 NY00 株全基因序列	ZL02133235.5
3	共表达猪圆环病毒及口蹄疫病毒的二联重组活载体疫苗	ZL200410011047.4
4	马属动物抗人、禽流感免疫球蛋白的制备及药物制剂	ZL200410030304.3
5	H5 亚型高致病性禽流感病毒血凝素基因抗原蛋白	ZL200510017149.1
6	人禽流感特异序列靶向药物及其制备方法	ZL200610017179.7
7	鸡痘病毒双基因表达载体（PG7.5N）	ZL200710062631.6
8	鸡痘病毒双基因表达载体（PT7.5N）	ZL200710062632.0
9	一种鸡痘病毒载体穿梭质粒及其应用	ZL200910076152.9

该项研究发表论文 655 篇，他引 3982 次，其中 SCI 收录 73 篇，影响因子 177.8；分离病毒 1536 株，登录 GenBank 序列 894 条；出版专著 8 部，其中《动物病毒学》他引 5143 次。设立了首批兽医学博士后流动站。举办国际学术会议 13 次。创建了 18 个国家、军队和省部级重点实验室、工程中心等兽医学学科专业研究与教学平台。

该项研究成果在动物疫病防控系统、养殖基地、中国保护大熊猫研究中心、东北虎林园等单位推广应用，2003 年以来获直接经济效益 7.52 亿元，减少经济损失 305.59 亿元，在阻击禽流感，控制畜禽、特种经济动物疫病流行，以及保护熊猫等濒危野生动物种质资源和汶川震后防疫等方面均发挥了重要作用。金宁一研究员 2015 年当选中国工程院院士。

（2）我国重大猪病防控技术创新与集成应用　该项研究成果获 2016 年度国家科学技术进步奖二等奖，由华中农业大学金梅林教授主持完成。

养猪产业是畜牧业第一大支柱产业。然而猪病频繁发生，混合感染严重，发病率和死亡率严重制约着产业发展，猪病是危害养猪业的第一"杀手"，同时对公共卫生造成巨大威胁。该项研究针对猪病防控中存在基础研究薄弱、防控技术与产品缺乏等重大科技问题，重点开展猪流感、猪圆环病毒病、猪细小病毒病、猪链球菌病、副猪嗜血杆菌病、猪萎缩性鼻炎和猪痢疾的新型疫苗和诊断试剂等防控技术攻关，构建综合防控技术体系，实现了创新技术和成果的集成应用。

1）揭示了猪病流行特点及危害因素，明确了我国猪病多病原混合感染严重、细菌病多发、病毒变异致毒力增强等流行特征。累计检测病料 20 万余份，血清样品 40 万余份，分离菌毒株 4 万余株，通过系统鉴定，明确了根本病因。完成了 600 余株相关菌毒株的基因组测序，获得大量病原遗传信息，建立了菌毒种库、基因库和血清库。

2）创新了疫苗研发新思路，建立了疫苗分子设计平台，解决了疫苗关键技术难题 33 项，研制了多联多价疫苗和基因工程疫苗 22 种，7 种新型疫苗实现了产业化和推广应用，为市场主导产品。其中猪流感、副猪嗜血杆菌病、猪链球菌—副猪嗜血杆菌亚单位疫苗和猪圆环病毒基因工程疫苗为国内首创。

3）发掘了新型分子诊断标识，解决了抗原提取纯化、分子偶联标记等工艺难题，研发出 23 种诊断试剂盒，其中 2 种诊断制剂获商业化准入，为提升疫病控制和净化水平提供有效工具。

4）揭示了猪流感病毒、猪链球菌等病原感染与免疫相关科学问题。发掘了 224 个毒力和抗病相关基因、诊断和免疫分子标识，阐明了 TREM-1、IFIT3、miR-136、HP0459 等基因抗病、免疫逃避和调控毒力的新机制，为新型疫苗、诊断制剂研发提供了理论与材料支撑。

该项研究建立了病原学与流行病学、疾病诊断、新型疫苗与诊断制剂的研发、技术服务为一体的集成创新和综合防控技术体系。在全国 500 余家规模养猪企业、上万家中小型养猪场建立了技术服务网点。培训人员 40 余万人，建立科技服务工作站 20 余个。依托该项研究建设技术创新平台 20 个。相关研究成果获省部级科技奖励 9 项，其中获湖北省科技进步一等奖 3 项；获授权专利 41 项，其中发明专利 39 项；获 6 项新兽药注册证书。获临床试验批件 7 项（其中 2013 年后获新兽药注册证书 3 项）；获国家重点新产品 2 项；获转基因安全证书 4 项；发表相关论文 387 篇，其中 SCI 收录 128 篇，主要完成人入选 Elsevier 高被引学者；主编专著 5 部；转化成果 25 项（次），推进了行业科技进步。

创新成果在全国推广应用，疫苗实际推广 1.83 亿头份，直接销售额达 7.3 亿元左右。新增经济效益 431.75 亿元。检测技术及诊断制剂应用于临床，检测监测辐射范围广。研究成果为促进养猪业健康发展，保障食品安全和人类健康作出了重大贡献，经济效益和社会效益十分显著。

（3）针对新传入我国口蹄疫流行毒株的高效疫苗的研制及应用　该项研究成果获 2016 年度国家科学技术进步奖二等奖，由中国农业科学院兰州兽医研究所才学鹏研究员主持完成。

口蹄疫是危害猪、牛、羊等家畜最为严重的世界性烈性传染病，病原高度变异，新毒株不断出现，疫情传播迅猛，经济损失和社会影响巨大。世界动物卫生组织（OIE）将其列为法定报告疫病，总结近百年防控经验，制定并推行以免疫为核心措施的全球控制策略。2000 年以来，亚洲 1 型、O 型和 A 型 3 种血清型的 5 种新流行毒株先后传入我国，原有疫苗难以应对，致使每年近 18 亿头猪、牛、羊处于高危风险状态，急需高效疫苗。本项目以国家防疫需求为导向，针对研制疫苗中种毒选育难度大、抗原制备生物安全风险高、传统工艺疫苗质量差的三大世界性技术难题，自 2002 年以来历经 13 年联合攻关，取得了如下成果：

1）创建了制苗种毒分子选育技术平台，解决了传统疫苗种毒筛选耗时长、成功率低的难题，成功创制了 3 种高效灭活疫苗，及时遏制了口蹄疫大流行。

2）发明了单质粒口蹄疫病毒拯救系统，实现了制苗种毒的定向设计构建，突破了流行毒株不能驯化为制苗种毒的技术难题，制备出产能高、抗原性好、稳定性强的 A 型制苗种毒，填补了世界动物卫生组织抗原库的空白。

3）首创了工业化固相口蹄疫抗原多肽合成技术体系，建立了没有生物安全风险的全新抗原制备方法，创制了 2 种猪口蹄疫 O 型合成肽疫苗，成为疫苗制造领域里程碑式的重大突破。

4）创新了具有自主知识产权的病毒规模化悬浮培养和抗原浓缩纯化生产工艺，解决了产能低、易污染、批间差异大、副反应严重等技术难题，建立了我国全新的口蹄疫疫苗产业化技术体系，突破了国外技术壁垒和垄断，使我国口蹄疫疫苗质量达到国际领先水平。

该项研究成果创制的 6 种高效疫苗在 31 个省市推广应用，免疫猪、牛和羊 50.89 亿头，有效控制了口蹄疫的发生。累计销售疫苗 75.38 亿毫升，总计收入 56.01 亿元，新增利润 22.87 亿元，实现利税 6.88 亿元；出口越南、朝鲜、蒙古国等国，创汇 196.5 万美元。成果应用产生间接经济效益 1145.94 亿元。

该项研究发表论文 218 篇，出版专著 4 部，获授权发明专利 10 项、授权的其他知识产权 18 项，制定疫苗制造和检验规程、国家标准 7 项，获得新兽药注册证书一类 1 件、三类 2 件，应急生产批文 2 项，获得省级科技进步奖一等奖 2 项。

（4）重要食源性人兽共患病原菌的传播生态规律及其防控技术 该项研究成果获 2017 年度国家科技进步奖二等奖，由扬州大学焦新安教授主持完成。

我国弯曲菌、沙门氏菌等导致的食源性人兽共患病和食品安全问题危害严重，长期以来，在防控研究中存在全产业链的流行病学定量数据匮乏、有效防控新技术及其产品缺乏、全程整体防控新体系亟待建立等重大问题。该项研究主要取得以下成果：

1）探明了我国食源性弯曲菌、沙门氏菌、单核细胞增生李斯特菌和副溶血性弧菌在全产业链的定量流行病学新特征。

2）创建了其快速定性、定量检测新技术，菌种库和分子溯源数据库以及定量风险评估体系，建立了风险预测模型和软件，定量评估了鸡肉弯曲菌污染对我国人群的健康风险。

3）创制了新型消毒制剂、有机酸和低温控制技术和新型系列防控疫苗等病原菌干预技术,形成了覆盖产业链全程的食源性病原菌集成防控技术体系,实现了传播和风险的有效防控。

该项研究为生产安全的动物源性食品提供了重在源头防控、覆盖全产业链的新知识、新技术、新产品。获批兽药产品 2 个、发明专利 7 项、软件著作权 4 项,主编著作 1 部,发表 SCI 论文 85 篇,培养博硕士生 150 名,培训基层骨干和核心技术员 1500 余人。成果推广至 11 个省(自治区、直辖市)的 40 家企事业单位,取得显著社会效益、生态和经济效益。该研究填补了国际上关于中国食源性病原菌流行特征、定量风险分析和防控干预技术等方面的空白,为提升我国食源性病原菌检测技术水平、防控水平和公共卫生事件快速应急处置能力等提供了关键科技支撑,也为政府决策提供了重要科学依据。

多年来,该研究团队一直致力于人兽共患病防控新技术及其基础研究,先后主持承担国家 863 计划、973 计划、国家自然科学基金重点项目、国际公益性行业专项、国家科技支撑计划及部省级各类课题 40 余项,取得 15 项研究成果,其中 12 项获国家级、部省级科技进步奖,其中国家科技进步奖二等奖 1 项、教育部科技进步奖一等奖和二等奖各 1 项、教育部技术发明二等奖 1 项。在国内外发表论文 400 余篇,主(参)编著作(教材)13 部,为提升我国食源性病原菌检测技术水平、防控水平和公共卫生事件快速应急处置能力作出了重要贡献。

(5)动物专用新型抗菌原料药及制剂创制与应用 该项研究成果获 2019 年度国家科学技术进步奖二等奖,由华南农业大学刘雅红教授主持完成。

细菌感染性疾病是制约我国养殖业健康发展的一大瓶颈,而抗菌药在防治这类疾病中一直起着不可替代的重要作用,但我国抗菌药的创制能力不足,动物专用抗菌药新品种匮乏,已有的抗菌药大都已产生耐药性,远不能满足我国养殖业发展的需求,兽医临床面临无药可用、人兽共用药物、耐药性日益严重的困境,给养殖业的健康发展、人类健康和公共卫生都带来严重威胁。面对此种困境,华南农业大学在多个国家和省部级重点项目的支持下,联合齐鲁动物保健品有限公司,上海高科联合生物技术研发有限公司,广东温氏大华农生物科技有限公司,天津市中升挑战生物科技有限公司和洛阳惠中兽药有限公司五家企业通过十余年产学研攻关,攻克了动物专用新型抗菌原料药合成工艺和新制剂研制中"卡脖子"的技术难题,并制订科学的用药方案来延缓耐药性产生的科学问题,取得了创新性的成果。

研究破解了生物蛋白药物基因工程菌种培育、外分泌表达和纯化的难题,首次构建了高效外分泌表达重组溶葡萄球菌酶的大肠杆菌工程菌和纯化工艺,研制出国家一类新兽药溶葡萄球菌酶,对奶牛乳房炎和子宫内膜炎的疗效显著且不易产生耐药性;攻克了抗菌药物合成工艺长、成本高、收率低的技术瓶颈,合成了沃尼妙林、头孢喹肟和头孢噻呋 3 种动物专用抗菌原料药,创新了药物的合成路线,大大降低了生产成本,且药物对临床常见呼吸道和消化道感染疾病疗效显著,头孢喹肟和头孢噻呋是国内首个通过欧盟 GMP 认证及美国

FDA 审核的动物专用药物，打破了我国长期以来兽用抗菌原料药只进口无出口的局面。

该项研究掌握了制剂研制中长效缓释的关键核心技术，创新了超微乳化和微囊包被工艺等技术，针对动物临床用药特点和药物自身特性，创制了 8 个兽用新制剂（含 2 个长效缓释制剂），丰富了我国兽药剂型，提高了药物治疗效果，其药动学参数、临床应用效果优于国外制剂，替代了国外进口产品，为新型抗菌原料药的应用提供了重要的基础。

面对临床不合理用药导致的耐药性日益严重现状，项目创建了以生理药动学、群体药动学、药动 / 药效同步模型为基础的兽药评价方法，克服了传统药动学的不足，创新了兽药评价技术体系，首次制定了沃尼妙林对产气荚膜梭菌和头孢喹肟对副猪嗜血杆菌的药效学 / 药动学（PK–PD）敏感性折点，建立了沃尼妙林和头孢喹肟的合理应用方案，为延缓耐药性的产生和耐药性监测提供了重要技术支撑，开拓了我国兽药评价的新方向。

该项研究研发新兽药 12 个（其中一类新兽药 1 个，二类新兽药 5 个）；授权发明专利 19 件（美国、欧盟、日本、新加坡和韩国国际专利 5 件）；SCI 收录论文 49 篇。研究成果在全国多个省市的大型养殖场和农户推广应用，在 2015—2018 年，产品总销售额超16 亿元，成果应用显著提高了畜禽感染性疾病的防治水平，经济、社会和生态效益显著。科技成果获广东省科学技术奖一等奖 1 项。项目技术提升了我国兽药产业的自主创新能力及国际竞争力，为养殖业的可持续发展提供了保障。

4. 最新重大研究成果

（1）非洲猪瘟病毒结构及装配机制 该项研究成果以 "Architecture of African Swine Fever Virus and implications for viral assembly" 为题，在 *Science*（01 Nov 2019：Vol. 366, Issue 6465，pp. 640–644，DOI：10.1126/science.aaz1439）2019 年 10 月 17 日在线发表，由中国科学院生物物理研究所饶子和院士 / 王祥喜研究员团队、中国农业科学院哈尔滨兽医研究所步志高研究员团队合作完成。研究团队采用单颗粒三维重构的方法，首次全面解析出非洲猪瘟病毒颗粒精细三维结构，并揭示了病毒可能的装配机制，为开发新型非洲猪瘟疫苗奠定了坚实基础。这不仅是非洲猪瘟研究领域的一个重大进展，还是病毒学研究领域的一大进展。10 月 29 日，饶子和院士代表研究团队在第二届世界顶尖科学家论坛上做开题演讲，向世界顶尖的科学家和国内学者介绍中国科学家的这一最新研究成果。

非洲猪瘟（ASF）于 1921 年在肯尼亚首次发现，是猪的一种高度传染性病毒病，死亡率接近 100%。在过去的十年中，ASF 已遍及高加索、俄罗斯联邦和东欧的许多国家，构成了进一步扩展的严重风险。在 2019 年 1 月至 2019 年 9 月，世界动物卫生组织通报已有 26 个国家 / 地区报告非洲猪瘟疫情，其中 13 个欧洲国家、10 个亚洲国家和 3 个非洲国家。在没有疫苗或治疗方法的情况下，扑杀猪是控制疫情暴发的最有效方法，2018—2019 年疫情国家（地区）超过 3000 万头猪被扑杀。据估计，ASF 大流行给全球养猪业造成了 20 亿美元的经济损失。

非洲猪瘟病毒（ASFV）在环境中稳定，并在猪之间快速有效地传播。ASFV 是非洲猪瘟病毒科（Asfarviridae）的唯一成员，也是唯一已知的 DNA 虫媒病毒。尽管与其他核质大 DNA 病毒具有类似的结构、基因组和复制特性，但 ASFV 的不同之处在于具有多层结构和整体二十面体形态。

我国于 2018 年 8 月首次报道辽宁省沈阳市某猪场出现非洲猪瘟疫情，随后疫情在全国蔓延，造成严重经济损失。中国农业科学院哈尔滨兽医研究所国家非洲猪瘟专业实验室从黑龙江省佳木斯市疫情的病料中成功分离鉴定出我国第一株非洲猪瘟病毒（ASFV Pig/HLJ/2018），对其全基因组进行了精确测定，并建立了家猪感染模型和体外病毒高效扩增技术平台。

在此基础上，研究合作团队利用猪原代骨髓细胞，大量扩增病毒。病毒被甲醛灭活后进行了纯化，纯化后的病毒粒子经冷冻电子显微镜（EM）观察。采用冷冻电镜单颗粒三维重构的方法首次解析了非洲猪瘟病毒全颗粒的三维结构，发现细胞外的 ASFV 颗粒平均直径 260~300 nm，明显大于之前的观察数值（约 200 nm）。与大多数 NCLDVs 一样，ASFV 粒子的大小（直径 250~500 nm）和柔性限制了其结构解析不超过 10Å。然而该研究通过计算冷冻电镜收集的 43811 个病毒粒子图片，重构出 8.8Å 分辨率的 ASFV 全病毒结构图，该重构的结构清晰地显示了 ASFV 独特的五层（外膜、衣壳、双层内膜、核心壳层和基因组）膜结构，病毒颗粒包含 3 万余个蛋白分子，组装成直径约为 260nm 的球形颗粒（图 1）。此外，利用优化的图像重构技术，发现衣壳（第四层）的最大直径为 250 nm，第三层的脂质双层膜为 70–Å 厚，包裹着直径 180 nm 的核壳（第二层），且这三层遵循衣壳二十面体轮廓形态。该研究利用优化的图像重建策略，解析了由 17280 个蛋白［包括一个主蛋白（p72）和三个次要蛋白（M1249L、p17.p49 和 H240R）］构成的高达 4.1 Å 的 ASFV 衣壳结构。

图 1　非洲猪瘟病毒结构

非洲猪瘟病毒是目前解析近原子分辨率结构的最大病毒颗粒。该研究新鉴定出非洲猪瘟病毒多种结构蛋白，搭建了主要衣壳蛋白 p72 等原子模型，揭示了非洲猪瘟病毒多种潜在的关键抗原表位信息，阐述了结构蛋白复杂的排列方式和相互作用模式，提出了非洲猪瘟病毒可能的组装机制。此项研究对极其复杂的非洲猪瘟病毒有了更清晰的认识，为揭示非洲猪瘟病毒入侵宿主细胞以及逃避和对抗宿主抗病毒免疫的机制提供了重要线索，有助于进一步研究开发安全高效的新型非洲猪瘟疫苗。

（2）动物源细菌耐药性形成机制与控制技术　该项研究成果 2019 年 9 月通过专家鉴定，由中国工程院院士、中国农业大学沈建忠教授主持完成。

细菌耐药已成为全球公共健康面临的重大挑战。碳青霉烯类、多黏菌素类和替加环素是目前人医临床治疗多重耐药革兰阴性杆菌严重感染的"最后一道防线"，除多黏菌素类多年来被国内外广泛用于畜禽促生长外，其余两种药物从未被批准用于养殖业。近年来监测发现我国畜禽源革兰阴性杆菌对这三类抗生素耐药性均有上升，但其成因和危害不明。该项研究围绕畜禽源革兰阴性菌耐药性的形成机制与控制技术开展研究，取得了以下原创性成果：

1）率先在动物源细菌中发现了碳青霉烯耐药基因 blaNDM 及其变异体，并揭示其流行特征：首次在鸡源细菌中发现了携带碳青霉烯耐药基因 blaNDM-1 的鲁氏不动杆菌并揭示了其分子流行特征；分别从鸡源和猪源大肠杆菌中发现并命名了碳青霉烯耐药新基因 blaNDM-17 和 blaNDM-20 并阐明了其功能与生物学特性；揭示了 blaNDM 沿家禽生产链向人类传播的分子特征，明确了苍蝇等环境媒介在传播过程中起到的重要作用，提出了合理使用抗菌药物、净化养殖环境、根除传播媒介等综合防控策略。

2）首次发现了质粒介导的多黏菌素耐药基因 mcr-1 及其变异体，并揭示其传播风险：从猪源大肠杆菌中发现并命名了可水平转移的多黏菌素耐药新基因 mcr-1，其编码的磷酸乙醇胺转移酶可修饰细菌细胞膜上多黏菌素的作用靶位—脂质 A 而介导耐药；动物试验证实感染菌携带 mcr-1 可导致多黏菌素治疗失败。随后又发现并命名了多黏菌素耐药基因 mcr-3（猪源大肠杆菌）、mcr-8（猪源肺炎克雷伯氏菌），系统揭示了动物源细菌对多黏菌素耐药性上升的原因。进一步研究发现畜禽产品生产链和环境可传播 mcr-1 携带菌并增加患者定植和感染风险；入院前使用抗生素和靠近养殖场居住是导致患者定植和感染 mcr-1 携带菌的关键因素；首次明确了水产养殖及水产品消费对于 mcr-1 携带菌在人群肠道中定植和传播的风险。

3）首次发现了质粒介导的高水平替加环素耐药基因 tet（X）的变异体：从猪源鲍曼不动杆菌和大肠杆菌分别发现了多重耐药质粒上携带与四环素耐药蛋白 TetX 具有 85.1% 和 93.8% 相似性的变异体，可介导细菌对替加环素表现出高水平耐药，命名为 Tet（X3）与 Tet（X4）。进一步研究发现其可介导对所有四环素类药物耐药，动物试验模型证实了 tet（X）变异体可导致替加环素在临床上对携带该类耐药基因病原菌感染的治疗失败，流行病学回溯性调查发现该类突变体已经流行于动物源、食品源和人医临床感染源细菌。这标志着由"碳青霉烯类、多黏菌素类和替加环素"组成的人医临床治疗多重耐药革兰阴性杆菌严重感染的"最后一道防线"具有全面崩溃的风险。

该项研究从分子水平上揭示了近年来动物源细菌耐药性快速上升的成因，丰富了细菌耐药性形成理论。相关成果在 *Lancet Infectious Diseases*、*Nature Microbiology* 等国际学术刊物上发表论文 40 余篇，其中 2 篇遴选为杂志封面论文，4 篇入选 ESI 高被引论文，单篇最高 SCI 他引 1315 次，两篇入选"中国百篇最具影响国际学术论文"，被"F1000"推荐 3 次。研究成果还为养殖业科学使用抗菌药物、细菌耐药造成公共健康的风险评估及其控制提供了科学依据，为我国近几年相继出台兽用抗菌药使用及耐药性管控政策提供了关键性的科学依据和理论支持，为全球倡导的"One Health"理念下解决细菌耐药问题提供了新的思路和方法，尤其是多黏菌素耐药新机制的发现还推动了世界卫生组织（WHO）、欧盟药品管理委员会（EMA）等国际组织和多个国家对多黏菌素使用风险管理政策的及时调整。

5. 批准注册的新兽药

随着我国畜牧业、水产养殖业和宠物业的快速发展，动物疫病防控及诊疗对兽药的需求越来越大，极大地促进了新兽药的研发工作。技术进步和现代生物技术的应用也进一步提升了新兽药的质量效能和生产工艺水平。特别是兽用疫苗和诊断制品，在重大、新发动物疫病防控中发挥了巨大作用，检测制剂在兽药残留和污染物监测中作出了重要贡献。

2010—2019 年，农业农村部共批准注册新兽药 597 个，各类新兽药数量及所占比重见图 2。尽管具有完全自主知识产权的原创性一类新兽药数量不断增加，但比重仅占 4.4%，即使加上二类新兽药占比还不到 30%。可参阅附录 4 一、二类新兽药——生物制品名录，附录 5 一、二类新兽药——化学药品及中成药名录。

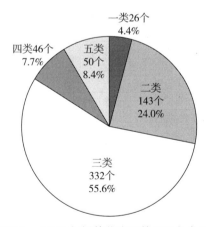

图 2　2010—2019 年新兽药注册数量及各类所占比重

兽用生物制品在新兽药研发中仍然是主要种类。在 2010—2019 年注册的一类新兽药中，兽用生物制品占 81%，其中疫苗占 58%；研制单位以联合研发为主，11 个为科研院所主持联合企业研发，6 个为高等学校主持联合企业研发，3 个为科研院所独立研发（表 9）。科研院所和高等学校仍是新兽药研发的主力军，尤其是创新性强、技术要求高的一、二类，而且在短时间内这种格局不易改变。三类占新兽药总数的 55.6%，企业研发的比重增加，但大多还是联合科研院所和高等学校研发。目前，四类、五类新兽药主要是化学药品和中成药，研发以企业为主。由于历史原因，我国兽药生产企业作为技术创新的主体尚需时间。

表9 2010—2019年一类新兽药总览

种 类	名 称	数量	独立研发		联合研发	
			科研院所	企业	研学企	企业
疫 苗	猪口蹄疫 O 型病毒 3A3B 表位缺失灭活疫苗（O/rV-1 株） 猪口蹄疫 O 型、A 型二价灭活疫苗（Re-O/MYA98/JSCZ/2013 株 +Re-A/WH/09 株） 猪链球菌病、副猪嗜血杆菌病二联亚单位疫苗 重组新城疫病毒灭活疫苗（A-Ⅶ株） 禽流感 DNA 疫苗（H5 亚型，pH5-GD） 重组禽流感病毒（H5+H7）二价灭活疫苗（H5N1 Re-8 株 +H7N9 H7-Re1 株） 番鸭呼肠孤病毒病疫苗（CA 株） 鸭坦布苏病毒病活疫苗（WF100 株） 鸭坦布苏病毒病灭活疫苗（HB 株） 奶牛衣原体病灭活疫苗（SX5 株） 兔出血症病毒杆状病毒载体灭活疫苗（BAC-VP60 株） 草鱼出血病活疫苗（GCHV-892 株） 大菱鲆迟钝爱德华氏菌活疫苗（EIBAV1 株） 大菱鲆鳗弧菌基因工程活疫苗（MVAV6203 株） 鳜传染性脾肾坏死病灭活疫苗（NH0618 株）	15	3	1	11	
诊断制品	鹦鹉热衣原体抗体胶体金检测试纸条 布鲁氏菌抗体检测试纸条 猪肺炎支原体等温扩增检测试剂盒	3			3	
其他生物制品	新城疫病毒抗血清 重组鸡白细胞介素 -2 注射液 犬血白蛋白注射液	3		2	1	
化学药品	维他昔布、维他昔布咀嚼片	2		2		
中 药	紫锥菊、紫锥菊口服液、紫锥菊末	3				3

数据来源：农业农村部。

6. 授权发明专利

专利产出是主导科技竞争力的核心要素之一。据农业农村部畜牧兽医局不完全统计，2015—2017 年兽医相关技术领域授权专利共计 457 项，包括动物用疫苗、诊断试剂、化学药品和中兽药，兽药残留及耐药性检测，细菌、病毒的基础研究和动物实验用器械研发等，其中动物用生物制品和其他兽药研发领域授权专利 272 项，占 59.5%；动物实验用器械研发领域 48 项，占 10.5%；其他诊断检测方法相关研发授权专利 138 项，占 30%。

另据中国农业科学院农业信息研究所采集 22 个重要农业国家 2014—2018 年的农业发明专利公开数据，从技术研发能力、技术影响力、技术的发展潜力和技术保护力 4 个维度对国家及机构的专利竞争力所开展的分析，中国在动物疫病防控技术领域的专利竞争力指数排名第九（表 10），技术生产力、技术影响力和技术认可度表现较强，均排名第二；但技术保护力较弱，排名第二十二；没有机构进入专利竞争力指数排名前 10 优势机构（TOP10），1 家机构进入排名前 30（TOP30）。短板十分突出。分析数据来源于 Derwent Innovation 专利数据库及分析系统，以农业领域国际专利分类（IPC）和 Derwent 手工代码为检索条件，主要包括兽药和疫苗相关技术。

表 10　22 国动物疫病防控技术领域专利竞争力指数概览

排　名	国　别	得　分	排　名	国　别	得　分
1	美　国	3.56	12	加拿大	0.69
2	瑞　士	1.49	13	以色列	0.66
3	法　国	0.99	14	西班牙	0.65
4	英　国	0.95	15	丹　麦	0.62
5	德　国	0.86	16	意大利	0.60
6	日　本	0.85	17	韩　国	0.60
7	挪　威	0.82	18	比利时	0.54
8	瑞　典	0.81	19	印　度	0.53
9	中　国	0.79	20	波　兰	0.27
10	澳大利亚	0.72	21	墨西哥	0.14
11	荷　兰	0.72	22	巴　西	0.08

数据来源：《2019 中国农业科技论文与专利全球竞争力分析》，中国农业科学院农业信息研究所。

（三）重点学科建设

学科是现代科学技术体系形成与发展的重要标志，是高等学校和科研院所的基本单元和功能的基本载体，是实现内涵式发展的基本支撑。基于高等学校和科研院所的功能定位不同，其学科层级结构有所不同，但学科建设的战略目标是一致的。随着时代和科学技术的发展，学科要不断适应社会需要，凝练学科发展方向，优化调整学科结构，促进学科交叉融合、协同创新。因此，学科建设是个长期、动态的过程，需要坚持不懈、持之以恒地建设。

1. 国家重点学科

新中国成立后，经过解放初期的接管改造、高等学校院系调整和新设立高校，全国每个省、自治区、直辖市至少有 1 所大学设有兽医学科，中央、地方均设有独立或内设的兽医研究机构。改革开放以来，派出大批留学生和访问学者，通过国际交流合作，借鉴发达国家的兽医学科建设经验，多种措施并举推动兽医学科建设。1985 年，中共中央作出关于教育体制改革的决定，提出"根据同行评议、择优扶植的原则，有计划地建设一批重点学科"。此后，教育部共组织了3次国家重点学科评选确定。历次批准的兽医学国家重点学科及高校见表11。

表 11　兽医学国家重点学科

批准年度	学科类别	学科名称	高校名称
1988	二级学科	动物解剖学、组织学与胚胎学	东北农学院
		动物生理学、动物生物化学	北京农业大学
		传染病学与预防兽医学	南京农业大学
		兽医寄生虫学与寄生虫病学	北京农业大学
2002	二级学科	基础兽医学	中国农业大学
			东北农业大学
		预防兽医学	中国农业大学
			南京农业大学
			扬州大学
		临床兽医学	西北农林科技大学
2007	一级学科	兽医学	中国农业大学
			南京农业大学
	二级学科	基础兽医学	东北农业大学
		预防兽医学	吉林大学
			华南农业大学
			扬州大学
		临床兽医学	西北农林科技大学

资料来源：教育部。

注：1988年批准的重点学科高校仍用当时校名。东北农学院现为东北农业大学，北京农业大学现为中国农业大学。

国家重点学科建设，旨在形成以国家重点学科为骨干的学科体系，引领全国高等学校进行学科建设，促进学科结构的调整和优化，提升人才培养质量、科技创新水平、师资学术素养和社会服务能力，成为重要的具有骨干和示范作用的教学科研基地，并使部分国家重点学科达到国际同类学科的先进水平，带动我国高等教育整体水平全面提高。根据发展的需要，2007年国家重点学科在按二级学科设置的基础上增设一级学科，一级学科国家重点学科所覆盖的二级学科均为国家重点学科。一级学科国家重点学科的建设突出综合优势和整体水平，促进学科交叉、融合和新兴学科的生长；二级学科国家重点学科的建设突出特色和优势，在重点方向上取得突破。此外，还增加了国家重点（培育）学科。兽医学国家重点（培育）学科及高校见表12。

表 12　兽医学国家重点（培育）学科

批准年度	学科类别	学科名称	高校名称
2007	二级学科	基础兽医学	吉林大学
		预防兽医学	四川农业大学
		临床兽医学	东北农业大学

资料来源：教育部。

2. 一流学科建设

自 2016 年开始实施"双一流"建设，即世界一流大学和一流学科建设。"双一流"建设每五年一个建设周期，与国家五年建设规划同步实施。计划支持建设 100 个左右的学科，建设高校实行总量控制、开放竞争、动态调整。这是在新的历史时期，党中央、国务院对高等教育发展作出的新部署，是为提升我国高等教育综合实力和国际竞争力，奠定长远发展基础，为实现"两个一百年"奋斗目标和中华民族伟大复兴的中国梦提供有力支撑作出的重大战略决策。

教育部、财政部、国家发展和改革委员会公布的"双一流"建设高校共 137 所，其中一流大学建设高校 42 所，包括设置有兽医学科的大学 5 所；一流学科建设高校 95 所，包括设置有兽医学科的大学 12 所。实施"211 工程"和"985 工程"的设有兽医学科的 17 所高校全部纳入"双一流"建设。根据"双一流"建设专家委员会确定的标准认定，中国农业大学和华中农业大学的兽医学入选"双一流"建设学科。见表 13。

表 13　设有兽医学科的"双一流"建设高校

"双一流"建设高校		"双一流"建设学科
一流大学建设高校	一流学科建设高校	"双一流"建设高校入选学科
中国农业大学（A 类） 吉林大学（A 类） 上海交通大学（A 类） 浙江大学（A 类） 西北农林科技大学（B 类）	延边大学、东北农业大学、南京农业大学、华中农业大学、海南大学、广西大学、四川农业大学、西南大学、贵州大学、青海大学、宁夏大学、石河子大学	中国农业大学：兽医学 华中农业大学：兽医学

资料来源：教育部、财政部、国家发展改革委员会。

注：名单按学校代码排序。

设置有兽医学科的"双一流"建设高校中 6 所为农业大学，11 所为综合性大学；分布在 16 个省、自治区、直辖市，其中 6 所分布在东部，3 所在中部，8 所在西部；9 所分布在南方，8 所分布在北方，地域分布比较均衡。但仅有 2 所高校的兽医学列入一流学科建设，与我国的畜牧业生产大国地位和日趋繁重的公共卫生业务相比数量太少。

3.学科评估

学科评估是教育部学位与研究生教育发展中心对具有博士硕士学位授予权的一级学科进行整体水平的评估，于 2002 年首次开展至今已完成四轮。通过对学科建设成效和质量的评价，帮助参评单位了解自身学科优势与不足，促进学科建设，提高学科水平。在 2016—2017 年第四轮学科评估中，全国兽医学科具有"博士授权"的高校共 20 所，全部和部分具有"硕士授权"的高校参加评估，参评高校 41 所；中国农业科学院也参加了评估，共计 42 个参评单位。评估结果按"学科整体水平得分"的位次百分位，将前 70% 的学科分 9 档公布：2% ～ 10% 为 A，10% ～ 40% 为 B，40% ～ 70% 为 C。兽医学科第四轮学科评估结果见表 14。

表 14　第四轮学科评估（2016—2017 年）兽医学学科评估结果

数量 \ 分档	A		B			C		
	A⁺	A⁻	B⁺	B	B⁻	C⁺	C	C⁻
参评单位	3	2	4	4	4	4	4	4

数据来源：教育部学位与研究生教育发展中心。

从学科评估的结果看，排前两名的中国农业大学和华中农业大学与其兽医学科入选一流学科建设结果吻合，说明了这两所学校的兽医学科的实力。中国农业科学院作为唯一参加学科评估的科研院所，评估结果名列前茅，反映了其兽医学科的高水平。

通过实施国家重点学科建设、"211 工程""985 工程""优势学科创新平台""特色重点学科建设"和"双一流"等重点建设项目，高校的教学、科研条件得到显著改善，国际交流合作得到显著增强，学术水平、培养高层次人才和承担国家重大任务的能力得到显著提高；科研院所也根据自身特点，通过中央、地方项目加强了学科建设。兽医学科得到前所未有的发展。

（四）研究平台建设

研究平台是学科建设的重要内涵，是开展科学研究和技术研发、聚集和培养优秀科技人才、组织高水平学术交流合作、转化科技成果及产业化等科技创新活动的重要基地，已成为推动学科发展、孕育重大原始创新和解决国家战略重大科学技术问题的重要载体。以管理机构和财政资金支持划分，研究平台有国家级、部级、省级和省部共建。

中华人民共和国成立 70 年来，特别是改革开放后，随着国家经济的快速发展，逐步加大了对兽医学学科研究平台建设的投入力度，一批实验室科研仪器设备、生物安全设施达到国际或国内先进水平，高层次人才队伍不断壮大，极大地提升了我国兽医学学科水平和国际影响力。目前，联合国粮农组织（FAO）、世界动物卫生组织（OIE）在我国指定了共 20 个动物疾病参考中心 / 实验室或协作中心，反映了国际组织对我国兽医学学科水平的认可。

按照中央关于国家科技创新基地建设发展改革的有关部署要求，2017 年开始，科学技术部和有关部门对现有国家级基地平台进行整合。根据国家战略需求和不同类型科研基地的功能定位，归并整合为科学与工程研究、技术创新与成果转化和基础支撑与条件保障三类。截至 2019 年年底，兽医学学科国家科技创新基地共有 6 个，包括 3 个国家重点实验室、1 个国家工程研究中心、2 个国家工程技术研究中心。由于正处于整合期间，本报告汇总的是整合前的情况。

本报告仅评述兽医学学科在国家和国际层面的主要研究平台（不包括企业重点实验室和水生动物类疾病参考实验室）。截至 2019 年年底，在国家和国际层面，分布在科研院所、高等学校和其他单位的各种兽医学学科研究平台共 114 个，其中科研院所占 44.7%，高等学校占 34.2%，农业农村行政主管部门所属兽医技术支撑机构占 21.1%；按学科领域，预防兽医学科占 85.1%，基础兽医学科占 14.0%，临床兽医学科占 0.9%。见表 15。

表 15 兽医学科研究平台概览

序号	实验室类别	管理机构	数量	其　　中		
				科研院所	高等学校	其他
1	国家重点实验室	科学技术部	3	2	1	
2	教育部重点实验室	教育部	2		2	
3	农业农村部重点实验室	农业农村部	22	10	12	
4	农业科学观测实验站	农业农村部	12	7	5	
5	国家工程研究中心	国家发改委	1	1		
6	教育部工程研究中心	教育部	1		1	
7	国家工程技术研究中心	科学技术部	2	1	1	
8	高级别生物安全实验室	科学技术部	13	8	3	2
9	国家兽医参考实验室	农业农村部	16	8		8
10	国家兽医专业实验室	农业农村部	10	3	5	2
11	国家兽医区域实验室	农业农村部	3	2	1	
12	国家兽药残留基准实验室	农业农村部	4		3	1
13	国家兽药安全评价实验室	农业农村部	8		3	5
14	联合国粮农组织参考中心	联合国粮农组织	1	1		
15	世界动物卫生组织参考实验室	世界动物卫生组织	13	7	1	5
16	世界动物卫生组织协作中心	世界动物卫生组织	3	1	1	1
	合　　计		114	51	39	24

资料来源：科学技术部、教育部、国家和发展改革委员会、农业农村部、联合国粮农组织、世界动物卫生组织。

注：企业重点实验室和世界动物卫生组织水生动物类疾病参考实验室未列入本表。

1. 重点实验室

兽医重点实验室的功能定位是聚焦国家战略和兽医事业发展需求，针对兽医学学科发展前沿和兽医重要科技领域及方向开展创新性研究，提升科研院所和高等学校的创新能力，推动学科建设发展。重点实验室包括国家重点实验室和部级重点实验室，实行"开放、流动、联合、竞争"的运行机制，并进行定期评估、动态调整。

（1）国家重点实验室　截至 2019 年年底，科学技术部公布的兽医学学科国家重点实验室共 2 个，均分布在科研院所；研究方向含兽医学学科领域的国家重点实验室 1 个，分布在高等学校；其研究领域均为预防兽医学。见表 16。在最新一轮 2016 年生物和医学领域国家重点实验室评估中，兽医生物技术国家重点实验室被评为优秀类，家畜疫病病原生物学国家重点实验室、农业微生物学国家重点实验室被评为良好类。优化整合后的国家重点实验室将纳入科学与工程研究类国家科技创新基地。

表 16　兽医学学科国家重点实验室名录

序　号	实验室名称	依托单位
1	兽医生物技术国家重点实验室	中国农业科学院哈尔滨兽医研究所
2	家畜疫病病原生物学国家重点实验室	中国农业科学院兰州兽医研究所
3	农业微生物学国家重点实验室 *	华中农业大学

资料来源：科学技术部。

* 研究方向含动物病原微生物。

兽医生物技术国家重点实验室依托中国农业科学院哈尔滨兽医研究所，于 1986 年年初建设，1989 年 6 月通过验收正式对国内外开放，是兽医领域最早的国家重点实验室。实验室总体目标是以危害严重的动物传染病和人兽共患病为研究对象，在分子生物学水平解析病原变异、致病及诱导免疫的机制，引领兽医生物技术研究发展，创制预防、诊断或治疗用生物制剂，满足国家健康养殖和公共卫生安全的重大需求。实验室设立流行病学与病原变异、病原致病机理与防控理论、新型疫苗及诊断技术、兽医基础免疫学、实验动物资源与模式动物 5 个研究方向，瞄准动物疫病防控重要科学问题和重大技术需求，开展基础性、前瞻性、关键性研究。运用现代生物技术研究病原的遗传变异、致病及免疫机制，创新兽医学学科理论；研发预防、诊断与治疗用细胞工程和基因工程制剂，创制防控产品，为我国健康养殖、食品安全和公共卫生提供重要技术保障。

家畜疫病病原生物学国家重点实验室依托中国农业科学院兰州兽医研究所，于 2006 年 7 月批准建设，2010 年 10 月通过验收。家畜疫病病原生物学国家重点实验室主要从事基础理论和应用基础研究，以家畜重大疫病为研究对象，针对疫病防治中的重大科学问题和关键技术，开展病原学及病原与宿主、环境相互作用规律的研究，为重大动物疫病和人兽共患病防治、保障生产安全和公共安全乃至国家安全提供理论依据、技术支撑和资源平台。实验室以危害家畜健康的重要疫病为研究对象，围绕国家畜牧产业发展的战略需求，瞄准动物疫病防控中的病原学关键科学问题，按病原类型分工，设立口蹄疫、传染病、寄生虫病、人兽共患病研究单元，主要研究方向为病原功能基因组学、感染与致病机理、病原生态学、免疫机理、疫病预警和防治技术基础。

农业微生物学国家重点实验室依托华中农业大学，于 2003 年 12 月经科学技术部批准立项建设，2006 年通过验收。农业微生物学国家重点实验室依据国家科技发展方针，围绕国家发展战略目标，针对科学发展前沿和国家重大需求，以农业有益微生物的利用和有害微生物的防治为主要研究内容，深入开展农业微生物学的应用基础研究，并向基础研究和应用开发两个方面延伸。动物病原微生物为实验室研究方向之一。动物病原微生物以动物流感病毒、狂犬病毒、猪链球菌、结核分支杆菌等重要人兽共患传染病病原以及猪繁殖与呼吸综合征病毒、猪胸膜肺炎放线杆菌、副猪嗜血杆菌等重大动物传染病病原为主要研究对象，开展病原生态学与流行病学、病原基因组学与蛋白质组学、分子致病与免疫机理、基因工程疫苗、分子诊断试剂的研究与开发，促进养殖业可持续发展，保障食品安全和人类健康。

（2）教育部重点实验室　截至 2019 年年底，教育部公布的兽医学学科重点实验室共有 2 个，研究领域均为预防兽医学，见表 17。

表 17　兽医学科教育部重点实验室

序　号	实验室名称	依托单位
1	人兽共患病研究教育部重点实验室	吉林大学人兽共患病研究所
2	禽类预防医学教育部重点实验室 *	扬州大学

资料来源：教育部。

* 省部共建教育部重点实验室。

吉林大学人兽共患病研究所成立于 2006 年 1 月，是整合了校内农学部、医学部等相关学科资源成立的，使人兽共患病研究实现了兽医学与医学的有机结合。研究所以人兽共患病毒病、细菌病、寄生虫病为主要研究方向，在我国率先设立了人兽共患疫病学博士点，是首批人兽共患病学研究教育部创新团队。依托学科之一——预防兽医学为国家重点学科。实验室充分发挥自身所具有的医学和兽医学学科交叉优势，逐步形成了以人兽共患病病原检测、流行病学调查、药物靶标筛选、致病机理等为突出特色的研究方向。在旋毛虫病、疟疾、血吸虫、隐孢子虫、医源性真菌等领域研究处于国内领先水平，取得一系列重要成果。在最近一轮 2016 年度生命领域教育部重点实验室评估中，人兽共患病研究教育部重点实验室被评为良好类。

禽类预防医学教育部重点实验室为 2009 年 12 月由教育部批准立项建设的省部共建教育部重点实验室，2016 年 6 月通过验收。禽类预防医学实验室瞄准学科发展国际前沿，主要开展禽类病原体致病与免疫应答的分子机制、禽用新型疫苗和抗病新技术、重大疫病快速检测技术和预警预报系统构建等方面的研究。实验室不仅研究禽类病原微生物致病机理和免疫机理，探索禽类病原微生物分子生物学特性研究，同时在对禽类重要疫病流行规律研究的基础上研究相应的防治对策。这些研究相互渗透、相互促进，体现了应用基础研究向基础研究和应用研究延伸的特点，为我国畜牧业的健康发展、人兽共患病的有效控制和动物性食品安全提供技术支撑和原创性成果。

（3）农业农村部重点实验室　2016 年 12 月，农业部①公布了"十三五"农业部重点实验室及科学观测实验站建设名单。农业农村部重点实验室按照学科领域、产业需求和区域特点进行规划布局，以学科群为单元进行建设，包括综合性重点实验室、专业性（区域性）重点实验室和科学观测实验站三个层次。

兽医学科农业农村部重点实验室体系包括兽用药物与诊断技术学科群、动物病原生物学学科群和农产品质量安全学科群，其中有 2 个综合性重点实验室、23 个专业性（区域性）重点实验室、12 个农业科学观测实验站。重点实验室分布在 10 所科研院所、7 所高等学校和 3 个企业，观测实验站分布在 7 所科研院所和 5 所高等学校，见表 18。农业农村部动物生理生化重点实验室归在动物营养与饲料学科群。

重点实验室按照分支学科领域，兽医传染病学 13 个，兽医药理学与毒理学 3 个，兽医微生物学和兽医公共卫生学各 2 个，动物生理学与生物化学、兽医免疫学、兽医寄生虫学、兽医临床诊疗学各 1 个，跨兽医药理学、兽医传染病学、中兽医学 2 个。

表18　"十三五"兽医学科农业农村部重点实验室体系

学科群	类别	农业农村部重点实验室（站）名称	依托单位
兽用药物与诊断技术学科群	★	农业农村部兽用药物与诊断技术重点实验室	中国农业科学院哈尔滨兽医研究所
	专业性/区域性重点实验室	农业农村部兽用药物创制重点实验室	中国农业科学院兰州畜牧与兽药研究所
		农业农村部兽用疫苗创制重点实验室	华南农业大学
		农业农村部兽用诊断制剂创制重点实验室	华中农业大学
		农业农村部特种动物生物制剂创制重点实验室	中国人民解放军军事医学研究院军事兽医研究所
		农业农村部兽用生物制品工程技术重点实验室	江苏省农业科学院
		农业农村部渔用药物创制重点实验室	中国水产科学研究院珠江水产研究所

① 2018 年 3 月，根据第十三届全国人民代表大会第一次会议批准的国务院机构改革方案设立农业农村部，不再保留农业部，故农业部重点实验室统一更名为农业农村部重点实验室。

续表

学科群	类别	农业农村部重点实验室（站）名称	依托单位
	专业性/区域性重点实验室	农业农村部禽用生物制剂创制重点实验室	扬州大学
		农业农村部兽用生物制品与化学药品重点实验室	中牧实业股份有限公司
		农业农村部动物疫病防控生物技术与制品创制重点实验室	肇庆大华农生物药品有限公司
		农业农村部生物兽药创制重点实验室	天津瑞普生物技术股份有限公司
		农业农村部兽用化学药物及制剂学重点实验室	中国农业科学院上海兽医研究所
		农业农村部畜禽细菌病防治制剂创制重点实验室	湖北省农业科学院畜牧兽医研究所
	农业科学观测实验站	农业农村部兽用药物与诊断技术北京科学观测实验站	中国农业科学院北京畜牧兽医研究所
		农业农村部兽用药物与诊断技术天津科学观测实验站	天津市畜牧兽医研究所
		农业农村部兽用药物与诊断技术新疆科学观测实验站	新疆维吾尔自治区畜牧科学院
		农业农村部兽用药物与诊断技术陕西科学观测实验站	西北农林科技大学
		农业农村部兽用药物与诊断技术湖北科学观测实验站	湖北省农业科学院畜牧兽医研究所
		农业农村部兽用药物与诊断技术四川科学观测实验站	四川农业大学
		农业农村部兽用药物与诊断技术广西科学观测实验站	广西壮族自治区兽医研究所
		农业农村部兽用药物与诊断技术广东科学观测实验站	广东省农业科学院兽医研究所
动物病原生物学学科群	★	农业农村部动物病原生物学重点实验室	中国农业科学院兰州兽医研究所
	专业性/区域性重点实验室	农业农村部动物病毒学重点实验室	浙江大学
		农业农村部动物细菌学重点实验室	南京农业大学
		农业农村部动物寄生虫学重点实验室	中国农业科学院上海兽医研究所
		农业农村部动物免疫学重点实验室	河南省农业科学院
		农业农村部动物流行病学重点实验室	中国农业大学
		农业农村部动物疾病临床诊疗技术重点实验室	内蒙古农业大学
		农业农村部经济动物疫病重点实验室	中国农业科学院特产研究所
		农业农村部人畜共患病重点实验室	华南农业大学
	农业科学观测实验站	农业农村部动物病原生物学华北科学观测实验站	河北农业大学
		农业农村部动物病原生物学东北科学观测实验站	东北农业大学
		农业农村部动物病原生物学华东科学观测实验站	山东农业大学

续表

学科群	类别	农业农村部重点实验室（站）名称	依托单位
		农业农村部动物病原生物学西南科学观测实验站	云南省畜牧兽医科学院
农产品质量安全学科群	专业性/区域性重点实验室	农业农村部兽药残留及违禁添加物检测重点实验室	中国农业大学
		农业农村部兽药残留检测重点实验室	华中农业大学
		农业农村部农产品质量安全生物性危害因子（动物源）控制重点实验室	扬州大学
#		农业农村部动物生理生化重点实验室	南京农业大学

资料来源：农业农村部。

注：★为综合性重点实验室。#归在动物营养与饲料学科群。

2. 工程研究中心 / 工程技术研究中心

兽医学学科的工程研究中心的功能定位是面向畜牧业主战场、面向国家公共卫生重大需求，组织兽医学学科领域的技术研发、科技成果转化，推进产学研合作和技术产业化转移，提高产业自主创新能力和核心竞争力，推动兽医学学科建设发展。与重点实验室一样，它们同样是培养优秀科技人才和创新团队、进行学科研究和推进学科建设的重要平台。

截至 2019 年年底，兽医学学科有 1 个国家工程研究中心、1 个国家工程技术研究中心和 1 个含动物疫病防治技术研究内容的国家工程技术研究中心（均不包括企业的）、1 个教育部工程研究中心。这 4 个中心均为预防兽医学科领域，且主要是研制动物用生物制品。见表 19。

科学技术部和国家发展改革委员会正在对现有国家工程技术研究中心、国家工程研究中心、国家工程实验室进行优化整合，符合条件的国家工程技术研究中心纳入国家技术创新中心序列，符合条件的国家工程研究中心和国家工程实验室（兽医学学科目前没有）纳入国家工程研究中心序列，成为技术创新与成果转化类国家科技创新基地。今后不再批复新建国家工程技术研究中心和国家工程实验室。

表 19　兽医学学科国家 / 教育部工程研究中心

序号	名　　称	依托单位	管理部门
1	动物用生物制品国家工程研究中心	中国农业科学院哈尔滨兽医研究所	国家发展改革委员会
2	国家兽用生物制品工程技术研究中心	江苏省农业科学院 南京天邦生物有限公司	科学技术部
3	国家家畜工程技术研究中心	华中农业大学 湖北省农业科学院	
4	动物生物药物教育部工程研究中心	华中农业大学	教育部

资料来源：国家发展改革委员会、科学技术部、教育部。

注：本表仅列出设置在科研院所、高等学校的工程研究中心。

3. 高级别生物安全实验室

高级别生物安全实验室是指生物安全防护级别为三级和四级的生物安全实验室。兽医学科高级别生物安全实验室是国家生物安全体系的基础支撑平台，是动物卫生领域开展科研、生产和服务的重要保障条件。目前，我国动物卫生领域基本形成了高级别生物安全实验室体系框架，拥有高级别生物安全实验室并已投入运行的科研院所和高等学校见表20，其中包括全国唯一的一个四级国家动物疫病防控高级别生物安全实验室，为动物烈性与重大传染病防控研究、生物防范和产业发展作出了重要贡献。

表 20　科研院所／高等学校高级别动物生物安全实验室名录

序号	单　位	实验室生物安全防护级别
1	中国农业科学院哈尔滨兽医研究所	四级、三级
2	中国农业科学院兰州兽医研究所	三级
3	福建省农业科学院畜牧兽医研究所	三级
4	华中农业大学	三级
5	华南农业大学	三级
6	扬州大学	三级

资料来源：科学技术部；《中国兽医科技发展报告 2015—2017》，农业农村部畜牧兽医局。

国家动物疫病防控高级别生物安全实验室依托中国农业科学院哈尔滨兽医研究所建设，2018 年 7 月通过中国合格评定国家认可委员会（CNAS）认可，成为重要动物传染病与人兽共患病为特色的综合性研究平台。该实验室可使用猪、马、牛、羊、骆驼、家禽等农场动物，以及小鼠、大鼠、豚鼠、兔、犬、猫、雪貂、猴等各类实验动物，开展《人间传染的病原微生物名录》（卫科教发〔2006〕15 号）中人兽共患的一类、二类病原微生物，以及《动物病原微生物分类名录》（农业部第 53 号令）中一类、二类动物病原微生物的实验感染研究，探讨上述传染病的致病机制和免疫机制，研制防控上述传染病的疫苗和诊断方法，保障畜牧业健康发展和公共卫生安全。

国家动物疫病防控高级别生物安全实验室是我国独立自主设计建设的首个生物安全四级实验室，开创了我国生物安全四级实验室的建设历史，标志着我国掌握了生物安全领域最高级别生物安全实验室设计、建设、运行和管理的关键技术，成为全球为数不多的具备开展所有人类已知重要传染病病原感染试验研究能力的国家。不仅为保障我国畜牧业健康发展、维护公共卫生安全发挥重要研究平台支撑作用，同时确立了我国在国际生物安全领域的一席之地。

4. 参考实验室

联合国粮农组织（FAO）和世界动物卫生组织（OIE）在世界范围内筛选确定了一批技术力量雄厚、设施条件完备、在特定的动物疫病研究方面具有权威性的实验室作为兽医

参考实验室 / 中心，为全球提供专业服务和技术培训。我国也借鉴国际组织的做法，指定了一批国家兽医参考实验室、专业实验室和区域实验室。

（1）联合国粮农组织动物流感参考中心（FAO Reference Centre for Animal Influenza）联合国粮农组织参考中心主要职责是在跨境动物疫病、人兽共患病防控，保障食物安全和食品安全以及提升兽医公共卫生服务水平等方面为相关国家提供专业服务、技术培训。其认可是由联合国粮农组织依据备选机构在特定领域的技能、预期取得的成效，以及在促进国家和区域相关能力提升作出的贡献等方面进行综合考评后确定。联合国粮农组织计划在全球动物卫生领域认可约 50 个参考中心，主要包括兽医流行病学、实验室生物安全与生物防护等 6 方面，涉及 12 种相关动物疫病及人兽共患病。

2013 年，中国农业科学院哈尔滨兽医研究所动物流感实验室被认可为联合国粮农组织动物流感参考中心。这是我国首个也是目前唯一获得联合国粮农组织认可的国际动物疫病参考中心，是继德国联邦动物健康研究机构之后在全球认可的第二个动物流感参考中心。该实验室 2008 年被认可为世界动物卫生组织禽流感参考实验室（OIE Avian Influenza Reference Laboratory），又被联合国粮农组织认可为国际动物疫病参考中心，标志着我国在动物流感研究和诊断方面达到国际领先水平。

该实验室是国际上为数不多的能够同时开展高水平的流行病学、病原学基础及防控技术创新性研究的动物流感研究团队。自成立以来，取得了大量具有国际影响的重要研究发现，在动物流感诊断监测、分子流行病学、疫苗研制等方面取得一系列重大成果，为我国及越南、蒙古国、朝鲜、印度尼西亚、泰国、埃及、苏丹等十几个亚非国家提供禽流感防控的技术支持和人员培训，为禽流感防控作出了突出贡献，赢得了广泛的国际赞誉。被认可为联合国粮农组织动物流感参考中心后，实验室还肩负着为全球动物流感防控提供技术支持的国际责任。

（2）世界动物卫生组织参考实验室（OIE Reference Laboratory） 世界动物卫生组织参考实验室是国际动物卫生、兽医公共卫生以及动物产品贸易标准制修订的技术支持机构，在国际动物疫病防控和动物产品安全等标准和规则制定方面具有最高的权威性和主导性。其主要任务是负责起草相关国际动物卫生标准、标准化动物疫病诊断方法、提供标准化诊断试剂和国际标准血清、提出疫病监测和控制建议、为各成员提供技术培训等工作。

从 2008 年至 2019 年，我国已有 13 个世界动物卫生组织参考实验室（表 21）按照世界动物卫生组织工作规则履行参考实验室职责，促进国内兽医科研机构参与国际交流合作，推动我国兽医实验室工作与国际接轨，提升我国在国际兽医事务中的话语权。

（3）世界动物卫生组织区域协作中心 按照世界动物卫生组织规则，一个区域仅针对某个特定领域认可一家相关的兽医实验室作为协作中心。其主要任务为世界动物卫生组织实施推广特定领域的政策措施提供支持服务，开展或组织相关的科学技术研究，建议或制定方法程序，促进国际标准规则协调一致等。世界动物卫生组织协作中心同参考实验室一样，是国际动物卫生、兽医公共卫生以及动物产品贸易标准制修订的技术支持机构，在国际动物疫病防控和动物产品安全等标准和规则制定方面具有权威性和主导性。自 2012 年始至 2019 年年底，世界动物卫生组织共认可我国 3 个区域协作中心（表 22）。

表 21　世界动物卫生组织兽医参考实验室（中国）

序号	实验室名称	认可年度	依托单位
1	世界动物卫生组织禽流感参考实验室	2008	中国农业科学院哈尔滨兽医研究所
2	世界动物卫生组织马传染性贫血参考实验室	2011	
3	世界动物卫生组织传染性法氏囊病参考实验室	2018	
4	世界动物卫生组织口蹄疫参考实验室	2011	中国农业科学院兰州兽医研究所
5	世界动物卫生组织羊泰勒虫病参考实验室	2013	
6	世界动物卫生组织囊尾蚴病参考实验室	2019	
7	世界动物卫生组织狂犬病参考实验室	2012	中国农业科学院长春兽医研究所
8	世界动物卫生组织猪繁殖与呼吸障碍综合征参考实验室	2012	中国动物疫病预防控制中心
9	世界动物卫生组织新城疫参考实验室	2012	中国动物卫生与流行病学中心
10	世界动物卫生组织小反刍兽疫参考实验室	2014	
11	世界动物卫生组织猪链球菌病参考实验室	2013	南京农业大学
12	世界动物卫生组织猪瘟参考实验室	2017	中国兽医药品监察所
13	世界动物卫生组织布鲁氏菌病参考实验室	2019	
14	世界动物卫生组织鲤春病毒血症参考实验室	2011	深圳出入境检验检疫局
15	世界动物卫生组织对虾白斑病参考实验室	2011	中国水产科学研究院黄海水产研究所
16	世界动物卫生组织传染性皮下和造血组织坏死病参考实验室		

资料来源：世界动物卫生组织。

表 22　世界动物卫生组织区域协作中心（中国）

序号	实验室名称	认可年度	依托单位
1	世界动物卫生组织亚太区人兽共患病协作中心	2012	中国农业科学院哈尔滨兽医研究所
2	世界动物卫生组织兽医流行病学协作中心	2014	中国动物卫生与流行病学中心
3	世界动物卫生组织亚太区食源性寄生虫病协作中心	2014	吉林大学人兽共患病研究所

资料来源：世界动物卫生组织。

世界动物卫生组织对其协作中心和参考实验室有严格的标准要求。指定我国兽医科研机构为世界动物卫生组织协作中心，不但表明这些单位在兽医科技有关领域的能力和水平已经达到国际先进水平，而且反映了其在国际动物卫生相关领域的积极影响。

（4）国家兽医参考／专业／区域实验室　国家兽医参考实验室是参照国际组织做法建立的承担国家动物疫病防治基础研究与应用研究的技术平台。国家兽医参考实验室由农业农村部指定，受其委托承担特定动物疫病的最终诊断、标准品制备、疫苗毒株推荐、防治技术研究、防控政策咨询、防控效果评估、防控技术指导、对外交流合作等工作。农业农村部对国家兽医参考实验室实施定期评估、动态管理。自 2005 年农业部公布首批 3 个国家兽医参考实验室至 2019 年年底，共公布国家兽医参考实验室 16 个（表 23）。

表 23　国家兽医参考实验室名录

序号	实验室名称	公布年度	依托单位
1	国家口蹄疫参考实验室	2005	中国农业科学院兰州兽医研究所
2	国家禽流感参考实验室	2005	中国农业科学院哈尔滨兽医研究所
3	国家马鼻疽参考实验室	2018	
4	国家马传染性贫血参考实验室	2018	
5	国家牛传染性胸膜肺炎参考实验室	2019	
6	国家牛海绵状脑病参考实验室	2005	中国动物卫生与流行病学中心
7	国家动物结核病参考实验室	2018	
8	国家新城疫参考实验室	2018	
9	国家非洲猪瘟参考实验室	2019	
10	国家猪繁殖与呼吸综合征参考实验室（含高致病性猪蓝耳病）	2018	中国动物疫病预防控制中心
11	国家猪瘟参考实验室	2018	中国兽医药品监察所
12	国家动物布鲁氏菌病参考实验室	2018	
13	国家牛瘟参考实验室	2019	
14	国家动物血吸虫病参考实验室	2018	中国农业科学院上海兽医研究所
15	国家动物狂犬病参考实验室	2018	中国农业科学院长春兽医研究所
16	国家动物包虫病参考实验室	2018	新疆畜牧科学院兽医研究所（新疆畜牧科学院动物临床医学研究中心）

资料来源：农业农村部。

国家兽医专业实验室是综合条件较好，但未被指定为国家参考实验室，根据需要由农业农村部指定为专业实验室并承担特定动物疫病检测等相关工作。出现特定动物疫病参考实验室空缺的，如有相应专业实验室，由农业农村部组织评估，择优指定为参考实验室。国家兽医专业实验室同样实行动态管理。2018 年农业部公布第二批国家兽医参考实验室的同时，公布了首批 9 个国家兽医专业实验室。2019 年农业农村部公布了国家非洲猪瘟参考实验室、专业实验室和区域实验室。截至 2019 年年底，共有国家兽医专业实验室 10 个，国家兽医区域实验室 3 个。见表 24。

表 24　国家兽医专业 / 区域实验室名录

序号	实验室名称	公布年度	依托单位
1	国家猪繁殖与呼吸综合征专业实验室（含高致病性猪蓝耳病）（北京）	2018	中国农业大学
2	国家牛海绵状脑病专业实验室（北京）	2018	
3	国家动物结核病专业实验室（武汉）	2018	华中农业大学
4	国家禽流感专业实验室（广州）	2018	华南农业大学
5	国家禽流感专业实验室（扬州）	2018	扬州大学
6	国家禽流感专业实验室（青岛）	2018	中国动物卫生与流行病学中心
7	国家动物布鲁氏菌病专业实验室（青岛）	2018	
8	国家口蹄疫专业实验室（昆明）	2018	云南省畜牧兽医科学院
9	国家动物包虫病专业实验室（兰州）	2018	中国农业科学院兰州兽医研究所
10	国家非洲猪瘟专业实验室（哈尔滨）	2019	中国农业科学院哈尔滨兽医研究所
11	国家非洲猪瘟区域实验室	2019	中国农业科学院兰州兽医研究所
12	国家非洲猪瘟区域实验室	2019	华南农业大学
13	国家非洲猪瘟区域实验室	2019	中国科学院武汉病毒研究所

资料来源：农业农村部。

5. 国家兽药残留基准实验室 / 国家兽药安全评价实验室

国家兽药残留基准实验室的主要任务是承担相关药物残留检测方法研究和标准的制定、检测技术仲裁、比对试验及技术培训等，旨在加强兽药残留监控工作，保障动物性产品的安全。2004 年农业部公布了首批 4 个国家兽药残留基准实验室并确定了其药物残留检测范围，其中 3 个国家兽药残留基准实验室依托单位在高等学校。2007 年、2011 年，农业部两次修订了基准实验室的药物检测范围（表 25）。

表 25　国家兽药残留基准实验室名录

序号	依托单位	药物检测范围
1	中国兽医药品监察所	四环素类、氟喹诺酮类、二硝基类、β - 受体兴奋剂类等
2	中国农业大学	酰胺醇类、磺胺类、阿维菌素类、离子载体抗球虫药、玉米赤霉醇、氯霉素、硝基咪唑类、镇静药、洛硝达唑等
3	华南农业大学	β - 内酰胺类、多肽类、咪唑并噻唑类、吡喹酮、三氮脒、三嗪类、有机磷类、有机氯类、拟除虫菊酯类、杀虫剂、性激素类、醋酸甲孕酮、去甲雄三烯醇酮、群勃龙、醋酸氟孕酮等
4	华中农业大学	氨基糖苷类、大环内酯类、林可胺类、喹噁啉类、苯并咪唑类、抗吸虫药、糖皮质激素类、解热镇痛类、硝基呋喃类、硝基化合物、杀虫剂、砜类抑菌剂等

资料来源：农业农村部。

同时，这4个实验室还是国家兽药安全评价实验室，开展兽药安全性监测和风险评估、对环境生态影响研究和环境安全性评价，以及开展兽药检验新技术、新方法的研究等。

（五）重要研究团队

1. 创新团队

2000年，国家自然科学基金委员会设立"创新研究群体科学基金"项目，支持优秀中青年科学家为学术带头人和研究骨干，共同围绕一个重要研究方向合作开展创新研究，以培养和造就在国际科学前沿占有一席之地的研究群体。从该基金项目设立至2019年，兽医学学科共有2个研究团队获得资助，其中陈焕春院士团队在2014年获得延续资助（表26）。

表26　兽医学学科历年入选国家自然科学基金创新研究群体名录

序号	学术带头人	研究方向	依托单位	获准年度
1	陈焕春	动物重要病原分子生物学与致病机理	华中农业大学	2011
2	陈化兰	动物流感病毒的进化及其与宿主互作机制	中国农业科学院哈尔滨兽医研究所	2015

资料来源：国家自然科学基金委员会。

2004年，教育部启动"长江学者和创新团队发展计划"，有计划地在高等学校支持一批优秀创新团队，以形成优秀人才的团队效应，提升高等学校科技队伍的创新能力和竞争实力，推动重点学科和高水平大学建设。为支持优秀创新团队持续提升创新能力，孕育重大创新成果，支撑一流学科建设，对建设成效显著的创新团队给予滚动支持。自2004年至2019年，兽医学科共有8个研究团队入选，其中4个创新团队获得滚动支持。见表27。

表27　兽医学学科历年入选教育部创新团队名录

序号	学术带头人	研究方向	学校	入选年度
1	陈焕春	动物传染病基础与防治技术研究	华中农业大学	2007
2	陈启军	人兽共患病	吉林大学	2007
3	朱兴全	重要动物源性人兽共患病病原的功能基因组学	华南农业大学	2007
4	秦爱建	动物疫病病原分子致病机制及控制研究	扬州大学	2009
5	李子义*	转基因克隆动物	吉林大学	2012
6	刘雅红*	兽用抗菌药的安全性评价研究	华南农业大学	2013
7	马忠仁*	动物医学生物工程	西北民族大学	2013
8	王玉炯*	牛、羊重要传染病防控关键技术研究	宁夏大学	2013

资料来源：教育部。

* 为获得滚动支持的团队。

2011 年，农业部启动"农业科研杰出人才扶持培养计划"，从 2011 年至 2020 年，分两批 ① 选拔培养 300 名中青年农业科研杰出人才和建立 300 个农业科研创新团队，以打造创新团队为目标，进一步加强我国高层次农业科研杰出人才及其创新团队建设，促进一批农业科研领军人才在创新实践中脱颖而出，构建人才、团队与产业紧密融合的人才培养体系，强化保障农产品有效供给的科技支撑，促进农业领域学科建设赶超国际先进水平。兽医学学科共有 30 个研究团队入选农业科研创新团队（表 28），占总团队数量的 10%。

表 28 兽医学学科农业科研杰出人才及其创新团队名录

序号	姓名	团队名称	依托单位	入选年度
1	杨汉春	动物分子病毒学与免疫学创新团队	中国农业大学	2011
2	朱兴全	动物源性人兽共患寄生虫病研究创新团队	中国农业科学院兰州兽医研究所	2011
3	王笑梅	新型禽用疫苗与诊断试剂创制创新团队	中国农业科学院哈尔滨兽医研究所	2011
4	涂长春	特种动物生物制剂创制创新团队	军事医学研究院军事兽医研究所	2011
5	沈建忠	动物源食品安全检测与控制技术创新团队	中国农业大学	2012
6	焦新安	人兽共患病防制新技术及免疫机理研究创新团队	扬州大学	2012
7	童光志	猪病毒病预防与控制技术研究创新团队	中国农业科学院上海兽医研究所	2012
8	廖 明	重大动物疫病防控创新团队	华南农业大学	2012
9	姜 平	动物传染病诊断与免疫创新团队	南京农业大学	2012
10	赵茹茜	动物生理生化与健康福利养殖创新团队	南京农业大学	2012
11	何正国	结核杆菌基因调控网络与药物靶标研究创新团队	华中农业大学	2012
12	张西臣	球虫类原虫病防控创新团队	吉林大学	2012
13	李泽君	水禽新发病毒病快速诊断与预防技术研究创新团队	中国农业科学院上海兽医研究所	2012
14	赵启祖	兽用生物制品质量监测技术研发创新团队	中国兽医药品监察所	2012
15	田克恭	兽医诊断创新团队	中国动物疫病预防控制中心	2012
16	张继瑜	兽药创新与安全评价创新团队	中国农业科学院兰州畜牧与兽药研究所	2015
17	刘雅红	兽用抗菌药安全评价创新团队	华南农业大学	2015
18	范红结	动物病原微生物致病及免疫机理研究创新团队	南京农业大学	2015
19	肖少波	动物病毒与宿主免疫系统相互作用研究及新型疫苗创制创新团队	华中农业大学	2015
20	黄保续	兽医流行病学研究创新团队	中国动物卫生与流行病学中心	2015
21	冯 力	猪消化道传染病创新团队	中国农业科学院哈尔滨兽医研究所	2015

① 2011 年和 2012 年入选的人员和团队为第一批，2015 年入选的为第二批。

续表

序号	姓 名	团队名称	依托单位	入选年度
22	郭爱珍	牛病防治基础与技术创新团队	华中农业大学	2015
23	刘 爵	家禽新发传染病防治技术创新团队	北京市农林科学院	2015
24	程安春	水禽传染病防控关键技术研究和应用创新团队	四川农业大学	2015
25	闫喜军	毛皮动物疫病防控创新团队	中国农业科学院特产研究所	2015
26	王志亮	重大外来动物疫病研究创新团队	中国动物卫生与流行病学中心	2015
27	王传彬	动物疫病诊断检测技术创新团队	中国动物疫病预防控制中心	2015
28	刘金华	动物源性人畜共患传染病预防与控制创新团队	中国农业大学	2015
29	丁家波	人畜共患病研究创新团队	中国兽医药品监察所	2015
30	曾建国	兽用中药资源与中兽药创制创新团队	湖南农业大学	2015

资料来源：农业农村部。

2013 年，科学技术部启动"创新人才推进计划"，其中一项内容是到 2020 年，建设 500 个"重点领域创新团队"，旨在培养和造就一批具有世界水平的优秀创新团队，为建设创新型国家提供有力的人才支撑，保持和提升我国在若干重点领域的科技创新能力。自 2013 年始至 2018 年，全国已有 340 个科研团队入选，兽医学学科共有 3 个科研团队入选（表 29）。

表 29　兽医学学科历年入选重点领域创新团队名录

序号	团队名称	负责人	依托单位	入选年度
1	重大外来动物疫病研究创新团队	王志亮	中国动物卫生与流行病学中心	2014
2	兽医微生物耐药性创新研究团队	刘雅红	华南农业大学	2016
3	人兽共患寄生虫病创新研究团队	冯耀宇	华南农业大学	2018

资料来源：科学技术部。

至 2019 年年底，国家自然科学基金委员会、教育部、农业农村部和科学技术部共批准兽医学学科 43 个科研创新团队（其中 3 个为同一团队），其中分布在高等学校 24 个、科研院所 10 个、兽医技术机构 6 个；按照分支学科领域，兽医传染病学 22 个，兽医公共卫生学 5 个，兽医药理学与毒理学 4 个，兽医寄生虫学和兽医微生物学与免疫学各 3 个，动物组织胚胎学、动物生理学与生物化学、中兽医学各 1 个。

2. 现代农业产业技术体系产业技术研发中心

2007 年，农业部、财政部联合启动现代农业产业技术体系建设。现代农业产业技术体系建设以农产品为单元，以产业为主线，依托具有创新优势的现有中央和地方科研力量，设置产业技术研发中心和综合试验站两个层级，针对产业关键环节开展技术研发。每个农产品设置一个国家产业技术研发中心和一个首席科学家岗位。每个国家产业技术研发中心由若干功能研究室组成，每个功能研究室设一个研究室主任岗位和若干个研究岗位。根据每个农产品的区域生态特征、市场特色等因素，在主产区设立若干综合试验站。现代农业产业技术体系建设每五年为一个实施周期，实行"开放、流动、协作、竞争"的运行机制。

2007年启动首批10个农产品的现代农业产业技术体系建设试点工作，其中畜牧产业为生猪、奶牛。2011年全面启动现代农业产业技术体系建设，确定了50个产业技术研发中心、233个功能研究室，其中畜牧产业设11个产业技术研发中心，除了牧草和蜜蜂之外，分别为生猪、奶牛、肉牛牦牛、肉羊、绒毛用羊、蛋鸡、肉鸡、水禽和兔，分布在2所高等学校和3所科研院所；兽医学学科按畜种分别设9个疾病防控研究室，分布在4所科研院所和3所高等学校，共有来自15所科研院所和15所高等学校的50名兽医学学科岗位专家，其中8名岗位专家为2017年新增。见表30。

表30　现代农业产业技术体系畜牧产业技术研发中心疾病防控研究室岗位科学家
（2017—2020年）

序号	研发中心名称	功能研究室	研究室主任	岗位名称	姓名	工作单位
1	国家生猪产业技术研发中心（中山大学）	疾病防控研究室（中国农业大学）	杨汉春	病毒病防控	姜　平	南京农业大学
				细菌病防控及安全用药	何启盖	华中农业大学
				寄生虫病防控	张改平	河南省农业科学院
				猪繁殖与呼吸综合征防控	杨汉春	中国农业大学
				猪瘟防控与净化	张桂红	华南农业大学
				猪伪狂犬病防控与净化	童光志	中国农业科学院上海兽医研究所
				强制性免疫病防控	张永光	中国农业科学院兰州兽医研究所
				传统中兽医防治	李艳华	东北农业大学
				猪场生物安全与综合防控	陈焕春	华中农业大学
2	国家奶牛产业技术研发中心（中国农业大学）	疾病防控研究室（中国农业科学院兰州畜牧与兽药研究所）	李建喜	病毒性传染病防控	高明春	东北农业大学
				细菌性传染病防控	范伟兴	中国动物卫生与流行病学中心
				繁殖病防控	杨宏军	山东省农业科学院
				传统中兽医兽药防治	李建喜	中国农业科学院兰州畜牧与兽药研究所
				兽药残留检测	沈建忠	中国农业大学
				奶牛场生物安全与综合防控	吴文学	中国农业大学

续表

序号	研发中心名称	功能研究室	研究室主任	岗位名称	姓名	工作单位
3	国家肉牛牦牛产业技术研发中心（中国农业大学）	疾病防控研究室（华中农业大学）	郭爱珍	病毒病防控	郭爱珍	华中农业大学
				细菌病防控	彭远义	西南大学
				寄生虫病防控	殷宏	中国农业科学院兰州兽医研究所
				牦牛疾病诊断与治疗	李家奎	西藏农牧学院
				传统中兽医兽药防治	魏彦明	甘肃农业大学
				药物开发与临床用药	张继瑜	中国农业科学院兰州畜牧与兽药研究所
				牦牛传染病防控	索朗斯珠	西藏农牧学院
				牛场生物安全与综合防控	邓立新	河南农业大学
4	国家肉羊产业技术研发中心（内蒙古自治区农牧业科学院）	疾病防控研究室（中国农业科学院兰州兽医研究所）	刘湘涛	病毒病防控	刘湘涛	中国农业科学院兰州兽医研究所
				细菌病防控	王凤阳	海南大学
				寄生虫病防控	宁长申	河南农业大学
				营养代谢病防控	赵世华	内蒙古自治区农牧业科学院
5	国家绒毛用羊产业技术研发中心（新疆维吾尔自治区畜牧科学院）	疾病防控研究室（中国农业科学院兰州兽医研究所）	才学鹏	病毒病防控	才学鹏	中国农业科学院兰州兽医研究所
				细菌病防控	杨增岐	西北农林科技大学
				寄生虫病防控	陈世军	新疆畜牧科学院
				营养代谢病防控	马利青	青海省畜牧兽医科学院
6	国家蛋鸡产业技术研发中心（中国农业大学）	疾病防控研究室（扬州大学）	吴艳涛	病毒病防控	周继勇	浙江大学
				细菌性病害防控	王红宁	四川大学
				新城疫等疫病防控	刘秀梵	扬州大学
				新发传染病防控	吴艳涛	扬州大学
				免疫抑制病防控	郑世军	中国农业大学
				鸡场生物安全与综合防控	刘胜旺	中国农业科学院哈尔滨兽医研究所
7	国家肉鸡产业技术研发中心（中国农业科学院北京畜牧兽医研究所）	疾病防控研究室（中国农业科学院哈尔滨兽医研究所）	王笑梅	禽流感防控	田国彬	中国农业科学院哈尔滨兽医研究所
				细菌病防控	邵华斌	湖北省农业科学院
				新发病诊断与防控	刘爵	北京市农林科学院
				免疫抑制病防控	王笑梅	中国农业科学院哈尔滨兽医研究所
				鸡场生物安全与综合防控	廖明	华南农业大学

续表

序号	研发中心名称	功能研究室	研究室主任	岗位名称	姓名	工作单位
8	国家水禽产业技术研发中心（中国农业科学院北京畜牧兽医研究所）	疾病防控研究室（中国农业大学）	张大丙	鸭病诊断与防治	黄瑜	福建省农业科学院
				鹅病诊断与防治	刁有祥	山东农业大学
				免疫抑制病防控	程安春	四川农业大学
				生物安全与综合防控	张大丙	中国农业大学
9	国家兔产业技术研发中心（中国农业大学）	疾病防控研究室（江苏省农业科学院）	薛家宾	病毒病防控	薛家宾	江苏省农业科学院
				细菌病防控	鲍国连	浙江省农业科学院
				寄生虫病防控	索勋	中国农业大学

资料来源：农业农村部。

注：括号里的单位为建设依托单位。

疾病防控研究室大都选择在现有国家和省重点实验室等科研基地，研究基础条件好、科研实力强；岗位专家大都具有较高的学术造诣和学科领域影响力，刘秀梵、陈焕春、沈建忠和张改平4位院士也作为岗位专家参加相关工作。疾病防控研究室紧紧围绕"十三五"畜牧业发展需求，开展共性和关键技术的研究、集成、试验和示范，解决目前疫病防控技术急需解决的重要问题；收集、分析疫病现状及技术发展动态与信息，为政府有关部门决策提供咨询；组织相关学术活动，进行基层技术人员的培训。

（六）学术交流活动

学术交流是学科开展学术研究与传播的重要机制。兽医学学科开展全国性学术交流主要通过中国畜牧兽医学会及分会组织的学术会议和学术期刊。学术会议是学者面对面的交流，而学术期刊是学者不见面的交流。中国畜牧兽医学会作为学术团体，积极组织学术交流活动。通过学术交流活动，学者发表学术意见、探讨不同观点、分享成果经验、相互学习启发，从而激发学术创造力，推动学术创新，促进学科发展。

1. 兽医学学科学术团体

1935年夏，蔡无忌等兽医学者在上海发起成立了"中国兽医学会"。翌年，由刘行骥等畜牧学者组建的"中国畜牧学会"准备举行成立大会之际，中国兽医学会拟召开年会。两个学会的成员认为畜牧、兽医学界应该联合，经商议于1936年7月19日将两个会议合并在南京举行，宣告成立"中国畜牧兽医学会"。

80多年来，中国畜牧兽医学会虽然历经战乱、动乱而一度停滞，但在几代畜牧兽医学者的不懈努力下，克服重重困难，逐步发展壮大。特别是改革开放以来，在中国科学技术协会的领导下，在农业农村部（农业部）和有关单位的支持下，开展学术交流、国际合作、技术服务、科普活动，出版学术期刊、学术专著、学科发展报告等。目前，中国畜牧兽医学会拥有38个学科分会、个人会员近6万名（其中高级会员1500名）、团体会员400多个，成为跨行业、跨部门、知识密集、人才荟萃、联系广泛的全国科技社团。

除了全国性的学术团体中国畜牧兽医学会之外，各省、自治区、直辖市还建有按照行政区划建立的地域性畜牧兽医学会。中国畜牧兽医学会与全国31个省级畜牧兽医学会建立了密切的联系。为了更好地在同一学科专业领域中进行学术交流，在学会中按照分支学科和研究领域设立分会。中国畜牧兽医学会内设21个兽医学学科专业分会，2个跨学科专业分会（表31）。

表31　兽医学学科全国性学术团体名录

序号	名　　　称	成立年份	首任理事长	现任理事长
1	中国畜牧兽医学会	1936	蔡无忌	黄路生
2	中国畜牧兽医学会中兽医学分会	1979	程绍迥	刘钟杰
3	中国畜牧兽医学会兽医外科学分会	1981	汪世昌	李宏全
4	中国畜牧兽医学会禽病学分会	1982	王树信	刘金华
5	中国畜牧兽医学会口蹄疫学分会	1982	程绍迥	张永光
6	中国畜牧兽医学会兽医内科与临床诊疗学分会	1982	王洪章	王俊东
7	中国畜牧兽医学会兽医病理学分会	1982	朱宣人	高　丰
8	中国畜牧兽医学会兽医食品卫生学分会	1984	赵鸿森	沈建忠
9	中国畜牧兽医学会生物制品学分会	1984	杨兴业	陈光华
10	中国畜牧兽医学会动物传染病学分会	1984	费恩阁	金宁一
11	中国畜牧兽医学会兽医影像技术学分会	1985	卢正兴	邓干臻
12	中国畜牧兽医学会兽医药理毒理学分会	1986	冯淇辉	邓旭明
13	中国畜牧兽医学会兽医寄生虫学分会	1986	孔繁瑶	刘　群
14	中国畜牧兽医学会动物解剖与组织胚胎学分会	1986	祝寿康	陈耀星
15	中国畜牧兽医学会动物生理生化学分会	1987	韩正康	崔　胜
16	中国畜牧兽医学会兽医产科学分会	1987	陈北亨	靳亚平
17	中国畜牧兽医学会动物药品学分会	1989	何家栋	冯忠泽
18	中国畜牧兽医学会生物技术学分会	1989	卢景良	步志高
19	中国畜牧兽医学会动物检疫学分会	1990	刘世珍	秦贞奎
20	中国畜牧兽医学会动物毒物学分会	1991	史志诚	赵宝玉
21	中国畜牧兽医学会动物微生态学分会	1992	何明清	倪学勤
22	中国畜牧兽医学会小动物医学分会	2005	林德贵	林德贵
23	中国畜牧兽医学会兽医公共卫生学分会	2008	丁　铲	丁　铲
24	中国畜牧兽医学会动物福利与健康养殖分会	2015	柴同杰	柴同杰

资料来源：中国畜牧兽医学会。

截止时间：2019年年底。

中国畜牧兽医学会积极搭建学术交流平台，主办出版综合性学术期刊《畜牧兽医学报》和兽医学科学术期刊《中国兽医杂志》。每年举办一次大型学术年会和近 20 个全国性兽医学科领域学术会议。从 2004 年开始，学会设立了"中国畜牧兽医学会奖"，奖励年会优秀论文及作者。为了培养青年人才，每年资助 150 余名（畜牧和兽医学科）在读硕士、博士研究生免费参加学术年会交流，每四年举办一次畜牧兽医青年科技工作者学术研讨会。自 2017 年开始，每年举办"青年拔尖人才"学术论坛。为了让学者开阔视野，了解世界兽医学科发展动向，加强国际交流合作，中国畜牧兽医学会还举办或承办国际性的学术会议。

通过学术期刊和学术会议，加强了学术交流，活跃了学术气氛，聚集了兽医学学科的学者个体研究能力而形成了学科团体研究能力，促进了学科繁荣发展。

2. 兽医学学科学术会议

2015—2019 年，中国畜牧兽医学会和兽医学学科分会共组织了 97 个全国性学术会议，其中国际学术会议 4 个，包括由中国畜牧兽医学会申办的第二十五届国际猪病大会。表 32 列出了按分支学科领域开展重大学术活动的简况，有关学术会议召开的详细情况参阅本卷报告附录 8 兽医学学科重大学术活动概览。

表 32   2015—2019 年兽医学学科重大学术活动简况

序　号	学科领域	举办数量
1	国际学术会议	4
2	综合性学术会议	11
3	基础兽医学	18
4	预防兽医学	37
5	临床兽医学	27
合　计		97

资料来源：中国畜牧兽医学会。

通过举办全国和国际学术会议，搭建了国内外学者集中面对面沟通的交流平台，使学者们能够快速了解学科最新学术信息和学术成果。举办国际学术会议，不出国门向国际同行展示我国学者所开展的工作，扩大了学科的国际影响力，并成为开展国际合作与交流的一个重要渠道。

2018 年 6 月 11—14 日，由中国畜牧兽医学会申办的第二十五届国际猪病大会（IPVS2018）在重庆隆重举行。这是国际猪病大会自 1969 年在英国创立 50 年来首次在中国召开。来自 6 大洲 42 个国家的 5599 位注册代表参会，为往届参会人数之最，其中国外学者及代表 1479 位。本届大会为期 4 天，以"健康猪，放心肉"为主题，共设置了 15 个平行论坛，围绕病毒学与病毒病、细菌学与细菌病、新发与再发传染性猪病、养猪生产与动物福利、兽医公共卫生与食品安全、饲料营养与猪群健康管理、猪场管理与环境控制、猪繁殖与呼吸综合征 8 个专题进行讨论。邀请了 36 位全球猪病研究领域的权威、知名专家、学者分享了 37 个特邀报告；邀请了近 50 位学者作为分会场主持人并进行现场解读和点评报告内容。大会还设立了会前会——中国猪病控制实践研讨会、兽医沙龙，陈焕春院士在会前会上作了特邀报告。大会从 918 篇投稿论文中挑选出 162 篇论文作口头报告，并组织了 617 份壁报进行展示，从多个维度展示了与猪群健康相关的各个研究领域的最新研究内容。与本届国际猪病大会同期召开的 2018 国际猪繁殖与呼吸综合征学术研讨会，通过遗传多样性与演化、流行病学与临床疾病、病毒—宿主相互作用与致病性、免疫学和宿主遗传抗性、诊断与疫苗、疫病防控与净化等专题展示了全球兽医界在猪繁殖与呼吸综合征方面的最新研究成果。国际猪医学会秘书长 Francois van Niekerk 博士表示，本届大会是历史上极其重要、极其富有纪念意义的一次空前的国际盛会。大会的成功得益于中国生猪产业的高速发展和猪病研究的长足进步，目前中国兽医相关科学研究能力达到国际领先水平，主要兽医学学科的带头人跻身世界前列并得到国内外学界的广泛认可。

2018 年 7 月 30 日至 8 月 1 日，由扬州大学和中国畜牧兽医学会主办的第十二届马立克氏病与家禽疱疹病毒国际学术研讨会在扬州市召开。来自 5 大洲 20 多个国家 300 多位专家和学者参加了会议。大会设免疫学与病毒学、流行病学、诊断与发病机制、病毒与宿主相互作用、疫苗与预防 5 个专题，安排了 42 个口头报告，组织了 34 个优秀壁报展示。芬兰赫尔辛基大学 Päivi Ojala 教授和中国农业大学韩军教授分别作了题为"基于卡波西氏肉瘤疱疹病毒（KSHV）模型系统的肿瘤生物学研究"以及"人单纯疱疹病毒基质蛋白 UL11.UL16 和 UL21 有序装配至囊膜糖蛋白 E 胞浆域并调控其功能"的特邀报告；来自中国的 10 位学者在大会上作了报告。与会专家围绕马立克氏病的免疫学与病毒学的最新研究成果作了交流，尤其在 MDV 致病致肿瘤分子机理、MDV 免疫应答、CRISPR/Cas9 技术在 MDV 抗病育种中应用以及 MDV 新型疫苗、以 MDV 为载体研制预防家禽其他疫病活疫苗等方面展示了丰硕的科研成果。

3. 兽医学学科学术期刊

学术期刊是学术交流的重要传播载体和学科建设的重要内容，在活跃繁荣学术交流、促进科学技术进步、引导学科发展中发挥着重要作用。中华人民共和国成立后，特别是改革开放以来，我国兽医学术期刊发展很快，涉及兽医学学科的各级学会、科研院所、高等学校和其他兽医技术机构几乎都开办了综合或单一学科期刊，推动了兽医学学科的学术交流。

被公认为具有权威性的期刊数据库收录，则反映出该期刊的学术影响力和地位。截至 2019 年年底，兽医学学科在国内三大重要的科技期刊数据库《中文核心期刊要目总览（第 8 版）》（2017 年版，2018 年出版）、中国科学引文数据库（CSCD）（2019—2020）、中国科技论文与引文数据库（CSTPCD）（2019 年版）收录为国内核心期刊的共有 9 种，中国农业核心期刊收录的（含三大库的 9 种）有 12 种。见表 33，详细情况参阅本卷报告附录 9 兽医学学科核心期刊目录。

表 33　截至 2019 年兽医学学科科技核心期刊收录简况

期刊数据库	收录期刊数量	开放获取核心期刊数量
中国科学引文数据库核心库来源期刊（CSCD）	4	1
中国科技论文统计源期刊（中国科技核心期刊）	9	3
中文核心期刊要目总览（第 7 版）	10	2
中国农业核心期刊	12	4

影响因子和总被引频次是两个国际通行的评价期刊的指标。通过这两个指标的排序可确定该期刊在同类期刊中所处的位置。为了比较全面地评价期刊学术水平和学科地位，综合指标评价比单一指标更加客观、准确。表 34 列出了中国科学技术信息研究所近 5 年收录的兽医学科科技核心期刊（包括畜牧兽医两学科合刊），从 2015—2018 年的主要表现指标核心总被引频次、核心影响因子和综合评价数值。这些入选中国科技核心期刊的兽医期刊是在经过严格的定量和定性分析的基础上选取的。

表 34　2015—2018 年兽医学学科科技核心期刊主要评价指标概览

收录期刊	核心总被引频次				核心影响因子				综合评价	
	2015	2016	2017	2018	2015	2016	2017	2018	2018	排名
畜牧兽医学报	1572	1671	1706	1684	0.560	0.526	0.620	0.706	56.6	2
中国畜牧兽医	2156	2295	2604	2410	0.464	0.563	0.738	0.647	56.7	1
畜牧与兽医	966	916	1076	1040	0.275	0.221	0.249	0.264	37.3	5
中国兽医学报	1312	1343	1430	1684	0.521	0.606	0.603	0.758	46.5	4
中国兽医科学	838	895	920	1057	0.374	0.433	0.415	0.52	33	7
中国预防兽医学报	1003	906	953	921	0.469	0.440	0.463	0.482	34.4	6
中国动物传染病学报	293	277	263	353	0.450	0.247	0.290	0.454	24.5	9
动物医学进展	1551	1695	1462	1424	0.583	0.632	0.444	0.44	50.7	3
中国兽药杂志	556	567	587	596	0.310	0.438	0.365	0.341	28.2	8

数据来源：《中国科技期刊引证报告（核心版）》2016 年版、2017 年版、2018 年版、2019 年版，中国科学技术信息研究所。

2006 年，中国科学技术协会启动实施精品科技期刊工程，该工程是推动科技期刊发展的国家级重大工程，通过择优支持一批优秀科技期刊，为我国科技期刊的发展起到示范引导作用，促进科技期刊提高竞争力。《畜牧兽医学报》是唯一入选中国科学技术协会精品科技期刊的涉及兽医学学科的期刊。同时，《畜牧兽医学报》也是涉及兽医学学科核心期刊中的开放获取期刊（Open Access，OA）。开放获取期刊是当代互联网电子媒介作为学术交流的新途径，是充分利用数字化网络技术的免费获取的新型科技期刊出版模式，可以加快科研成果的有效传播。目前兽医学学科核心期刊中的开放获取期刊仅有几种（见附录9），数量偏少。

4. 兽医学学科学术论文

学术论文产出是主导科技竞争力的核心要素之一。科技工作者的研究通过学术论文将新发现、新观点、新方法等进行系统梳理而公之于众，以传播交流推动学科发展。随着我国兽医学学科水平的提高，兽医学学科学术论文无论从发表数量还是质量都有了大幅度提升，在国际性学术期刊上刊登已常态化，同时也进入国际顶尖学术期刊。中国畜牧兽医学会所属的兽医学学科分会经过筛选、初选、再遴选，从329篇论文中推选出2015—2019年13个兽医分支学科的10篇代表性学术论文（TOP10）共130篇，其中SCI收录论文占95%，反映了近5年兽医学学科最新研究进展成果。论文篇目详见本卷报告附录6兽医学学科代表性学术论文目录。

中国农业科学院农业信息研究所发布的《2019中国农业科技论文与专利全球竞争力分析》在基于2014—2018年科技论文产出的分析中，分别从农业领域整体和学科两个层面，以及科技论文的产出能力、科技论文的影响力、高质量论文的产出能力以及科技论文的国际合作研究能力，对包括中国在内的22个国家及其机构的科技论文研究竞争力进行了分析与评价。中国的兽医学学科表现突出，论文竞争力指数排名第一（表35）。

表35 2018年22国兽医学学科论文竞争力指数

排名	国别	得分	排名	国别	得分
1	中国	2.95	12	丹麦	0.84
2	美国	2.91	13	西班牙	0.81
3	英国	2.88	14	加拿大	0.77
4	意大利	1.41	15	比利时	0.64
5	澳大利亚	1.24	16	挪威	0.57
6	瑞士	1.15	17	印度	0.55
7	荷兰	1.1	18	巴西	0.44
8	法国	1.08	19	韩国	0.4
9	德国	1.06	20	以色列	0.34
10	瑞典	1.05	21	波兰	0.33
11	日本	0.87	22	墨西哥	0.11

数据来源：《2019中国农业科技论文与专利全球竞争力分析》，中国农业科学院农业信息研究所。

在构成论文竞争力指数的4项指标中，我国兽医学学科论文数和高被引论文数均排名第一。中国农业大学等 14 家机构共发表了 23 篇全球 TOP100 高质量论文 ① (23/102)，沈建忠院士和刘健华教授的 *Emergence of plasmid-mediated colistin resistance mechanism MCR-1 in animals and human beings in China：a microbiological and molecular biological study* 被引频次达 1492，排名第一。TOP100 高产作者数 59 人，TOP100 高产作者数排名第一。但学科规范化引文影响力（CNCI）较弱，排名 14（表 36）。

表 36　22 国兽医学科论文竞争力指数前 3 名国家分项得分

指标名称	指标构成	国　别		
		中国	美国	英国
论文竞争力指数（一级指标）	得分	2.95	2.91	2.88
	排名	1	2	3
科研生产力（二级指标）	发文量	5753	3718	2346
	得分	1	0.64	0.39
	排名	1	2	3
科研影响力（二级指标）	学科规范化引文影响力	1.21	1.3	1.85
	得分	0.31	0.39	0.81
	排名	14	12	3
科研卓越力（二级指标）	高被引论文数	26	23	20
	得分	1	0.88	0.76
	排名	1	2	3
国际合作力（二级指标）	国际合作论文数	1461	2222	2033
	得分	0.64	1	0.91
	排名	3	1	2

数据来源：《2019 中国农业科技论文与专利全球竞争力分析》，中国农业科学院农业信息研究所。

在对研究机构科技论文竞争力分析中，中国农业科学院、中国农业大学、华南农业大学、中国科学院、华中农业大学和四川农业大学 6 家中国兽医学学科优势机构进入全球前十（TOP10），前 4 家机构分别排名第三至第六（美国农业部、瑞典农业大学排名第一、第二），TOP10 机构数全球排名第一。

由高被引核心论文和施引文献所组成的研究热点前沿，揭示了研究领域备受关注的热点以及热点领域的最新进展和研究方向。中国农业科学院发布的"2019 全球农业研究热点前沿"，畜牧兽医学科 TOP10 研究热点前沿主要集中于动物疫病防控、动物药理和动物营养及其经济性状 3 个研究方向。表 37 列出了兽医学学科的研究热点前沿及中国表现。在热点前沿 TOP10 中，中国整体表现较优，综合表现力持续活跃。

① 兽医学全球 TOP100 高被引论文共计 102 篇，被引频次介于 57～1492，共涉及 15 个国家、75 个机构。

表 37　2019 全球兽医学学科研究热点前沿及中国表现

类　　别	研究热点或前沿名称	核心论文（篇）	被引频次	核心论文平均出版年	中国表现排名
热　点	猪圆环病毒 3 型的流行病学研究	15	741	2017.5	1
前　沿	H7N9 亚型高致病性禽流感病毒流行病学、进化及致病机理	6	379	2017.0	1
重点前沿	非洲猪瘟的流行与传播研究	6	248	2016.0	3
热　点	抗菌肽的作用机理及其在动物临床中的应用研究	8	1184	2015.8	4
热　点	抗生素在动物中的应用及其耐药性	9	1867	2014.8	7
热　点	猪流行性腹泻病毒流行病学、遗传进化及致病机理	10	1362	2014.4	2

数据来源：2019 全球农业研究热点前沿，中国农业科学院。本表只收录了兽医学学科领域，其余 4 个为畜牧学学科领域。

三、兽医学学科国内外研究进展比较

2015—2019 年，我国兽医学学科各领域研究都取得了积极进展，有些领域成绩斐然。一些领域的研究已处于国际领先水平或国际先进水平，处于"领跑"或"并跑"。但就兽医学学科整体水平与世界先进水平相比，还有一定的差距，在一些领域还有较大的差距。跟踪模仿研究多，原创性研究不足；研究思路、研究视野需要进一步拓宽，研究方法、研究手段仍需改进，科研管理、成果转化等方面还要下大功夫。尽管我们有了世界知名的科学家，但只是个别学者；尽管世界顶级学术期刊有了我们的论文，但数量太少。

（一）动物解剖学与组织胚胎学

与国外相比，该学科在神经生物学的某些方面、黏膜免疫、体细胞克隆等方面均处于国际领先和先进水平。以光信息影响禽类生产性状表达的神经内分泌调节机制和鸟类视觉回路的形成与发生为切入点，发现光色信息影响家禽生长发育和免疫功能，筛选出适合肉鸡和蛋鸡生产的光波长。首次发现并研究了肠道冠状病毒猪流行性腹泻病毒（PEDV）能够通过鼻腔入侵引起仔猪肠道黏膜致病的现象和相关机制。在世界上首次利用转基因技术和体细胞核移植技术获得赖氨酸转基因克隆牛。但我国胚胎分割研究起步晚，一直在提高胚胎分割效率。在发展形态学研究手段方面还需提高。

（二）动物生理学与生物化学

在动物泌乳生理研究方面，乳成分合成及其调控机制、乳腺发育及其调控，我国部分研究水平处于国际先进。但就泌乳生理基础研究的系统性和完整性，以及先进泌乳调控措施的应用，欧美发达国家均处于国际领先水平。在生物活性小分子物质研究进展方面，目前国内研究多侧重在植物来源生物活性物质的功能，而国外研究则主要集中内源性氨基酸、脂质和代谢中间产物的感应机制。国外研究多聚焦生物活性小分子发挥作用的分子机制，研究结果对于细胞增殖和分化等基本过程具有一定的指导价值。

（三）兽医病理学

在北美和欧洲都有专门的兽医病理从业人员考核制度，其中"北美兽医病理师资格考试"每年在规定时间举行，准备考试的人员需要进行2～3年的兽医病理学专业培训后方可报名参加考试。考试通过率持有证书的人员才可出具正规的兽医病理学诊断报告。兽医病理师贯穿于病例诊断的全过程，对送检病例的所有检测结果进行全面、系统的分析，最终出具诊断结果报告，对诊断结果具有重要发言权。我国兽医病理从业人员的作用和地位与欧美国家相比有一定差距，尚未形成多学科协作，多角度、全方位的分析动物疾病的综合诊断体系。

（四）兽医药理学与毒理学

我国在细菌耐药性、药动—药效同步模型和生理药动学、兽药残留检测等领域达到了国际先进水平，药效学研究取得了一些原创成果，毒理学研究有待系统规范。国内外科研工作者均在研究开发新型抗生素或新的抗感染手段。我国仍以仿制为主，创新兽药及药效学研究与国外仍有较大的差距。我国20世纪80年代开设动物毒理学课程，与英国兽医毒理学科的形成和发展晚了将近一个世纪。国外兽医毒理学技术与医学毒理技术发展同步，我国研究条件、技术水平整体落后于发达国家，但近年已有明显改善。目前，我国在兽医药动学的整体研究水平与国外差距较小，少数几种药物在药动—药效（PK-PD）同步模型、生理药动学和群体药动学等领域达到了国际先进水平，整体技术水平仍有一定的差距。我国兽药残留研究范围及技术水平总体上与国际无明显差距。

（五）兽医免疫学

我国兽医免疫学在疫苗学和感染与免疫学等方向呈现并跑和领跑态势，取得了重大成果和重要科学发现，推动了学科的发展。但在系统性方面与世界先进水平还存在一定差距，整体学科建设有待加强。在免疫学技术研发和应用方面，我国与国外相比以前一直处于落后状态。近几年差距在逐步缩小，在关键技术方面拥有越来越多的自主知识产权。目前感染与免疫学研究在病原感染后天然免疫应答和获得性免疫研究领域均广泛开展。对病原感染分子机制、天然免疫应答与抗病毒机理、体液和细胞免疫应答、免疫原设计策略方面均取得了良好的进展。在禽流感、口蹄疫、马传贫、猪瘟等重要传染病感染与免疫方面取得了重要进展，指导了疫苗研究和疫病控制。

（六）兽医微生物学

近年来，我国兽医微生物学基础研究取得了许多突破性进展，一系列创新性成果发表在国际主流期刊。如病原—宿主互作方面的研究成果极大地丰富了病原感染致病机制与耐药机制，提升了我国在兽医微生物学领域研究的国际学术地位。在传播媒介、流行规律、疫苗研究等方面取得了突出成绩，同时围绕控制微生物感染的诊断检测新技术建立、药物作用靶点筛选、疫苗毒株选育和构建，形成了一大批优秀应用性成果。但仍很多病原致病的关键机制尚不清楚，如布氏杆菌致炎性机制、免疫逃逸机制等。相关的论文数量、学术水平及国际影响力增加明显，但技术跟踪、更换研究对象式的局部创新较为普遍，开辟新方向性的创新、引领性的重大创新还不足，与我国研究人员数量相比，占比偏低。在病原的生态学、自然变异规律、天然宿主携带机制、病原研究新技术、大数据整合、学科交叉等方面都存在着不同程度的不足。与发达国家兽医微生物学学科相比还存在一定差距。

（七）兽医传染病学

我国学者在发病机制研究、诊断技术与综合防控策略上取得了重要进展，发表了很多高水平论文和大量专利，但疾病临床控制效果与欧美发达国家相比仍有较大差距，诊断试剂盒的准确性不如国外一些大公司的同类产品，一些疫苗的保护率还低于国际先进水平。对疾病的监测与溯源还存在明显不足；对一些重大传染病的病原生态分布和流行规律仍存在"家底不清、态势不明"的问题，尤其是我国非洲猪瘟流行病学研究仍是空白。诊断制剂研究方面，国内诊断制品质量不稳定，国内已批准的多个诊断制品，从市场反应看，其灵敏度、特异性、可重复性和保存期与同类的国外制品比较还存在生产工艺上的差距。缺少高通量、简便、快捷的动物疫病检测制品。疫苗研究方面，一是产品结构无法满足防控需求，现有动物生物制品种类还不齐全；二是生产工艺研究有待提高；三是疫苗质量评价和控制新技术新方法有待建立等。当前非洲猪瘟疫苗全世界还没有彻底攻克，我国相关研究刚刚起步。

（八）兽医寄生虫学

我国已经拥有一支能够胜任控制寄生虫病蔓延的技术队伍，也拥有一支能够追踪世界科技前沿的教学科研队伍。但由于起步比西方国家晚、设备相对落后、经费相对不足以及课题的延续性差等原因，我国兽医寄生虫学科的研究在某些项目上处于国际先进水平，个别项目处于国际领先水平，大多数方面落后于发达国家的研究水平。在畜禽寄生虫病防控方面，虽然取得了显著的成绩，但与发达国家相比，我国的防治水平还比较低，主要表现在以下几个方面：①畜禽寄生虫病危害仍相当严重，每年给我国畜牧业造成上百亿元的直接经济损失，间接经济损失难以估计；②诊断、监测技术特异性、敏感性还不够理想，不够规范化、标准化；③兽用寄生虫病治疗药物的研制与开发滞后；④大多数寄生虫病疫苗仍处于研制开发阶段；⑤基础性研究还比较薄弱，如病原生物学、寄生虫生理生化、免疫学、功能基因组学等现有技术还不能满足畜禽寄生虫病防治需求。近年来西方发达国家的兽医寄生虫学研究热度有所下降。

（九）兽医公共卫生学

我国开发研制了多种食源性微生物检测技术，包括自动与半自动细菌鉴定与药敏试验的"微生物鉴定专家系统"等，给食源性病原体的检测带来崭新的领域和新的机遇。在人兽共患细菌病的诊断方面，微型自动荧光酶标分析技术等一些更加便捷、快速、准确和敏感的病原菌检测技术不断出现，尤其随着基因组学的发展，一些基于基因组测序的病原菌流行病学取得了明显进展。食源性人兽共患细菌病病原菌的监测也取得了一定的成绩。欧美国家在对食品中病原细菌危害的风险性评估方面进行了卓有成效的工作。我国目前尚没有系统完整的食源性寄生虫病的预警体系，尤其是近年来，伴随消费者饮食习惯的改变，食源性寄生虫病等食品安全问题日益突出。我国在人兽共患病研究上取得了很大进展，对动物流感、狂犬病等重要人兽共患病的病原体开展了基因组学、转录组学、蛋白质组学的研究，获得了病原体的遗传信息资料，建立了以免疫学、分子生物学原理为基础的多种检测技术和方法，制备了效果良好的灭活苗或弱毒苗，并开展了相应的基因工程疫苗的研制，比较有效地控制了重要人兽共患病在我国的暴发和流行。

（十）兽医内科学

兽医内科学虽然取得的成果在保障养殖业健康发展和动物源性食品安全方面发挥了重要的支撑作用，但与发达国家相比仍有较大的差距。发达国家对于兽医内科疾病诊疗的总体研究水平较高，在食品动物关注的重点是群发性营养代谢病和中毒病；在理论研究方面，重点是从分子、细胞、代谢和信号通路等方面研究疾病发生的机制；在防控方面，更重视改善环境和营养调控。我国群发性内科疾病的流行病学数据匮乏，养殖企业注重传染病的防控，而对普通内科病造成的危害和经济损失缺乏正确的认识，加之国家在该学科领域的经费支持力度很小，研究的系统性不够，疾病的防控产品不多。国外非常重视小动物和马的内科疾病诊疗，许多先进的诊疗设备应用于临床，对常见和疑难内科病进行了系统深入的研究，研发了专门的防控药物（包括辅助食品）或产品，并有专门的杂志报道相关的研究成果。国内在该领域的研究刚刚起步，大多数仍以跟踪研究为主，缺乏系统性和创新性。

（十一）兽医外科学

我国兽医外科学的发展虽然近年来取得了显著进展，但与发达国家相比，学科发展水平还存在较大差距。兽医外科学的教学、科研与社会服务整体落后，学科人才不足，尤其是有创造力、高水平的学术骨干和后备学科带头人缺乏，具有国际视野的优秀人才匮乏，缺乏国家重点项目和经费支持，学科承担的研究项目较少，缺乏标志性的研究成果，进一步影响了学科的进步与发展。其次现有兽医外科领域的专家地域分布不均衡，各地学科发展水平参差不齐，新技术、新项目的开展还不够充分，还不能满足社会需求。

（十二）兽医产科学

在兽医产科学基础研究领域，与生殖生物学、动物繁殖学等学科深度融合，同时，也涉及生殖免疫、生殖毒理等方面，研究内容均处于国际研究的热点和前沿，发表了大量高水平论文，同时也为相关学科领域的发展培养了大批青年人才。在前沿科技领域，如动物胚胎工程、转基因体细胞克隆与家畜基因编辑育种等方面，取得了国际先进水平的成果。在新兴科学领域，如相关"组学"和生殖生物钟调控等方面，相关研究基本与国外同步或业已起步。在应用研究领域，与发达国家相比，尚存在较大的差距，尤其是在家畜规模养殖条件下的群体化繁殖与繁殖障碍性疾病管理方面。小动物产科学的应用基础与实践近年来取得了显著的进步，与发达国家的差距正在逐步缩小。

（十三）中兽医学

中兽医学是中国特色学科，有独特的理论指导和方法论，在很多现代医学难治的疾病上取得了突出的效果。近年来不断有欧美国家学者、学生前来交流、学习，使中兽医学成为我国在农业领域的优势学科。一方面中兽医学注重整体观和辨证论治，密切结合临床生产，开发防治动物疾病的新技术，相关成果已在我国畜牧业生产中广泛应用，产生了较好的经济效益；另一方面也融合了现代医学的技术和方法，推动了中西兽医的结合、互通。在动物疾病个体化诊疗方面，开设了中兽医门诊，中兽医疗法的使用开始逐渐普及。国外的宠物及马匹疾病的个体治疗中，中兽医疗法的使用也已经形成了一定的规模，但主要集中在针灸治痛方向，而中药的使用相对较少。我国各农业高校基本均开设中兽医必修课；河北农业大学、西南大学已恢复中兽医专业 4 年制本科招生。经美国兽医协会认证的全世界 41 所兽医院校中的 22 所配备了认证兽医针灸师，至少有 16 所已经开设了兽医针灸等课程，至少 18 所院校将相关内容附加于其他课程中。美国兽医协会年会等组织均定期提供中兽医继续教育课程。

四、兽医学学科发展趋势与展望

未来 5 年是我国国民经济和社会发展第十四个五年规划启动实施时期，我国将全面进入小康社会。为了不断满足人民对优质动物蛋白食物的需求，畜牧业的健康发展关乎国计民生。兽医学作为畜牧业的主要技术支撑学科之一，肩负着动物疫病防控和产品质量安全的重任。非洲猪瘟给养猪业带来的巨大损失，凸显兽医学科对畜牧产业的重要性；人兽共患病病原向人群的传播、兽药残留导致的食品安全等问题，同样凸显兽医学学科对公共卫生的重要性。随着改革开放后人民生活水平的提高和国际体育赛事的推动，形成了豢养伴侣动物和竞技动物的宠物业新兴市场，伴侣动物、竞技动物的诊疗和人兽共患病的防控同样离不开兽医学学科。因此，兽医学学科应围绕国家经济社会发展的战略需求，服务于国计民生，确定发展方向。

（一）基础兽医学科

在动物解剖学、动物组织与胚胎学领域，应探索细胞器功能与互作、神经—内分泌—免疫调控机制、动物繁殖机理、胚胎发育、成体干细胞发育分化、生物节律、黏膜免疫、肠道微生物、组织器官屏障结构及其功能、环境生理学、机体能量代谢等方向的研究。推进学科交叉融合，开展实验动物疾病模型构建与人类健康的相关研究。引入数字化技术，构建虚拟解剖标本模型和建立虚拟解剖仿真实验室；与临床兽医相结合，进行辅助诊疗与虚拟外科手术。推广生物塑化标本，积极创建环保健康的解剖学教学环境。要加强与分子生物学、计算机学、免疫学、生物化学、遗传学、细胞生物学、病理学等学科的交叉和融合，培育新的学科增长点，加快动物解剖学及组织胚胎学的发展。

在动物生理学与生物化学领域，从生理、生化和分子水平上研究应激对病原感染过程中宿主产生天然免疫应答的影响及其分子机制，揭示畜禽机体状态与病原感染的相互关系及其调控网络。强调基础研究与临床转化整合，注重疾病分子标记的挖掘。进一步挖掘肽类激素对乳腺发育和泌乳功能的调控。深入研究乳腺中不同类型细胞之间的互作机制及其对乳腺发育和泌乳的作用。研发能够促进乳腺发育和提高泌乳力的调控措施。研究生物活性小分子物质的生理功能及其在器官间的信号传递作用。探索动物非编码 RNA 之间精密协作的网络机制，揭示畜禽生长发育、繁殖、免疫、泌乳以及营养代谢及肠道健康等生命奥秘的突破。

在兽医病理学领域，进一步加强对动物重大疫病的病理学研究，更好地认识其发生发展规律，为动物重大疫病的诊断、预防、治疗和控制提供科学依据。加强兽医病理教学资源的储备与开发，积极开展网络虚拟仿真课程建设，提升软、硬件平台技术，提倡教学改革模式的创新与发展，综合运用病理学的新技术、新方法，纵深推进动物疾病机制的研究。加速兽医病理远程诊断体系建设。重视兽医病理学人才培养和实践规范使用。紧密结合生产实践，拓展生物医药、生物材料安全性评价、宠物诊疗等兽医病理学服务领域。

在兽医药理学与毒理学领域，应加强新的药物靶标研究，寻找新的有效的药物靶标。加强兽药、药物添加剂、饲料中可能毒物的安全性毒理学评价及其毒性作用机制研究，提高新兽药（或饲料添加剂）的毒理学安全性评价能力，为动物性食品安全和保障人类健康提供依据，研究从分子水平阐明毒物和药物的毒性机制。加强细菌耐药性研究，关注减缓耐药性产生和耐药消减，研究新的抗耐药性产品和耐药消减产品。加强联合用药药动学、药动学—药效学模型研究，优化常用兽药的用药方案。研究生理药动学和群体药动学，为兽药残留和兽药增加靶动物提供科学依据。加强对中兽药活性成分的药动学研究，为中兽药现代化提供技术支持。重点聚焦目前制约兽药残留高通量检测的样品前处理关键技术，开发食品中危害物质定量富集与净化前处理新技术与新型材料，建立高分辨质谱为主的兽药残留全谱识别技术。

（二）预防兽医学科

在兽医免疫学领域，进一步深入研究病原感染分子机制、天然免疫应答与抗病毒机理、体液和细胞免疫应答、免疫原设计策略。研究非洲猪瘟等病原及机体免疫，解决行业重大需求。研发无生物安全风险、广谱、可实现鉴别诊断的新型换代疫苗。研究病毒与受体的亲和特性以及细胞受体和配体的相互作用机制，研究病毒与宿主细胞的相互作用，从结构层面研究受体与配体的作用，揭示病毒优势抗原及其免疫机制，为分子设计优势抗原获病毒样颗粒类新型疫苗提供结构基础。筛选基于 TLRs 模式识别和免疫分子机制的免疫刺激或效应分子以开发新型分子免疫佐剂；构建针对不同血清型的多价疫苗和同一血清型内不同抗原变异毒株的广谱疫苗；建立不同体系的表达技术平台，采用不同技术手段提高基因工程疫苗的有效抗原含量和疫苗免疫效力，从而促进我国动物重大疫病新型疫苗创制领域的技术发展，为疫苗产品的更新换代做好科学与技术储备。

在兽医微生物学领域，加强对病原分子结构和功能、免疫特性、致病特性、流行特点等方面的研究，建立重要动物疫病的特异、快速、早期诊断方法，研制新疫苗和改进原有疫苗以提高防控效果。加强对病原微生物的生物学特性和感染致病机制研究，加强对新发动物疾病病原微生物的认知及现有病原微生物的重新认知。建立发现新病原的技术体系及有关新病原学的理论，开展对新发现病原微生物的基础理论研究、新病原及变异病原的监测及鉴定。开展病原微生物功能蛋白研究，通过对病原微生物基因组学分析，并结合遗传学、免疫学技术研究微生物的基因组功能，挖掘具有重要价值的功能基因；分析病原微生物在感染宿主不同阶段、不同环境下所诱导宿主蛋白的差异性表达，解析病原微生物的重要毒力蛋白及其结构和生物学功能。利用分子生物学、基因组学、生物信息学方法来研究微生物耐药机制。

在兽医传染病学领域，开展重要病毒生物学与流行病学研究，研究重要病毒的分子溯源、遗传变异、分子进化规律，建立病原学与流行病学数据库及传播风险评估模型。开展病毒组学与调控网络研究，发现调控病毒复制的病毒和宿主细胞的关键基因，发现潜在的药物靶标、诊断标识和疫苗候选抗原。解析临床上多病毒共感染与继发感染的规律，阐明多病原共感染及其协同致病的分子机制。开展病原基因组学、蛋白质组学、跨种感染等致病与免疫机制研究。注重新型技术应用、关键技术突破，研制新型动物传染病生物制品。

创制精准设计、构建和改造的制苗种毒和疫苗，开展传统疫苗及新型疫苗的研究，研制"多联多价、一针多防"的高效优质疫苗；研发特异、敏感、快速、便捷和检测高通量、自动化的动物疫病诊断制品；开发新型、高效的免疫佐剂；大力研究免疫调节剂、治疗性生物制剂和微生态制剂。开展外来病防控技术贮备研究：研究猪尼帕病毒等国外重要疫病的流行动态，利用基因工程技术，早期开展诊断和免疫技术研究，做好应急防控准备。

在兽医寄生虫领域，围绕重要人兽共患寄生虫病的相关科学研究将是寄生虫学科的重点发展方向。开展解析寄生虫致病机制研究。研究寄生虫在宿主内的生长发育特征及与宿主互作的网络调控机制；解析重要寄生虫逃避宿主免疫清除的分子机制；系统分析重要寄生虫在宿主体内发育繁殖过程中所产生的外泌体、非编码 RNA 以及调控蛋白等与宿主互作网络及机理；解析寄生虫感染后宿主免疫系统的调控网络和机制；在此基础上，发掘重要诊断标识、药物靶标以及疫苗候选抗原分子。通过组学技术研究重要寄生虫的进化起源、筛选分子诊断靶标、解析参与寄生虫入侵过程的关键基因和蛋白、鉴定寄生虫与宿主互作蛋白和 / 或受体、验证重要基因 / 蛋白质的功能、解析宿主免疫调控机制、筛选药物靶标，等等；为建立快速诊断技术、研制高效的抗寄生虫病疫苗和药物提供必要的数据平台。研制适宜养殖现场活体早期诊断的快速检测技术和方法，并开发新型高通量检测技术和方法及其配套试剂与设备。研制开发新的低毒、低残留、价廉的广谱抗寄生虫药物和疫苗。

在兽医公共卫生学领域，持续开展动物流感的病原生态学、跨宿主传播机制、致病性及免疫特性研究，阐明动物人兽共患病逃逸宿主免疫的分子机制。开发研制高通量的食源性病原微生物寄生虫快速检测技术，加快从传统的培养和生理生化分析向快速的分子生物技术、免疫学技术、代谢技术、蛋白质指纹图谱技术、自动化仪器、基因芯片技术、生物传感器技术等方向发展。开展食源性病原体的生态学研究，并利用组技术从基因和蛋白质水平研究食源性病原微生物和寄生虫致病机制、传播规律等，发现控制和检测新的靶标分子。开展兽药和饲料添加剂代谢规律及残留检测新技术研究，研究有害残留物在动物体内吸收、分布、排泄的动力学过程，在组织和产品中的残留规律，在食物链的传递规律，寻找关键控制点，提出有害残留控制的方法、手段和风险预警模型。在检测技术研究上，重点研发简便、快速、灵敏、高通量的残留分析技术，制定相应的技术标准。同时，要利用各种分析技术的特点，开展多技术联用研究，建立动物性食品中药物多残留的定量确证检测技术。

（三）临床兽医学科

在兽医内科学领域，动物群体性疾病和多病因性疾病以及一些与免疫力下降和应激相关的疾病，特别是畜禽营养代谢病和中毒病发病率正逐渐成为本学科研究的热点。研究营养、环境、代谢失衡与畜禽群发性营养代谢病发生发展的关系，研发以应用多功能生物饲料添加剂为主的畜禽群发性营养代谢病综合防控技术。研究营养与免疫的关系以及疫病条件下饲料要素与营养需求的最佳适配，研发以营养为基础的防病优质安全动物产品的生产技术。研究持久性有毒化学污染物、真菌毒素等对动物的分子毒性机制，研制快速筛查与生物分析方法，构建生态监控和风险预警技术体系，研发畜禽中毒病的防控关键技术和产品。研究动物生殖应激及其综合征、疫苗免疫应激、仔猪断奶应激、产蛋鸡疲劳综合征、环境应激（热、冷应激）等应激疾病的发病机理和防控关键技术和产品。研制植物成分或植物药物的抗病机制，研发以植物或植物药物的多糖、黄酮、皂苷、生物碱等为主要成分的绿色防病饲料添加剂。针对犬猫老年病、代谢病等，深入研究病因、发病机理，研发诊断和防控产品。

在兽医外科学领域，现代仪器设备电子计算机断层扫描（CT）、磁共振成像（MRI）、彩色超声波、内窥镜设备的普遍应用，提高了疑难病症的诊断和治疗水平，微创手术逐渐在兽医临床应用。麻醉监护设备的使用已经成为手术必不可少的设备，不同麻醉药物对不同种类、不同年龄动物的麻醉监护研究仍是今后一段时间兽医外科学研究的重要内容之一。各种新型生物医学材料在兽医外科临床加速推广使用，极大地丰富了兽医外科学的工作内容。家庭小动物的饲养，带动了诊疗业的快速发展，小动物医学逐渐受到重视。皮肤科、眼科、骨科、牙科、神经外科、肿瘤科、大动物肢蹄病等将成为大动物、小动物诊疗业的必然发展趋势。

在兽医产科学领域，研究和应用前沿新兴技术、大数据智能化技术，建立新型的诊疗方法。应用新的诊疗技术于产科疾病和动物不育症的诊断和治疗，新的繁殖技术（胚胎工程、基因编辑技术）用于提高动物的繁殖效率和新品种培育，并从分子水平开展有关技术理论研究。关注新发病的防治与监控。深入胚胎工程和基因工程领域，将高新技术应用于兽医产科学研究和生产实践。在研究动物繁殖各阶段生殖内分泌学和免疫学机理的基础上，继续简化激素测定技术，发展现场快速测定试剂盒；研制各种激素疫苗，有效地控制动物的发情与排卵；研究常规的兽医产科治疗药物和治疗方法，降低成本；研究及简化繁殖技术，使其更能适应我国养殖业的需要。

在中兽医学领域，加强对整体、活体动物和自然病例的观察和研究，加强对中兽医藏象理论、病机理论，以及不同动物中兽医证型的研究，不断开发新的中兽医诊疗技术，推广中兽医药，减少抗生素等化学药品在畜牧业的使用，减少对环境的污染，改善动物产品的品质和安全性。加强临床应用研究，推出畜禽疾病的有效防治方案，尤其需要聚焦非洲猪瘟等影响畜牧业经济最严重的热点问题，努力解决关系国计民生的重大动物疾病。在个体治疗方面，重点加强伴侣动物及马属动物的疾病诊疗研究，提高个体化精准治疗的服务质量。通过应用研究，反过来也促进理论的创新和发展。有必要尽快在有条件的农业高校设置中兽医学本科专业，培养更多的高素质中兽医临床型人才。

围绕国家经济社会发展的战略需求，服务于关乎国计民生的畜牧业主战场，切实保障畜牧业的发展和公共卫生是兽医学学科重点优先发展方向。同时，面对民众百姓丰富生活的宠物业新兴市场，也是兽医学学科需要加强的研究领域。提高基础研究和应用基础研究水平，提升面向产业和社会服务的能力，加强学科研究平台和高层次人才队伍建设，优势领域领跑国际学术前沿，落后领域追赶国际先进水平，是建设国际一流兽医学学科的重点。

参考文献

［1］ 中国农业百科全书兽医卷编辑委员会. 中国农业百科全书兽医卷［M］. 北京：农业出版社，1993.

［2］ 中国农业百科全书中兽医卷编辑委员会. 中国农业百科全书中兽医卷［M］. 北京：农业出版社，1993.

［3］ 陈文华. 中国农业通史夏商西周春秋卷［M］. 北京：中国农业出版社，2007.

［4］ 张波，樊志民. 中国农业通史战国秦汉卷［M］. 北京：中国农业出版社，2007.

［5］ 王利华. 中国农业通史魏晋南北朝卷［M］. 北京：中国农业出版社，2009.

［6］ 闵宗殿. 中国农业通史附录卷［M］. 北京：中国农业出版社，2017.

［7］ 中华人民共和国科学技术部 2000—2019 年度科技奖励［EB/OL］. http：//www.most.gov.cn/

［8］ 中国科学技术信息研究所. 2016 年版中国科技期刊引证报告（核心版）［M］. 北京：科学技术文献出版社，2016.

［9］ 中国科学技术信息研究所. 2017 年版中国科技期刊引证报告（核心版）［M］. 北京：科学技术文献出版社，2017.

［10］ 中国科学技术信息研究所. 2018 年版中国科技期刊引证报告（核心版）［M］. 北京：科学技术文献出版社，2018.

［11］ 中国科学技术信息研究所. 2019 年版中国科技期刊引证报告（核心版）［M］. 北京：科学技术文献出版社，2019.

［12］ 农业农村部畜牧兽医局. 中国兽医科技发展报告 2015—2017［M］. 北京：中国农业出版社，2018.

撰稿人：刘　琳

专题报告

动物解剖学与组织胚胎学发展研究

一、引言

动物解剖学与组织胚胎学是生物科学的一个分支，属形态学研究领域，主要研究畜禽有机体正常的形态构造、位置关系和发生发展规律，是畜牧兽医学科中重要的基础学科。

动物解剖学与组织胚胎学包括动物解剖学、动物组织学和动物胚胎学3部分。动物解剖学是利用刀、剪、镊等解剖器械对动物有机体进行解剖观察的学科；动物组织学借助显微镜研究动物有机体各器官的显微结构，又包括细胞学、基本组织学和器官组织学3部分；动物胚胎学是研究动物两性生殖细胞起源、形成、结构、受精等胚前发育过程和胚胎发育过程的科学。三者的研究范畴、学科属性、隶属关系等相似且紧密联系，以探究动物有机体形态结构的本质特征。

动物解剖学与组织胚胎学与动物科学和动物医学的其他学科和课程密切联系。学习和掌握动物解剖学与组织胚胎学的基本知识和基本理论，为相关专业的基础课程和临床课程的学习奠定基础。因此，动物解剖学与组织胚胎学在畜牧兽医科学中占有举足轻重的地位。

二、动物解剖学与组织胚胎学研究现状与主要进展

近年来，科技的发展促进了解剖学研究的深入，研究动物种类不断增多，新理论、新技术大量涌现，数字化和信息化技术的应用使动物解剖学与组织胚胎学学科更加精细化和深入。尤其是随着物理学、生物化学等新理论、新技术的应用，以及多学科综合研究的进行，解剖学的研究也趋向于向综合性学科发展的态势，单纯的形态学研究正在发生改变。先进仪器设备和新兴技术，如示踪技术、免疫组织化学技术、PCR技术和原位分子杂交技术等在形态学研究中被广泛采用，使得这个古老的学科焕发出了青春的异彩，极大地推动了本学科的发展。

（一）研究对象广泛

高等农业院校传统的动物解剖学与组织胚胎学的研究对象主要以家畜（马、牛、羊和猪）、家禽（鸡、鸭、鹅）和伴侣动物（犬、猫）为主。近年来，具有优质生物学性状的外来和地方物种逐渐成为本学科的研究对象，如具有优秀毛色基因的羊驼、耐高寒的牦牛、耐饥渴的骆驼、濒危保护动物麋鹿、东北民猪、高经济价值的鸵鸟、梅花鹿、中华鳖、模式动物斑马鱼、实验动物猕猴等。科研人员分别从大体解剖水平、组织形态学结构、胚胎发育学、分子生物学作用机制等方面开展研究，丰富了我国的物种资源，提高了生物多样性和遗传资源的保护，并取得了一定的进展，出版了相关的学术论文和专著，获得国家和省部级课题资助和科研奖项。

（二）研究内容多样化

近年来，新兴技术如示踪技术、免疫组织化学技术、蛋白免疫印迹技术、原位核酸分子杂交技术、PCR 及原位 PCR 技术、激光共聚焦显微镜、转基因技术等的应用，使动物解剖学与组织胚胎学的科学研究发生了以下变化：一是突破了宏观、显微水平的局限，在分子水平上展示形态学的各种变化，将组织和细胞的形态学改变、基因蛋白质的无穷变化有机地联系起来；二是从时间、空间的多因素角度研究动物机体形态结构的动态变化、不同发育阶段的形态结构和功能变化，研究外源或内源因素对动物不同发育阶段形态结构和功能变化的影响；三是研究不再局限于对形态结构的描述，而是深入对形态结构的形成、作用机制和调控机理等方面的探索，真正做到了形态与机能相结合，且在本学科的研究中取得了令人瞩目的丰硕成果，以下略举一二。

在神经生物学研究方面，应用高压冷冻电镜、电转和脑片培养等现代生物学研究方法，聚焦大脑发育的分子机制、视觉神经环路的形成机理、成体神经干细胞发育、昼夜节律、学习记忆、睡眠与觉醒、神经毒理学、器官机能的神经调控等当前热点问题深入研究，探究外界环境因素对神经细胞可塑性的影响。目前已在 *Nature Protocols*、*Journal of Neuroendocrinology*、*Chronobiology International*、*Journal of Photochemistry and Photobiology B：Biology* 等国内外学术期刊发表论文数百余篇，其成果"家禽视觉回路的形成及单色光对鸡生产性状表达和免疫功能的影响"阐明了禽类视觉回路与色觉的形成机理，发现褪黑激素介导单色光影响鸡生产性状表达和免疫功能的机制，开发 LED 新光源替代传统光照促进养鸡生产，于 2009 年获北京市科学技术奖。同时，在褪黑激素改善睡眠不足诱导肠道炎症的研究中取得重要进展，其中 "Role of melatonin in sleep deprivation-induced intestinal barrier dysfunction in mice" 发表于国际知名期刊 *Journal of Pineal Research*（IF_5=12.197），该研究揭示了睡眠剥夺通过激活 NF-κB 信号通路诱导氧化应激致肠道黏膜损伤与肠道菌群紊乱，而添加外源性褪黑激素能有效地改善睡眠剥夺引起肠道稳态失衡的机制。

在毛色基因研究方面，建立了羊驼皮肤 cDNA 文库，有千余个基因被美国 NCBI 网站收录；在动物毛色形成机理、分子水平上人为控制动物毛色等方面突破了一系列重大技术难题，从分子水平系统研究揭示羊驼毛色性状发生的分子网络及细胞学机制，并在模型动物实现了毛色发生的表型变化，获得和培育了毛色性状发生改变且能稳定遗传的转基因动物，建立了完善的转基因动物实验规程和动物模型。获得国家"863"计划课题、国家自然科学基金、公益性行业（农业）科研专项、国家"948"计划等省部级以上多项项目支持。在 *RNA*、*BMC Genomics*、*Scientific Reports* 等国内外期刊发表学术论文百余篇，出版英文版 *Biology of the Alpaca* 1 部；"中国羊驼地方类群培育及繁育体系建立"于 2011 年获山西省科技进步奖二等奖，"羊驼形态结构与机能研究"于 2013 年获山西省自然科学奖一等奖，"中国羊驼养殖关键技术研究及其产业化"获 2017 年教育部科技进步奖一等奖。

在动物黏膜免疫、环境应激与微生物相互作用方面，致力于黏膜免疫屏障（消化道、呼吸道、生殖道）建设的动态变化，其与致病微生物互作机制的研究，神经—内分泌—免疫调控的分子基础，以及黏膜免疫增强剂的研究和开发。目前已在 Nature 旗下杂志 *Mucosal Immunology* 和 *Oncogene*、*Cell Death and Differentiation*、病毒学国际顶尖期刊 *Journal of Virology* 发表论文多篇。例如，在禽类和非洲鸵鸟的研究中揭示了鸟纲动物的免疫系统不同于其他动物免疫系统的规律，受到国际同行的高度评价，并参与编写由国际著名免疫学家和神经生物学家 EDWIN L.COOPER 教授担任主编的 *Advances in Comparative Immunology*（负责编写"禽类和鸵鸟免疫系统的特征"章节）。在发现禽类血—脾屏障及其淋巴细胞归巢特征的基础上，厘清血—脾屏障的细胞组成与淋巴细胞归巢通路，进一步阐明了病毒突破血—脾屏障并引发感染的分子机制，并受到英国兽医杂志的专评。在猪肠道传染病病毒与黏膜上皮细胞间相互作用机制方面，首次发现并研究了肠道冠状病毒 PEDV 能够通过鼻腔入侵引起仔猪肠道黏膜致病的现象和相关机制。已在国内外发表研究论文百余篇，其中 "An alternative pathway of enteric PEDV dissemination from nasal cavity to intestinal mucosa in swine" 发表于国际知名学术期刊 *Nature communications*（IF$_5$=13.811）。出版专著《黏膜免疫及其疫苗设计》1 部，获授权国家发明专利多项。

在器官组织之间的交互通信方面，主要研究了细胞外膜性囊泡外泌体的联络载体作用，建立了研究多器官组织直接相互作用的研究方法，证明外泌体可由大部分细胞脱落释放，在大多数体液如外周血、尿液、乳汁、脑脊液、支气管肺泡灌洗液等中可检测，外泌体可介导多种 microRNAs、RNA、蛋白质在生理、病理过程中发挥器官组织之间的相互协调作用。此项研究已获多项研究成果，在 *Molecular Therapy*（IF$_5$=7.455）和 *Theranostics*（IF$_5$=8.651）等杂志发表多篇学术论文。研究成果具有重要的理论价值和社会价值，将为免疫中抗原呈递、药物呈送、肿瘤的生长与迁移、组织损伤修复等问题的解决提供帮助。

在胚胎学研究方面，主要进行了转基因克隆动物、干细胞、体细胞克隆胚胎细胞重编程分子机制，以及诱导多能干细胞（iPscs）在诱导形成期间的重编程机制方面的研究。其中，"转基因克隆动物"获 2016 年度教育部"创新团队发展计划"支持，"转基因克隆动物及体细胞克隆胚胎细胞重编程的分子机制研究"获 2015 年吉林省科学技术奖二等奖。"成体体细胞克隆东北民猪及首例绿色荧光蛋白转基因克隆猪"和"民猪优异种质特性遗传机制、新品种培育及产业化"分别于 2009 年和 2017 年获得黑龙江省科技进步奖一等奖，解决了当地牛羊不孕和胚胎畸形的难题，并取得了很好的经济效益。

（三）强化应用基础研究和科研成果转化

近十年来，"转化医学"的概念深入人心，解决了保护地方优质遗传性状、科研成果转化在实际生产中遇到的难点和重点问题。例如，我国首例采用成体体细胞作为核供体的克隆东北民猪、表达绿色荧光蛋白"转基因"克隆猪的诞生，创下了克隆猪单胎产仔数最多的世界纪录；建立了一套具有中国特色的、符合市场运作规律的"项目 + 公司 + 政府 + 农户"的羊驼养殖成果转化推广体系，对农业经济结构的调整产生了深远影响。同时，结合地方物种特色资源进行了众多相关技术的集成与产业化示范，均达到良好效果，具体包括：高寒牧区草畜的利用、数字化畜禽养殖技术、莱芜黑山羊优质羔羊规模化养殖技术、优质高繁转基因肉羊新品种培育技术、抗猪瘟及猪乙脑病毒转基因猪新品种培育技术、肉牛肉羊舒适环境养殖技术、肉羊重要疫病防控技术以及肉羊标准化健康养殖技术等，如预防猪流行性腹泻黏膜免疫疫苗已在生产实践中广泛应用。

（四）重视数字化和信息化技术在技术研究中的应用

随着科学技术的飞速发展，数字化和信息化已进入畜牧兽医学研究领域，并成为我学科提高教学质量和促进科研成果转化的有效手段。微课、慕课、智慧教育、翻转课堂、互动教学、手机 App 等在线教学形式得到广泛应用。我学科在全国率先将虚拟现实和 3D 打印技术应用于课堂教学中，建立了"虚实结合"的动物解剖组织器官实验教学新模式，并获得 2018 年度国家虚拟仿真实验教学项目。其中，"基于现代教育信息技术的'动物解剖学'课程建设与改革"获 2017 年北京市高等教育教学成果奖；"右脑生·动物可视化三维虚拟解剖模型"获 2014 年"创青春"首都大学生创业大赛铜奖；出版的"十三五"规划教材《动物组织胚胎学》规划教材（中英文对照数字化教材）以中英文对照和数字化的形式呈现给广大学生。同时，在实践教学中，结合微课设计与制作的理论标准创立了"动物组织学与胚胎学"的翻转课堂，以及将智能手机与课堂教学有机结合，提高了教学质量，并取得了良好的教学效果。

（五）始终坚持教学研究和教学改革并获多项教学成果奖

动物解剖学与组织胚胎学是生命科学相关专业的基础课程，并在课程学习中起承上启下的作用。授课的教师始终坚持教学研究和教学改革，理论结合实际，取得了良好的教学效果和多项教研成果。本学科多名教师获国家和省部级教学荣誉称号，如国家级教学名师、省部级教学名师、享受国务院政府特殊津贴专家、宝钢优秀教师、霍英东教育基金青年教师、全国优秀教师、全国人大代表、感动中国畜牧兽医科技创新领军人物、教育部新世纪优秀人才、万人计划入选者、"973"项目首席科学家、科技部中青年科技创新领军人才、甘肃省领军人才、"龙江学者"特聘教授和黑龙江省政府特殊津贴专家等。多名教师主讲的课程入选国家质量工程项目，如中国农业大学陈耀星教授主讲的"动物解剖学"、甘肃农业大学崔燕教授主讲的"动物组织学与胚胎学"和华中农业大学彭克美教授主讲的"动物解剖学及组织胚胎学"课程均被评为国家级精品资源共享课；山西农业大学董常生教授主讲的"动物解剖学、组织学及胚胎学"被评为山西省精品资源共享课程；西北农林科技大学陈树林教授主持的"动物解剖学与组织胚胎学"课程获"2015年度陕西本科高校省级精品资源共享课程"。

为促进学科发展，本学科教师积极参与教材编写，已出版国家"十五""十一五""十二五"和"十三五"国家级规划教材和教学参考书多部，并获得国家出版基金资助。出版的多部教材和教学参考书获得中国出版政府奖图书奖、国家级精品教材奖、中华农业科教基金全国高等农业院校优秀教材奖等奖项。其中，华中农业大学彭克美教授出版了我国第一部全新彩色版教材《动物组织学及胚胎学》。教学成果"基于现代教育信息技术的'动物解剖学'课程建设与改革"获2017年北京市高等教育教学成果奖；"以培养学生实践与创新能力为核心的动物解剖学与组织胚胎学教学改革与实践"获陕西省2015年高等教育教学成果奖二等奖。

三、本学科国内外发展比较

动物解剖学与组织胚胎学是兽医学学科的基础科学，国内外研究也多以基础研究为主，以理论服务于临床实践。研究内容上聚焦于神经系统和心血管系统，该部分内容是解剖学领域的难点，尤其是神经系统，目前研究发现仅仅是冰山一角。时至今日，大脑神经生物学作用机制依旧是人类认知的黑洞。2013年4月2日，美国总统奥巴马宣布启动脑科学计划（BRAIN Initiative），欧盟、日本随即予以响应，分别启动欧洲脑计划（The Human Brain Project）以及日本脑计划（Brain/Minds Project）。2017年，中国科技部、国家自然基金委牵头的"脑科学与类脑研究"——中国脑计划，作为重大科技项目被列入国家"十三五"规划。长期聚焦脑科学和神经—内分泌调节的研究。在国内和国际动物神经生物学领域发挥重要影响。

胚胎发育的研究：作为动物组织胚胎学科很重要的研究分支，也由于其与生产密切相关，国内外进展很快。例如胚胎分割技术，在20世纪80年代以前，胚胎分割技术主要是通过卵裂球分离方法进行；20世纪70年代后动物胚胎分割技术迅速发展起来，并在80年代中后期达到了一个高峰，用显微手术法获得同卵多胎动物；之后卵泡细胞体外成熟、体外受精、胚胎超低温冷冻技术、胚胎移植应用到胚胎分割技术中。但是中国胚胎分割的研究起步晚，一直在提高胚胎分割效率。

发展形态学研究手段：本学科作为形态学基础理论学科，研发科学的形态学技术手段，服务整个学科发展，是本科学的重要义务。随着信息化的发展，与数字化、信息化相结合，将静止的画面动态化，将无形的信号传导通路可视化，将内部结构外展化。例如虚拟仿真技术。虚拟解剖技术可追溯至20世纪80年代美国提出的Visible Human计划，此计划旨在建立真实三维人体CT、MRI和解剖切面的数字化图像库。目前结合螺旋CT和MRI等成像技术。自1997年至今，我国虚拟解剖技术研究发展经历了三个时期：引进初步探讨期、发展迅速期，发展波动期，科学研究者的认识也从狂热逐步趋于理性，侧重于多项技术融合，成为科研与教学的辅助工具。

与国外相比，本学科在神经生物学、羊驼毛色基因、黏膜免疫、体细胞克隆等方面均处于国际领先和先进水平。

神经生物学方面：以光信息影响禽类生产性状表达的神经内分泌调节机制和鸟类视觉回路的形成与发生为切入点，开展神经生物科学应用基础研究。发现光色信息影响家禽生长发育和免疫功能，筛选出适合肉鸡和蛋鸡生产的光波长。

羊驼毛色基因方面：一是完成了羊驼等骆驼科6个物种（双峰驼、单峰驼、羊驼、原驼、大羊驼和骆马）的基因组测序、重测序和信息学分析，系统掌握了驼科动物基因组特征和差异，解析了驼科动物间的进化关系、特殊的免疫系统等生理功能的奥秘。二是以家养动物中毛色性状最为丰富的羊驼为研究材料，发现了大量与羊驼毛色性状相关的调控基因，从分子水平系统研究揭示羊驼毛色性状发生的分子网络及细胞学机制，并在模型动物实现了毛色发生的表型变化，获得和培育了毛色性状发生改变且能稳定遗传的转基因动物，建立了完善的转基因动物实验规程和动物模型。

黏膜免疫方面：在猪肠道传染病病毒与黏膜上皮细胞间相互作用机制方面取得了一系列重要进展，首次发现并研究了肠道冠状病毒猪流行性腹泻病毒（PEDV）能够通过鼻腔入侵引起仔猪肠道黏膜致病的现象和相关机制。该研究不仅阐明了PEDV入侵猪体后的扩散途径和机制，还为有效控制PED发生提出了新的免疫方式。

胚胎学方面：将牛奶蛋白中编码赖氨酸基因片段转入"雌性黑白花奶牛"胎儿成纤维细胞内，以雌体细胞为细胞核供体，通过体细胞核移植技术制备克隆胚胎，再将克隆胚胎移植到西门塔尔杂交母牛（黄白花）代孕母牛体内。受体牛怀孕276天后，于2011年8月6日在吉林大学奶牛繁育基地顺利产下一头雌性转基因克隆牛犊（黑白花）；经初步检测，发现体内携带所转入赖氨酸基因。这是世界上首次利用转基因技术和体细胞核移植技术获得的赖氨酸转基因克隆牛。

四、本学科发展趋势及展望与对策

随着科学技术的突飞猛进，医学的发展促进了解剖学研究的深入，使我们对动物机体结构的认识更加深刻、细致。动物解剖学与组织胚胎学的研究从宏观到微观、从结构到功能，已将基础与临床实践有机结合起来。预计未来 5 年，本学科的发展趋势与策略主要体现在以下几个方面。

（一）深化加强基础研究

未来 5 年，本学科研究人员应在原有课题的基础上，进行以下几方面探索：加强细胞器功能与互作、神经—内分泌—免疫调控机制、动物繁殖机理、胚胎发育、成体干细胞发育分化、生物节律、黏膜免疫、肠道微生物、组织器官屏障结构及其功能、环境生理学、机体能量代谢等方向的研究。此外，也应结合宠物医疗需求、动物老龄化等问题进行动物福利相关研究。针对各领域前沿科学问题，争取获得国际领先的原创性成果。

（二）加强科研成果推广应用，使本学科与畜牧兽医生产实践融为一体

动物科学和动物医学研究的对象主要是家畜和家禽，在动物生产实践发展中会不断遇到新情况，要不断解决新问题，必然有不少与解剖学相关的问题，如动物诊断学、动物外科学、动物繁殖学等的发展，都与动物解剖学发展密切相关。走基础研究与生产实践密切结合之路，才是最明智、最符合科学发展要求的选择。

在未来的发展中将以现有研究成果为基础，寻找新的研究增长点，积极进行成果的应用推广，使本学科与畜牧兽医生产实践融为一体。广泛开展科技咨询、科技服务，正确处理教学、科研及社会服务的关系。

（三）突破学科界限，推进学科交叉融合，培育新的学科增长点

兽医学科已经突破了仅仅涉及家畜、家禽等动物的局限，直接关系到人类健康与公共卫生安全的方方面面，它已将动物、人类和环境紧密联系在一起。动物疫病与人类疾病密切相关，这些研究不仅关系到动物健康的生产安全，也关系到人类健康，以及经济社会的发展和稳定。因此，兽医学学科应不断加强实验动物的培育与人类疾病的动物模型建立，使其在人兽共患病的防治、人类重大疾病研究、公共卫生安全等方面发挥应有的作用。纵观国际同类学科，欧美等知名高校，兽医学学科均已有成熟而系统的实验动物疾病模型构建及应用体系，并取得了与人医相媲美的研究成果。而我国在这方面起步较晚，相对还不成熟，只有零星几个农业院校的兽医学学科在开展实验动物疾病模型构建与人类健康的相关研究，因此建议今后国家在基金项目设置、资源配置等方面引导广大兽医科技工作者加

强此方面研究，争取早日赶超国际研究进度。在人才培养上，可以试行跨学科培养硕士、博士的新模式。动物解剖学及组织胚胎学的发展必然与其他学科交叉融合。

（四）大力加强数字解剖学和数字医学建设

当前，随着大数据、云计算、人工智能等为代表的新一代信息技术迅猛发展，中国已经成为全球领先的数字化大国。畜禽养殖数字化是未来进一步发展和完善的方向。作为动物科学和动物医学基础课程的动物解剖学与组织胚胎学在这一大背景下，必须紧密结合生产需要，将数字化引入教学和科研。未来 5 年，主要加强以下几方面的发展：虚拟解剖标本模型的构建与应用；建立虚拟解剖仿真实验室；与内科、外科和产科等联合，进行辅助诊疗与虚拟外科手术。

虚拟解剖标本模型的构建与应用：虚拟解剖标本模型是数字解剖学研究和应用的基础。数字化虚拟解剖标本要在解剖结构、物理特征、生理生化功能等方面全面系统建立起一个交互式数字化标本模型。目前，所构建的模型大多只表达单一空间尺度、单一时间尺度的形态结构，未来，器官形态结构数字化的研究重点是器官不同尺度空间的形态数字化及其耦合。

建立虚拟解剖仿真实验室：虚拟解剖仿真实验室是利用虚拟现实技术进行解剖学教学和操作的实验室，可以为学习者提供一个直观、逼真、形象、方便和可重复操作的实验环境。目前，许多医学院校建立了人体解剖学虚拟仿真实验室，实验室由数字（虚拟）人、虚拟实体标本、多媒体系统和配套硬件组成，较好地解决了解剖实验教学资源的不足。未来所有农业院校将全面建立虚拟解剖仿真实验室，但动物解剖学面临的动物种类多，面临的困难会更大。

同时，与临床兽医相结合，进行辅助诊疗与虚拟外科手术，即在数字解剖模型的基础上，借助可视化的虚拟仿真设备，有效地开展手术通路、术前培训等相关内容。

（五）积极创建环保健康的解剖学教学环境

生物塑化标本具有无毒无味、无刺激性、便于长期保存等优点，在未来 5 ~ 10 年，具有取代实验室福尔马林浸泡标本的趋势，同时，建立无甲醛、清洁干燥、易使用、多功能现代化的解剖实验室也是未来的发展方向。目前，生物塑化标本在国内各农业院校逐渐应用，但与医学院校相比，塑化标本的使用尚未普及，而且大部分院校尚未建立高水平的解剖学标本陈列室。

未来主要从以下方面开展工作：①开发更加环保的固定液；②应加强生物塑化技术人才的培养，积极进行生物塑化技术方面的探索与改进工作，以期为未来农业院校自身进行塑化标本制作积累经验；③与专业标本制作单位联合，开发更多的动物解剖学塑化标本；④争取更多的经费支持，建立现代化的动物解剖学标本陈列室。

总之，虽然动物解剖学与组织胚胎学学科教学科研方面已取得较大成就，但与其他学科相比，科研成果仍有欠缺，对动物的形态结构尤其是神经系统仍有许多不清楚。今后要继续加强本学科与分子生物学、计算机学、免疫学、生物化学、遗传学、细胞生物学、病理学等学科的交叉和融合，加快动物解剖学与组织胚胎学的发展。

参考文献

［1］ 董常生. 羊驼学［M］. 北京：中国农业出版社，2010.

［2］ 支立康，额尔敦木图，安希文，等. 基于比较基因组学分析的方法定位及注释双峰驼 MHC 基因［J］. 中国农业科学，2018，51（18）：162–170.

［3］ 马俊兴，何俊峰，崔燕，等. LRP6 和 VEGFR2 在牦牛肺的分布［J］. 畜牧兽医学报，2018，49（7）：1550–1557.

［4］ 蒋书东，张兴旺，方富贵，等. 雌性安徽白山羊胸腺形态学增龄性变化［J］. 畜牧兽医学报，2018，49（8）：182–190.

［5］ 高霞，李方正，郇延军，等. 猪 DFAT 细胞成脂再分化过程中 KLF2 和 PPAR γ 的表达［J］. 畜牧兽医学报，2017，48（1）：68–74.

［6］ 曹静，潘麒伊，陈耀星，等. 虚拟仿真技术在动物解剖学实验教学中的应用［J］. 家畜生态学报，2016，37（4）：89–92.

［7］ 梁宏伟，冯波，朱雯宇，等. 大鼠肺微血管内皮细胞的体外分离培养与纯化［J］. 畜牧兽医学报，2016，47（10）：2143–2150.

［8］ 李琦，智达夫，延沁，等. LPS 通过 TLR4 影响绵羊输卵管上皮细胞 SBD–1 的表达［J］. 畜牧兽医学报，2016，47（1）：79–84.

［9］ 刘彧，石占全，姬凯元，等. TGF–β 3 对体外培养的羊驼黑色素细胞的影响［J］. 畜牧兽医学报，2015，46（5）：746–751.

［10］ 唐娟，肖珂，郑昕婷，等. 硼酸对非洲雏鸵鸟肺组织形态学的影响［J］. 畜牧兽医学报，2015，46（12）：2291–2298.

［11］ Gao T，Wang Z，Dong Y，et al.Role of melatonin in sleep deprivation–induced intestinal barrier dysfunction in mice［J］. J Pineal Res，2019，67（1）：e12574.

［12］ Li Y，Wu Q，Huang L，Yuan C，et al. An alternative pathway of enteric PEDV dissemination from nasal cavity to intestinal mucosa in swine［J］. Nat Commun，2018，9（1）：3811.

［13］ Liu P，Yu S，Cui Y，et al. Regulation by Hsp27/P53 in testis development and sperm apoptosis of male cattle（cattle–yak and yak）［J］. J Cell Physiology，2018，234（1）：650–660.

［14］ Ma Z，Zhang Y，Su J，et al. Effects of neuromedin B on steroidogenesis，cell proliferation and apoptosis in porcine Leydig cells［J］. J Mol Endocrinol，2018，61（1）：13–23.

［15］ Lin J，Xia J，Zhang T，et al. Genome–wide profiling of microRNAs reveals novel insights into the interactions between H9N2 avian influenza virus and avian dendritic cells［J］. Oncogene，2018，37（33）：4562–4580.

［16］ Yang S，Liu B，Ji K，et al. MicroRNA–5110 regulates pigmentation by cotargeting melanophilin and WNT family member 1［J］. FASEB J，2018，32（10）：5405–5412.

［17］ Liu X，Lin X，Mi Y，et al. Grape Seed Proanthocyanidin Extract Prevents Ovarian Aging by Inhibiting Oxidative Stress in the Hens［J］. Oxid Med Cell Longev，2018：9390810.

［18］ Zhou RT，He M，Yu Z，et al. Baicalein inhibits pancreatic cancer cell proliferation and invasion via suppression of NEDD9 expression and its downstream Akt and ERK signaling pathways［J］. Oncotarget，2017，8（34）：56351–56363.

［19］ Cao J，Bian J，Wang Z，et al. Effect of monochromatic light on circadian rhythmic expression of clock genes and arylalkylamine N–acetyltransferase in chick retina［J］. Chronobiol Int，2017，34（8）：1–9.

［20］ Dong C，Yang S，Fan R，et al. Functional role of cyclin–dependent kinase 5 in the regulation of melanogenesis and epidermal structure［J］. Sci Rep，2017，7（1）：13783.

［21］ Hu J，Cao X，Pang D，et al. Tumor grade related expression of neuroglobin is negatively regulated by PPAR γ and confers antioxidant activity in glioma progression［J］. Redox Biol，2017，12：682–689.

［22］ Kong QR，Xie BT，Zhang H，et al. RE1–silencing transcription factor（REST）is required for nuclear reprogramming by inhibiting transforming growth factor β signaling pathway［J］. J Biol Chem，2016，291（53）：27334–27342.

［23］ Hou X，Liu J，Zhang Z，et al. Effects of cytochalasin B on DNA methylation and histone modification in parthenogenetically activated porcine embryos［J］. Reproduction，2016，152（5）：519–527.

［24］ Liu X，Lin X，Zhang S，et al. Lycopene ameliorates oxidative stress via activation of Nrf2/HO–1 pathway in the aging chicken ovary［J］. Aging（Albany NY），2018，10（8）：2016–2036.

［25］ Liu H，Xu W，Yu Q，et al. 4，4'–Diaponeurosporene–Producing Bacillus subtilis Increased Mouse Resistance against Salmonella typhimurium Infection in a CD36–Dependent Manner［J］. Front Immunol，2017（8）：483.

［26］ Ansari AR，Li NY，Sun ZJ，et al. Lipopolysaccharide induces acute bursal atrophy in broiler chicks by activating TLR4–MAPK–NF–κB/AP–1 signaling［J］. Oncotarget，2017，8（65）：108375–108391.

［27］ Wang J，Li X，Wang L，et al. A novel long intergenic noncoding RNA indispensable for the cleavage of mouse two–cell embryos［J］. EMBO Rep，2016，17（10）：1452–1470.

［28］ Hu W，Zhu L，Yang X，et al. The epidermal growth factor receptor regulates cofilin activity and promotes transmissible gastroenteritis virus entry into intestinal epithelial cells［J］. Oncotarget，2016，7（11）：12206–122221.

［29］ Chen H，Yang P，Chu X，et al. Cellular evidence for nano–scale exosome secretion and interactions with spermatozoa in the epididymis of the Chinese soft–shelled turtle［J］. Pelodiscus sinensis. Oncotarget，2016，7（15）：19242–19250.

［30］ Gao Y，Su J，Guo W，et al. Inhibition of miR–15a Promotes BDNF Expression and Rescues Dendritic Maturation Deficits in MeCP2–Deficient Neurons［J］. Stem Cells，2015，33（5）：1618–1629.

［31］ Yin Y，Qin T，Wang X，et al. CpG DNA assists the whole inactivated H9N2 influenza virus in crossing the intestinal epithelial barriers via transepithelial uptake of dendritic cell dendrites［J］. Mucosal Immunol，2015，8（4）：799–814.

［32］ Yang J，Zhou F，Xing R，et al. Development of large–scale size–controlled adult pancreatic progenitor cell clusters by an inkjet–printing technique［J］. ACS Appl mater interfaces，2015，7（21）：11624–11630.

［33］ Wang J，Li X，Zhao Y，et al. Generation of cell–type–specific gene mutations by expressing the sgRNA of the CRISPR system from the RNA polymerase Ⅱ promoters［J］. Protein Cell，2015，6（9）：689–692.

撰稿人：陈耀星　崔　燕　彭克美　雷治海　赫晓燕　董玉兰　曹　静　王海东

执笔人：陈耀星　赫晓燕　曹　静

动物生理学与生物化学发展研究

一、引言

　　动物生理学与生物化学是研究动物正常生命活动规律和机体各组成部分的功能，阐明动物生命有机体化学本质的科学，是现代兽医学中不可或缺的重要组成部分，近年来科研工作者围绕不同畜禽的生理生化特性开展了一系列研究，取得了显著的研究进展。

　　在动物生长与代谢领域，筛选了能在表遗传调控机制中发挥作用的营养物质（如甜菜碱和丁酸钠等），并从多个表遗传调控途径（涉及基因组或线粒体 DNA 甲基化、组蛋白乙酰化以及 miRNAs）方面进行了系统研究。在生殖生理领域，科研工作者对雌性胚子发生发育、动物雄性配子发育成熟、胚胎着床及母胎对话进行了系统的研究，为妊娠调控作出重大创新工作和转化应用奠定了扎实的基础。在泌乳生理领域，对乳脂乳蛋白合成过程及调控机理做了大量研究。在神经内分泌领域，揭示转录因子 Isl-1 调节褪黑素合成的机制。在动物免疫与应激领域，探究了冷应激对动物内环境稳态及稳态重构的发生发展机制、慢性应激对畜禽机体代谢功能研究以及动物创伤后应激障碍神经机制与疗法的相关研究。在免疫生化与抗病领域，发现猪不同发育阶段 Ig 编码基因的使用频率及多样性。在反刍动物消化生理领域，瘤胃微生物多样性在不同日粮或饲养条件下有所不同。此外，对瘤胃微生物分离与功能、瘤胃组织发育与功能、瘤胃消化逃逸技术，提高或调控瘤胃消化性能的研究都取得了显著进展。在生物活性小分子物质领域，功能性氨基酸和小肽、功能性脂质以及生物活性植物提取物对于机体代谢研究取得一定进展。

二、2015—2019 年本学科我国发展现状

（一）动物生长与代谢研究进展

1. 骨骼肌生长调控

南京农业大学筛选了能在表遗传调控机制中发挥作用的营养物质（如甜菜碱和丁酸钠

等），并从多个表遗传调控途径（涉及基因组或线粒体 DNA 甲基化、组蛋白乙酰化以及 miRNAs）方面进行了系统研究。通过建立的甜菜碱母体效应研究模型，证实母猪妊娠期和哺乳期喂甜菜碱显著影响新生仔猪肝脏糖脂代谢，增强断奶仔猪肌肉线粒体功能。表遗传调控机制研究表明甜菜碱能够通过一碳代谢产生甲基，影响生长代谢关键基因启动子的甲基化；母体甜菜碱通过改变靶器官或靶组织的 miRNAs，调节生长代谢相关基因的表达水平；糖皮质激素受体 GR 是参与甜菜碱母体程序化作用的关键靶基因之一。通过建立的丁酸钠母体效应研究模型，证实母源性丁酸钠改善后代猪肉质的基本作用途径主要是通过提高猪肌肉脂肪酸合成和组蛋白去乙酰化酶等途径，加强肌内脂肪的合成并改善脂肪酸组成。

华南农业大学针对动物机体内一些代谢产物对骨骼肌生长发育的影响开展了一系列的研究。研究发现，动物机体内源性代谢产物 α 酮戊二酸、α 硫辛酸以及中链脂肪酸月桂酸均能促进骨骼肌细胞肥大，以及细胞内蛋白质的合成，但它们发挥作用的细胞信号途径不同；三羧酸循化中间产物琥珀酸能够促进骨骼肌细胞的有氧氧化，增加动物机体氧化型肌纤维的比例。此外，他们还发现一些植物源性生物活性物质如叶绿醇和辣椒碱能够促进动物机体骨骼肌纤维类型的转化，增加慢型肌纤维的比例，改善动物肉品质；而茶叶中富含的茶多酚却能够抑制氧化型肌纤维的发育。

2. 脂肪代谢调控

华南农业大学研究发现，钙离子对骨髓间充质干细胞的增殖及成脂分化、体脂沉积和葡萄糖稳态具有重要的调控作用。多酚物质白藜芦醇对于可通过 AMPKα 通路促进皮下脂肪的褐色化、激活褐色脂肪的生成与产热，减少脂肪沉积；叶绿醇能够促进脂肪生成及皮下脂肪的褐色化，改善葡萄糖稳态，降低动物体脂肪的沉积；脂肪酸衍生物——油酰甘氨酸可通过 CB1 受体调控脂肪生成。南京农业大学研究发现猪脂肪因子 ZAG 调控脂质分解，参与机体炎症下的代谢反应。

华中农业大学在分离获得猪及小鼠 MSCs 成脂分化细胞模型的基础上，系统完成了猪 FSP27 蛋白与脂肪滴形成、发育及脂肪积累等分子机制的研究，以及猪或小鼠脂肪代谢相关因子 Adipose、Resistin、STEAP4 等在脂肪沉积、脂肪异位沉积、线粒体数量及功能调控的影响。发现猪 STEAP4 基因及变体的功能研究及转录调控，证明 C/EBPβ 是控制猪 STEAP4 及其新变体转录的重要调节因子，在保护肝细胞的代谢和炎症疾病中起重要作用；抵抗素通过 PKC-PKG-p65-PGC-1α 途径减少线粒体数量，促进肝脏脂肪积累，邻位连接技术显示抵抗素可以提高 P65 和 PGC-1α 的相互作用从而抑制 PGC-1α 的活性并损伤线粒体数量；猪 FSP27 调控脂滴形成及细胞脂肪积累，研究表明 FSP27 特异与脂肪滴结合，参与了脂肪滴的形成及在内质网上的萌发，FSP27 在脂肪滴上的大量聚集会促进脂肪滴的融合。

3. 肝脏代谢调控

云南农业大学研究肝脏胰岛素样生长因子的合成和分泌调控，近年来的研究发现饲料中蛋白质、二肽以及一些特定的氨基酸（精氨酸和甘氨酸）均能调控肝脏中 IGF-1 的合成和分泌，调控动物生长。Pro-Asp 和 Pro-Gly 能够通过 JAK2/STAT5 途径促进肝细胞 IGF-1 的表达和分泌；精氨酸能够影响 GH 对于肝细胞的作用。

研究普洱茶及其主要组分之一——咖啡因调节糖脂代谢的分子机理，阐释了普洱茶和咖啡因通过调节肌肉—肝脏 IL-6/STAT3 信号通路轴抑制肝脏脂肪积累的机理；分析了咖啡因通过诱导 SCD1 表达调控体内饱和脂肪酸转化成单不饱和脂肪酸，作为脂肪因子调节机体胰岛素敏感性的机理；阐释了咖啡因通过调控胰岛素信号通路延长寿命的机理等。

（二）动物生殖生理研究进展

1. 雌性配子发生发育

在雌性生育力构建与维持研究中，中国农业大学较系统地揭示了原始卵泡形成机制，为研究卵泡发生和卵巢早衰机制奠定了基础。发现 TGFβ 和 CDC42 等分子参与调控了原始卵泡激活与维持；褪黑素干扰早期减数分裂进程及卵泡形成进程，并揭示了多种环境因素及毒素在雌性生育力构建中的作用。

在卵母细胞发育和成熟调节研究领域。中国农业大学揭示了卵母细胞质量（特别是Stella 因子）在母源肥胖诱发胚胎缺陷过程中的关键作用；发现 MARF1 调控卵母细胞成熟和基因组完整性；营养感应通路 MTOR 介导卵母细胞—颗粒细胞互作并决定颗粒细胞命运和卵质量；发现 CRL4 在维持生殖细胞存活、减数分裂成熟和母体—合子转变中具有多种功能；FSH 通过雌激素和 TGFβ 上调钠肽表达，防止卵母细胞早熟；LH 下调钠肽水平导致卵母细胞成熟。南京农业大学研究发现卵巢囊肿（PCO）母猪卵母细胞的发育潜力显著下降，伴随线粒体分布模式、膜电位及 mtDNA 拷贝数及表达水平的改变；卵巢囊肿卵泡液中同型半胱氨酸（HCY）浓度显著升高，卵母细胞内一碳代谢相关酶上调，导致 mtDNA 中 12S rRNA 及 16S rRNA 甲基化水平升高。体外培养猪卵母细胞时添加 HCY 可导致同样现象发生，抑制 DNA 甲基化可缓解上述过程，证实卵泡液中 HCY 升高改变 mtDNA 甲基化修饰是猪卵巢囊肿发生的关键过程。

中国农业大学研究团队的研究表明，作为最主要的饲料存在的环境内分泌干扰物，玉米赤霉烯酮（ZEA）及其代谢产物 α-玉米赤霉烯醇（α-ZOL）通过非经典雌激素受体 GPR30，激活 PKC 通路，下调 Lhx3 的表达，增强 miR-7 表达并靶向 Fos 基因，进而抑制猪促卵泡激素（FSH）的合成和分泌的信号通路。研究结果表明，miRNA 作为关键内在因子介导了垂体中环境内分泌干扰物信号传导来调节垂体促性腺激素的合成与分泌。

浙江大学研究发现碱性成纤维细胞生长因子（bFGF）在家禽卵泡发育中起到了重要作用，分析了细胞因子 bFGF 对家禽原始卵泡发育的作用以及可能涉及的蛋白激酶 B（AKT）和细胞外调节蛋白激酶（ERK）信号通路的信号传导机制。该团队还分析了表皮生长因子（EGF）对雏鸡卵巢发育的调节作用。

2. 精子的发生与发育

雄性哺乳动物从青春期到老年持续的精子发生依赖于精原干细胞，其自我更新和分化受到内源基因表达和外部信号的精确调控，自我更新和分化之间的平衡非常重要。中国农业大学通过慢病毒抑制了精原干细胞中 Foxc2 的水平并检测了对精原干细胞体外维持和重建精子发生的影响，发现 FOXC2 是一个在精原干细胞的存活和命运决定中起关键作用的转录因子。

南京农业大学研究发现应激诱导精子 GSK3α 去磷酸化，阻碍猪精子线粒体重塑过程，导致线粒体产 ATP 能力下降，最终导致精子活力下降；热应激诱导睾丸支持细胞 GSK3α 去磷酸化，一方面降低支持细胞线粒体膜电位及氧化磷酸化，另一方面促进 Drp1 磷酸化阻断线粒体分裂，支持细胞线粒体的变化使其吞噬凋亡生殖细胞能力，导致睾丸内大量集聚脂滴，最终干扰精子发生过程。

（三）动物泌乳生理研究进展

1. 乳脂和乳蛋白合成调控

乳蛋白和乳脂肪是表征牛奶营养品质的重要指标，与发达国家相比我国生鲜乳中乳脂肪和乳蛋白含量普遍低 10% 以上。近年来我国科学家在乳脂乳蛋白合成过程及调控机理方面做了大量研究。内蒙古农业大学发现泌乳期奶牛饲喂混合粗精饲料能显著提高乳腺动脉氨基酸和短链脂肪酸含量，从而增加乳脂和乳蛋白的合成。在离体培养的乳腺上皮细胞中添加氨基酸（Met 和 Lys）和乙酸后发现二者均能通过 mTOR 和 JAK2/STAT5 信号通路促进乳脂和乳蛋白的合成。南京农业大学发现泌乳期饲喂过多高精料饲料会使奶牛患有瘤胃酸中毒，并通过 AMPK/PPARα 促进 PCT-1、L-FABP 和 ACO 等脂质分解基因高表达，使血中乳脂合成前体物迅速减少，从而影响乳脂的合成。介于饲喂条件对乳脂和乳蛋白合成造成的重大影响，为了探究其内在调控基因变化情况，东北农业大学对高乳品质和低乳品质奶牛乳腺进行高通量测序，筛选出了差异显著功能基因 19 个，包括 MAPK、STAT5、eEF1Bα、GlyRS、LeuRS、SND1、14-3-3γ、SOCS3、GSK3β、AMPK、SREBP、PPARγ、FABP3、Spot14、PTEN、miR-15a、miR-152、miR-486、miR-29s，通过基因超表达和基因沉寂等方法发现以上基因均能介导 AKT/mTOR 和 MAPK 信号通路促进或抑制乳脂和乳蛋白的合成。此外，多肽类物质对调节乳蛋白的合成也具有重要作用，吉林大学研究发现，酰化和非酰化的 ghrelin 能通过 GHSR1a 受体介导 MAPK 和 AKT 信号通路显著提高 BMECs 和乳腺组织乳蛋白的表达；Kisspeptin-10 能通过 GPR54 受体介导 AKT/mTOR、MAPK 和 Stat 5 信号通路促进乳蛋白的表达和 BMECs 的增殖。

2. 乳腺发育及其调控

华南农业大学研究发现，高脂日粮可通过抑制增殖相关信号（IGF-1、Akt 和 Erk）和促进炎症相关信号（TLR4、JNK）来抑制初情期小鼠乳腺发育。此外，该团队还发现不同脂肪酸对动物乳腺发育具有不同的调控作用，月桂酸（中链脂肪酸，C12：0）通过激活 GPR84-PI3K/Akt 通路、油酸（长链单不饱和脂肪酸，C18：1）通过激活 CD36-［Ca2+］i-PI3K/Akt 通路，促进初情期小鼠乳腺的发育，而硬脂酸（长链饱和脂肪酸，C18：0）则通过 GPR120-PI3K/Akt 通路，抑制小鼠初情期乳腺的发育。另外，低浓度硫化氢可通过激活 PI3K/Akt-mTOR 信号通路促进猪乳腺上皮细胞（PMECs）增殖和初情期小鼠乳腺发育。该团队还发现夏季哺乳母猪的乳腺组织 DNA 含量、增殖相关基因表达及增殖信号通路均显著低于冬季母猪的乳腺。

3. 乳脂形成的分子机理研究

水牛乳中含有丰富的营养物质，德宏水牛是云南优良的地方畜种，云南农业大学利用具有优良泌乳性能的印度摩拉水牛、巴基斯坦尼里—拉菲水牛对其进行杂交改良，产乳性能已经得到较大提高。对德宏奶水牛乳中蛋白质、乳脂等主要组分以及 FA、矿物质等含量和生物活性物质进行测定，发现均优于荷斯坦奶牛。基于转录组学研究德宏奶水牛高乳脂形成的分子机制，发现高乳脂率组脂类代谢相关基因的表达水平显著高于低乳脂率组，脂类代谢相关基因之间的共同调控作用决定着水牛乳中的 TG 和 FA 含量。

4. 乳中非编码 RNA 研究

RNA 间相互作用的新机制中，非编码 RNA，如 miRNA、假基因转录物（pseudogene）、长链非编码 RNA（lncRNA）、环状 RNA（circRNA）等是主要的竞争性内源 RNAs。近来研究发现，外泌体作为一种新的生物媒介，介导了信息传导与远程调节作用。在不同动物细胞、组织、体液、血清和乳汁来源的外泌体中均有非编码 RNA，如 miRNA、circRNA、lncRNA 的存在，且能对相应 mRNA 起调控作用。华南农业大完成了猪脂肪和肌肉细胞外泌体 ncRNA 组学、猪、牛乳外泌体 ncRNA 组学等一系列的高通量筛查和信息分析，获得了大量与动物生长、繁殖、肠道免疫及肉品质形成相关候选 ncRNAs，以候选基因为研究目标，揭示了 miRNA 对 GH、IGF-1、FSHβ、PPARγ、CDX2、IGF-1R、PCNA 以及 SCD-1 等关键基因的靶向及通路的调控机制研究。如 miR-206 只在长白和巴马香猪中表达；miR-320 能有效地抑制 FSH 的分泌；miR-130a、miR-125b 和 miR-146a 显著抑制细胞聚酯，而 miR-181a 能促进聚酯；而且 miR-125b 能有效下降单不饱和脂肪酸的含量（p<0.01）；miR-143 与能量代谢密切相关；等等。此外，猪乳外泌体中 ncRNA 组学测序结果首次发现了猪乳外泌体中存在大量的 miRNA、lncRNA 和 circRNA 分子，这些 ncRNA 能被仔猪的肠道所吸收，并引起相关靶基因的下调，影响肠道上皮细胞增殖以及肠道形态结构的变化。研究成果为深化猪奶汁的生理营养和解析"母仔一体化"理论具有重要的意义。

（四）动物应激与免疫研究进展

1. 冷应激对动物内环境稳态及稳态重构的发生发展机制

近年来随着应激生物学研究的不断深入，国内关于动物应激领域的研究也在飞速发展。冷应激作为高寒地区和极端环境中最为常见的应激反应是机体抵御外界低温刺激所作出的适应性反应。黑龙江八一农垦大学多年来以冷应激研究为导向,从冷应激反应的发生、发展机制及其对动物机体产生的影响为切入点进行了全面而系统的研究。主要成果包括:①冷应激标志物的筛选。通过高通量筛选对冷应激大鼠血清中差异表达的非编码 RNA(miRNA)及蛋白质进行综合统计分析,构建冷应激状态下血清中 miRNA 及蛋白质的差异表达图谱并进行功能的聚类分析,旨在筛选出血清中准确、稳定的冷应激生物标志物。通过对血清中差异表达的 miRNA 进行生物学功能分析后,选择可能在冷应激发生、发展过程中起到重要作用的 miRNA-210 进行相应的功能验证,研究其在冷应激状态下对大鼠肝细胞线粒体呼吸链的影响。在对筛选出的差异蛋白进行深度的相关性挖掘以及功能聚类分析后对部分应激蛋白进行了功能验证,并且对应激蛋白中的代表:热休克蛋白 70(HSP70)的生物功能在冷应激大鼠肝脏中进行了进一步的功能探究,发现其不仅在应激反应过程中起到了重要的作用,在细胞凋亡过程中,通过促进抗凋亡蛋白的表达从而对细胞进行拯救,达到抑制凋亡的目的。通过对日粮内添加 GABA 等抗应激添加剂可以帮助大鼠有效抵抗冷应激带来的消极影响。②冷应激破坏啮齿动物内环境稳态及稳态重构的发生发展机制。在急性冷应激小鼠模型中,小胶质细胞激活、炎性因子表达量升高、成熟的海马神经元数量减少等现象都指向冷应激导致神经炎症这一实验结果,通过对实验数据进行更深层次的发掘分析后得出最终的实验结论,急性冷应激可以引起脑内乙酰化的 HMGB1 表达量异常升高诱导小鼠海马神经炎症,并且冷应激对海马的消极影响在雄性小鼠中表现得更为显著。在产前冷应激模型中,妊娠母鼠海马体同样出现了神经炎症的现象,并且发现冷休克蛋白 RBM3 在海马内环境稳态重构过程中发挥了关键作用。不仅如此,与适宜温度环境下分娩的幼崽相比,产前冷应激模型分娩出的幼崽出现海马体发育障碍,出现焦虑样的行为等现象。并且这种母体与胎儿之间的垂直影响可能是经由胎盘介导的。③表观遗传在急性冷应激小鼠模型中的生物学功能。研究发现,在冷应激小鼠模型中 O-GlcNA 通过对节点蛋白的糖基化修饰从而减少肝脏内自噬和细胞凋亡的发生进而对肝脏起到保护作用。

2. 慢性应激对畜禽机体代谢功能研究

南京农业大学多年来围绕畜禽糖皮质激素 GC 作用机制以及 GR 组织特异性的调控元件和转录因子方面开展了系统研究,主要成果包括:①克隆猪糖皮质激素受体启动子,分析启动子活性,克隆组织特异性调控元件,并进行功能验证,研究 CpG 岛甲基化对启动子活性的影响;高通量筛选组织特异性的转录因子和甲基化调控因子(酶);分析组蛋白修饰对 GR 表达的影响,并分离鉴定参与组蛋白修饰调控的关键蛋白(酶);分离参与 GR 表达调控的非编码调控 RNA(microRNA),并进行功能鉴定。②长期低剂量地塞米松(DEX)处理模拟慢性应激状态,研究发现 DEX 处理对山羊的肠道微生物群组的分布无明显影响,但 RNA-seq 发现机体多条代谢相关通路被改变,甘油三酯显著降低,糖代谢紊乱，肠道锌转运发生障碍，最终导致生长迟缓。从而推测，慢性 GC 暴露对山羊机体糖脂代谢过程等多方面存在健康威胁。③鸡的应激敏感性（TI 表型）受下丘脑关键功能基因表达的调控，STI 表型的肉鸡具备更好的生长性能和抗应激能力。同时，南京农业大学的研究还发现快速生长型肉鸡蛋内 GC 沉积较高，通过蛋内注射模型进一步揭示了 GC 与 GR 在肉鸡的生长、代谢、行为以及动物福利等方面的表观遗传作用机制。

3. 猪不同发育阶段 Ig 编码基因的使用频率及多样性

吉林大学动物生物化学实验室以猪的抗体（Ig）谱为研究对象，分析了猪不同发育阶段 Ig 编码基因的使用频率及多样性。发现 IGHV1-4、IGHV1-10 和 IGHV1S2 基因占猪出生后 IGHV 基因库的 80%；随着个体发育，IGHV1-6 基因的使用频率显著降低，IGKV1-11 基因的使用频率逐渐增加。该实验室还从猪瘟病毒疫苗免疫猪的抗体分泌细胞中获得抗猪瘟病毒抗体基因，并对其进行表达，获得抗猪瘟病毒抗体。在哺乳动物和其他脊椎动物中，I 型干扰素诱导的抗黏病毒 Mx 蛋白是十分有效的广谱抗病毒因子，人体中的 MxA 亦属于早期天然免疫应答的重要成分。吉林大学动物生物化学实验室在高表达 MxA 转基因猪的细胞水平和动物水平都证实了 MxA 对猪瘟病毒有一定的抗病效果。

4. shRNA 对猪病的调控

RNAi 被定义为由小 RNA 介导产生的一种特异性的转录后基因沉默机制，这些小 RNA 主要包括：内源的微小 RNA（miRNA）、外源的小干扰 RNA（siRNA）以及短的发卡 RNA（shRNA）。shRNA 是由外源载体在细胞核中转录而成，该外源表达载体在 RNA 聚合酶Ⅱ或Ⅱ的作用下转录为含有一段颈环的 shRNA 分子，称为发卡 RNA，进一步经 Drosha 酶与 RNase Ⅲ 核酸内切酶加工，形成 shRNA 前体分子。前体 shRNA 分子被运送至细胞质，再经过 Dicer 酶以及其他 RNase Ⅲ 酶的作用下便可以整合入 RISC，抑制靶基因表达。吉林大学动物生物化学实验室受国家科技重大专项等基金支持，先后培育了针对猪口蹄疫病毒和猪瘟病毒的 shRNA 转基因猪。抗口蹄疫猪和抗猪瘟猪体内攻毒实验都表明，抗病猪对相应的病原都有抑制能力，与对照猪相比，症状减轻，致死率降低。

（五）反刍动物消化生理研究进展

1. 瘤胃微生物的多样性

内蒙古农业大学研究发现，荷斯坦奶牛在不同日粮和泌乳阶段瘤胃细菌变化主要表现在拟杆菌门、变形菌门和纤维杆菌门等。四川农业大学动物医学院研究发现山羊瘤胃液拟杆菌门占 47%，普雷沃氏菌属占 26%。放牧绵羊瘤胃细菌多样性与季节有关，以厚壁菌门和拟杆菌门为主。高原藏羊和甘肃高山细毛羊以厚壁菌门为主，且新种较多。犊牛瘤胃以厚壁菌门为主，而早期断奶犊牛则以拟杆菌门为主，并随固体饲料喂量普雷沃氏菌和瘤胃球菌不断增加。兰州大学草地农业科技学院研究表明羔羊补饲和 28 日龄断奶有利于瘤胃细菌的多样性发育，但对主要瘤胃细菌如白色瘤胃球菌、黄色瘤胃细菌等的相

对丰度无显著影响。粗饲料条件下山羊瘤胃纤维分解菌丰度增加，脂肪和蛋白分解菌的减少。扬州大学研究表明水牛瘤胃微生物基因有 80 多万个，而与纤维素类降解有关的基因，约占 5%。

舍饲育肥绒山羊空腹瘤胃液原虫数量、总细菌等（除牛链球菌外）均高于放牧羊。日粮营养水平低时瘤胃原虫和细菌丰度也低，但多样性增加。瘤胃食糜液相和固相的某些细菌丰度不同，但液相的更接近全食糜的。甲烷杆菌在瘤胃背囊部较多。而黏附在瘤胃内麦草上未被分属的细菌竟占 70%。装置瘤胃瘘管对瘤胃细菌组成有一定影响。相同日粮不同喂量对瘤胃微生物组成没有显著影响。添喂单宁选择性低减少原虫、产甲烷菌和瘤胃白色瘤胃球菌的丰度，抑制产纤维素酶菌的生长和功能。饲粮转换影响瘤胃微生物数量和功能，在前六天消化性能降低，两周时则恢复至原来状态。瘤胃微生物区系不仅与当前饲喂的日粮有关，而且还与之前的有关。即使在相同日粮和饲养管理条件下，奶牛个体的瘤胃细菌组成仍有不同。高产奶牛瘤胃液丁酸弧菌属、毛螺菌属和小杆菌属丰度增加，而普雷沃氏菌、琥珀酸菌、瘤胃球菌等降低，且 6-α-氟-孕甾-4-烯-3，20-二酮、3-八异戊烯-4-羟基苯酸盐等增加，不饱和脂肪酸、甾醇等合成代谢途径增强。

2. 瘤胃微生物分离与功能

南京农业大学动物科技学院采用共生菌培养方法可分离培养甲烷菌第七目。由瘤胃分离的大肠杆菌纤维菌可由玉米秸秆产生乙醇和氢。从瘤胃液中分离出一株产蛋氨酸的热带假丝酵母菌和一株产生赖氨酸的阴沟肠杆菌，其培养液中的游离蛋氨酸和赖氨酸分别达 27.8mg/L 和 4.0mg/L。从瘤胃液分离出一株米曲霉 A18 菌，其蛋白酶活性达 415.8IU/mL。新分离的一株瘤胃枯草芽孢杆菌对游离棉酚的降解率达 79%。从瘤胃真菌获得两个降解木质纤维素酶（β-木聚糖酶、β-葡萄糖苷酶）克隆。

3. 瘤胃组织发育与功能

甘肃农业大学动物科学技术学院研究发现，28 日龄断奶羔羊瘤胃背囊乳头高度、宽度、固有膜宽和肌层厚均高于哺乳和 42 日龄断奶羔羊。给哺乳羔羊添喂苜蓿干草使瘤胃肌层变厚、角质层变薄。添喂精料可促进瘤胃上皮细胞增殖，而对瓣胃作用则相反。喂给短链脂肪酸提高奶牛瘤胃上皮细胞短链脂肪酸转运蛋白和 G-蛋白偶联受体 41 的表达量。添喂异戊酸（6g/头/日）增加犊牛瘤胃乳头的长度和宽度，瘤胃黏膜 IGF-1 受体和 3-羟基-3-甲基戊二酰-辅酶 A 合成酶 mRNA 表达增加。添喂丙酸钙（5~10%）促进犊牛瘤胃上皮发育。口服丁酸钠促进羔羊瘤胃乳头生长。丁酸引起瘤胃上皮增殖和凋亡基因的同步表达，促进上皮生长。江西农业大学研究表明，体外丁酸在低浓度（20mmol/L）时促进瘤胃上皮细胞生长，而高浓度时则降低细胞活力甚至凋亡。高精料日粮促进瘤胃上皮生长和相关基因表达，但瘤胃 pH < 5.6 时使瘤胃和血液脂多糖增加，瘤胃上层组织出现炎症。日粮直链/支链淀粉比例高，有利于瘤胃丁酸浓度提高、上皮发育。不同粗饲料影响瘤胃上皮乳头宽度和基因表达。

西北农林科技大学发现绒山羊瘤网胃重量增长主要在一月龄后，近二月龄时比出生时重 13 倍。扬州大学研究发现神经类型影响瘤胃发育，安静型绵羊瘤胃角质层较薄，基底层较厚，乳头较宽，并且屠宰率较高。老年水牛（十岁）缺乏瘤胃背囊乳头，但腹囊乳头没有显著减少，瘤胃 VFA 浓度也没有显著降低。

4. 提高或调控瘤胃消化性能

棕榈酸包被降低 γ - 氨基丁酸在瘤胃里的降解率。添喂过瘤胃保护泛酸（12g/ 头 / 日）提高瘤胃乙酸浓度，提高日粮消化率和产奶量。过瘤胃赖氨酸提高肉牛日增重 46%。

给绵羊添喂牛至油 4g/ 只 / 日，瘤胃乙酸浓度平均提高 52.8%；而给奶牛添喂 13g/ 头 / 日，估测的瘤胃微生物蛋白合成量增加 16.1%，同时产奶量增加 8.4%。奶牛添喂纤维素酶瘤胃 VFA 浓度提高 14.2%，NDF 消化率提高 9.1%。南京农业大学研究发现 $6.6\,\mu mol/L$ 三硝酸丙酸酯可完全抑制甲烷菌产生甲烷，但降低羧甲基纤维素酶活性。新疆农业大学研究发现添喂多库酯或饮用磁化水可减少瘤胃原虫数量，提高绵羊自由采食量，增加营养供应，提高生产性能。

（六）生物活性小分子物质研究进展

1. 功能性氨基酸和小肽

氨基酸不仅是构成动物营养所需蛋白质的基本物质，还是合成神经递质和各种内分泌激素的重要前体。近年来，越来越多的研究表明氨基酸及小肽还可以作为生物活性小分子发挥多种调节作用。华南农业大学探究了谷氨酸在肠道上皮细胞中的感应机制，发现谷氨酸可以激活 mTORC1 信号通路，并明确了其分子机制；精氨酸和 Pro-Gly 二肽可以参与肝细胞 IGF-1 表达和分泌的调节，揭示了氨基酸和小肽在生长轴内分泌调节中的作用。牛磺酸是一种非蛋白氨基酸，有关该氨基酸的生物学功能一直是功能性氨基酸研究热点。沈阳农业大学开展了牛磺酸对大鼠酒精性脂肪肝的预防和治疗作用的研究；华中农业大学从细胞自噬的角度分析了牛磺酸对免疫调控的作用，为阐明牛磺酸免疫调控机制提供新的理论依据。南京农业大学以牛乳腺上皮细胞系为研究对象，探究了牛磺酸通过调节乳腺上皮细胞自噬缓解乳房链球菌感染损伤的机制。

2. 功能性脂质

脂质包括脂肪酸、磷脂、鞘脂和甾醇等。脂质既能作为机体的能源物质，也能调节机体的生理和代谢过程，而且长链不饱和脂肪酸也是合成前列腺素（PG）的重要前体。上海市农业科学院阐明了丁酸（Butyric acid，BA）对猪繁殖生理的影响以及具体的作用机制。结果发现，丁酸可能通过 GPR41/43 介导 cAMP 信号通路调节 PGCs 孕酮和雌激素的分泌。华南农业大学研究发现中链脂肪酸月桂酸能通过 PI3K/Akt-mTOR 信号通路缓解外源性 H2S 对初情期小鼠乳腺发育的抑制作用，还可以通过激活骨骼肌 TLR4/MyD88/IKK 通路，导致骨骼肌纤维类型向酵解型转变；长链 18 碳单不饱和脂肪酸（油酸）则可以通过激活 CD36-Ca2+ 和 PI3K/Akt 信号通路，促进小鼠初情期乳腺的发育与 HC11 细胞的增殖。这些研究为功能性脂肪酸的应用提供了基础。鞘脂是生物膜结构的重要组成成分。中国农业大学研究表明，鞘氨醇 -1- 磷酸裂解酶不可逆降解鞘氨醇 -1- 磷酸，抑制或敲除鞘氨醇 -1- 磷酸裂解酶可引起颗粒细胞胞内钙离子水平升高、失活 NPR2，恢复卵母细胞减数分裂。此外，国内机构有关前列腺素的研究主要集中在畜禽繁殖方面。中国农业大学发现妊娠晚期高水平的 PGE2 可能通过抑制子宫附近 PLNs 中 IL-1β 的产生来保护胎儿及胎盘免受炎症损伤，首次提出了妊娠晚期 PGE2 的免疫保护性功能，为妊娠晚期流产或早产的临床治疗提供了理论参考；浙江大学等探究了前列腺素 PGE2 对蛋鸡的小白卵泡增殖发育的影响，结果表明 PGE2 能通过受体 EP2 促进小白卵泡外膜层细胞的增殖，从而促进蛋鸡等级前卵泡的生长和发育。

3. 生物活性植物提取物

植物是动物饲料的重要部分，其生物活性提取物对动物机体营养消化、生长代谢、应激免疫等方面的影响一直是受到广泛关注。植物生物活性物质种类多，作用机制复杂，涉及表观遗传、抗氧化和炎症调节作用。南京农业大学研究了母鸡蛋期日粮添加甜菜碱可通过改变启动子 DNA 甲基化抑制雌性后代仔鸡肝脏脱碘酶 I 表达，从而影响代谢水平。研究还发现，母鼠妊娠及哺乳期饲喂甜菜碱不但降低了子代雌性大鼠血清铁水平，还可以通过肝脏 ICR 高甲基化、肝脏 IGF2 表达和 DNA 甲基化及对 F2 代的生长发育和肝脏脂肪代谢存在影响。此外，各种植物中的生物碱也对畜禽养殖具有重要的应用价值。中国农业科学院饲料研究所探究了热应激条件下辣椒碱对泌乳奶牛生产性能的作用效果，明确了辣椒碱可以有效改善热应激导致的奶牛产奶量下降，显著提高泌乳牛干物质采食量，并显著改善乳品质。华南农业大学分别从细胞水平和活体水平上研究了辣椒碱对不同肌肉肌纤维类型的影响，发现辣椒碱可通过不同受体影响胞内钙离子相关信号分子的表达，增加肌肉重量，同时促进了骨骼肌纤维由 MyHC IIb 型纤维向 MyHC I 型纤维转化。此外，吉林大学研究了贝母素乙（一种生物碱）对 LPS 诱导的小鼠乳腺炎的影响，同样发现贝母素乙对 LPS 诱导的小鼠乳腺炎发挥有效的抗炎作用。

在抗氧化方面，华中农业大学发现，在饲料中分别添加 50mg/kg 茶多酚和 0.5mg/kg 酵母硒，或两者联用均能有效提高团头鲂幼鱼的抗氧化能力和免疫力，降低应激反应，缓解氨氮导致的氧化损伤。浙江大学通过研究发现，葡萄籽原花青素和番茄红素均可以通过缓解卵巢组织氧化应激延缓蛋鸡卵巢衰退，其机制与 Nrf2/HO-1 信号通路有关。在抗炎症方面，吉林大学研究了杨梅素、香草醛和杜鹃素对脂多糖（LPS）诱导的小鼠乳房炎的作用，发现三种生物活性物质均可以不同程度地修复血乳屏障和改善 LPS 诱导的乳腺炎，其机制与 Akt/NF-κB 信号通路有关。华中农业大学研究发现白藜芦醇可提高胸腺组织的抗氧化能力，抑制胸腺组织中炎症因子爆发，对 LPS 攻击后胸腺组织的结构起到一定保护作用。

三、本学科国内外发展比较

（1）动物泌乳生理研究进展　无论是泌乳生理基础研究的系统性和完整性，还是先进泌乳调控措施的应用方面，欧美发达国家均处于国际领先水平。我国泌乳动物（奶牛、奶山羊和猪）泌乳性能相对比较低，生产效率相对低下，与发达国家仍存在一定差异。但是，在乳腺发育及泌乳性能及其调控方面，我国也做了大量的工作并取得了很多有意义的进展，包括乳成分合成及其调控机制、乳腺发育及其调控等，部分研究水平处于国际先进。

（2）生物活性小分子物质研究进展　生物活性小分子泛指体内外具有生理学功能的小分子物质。目前国内研究多侧重在植物来源生物活性物质的功能，而国外研究则主要集中内源性氨基酸、脂质和代谢中间产物的感应机制。国外研究多聚焦生物活性小分子发挥作用的分子机制，研究结果对于细胞增殖和分化等基本过程具有一定的指导价值。

四、本学科我国发展趋势与对策

1. 动物生长与代谢

动物生长是一个十分复杂、高度综合的过程，受到动物基因型、内分泌状况、营养及环境等体内外多种因素的影响。"下丘脑—垂体—靶器官"上有关激素及受体组成的神经内分泌轴，细胞内外的信号传导通路等都直接参与了动物生长的调控。代谢过程中某一环节出现障碍，都可能会引起动物代谢性疾病，使机体生长迟缓、繁殖力下降以及抵抗力降低。目前由于集约化、规模化养殖水平越来越高，养殖生产过程中应激源众多，环境以及免疫等压力导致动物不能适应不断变化的外界环境，机体正常生长和代谢发生紊乱，很难抵御各种内外致病因素的侵袭。应激与免疫之间通过一些信息如细胞因子、激素、神经递质等相互联系从而共同调节机体各组织、器官和系统的功能。需要进一步阐释调控畜禽细胞内应激反应的信号转导网络和应答机制，明确这些信号途径在生理和病理条件下对细胞功能或存活（凋亡）的影响及其分子机制，从生理、生化和分子水平上解析参与细胞内应激反应的蛋白和细胞器的功能和调控机制。研究应激对病原感染过程中宿主产生天然免疫应答的影响及其分子机制，揭示畜禽机体状态与病原感染的相互关系及其调控网络，为通过改善宿主自身健康降低畜禽疾病的发生，减少经济损失提供依据。

2. 动物生殖生理研究

伴随学科交叉的深入和新兴技术的涌现，新时期生殖调控基础和临床研究将呈现以下特点：合适的模式动物仍被广泛应用，人源化的疾病模型日益受到重视；在体功能研究会得到强化，生殖健康的远程和隔代影响将会受到关注；强调分子机理研究，注重整体性、动态性、可视化；更加强调基础研究与临床转化整合，注重疾病分子标记的挖掘；多学科交叉协作会进一步加强。

3. 动物泌乳生理研究

近些年，随着分子生物学到系统生物学研究方法的快速发展，从饲养及环境管理、激素调节、基因调控和营养调控等方面对泌乳生理的研究已达到新的阶段。但相对于牛泌乳生理的研究来说，奶山羊和猪泌乳生理的研究相对较少，有待进一步加强。在机理方面，已有大量研究表明多肽类物质在乳腺发育和生理泌乳调控中发挥了重要作用，而机体内仍存在许多未知和已知的肽类激素，它们对乳腺发育和泌乳功能的调控有待进一步挖掘。此外，乳腺中不同类型细胞（脂肪细胞、血管内皮细胞、乳腺上皮细胞等）之间的互作机制及其对乳腺发育和泌乳的作用有待进一步深入研究；在生产应用方面，研发能够促进乳腺发育和提高泌乳力的调控措施（激素、营养和环境等）也有待于进一步加强。

4. 生物活性小分子物质研究

近年来，营养物质代谢是生命科学领域关注的焦点之一。肠道微生物、骨骼肌和脂肪组织都可以产生大量具有生物活性的小分子物质。有关这些代谢中间产物的生理功能，及其在器官间的信号传递作用应该是未来该领域的重要发展趋势。

5. 动物非编码 RNA 研究

越来越多的研究发现，ncRNA 在生物发育的过程中有着不亚于蛋白质的重要作用。ncRNA 通过与 DNA、RNA 及蛋白质分子相互作用来调节基因的表达。但目前对整个 ncRNA 的世界却了解甚少。毫无疑问，要了解 ncRNA 的生物功能，也就是要弄清每个细胞类型在特定的时间内所有蛋白和所有 ncRNAs 的功能以及它们之间、它们和 DNA 之间的相互作用。此外，ncRNAs 能释放到血液或体液中，以外泌体的形式作用全身，联系机体的各个组织和器官之间的关系。ncRNAs 也能释放到乳汁中，以外泌体的形式作用后代，联系亲代与子代之间的关系。那么 ncRNAs 的调节功能是如何与组织和器官的功能相适应的，存在哪些特定调节方式？不同组织之间 ncRNA 是否存在互作关系，机制如何？这些研究的道路还很长，远比基因组计划更为艰巨。因此，要彻底弄清 ncRNA 之间精密协作的网络机制，将是揭示畜禽生长发育、繁殖、免疫、泌乳以及营养代谢及肠道健康等生命奥秘的突破。

参考文献

［1］Jin D, Sun J, Huang J, et al. Peroxisome proliferator –activated receptor γ enhances adiponectin secretion via up-regulating DsbA–Lexpression［J］. Mol Cell Endocrinol, 2015, 411: 97–104.

［2］Chen XD, Zhao ZP, Zhou JC, et al. Evolution, regulation, and function of porcine selenogenome［J］. FREE

RADICAL BIO MED，2018，127：116-123.

［3］ Chen A，Chen XD，Cheng SQ，et al. FTO promotes SREBP1c maturation and enhances CIDEc transcription during lipid accumulation in HepG2 cells［J］. BBA-Molecular and Cell Biology of Lipids，2018，1863：538-548.

［4］ FY Wen，HWZhang，C Bao，et al. Resistin Increases Ectopic Deposition of Lipids Through miR-696 in C2C12 Cells［J］. Biochemical Genetics，2015，53：63-71.

［5］ He Y，Lu L，Wei X，et al. The multimerization and secretion of adiponectin are regulated by TNF-alpha［J］. Endocrine，2016，51：456-468.

［6］ Yu XL，Jin D，Yu A，et al. p65 down-regulates DEPTOR expression in response to LPS stimulation in hepatocytes［J］. Gene，2016，589：12-19.

［7］ Yuanyuan Jing，Xingcai Cai，Yaqiong Xu，et al. α-Lipoic Acids Promote the Protein Synthesis of C2C12 Myotubes by the TLR2/PI3K Signaling Pathway［J］. Journal of Agricultural and Food Chemistry，2016，64：1720-1729.

［8］ 王丽娜，王珍，彭建龙，等. 表没食子儿茶素没食子酸酯对育肥猪骨骼肌纤维类型的影响［M］. 畜牧兽医学报，2016，47（8）：1581-1591.

［9］ Lina Wang，Zhen Wang，Kelin Yang，et al. Epigallocatechin Gallate Reduces Slow-Twitch Muscle Fiber Formation and Mitochondrial Biosynthesis in C2C12 Cells by Repressing AMPK Activity and PGC-1α Expression［J］. Journal of Agricultural and Food Chemistry，2016，64：6517-6523.

［10］ Kelin Yang，Lina Wang，et al. Phytol promotes the formation of slow-twitch muscle fibers through PGC-1α miRNA but not mitochondria oxidation［J］. Journal of Agricultural and Food Chemistry，2017，65：5916-5925.

［11］ Yexian Yuan，Yaqiong Xu，Jingren Xu，et al，. Succinate promotes skeletal muscle protein synthesis via Erk1/2 signaling pathway［J］. Molecular Medicine Reports，2017，16（5）：7361-7366.

［12］ Xingcai Cai，Yexian Yuan，Zhengrui Liao，et al. a-Ketoglutarate prevents skeletal muscle protein degradation and muscle atrophy through PHD3/ADRB2 pathway［J］. FASEB Journal，2018，32（1）：488-499.

［13］ Ye J，Ai W，Zhang F，et al. Enhanced Proliferation of Porcine Bone Marrow Mesenchymal Stem Cells Induced by Extracellular Calcium is Associated with the Activation of the Calcium-Sensing Receptor and ERK Signaling Pathway［J］. Stem Cells International，2016；2016：1-11.

［14］ Zhang F，Ye J，Meng Y，et al. Calcium supplementation enhanced adipogenesis and improved glucose homeostasis through activation of CaMKII and PI3K/Akt signaling pathway in porcine bone marrow mesenchymal stem cells（pBMSCs）and mice fed high fat diet（HFD）［J］. Cellular Physiology and Biochemistry，2018，51：154-172.

［15］ Wang S，Liang X，Yang Q，et al. Resveratrol induces brown-like adipocyte formation in white fat through activation of AMP-activated protein kinase（AMPK）alpha1［J］. Int J Obes（Lond），2015，39：967-76.

［16］ Wang S，Liang X，Yang Q，et al. Resveratrol enhances brown adipocyte formation and function by activating AMP-activated protein kinase（AMPK）alpha1 in mice fed high-fat diet［J］. Mol Nutr Food Res 2017；61，4，1600746，doi：10.1002/mnfr.201600746.

［17］ Wang J，Hu X，Ai W，et al. Phytol increases adipocyte number and glucose tolerance through activation of PI3K/Akt signaling pathway in mice fed high-fat and high-fructose diet［J］. Biochem Biophys Res Commun，2017，489：432-438.

［18］ Zhang F，Ai W，Hu X，et al. Phytol stimulates browning of white adipocytes through activation of AMP-activated protein kinase（AMPK）α in mice fed high-fat diet［J］. Food & Function，2018，9：2043-2050.

［19］ Zhai QY，Ge W，Wang JJ，et al. Exposure to Zinc oxide nanoparticles during pregnancy induces oocyte DNA damage and affects ovarian reserve of mouse offspring［J］. Aging（Albany NY），2018，10（8）：2170-2189.

［20］ Wang JJ，Yu XW，Wu RY，et al. Starvation during pregnancy impairs fetal oogenesis and folliculogenesis in offspring in the mouse［J］. Cell Death Dis，2018，9（5）：452.

［21］ Wang YF，Sun XF，Han ZL，et al. Protective effects of melatonin against nicotine-induced disorder of mouse early

folliculogenesis［J］. Aging（Albany NY）, 2018, 10（3）: 463-480.

［22］ Feng L, Wang Y, Cai H, et al. ADAM10-Notch signaling governs the recruitment of ovarian pregranulosa cells and controls folliculogenesis in mice［J］. J Cell Sci. 2016, 129（11）: 2202-2212.

［23］ Niu W, Wang Y, Wang Z, et al. JNK signaling regulates E-cadherin junctions in germline cysts and determines primordial follicle formation in mice［J］. Development, 2016, 143（10）: 1778-1787.

［24］ Yan H, Zhang J, Wen J, et al. CDC42 controls the activation of primordial follicles by regulating PI3K signaling in mouse oocytes［J］. BMC Biol, 2018, 16（1）: 73.

［25］ Huang K, Dang Y, Zhang P, et al. CAV1 regulates primordial follicle formation via the Notch2 signalling pathway and is associated with premature ovarian insufficiency in humans［J］. Hum Reprod, 2018 Nov 1, 33（11）: 2087-2095.

［26］ Chao Wang, Bo Zhou, Guoliang Xia. Mechanisms controlling germline cyst breakdown and primordial follicle formation. Cell. Mol［J］. Life Sci, 2017, 74（14）: 2547-2566, 2567.

［27］ Yao Q, Cao G, Li M, et al. Ribonuclease activity of MARF1 controls oocyte RNA homeostasis and genome integrity in mice［J］. Proc. Natl. Acad. Sci. U.S.A. 2018; 115（44）: 11250-11255.

［28］ Guo J, Zhang T, Guo Y, et al. Oocyte stage-specific effects of MTOR determine granulosa cell fate and oocyte quality in mice［J］. Proc Natl Acad Sci U S A. 2018, 115（23）: E5326-E5333.

［29］ Ji SY, Liu XM, Li BT, et al. The polycystic ovary syndrome-associated gene Yap1 is regulated by gonadotropins and sex steroid hormones in hyperandrogenism-induced oligo-ovulation in mouse［J］. Mol Hum Reprod, 2017, 23（10）: 698-707.

［30］ Liu W, Xin Q, Wang X, et al. Estrogen receptors in granulosa cells govern meiotic resumption of pre-ovulatory ocytes in mammals［J］. Cell Death Dis, 2017, 8（3）: e2662.

［31］ Yu C, Ji SY, Sha QQ, et al. CRL4-DCAF1 ubiquitin E3 ligase directs protein phosphatase 2A degradation to control oocyte meiotic maturation［J］. Nat Commun, 2015, 6: 8017.

［32］ Yao Q, Cao G, Li M, et al. Ribonuclease activity of MARF1 controls oocyte RNA homeostasis and genome integrity in mice［J］. Proc Natl Acad Sci U S A. 2018, 115（44）: 11250-11255.

［33］ Zhang Y, Wang H, Liu W, et al, Natriuretic peptides improve the developmental competence of in vitro cultured porcine oocytes［J］. Reproductive Biology and Endocrinology, 2017, 15: 1-12.

［34］ Zhang T, Fan X, Li R, et al. Effects of pre-incubation with C-type natriuretic peptide on nuclear maturation, mitochondrial behavior, and developmental competence of sheep oocytes［J］. Biochem Biophys Res Commun, 2018 Feb, 497（1）: 200-206.

［35］ Fu B, Zhou Y, Ni X, et al. Natural Killer Cells Promote Fetal Development through the Secretion of Growth-Promoting Factors［J］. Immunity, 2017, 47（6）: 1100-1113.

［36］ Li X, Wang Z, Jiang Z, et al. Regulation of seminiferous tubule-associated stem Leydig cells in adult rat testes［J］. Proc Natl Acad Sci U S A. 2016, 113（10）: 2666-2671.

［37］ Yuan Y, Zhou Q, Wan H, et al. Generation of fertile offspring from kit（w）/kit（wv）mice through differentiation of gene corrected nuclear transfer embryonic stem cells［J］. Cell Res, 2015, 25（7）: 851-863.

［38］ Chen Q, Yan M, Cao Z, et al. Sperm tsRNAs contribute to intergenerational inheritance of an acquired metabolic disorder［J］. Science, 2016, 351（6271）: 397-400.

［39］ Zhang Y, Chen Q, Zhang H, et al. Aquaporin-dependent excessive intrauterine fluid accumulation is a major contributor in hyperestrogen induced aberrant embryo implantation［J］. Cell Res, 2015, 25（1）: 139-142.

［40］ Tu Z, Wang Q, Cui T, et al. Uterine RAC1 via Park1-ERM signaling directs normal luminal epithelial integrity conducive to ontime embryo implantation in mice［J］. Cell Death Differ, 2016, 23（1）: 169-181.

［41］ Gao L, Rabbitt EH, Condon JC, et al. Steroid receptor coactivators 1 and 2 mediate fetal-to-maternal signaling that initiates parturition［J］. J Clin Invest, 2015, 125（7）: 2808-2824.

［42］ Lu X, Wang R, Zhu C, et al. Fine-tuned and cell-cycle-restricted expression of fusogenic protein syncytin-2 maintains functional placental syncytia［J］. Cell Rep, 2017, 21（5）: 1150-1159.

［43］ Li Y, Zhang J, Zhang D, et al. Tim-3 signaling in peripheral NK cells promotes maternal-fetal immune tolerance and alleviates pregnancy loss［J］. Am J Reprod Immunol, 2018, 80: 67.

［44］ Han L, Ren C, Li L, et al. Publisher Correction: Embryonic defects induced by maternal obesity in mice derive from Stella insufficiency in oocytes［J］. Nat Genet, 2018, 50（5）: 768.

［45］ Luo C, et al. GlyRS is a new mediator of amino acid-induced milk synthesis in bovine mammary epithelial cells［J］. Journal of cellular physiology, 2019, 234（3）: 2973-2983.

［46］ Zhen Z, et al. DEAD-box helicase 6（DDX6）is a new negative regulator for milk synthesis and proliferation of bovine mammary epithelial cells［J］. In vitro cellular & developmental biology, Animal, 2018, 54（1）: 52-60.

［47］ Zhang M, et al. Annexin A2 positively regulates milk synthesis and proliferation of bovine mammary epithelial cells through the mTOR signaling pathway［J］. Journal of cellular physiology, 2018, 233（3）: 2464-2475.

［48］ Huo N, et al. PURB is a positive regulator of amino acid-induced milk synthesis in bovine mammary epithelial cells［J］. Journal of cellular physiology, 2019, 234（5）: 6992-7003.

［49］ Chen D, et al. Mitochondrial ATAD3A regulates milk biosynthesis and proliferation of mammary epithelial cells from dairy cow via the mTOR pathway［J］. Cell biology international, 2018, 42（5）: 533-542.

［50］ Zhang S, et al. The phosphorylation of Tudor-SN mediated by JNK is involved in the regulation of milk protein synthesis induced by prolactin in BMECs［J］. Journal of cellular physiology, 2019, 234（5）: 6077-6090.

［51］ Qi H, et al. Methionine Promotes Milk Protein and Fat Synthesis and Cell Proliferation via the SNAT2-PI3K Signaling Pathway in Bovine Mammary Epithelial Cells［J］. Journal of agricultural and food chemistry, 2018, 66（42）: 11027-11033.

［52］ Sun J, et al. Kisspeptin-10 Induces beta-Casein Synthesis via GPR54 and Its Downstream Signaling Pathways in Bovine Mammary Epithelial Cells［J］. Int J Mol Sci, 2017, 18（12）: 2621. doi: 10.3390/ijms18122621.

［53］ 李林, 曹洋, 权素玉, 等. 添加复合缓冲剂对高精料饲喂泌乳奶山羊乳品质的改善及机制［J］. 食品科学, 2017, 38（1）: 188-192.

［54］ Li L, He ML, Wang K, et al. Buffering agent via insulin-mediated activation of PI3K/AKT signaling pathway to regulate lipid metabolism in lactating goats［J］. Physiological research, 2018, 67（5）: 753-764.

［55］ Zhang J, et al. Exogenous H2S exerts biphasic effects on porcine mammary epithelial cells proliferation through PI3K/Akt-mTOR signaling pathway［J］. Journal of cellular physiology, 2018, 233（10）: 7071-7081.

［56］ He J, Zhang J, Wang Y, et al. MiR-7 Mediates the Zearalenone Signaling Pathway Regulating FSH Synthesis and Secretion by Targeting FOS in Female Pigs［J］. Endocrinology, 2018, 159（8）: 2993-3006. doi: 10.1210/en.2018-00097.

［57］ Zhang J, Qiu J, Zhou Y, et al. LIM homeobox transcription factor Isl1 is required for melatonin synthesis in the pig pineal gland［J］. J Pineal Res, 2018, 65（1）: e12481. doi: 10.1111/jpi.12481.

［58］ He J, Wei C, Li Y, et al. Zearalenone and alpha-zearalenol inhibit the synthesis and secretion of pig follicle stimulating hormone via the non-classical estrogen membrane receptor GPR30［J］. Mol Cell Endocrinol, 2018 Feb 5; 461: 43-54. doi: 10.1016/j.mce.2017.08.010.

［59］ Guo N, Su M, Xie Z, et al. Characterization and comparative analysis of immunoglobulin lambda chain diversity in a neonatal porcine model［J］. Vet Immunol Immunopathol, 195: 84.

［60］ Zhao Y, Wang T, Yao L, et al. Classical swine fever virus replicated poorly in cells from MxA transgenic pigs［J］. BMC Vet Res, 2016, 12（1）: 169.

［61］ Whitworth KM, Rowland RR, Ewen CL, et al. Gene-edited pigs are protected from porcine reproductive and

respiratory syndrome virus［J］. Nat Biotechnol, 2016, 34（1）: 20-22.

［62］Yang H, Zhang J, Zhang X, et al. CD163 knockout pigs are fully resistant to highly pathogenic porcine reproductive and respiratory syndrome virus［J］. Antiviral Res, 2018, 151: 63-70.

［63］李子健, 李大彪, 高民, 等. 不同生理阶段荷斯坦奶牛瘤胃细菌多样性研究［J］. 动物营养学报, 2018, 30（8）: 3017-3025.

［64］Ji, S, Zhang, H, Yan, H, et al. Comparison of rumen bacteria distribution in original rumen digesta, rumen liquid and solid fractions in lactating Holstein cows［J］. Journal of animal science and biotechnology, 2017, 8, 16. doi: 10.1186/s40104-017-0142-z.

［65］Malmuthuge, N Guan, et al. Understanding host-microbial interactions in rumen: searching the best opportunity for microbiota manipulation［J］. Journal of animal science and biotechnology, 2017, 8, 8. doi: 10.1186/s40104-016-0135-3.

［66］Patra, Park, Kim, et al. Rumen methanogens and mitigation of methane emission by anti-methanogenic compounds and substances［J］. Journal of animal science and biotechnology, 2017, 13. doi: 10.1186/s40104-017-0145-9.

［67］Zhang M, Xu J, Wang T, et al. The Dipeptide Pro-Gly Promotes IGF-1 Expression and Secretion in HepG2 and Female Mice via PepT1-JAK2/STAT5 Pathway［J］. Front Endocrinol（Lausanne）, 2018, 9: 424.

［68］Zhang J, Ye J, Yuan C, et al. Exogenous H2 S exerts biphasic effects on porcine mammary epithelial cells proliferation through PI3K/Akt-mTOR signaling pathway［J］. J Cell Physiol, 2018, 233（10）: 7071-7081.

［69］Lin X, Liu X, Ma Y, et al. Coherent apoptotic and autophagic activities involved in regression of chicken postovulatory follicles［J］. Aging（Albany NY）, 2018, 10（4）: 819-832.

［70］Yang S, Zhao N, Yang Y, et al. Mitotically Stable Modification of DNA Methylation in IGF2/H19 Imprinting Control Region Is Associated with Activated Hepatic IGF2 Expression in Offspring Rats from Betaine-Supplemented Dams［J］. J Agric Food Chem, 2018, 66（11）: 2704-2713.

［71］Gong Q, Li Y, Ma H, et al. Peiminine Protects against Lipopolysaccharide-Induced Mastitis by Inhibiting the AKT/NF-kappaB, ERK1/2 and p38 Signaling Pathways［J］. Int J Mol Sci, 2018, 19（9）: 2637.doi: 10.3390/ijms/9092637.

［72］Liu XT, Lin X, Mi YL, et al. Age-related changes of yolk precursor formation in the liver of laying hens［J］. J Zhejiang Univ Sci B, 2018, 19（5）: 390-399.

［73］Cai X, Yuan Y, Liao Z, et al. alpha-Ketoglutarate prevents skeletal muscle protein degradation and muscle atrophy through PHD3/ADRB2 pathway［J］. FASEB J, 2018, 32（1）: 488-499.

［74］Wahlgren, J, et al. Delivery of Small Interfering RNAs to Cells via Exosomes［J］. Methods Mol Biol, 2016, 1364: 105-125.

［75］Cui, et al. Nutrition, micrornas, and human health［J］. Advances in Nutrition: An International Review Journal, 2017, 8（1）: 105-112.

撰稿人: 崔　胜　夏国良　赵茹茜　　雒秋江　张永亮　江青艳　张才乔
　　　　杨焕民　柳巨雄　欧阳红生　胡建民　李士泽　刘维全　杨晓静
　　　　　　　　　　　　　　　　　　　执笔人: 杨晓静　崔　胜

兽医病理学发展研究

一、引言

兽医病理学（Veterinary Pathology）是研究动物疾病的原因、发生、发展和转归规律及患病动物物质代谢、功能活动和形态结构与功能变化的一门学科。其根本任务是探讨动物疾病的发生机理和本质，从而为认识和掌握疾病发生发展的规律，为预防和治疗疾病提供理论依据，被誉为"医学的哲学"。

兽医病理学是兽医学的重要分支，是具有兽医临床性质的基础学科，它既可作为兽医基础理论学科为临床医学奠定坚实的基础，又可作为应用学科直接参与动物疾病的诊断和防治。因此，兽医病理学是兽医科学理论通往兽医临床医疗的"桥梁"和"纽带"。一方面，兽医病理学是以动物解剖学、组织胚胎学、生物化学、生理学、微生物学、免疫学等基础学科作为支撑；另一方面，又可以应用兽医病理学方法，通过组织活检、尸体剖检及病理组织学、病理生化检验等对动物疾病作出客观、准确地诊断，因此，兽医病理学在临床诊断中发挥着至关重要的作用，是动物疾病诊断的"金标准"。近几年，兽医病理学在众多从业人员的共同努力下，以"病理为本，纵深探索，精准服务"为指导思想，在学科发展、机制探索、行业服务、人才培养等方面取得了长足进步和显著提升。主要表现在：病理学新方法、新技术、新学科日益涌现，兽医病理学的应用领域全方位拓展；深入挖掘多种重大动物疾病、常见病或新发病的病理机制，取得了不少突破性成果；紧密结合动物临床诊断，解决生产一线问题；行业服务领域显著拓宽，涉及畜禽、野生动物、水生动物、实验动物等疾病病理诊断、实验动物疾病模型表型鉴定、伴侣动物临床病理诊断、药物毒性病理学评价等；兽医病理学学术交流活跃，内容丰富形式多样；兽医病理学基础教育不断加强，国外经典病理学译著、原创动物病理学图谱、精品病理学教材等陆续出版，同时，显微镜互动和数字化切片扫描平台的应用显著提升了教学质量；兽医病理学从业人员队伍显著扩大，学术交流活跃，组织形式多样化，体现了学科衔接、融合的特点与潜在优势；

积极响应国家号召，发挥病理专长，投身科技扶贫；制定了病理行业技术规范，开展实验动物健康监测；洞察行业发展需求，推进兽医病理行业自律，显著提升了病理专业人员综合业务能力。机遇与挑战并行的同时，也暗示着我们赶上了兽医病理学发展的好时代，行业需求的内动力，必将推动兽医病理学科加快建设和发展，促进兽医病理学人才队伍的壮大和业务能力的提升，以便更好地服务于生产实践，为保障人类和动物健康作出更大贡献。

二、兽医病理学学科发展现状和研究成果

（一）病理学新方法、新技术、新学科日益涌现，兽医病理学的应用领域不断拓宽

随着现代科学技术的发展，病理学的研究方法和手段也不断进步。一些新学科如现代免疫学、细胞生物学、分子生物学和现代遗传学的兴起和发展以及免疫组织化学、流式细胞术、图像分析术、物理化学和网络通信等相关新科技逐步向病理学渗透，使病理学向更广、更深、更高水平拓展，并伴随出现了一些新的研究领域或分支，如免疫病理学（immuno-pathology）、遗传病理学（genetic pathology）、分子病理学（molecular pathology）、定量病理学（quantitative pathology）和远程病理学（tele-pathology）等，以及临诊病理学（clinical pathology）、外科病理学（surgical pathology）、病理生物学（pathobiology）、环境病理学（environmental pathology）、地理病理学（geographic pathology）和比较病理学（comparative pathology）等病理学分支。新技术、新方法、新学科不断涌现，不仅极大地推动着医学病理学的发展，也为更好地解决人类与动物疾病的诊断与防治提供了全新的工具与理念。

近些年，我国兽医病理生物学的发展较快，兽医病理学与生物学的交叉融合，由跟踪发展转变为创新引领，为深刻理解动物疾病发病机制和阐明发病规律提供了更加强大的武器，极大地丰富了病理学的理论内容。从细胞水平逐渐深入到蛋白质、基因等分子层面阐释疾病，适应新时代对学科发展和科学进步的要求，从不同的角度，在不同水平上全面透彻、系统完整地揭示疾病的本质，为动物疫病的诊断和防控技术提供研究基础。在安徽省科技厅的支持下，首次筹建了安徽省兽医病理生物学与疫病防控重点实验室，针对畜禽养殖业面临的疫病危害和动物性食品安全等突出问题，坚持自主创新，开展基于兽医病理生物学的畜禽高效安全养殖与疫病防控关键技术研究，为保障畜禽养殖产业的健康发展作出了重要贡献。

（二）兽医病理学教育教学不断得到丰富和发展

近5年，兽医病理学相关的教材、著作、译著等接连出版，其内容涉及广泛，包括畜禽病理、实验动物病理、宠物病理、水生动物病理、毒性病理评价等，其中兽医病理学教

材占多数，为我国高等教育、职业技术教育等兽医病理学课程的教学提供了重要的素材与指导。同时，也出版了兽医病理领域国际权威著作译文，这些译著的出版，对促进我国兽医病理学科的发展与应用，掌握国际发展动态与前沿，具有极其重要的意义。更重要的是，原创性的组织病理学图谱也崭露头角，部分兽医病理学工作者把多年来积累的宝贵病例一一呈现，典型的病变、罕见的病例、清晰的图片、专业的描述，为广大病理学从业人员提供了临床实战的工具书，受到兽医工作者的广泛关注与好评。近5年出版的兽医病理学相关书籍主要包括：《图谱式动物病理学实验教程》（邓桦主编，2014年2月，华南理工大学出版社）、《动物病理》（于金玲主编，2014年）、《动物病理学》（杨保栓等主编，科学技术文献出版社，2014年7月）、《动物性食品病理学检验》（龙塔、高洪主编，中国农业出版社，2015年2月）、《动物组织病理学彩色图谱》（赵德明、周向梅、杨利峰、郑明学著，中国农业大学出版社，2015年12月）、《兽医临床病理解剖学》（第二版）（郑明学、刘思当主编，中国农业大学出版社，2015年2月）、《兽医病理学》（第五版）（赵德明、杨利峰、周向梅主译，中国农业出版社，2015年12月），《宠物病理》（杜护华、李进军主编，化学工业出版社，2016年1月）、《猪传染病病理学彩色图谱》（何希君、胡守萍、张卓、张交儿主编，科学出版社，2016年3月）、《动物病理》（第二版）（陈宏智主编，化学工业出版社，2016年8月）、《猪病病理诊断及防治精要》（杨保栓主编，金盾出版社，2016年10月）、《长爪沙鼠组织学图谱》（褚晓峰主编，浙江工商大学出版社，2017年9月）、《动物病理解剖学》（第二版）（高丰、贺文琦、赵魁主编，科学出版社，2017年3月）、《动物病理》（于洋、陈文钦主编，中国农业大学出版社，2017年10月）、《图谱式动物组织学与动物病理学实验教程》（陈芳、邓桦主编，华南理工大学出版社，2017年11月）、《动物超微结构及超微病理学》（佘锐萍主编，中国农业大学出版社，2018年1月）、《临床前毒性试验的组织病理学》（王和玫、吕建军、乔俊文、孔庆喜、富欣主译，北京市科学技术出版社，2018年1月）、《兽医病理解剖学》（第四版）（崔恒敏主编，中国农业出版社，2018年2月）、《猪病理剖检诊断指南》（潘雪男、肖驰、神翠翠主译，中国农业出版社，2018年3月）、《普通动物病理学》（刘彦威、刘建钗、刘利强主编，科学出版社，2018年3月）、《动物病理》（于金玲、李金玲主编，中国轻工业出版社，2018年4月）、《水生动物病理学实验》（叶仕根主编，西北农林科技大学出版社，2018年5月）、《兽医病理学》（王雯慧主编，科学出版社，2018年11月）、《兽医病理生理学》（杨鸣琦主编，科学出版社，2018年11月）、《实验动物背景病变彩色图谱》（孔庆喜、王和玫、吕建军、刘克剑主译，北京科学技术出版社，2018年11月）、《动物病理剖检技术及鉴别诊断》（张勤文、俞红贤主编，科学出版社，2018年12月）、《实验动物功能性组织学图谱》（李宪堂等著，科学出版社，2019年1月）等。

随着数字化时代的到来，数字图像扫描和显微镜互动平台等被广泛应用于病理学教学与研究。中国农业大学、吉林大学、华中农业大学、北京农学院等多所科研院校先后建立

了显微镜互动系统、数字化切片扫描平台，授课时师生随时互动，充分交流，显著提高了教学质量。病理图片系统实现了资源共享，不再受时间、空间限制，所采集的病理图片可随时观察，为兽医病理学课程教学、诊断服务、科学研究提供了重要平台。

（三）兽医病理学学术交流频繁活跃

为适应我国兽医行业飞速发展的要求，扩展兽医病理学学科外延，展示当今国内外本领域最前沿的研究进展和成果，促进与其他学科之间的协同创新与合作交流，全面提升兽医病理学在动物疾病诊断和防控中的重要作用。近5年，兽医病理学分会每年都组织全国性的兽医病理学学术交流与研讨会，其间共举办5次全国性会议，交流活动具有如下特点：①参会人员规模显著扩大。从5年前的不到200人，翻倍至400人左右，表明兽医病理从业人员队伍不断壮大，参加学术交流积极性显著提高。②活动交流形式丰富多样。会议设置了特邀报告、专题报告、青年报告、壁报展示、病理读片交流等多种形式，结合优势特色，为广大兽医病理学工作者提供了广阔的交流平台与空间。③病理读片交流深受欢迎。为了充分体现传统兽医病理学特色，传承兽医病理学精髓，特邀请长期工作在动物临床一线的兽医病理学专家讲授新发、多发动物疾病的临床病理解剖、病理组织学诊断等，为中青年兽医病理学工作者综合诊断业务能力的提升创造了宝贵的学习机会。④加强国际交流合作。会议邀请资深的国际兽医病理学专家进行交流，他们不仅把兽医病理学相关的国际前沿动态与我们实时分享，而且传授了他们在病理学实践和应用中的丰富经验。⑤注重学科交叉融合。兽医病理学分会以协办单位参与组织了实验动物病理学培训（2018年4月18—21日，北京）；作为承办单位，负责组织了"北方片区病理读片会"（2018年5月12—13日，北京）。组织会员在成都、北京等地参加了中美毒性病理学国际会议，广泛学习和深度交流了药物毒性病理评价中的前沿、难点等。同时也充分了解和认识了兽医病理学在生物医药安全性评价领域的重要作用和地位。

（四）动物临床诊断实践效益显著

传统的兽医病理学即应用病理学技术，为动物疫病临床诊断服务，这是兽医病理学的本质与精髓。多位长期从事兽医病理学教学与研究工作的教师积极投身于临床一线，应用临床病理学、解剖病理学等技术手段，围绕动物疫病诊断与防治开展了大量工作，为新病突发、老病重返等多种疫病的防控提供了建设性的意见与指导。不仅如此，在为养殖户解决疫病困扰的同时，也积极开展了基层动物疫病防治人员、兽医执业人员的病理学诊断技术培训等工作。北京市农林科学院畜牧兽医研究所刘月焕团队多年来通过现场诊断、实验室诊断（组织病理学、血清学和病原学检测）、北京新农村12396科技服务热线等形式开展技术服务工作，先后服务国际爱护动物基金会、首都农业集团（金星鸭业中心、华都肉鸡公司、峪口种鸡）、北郎中种猪场等郊区县养殖场、养殖户，为北京及全国鸡、鸭、鸽、猪、马等经济和野生动物诊断 800 余起疫病；技术服务家禽养殖场、养猪场和信鸽公棚等，积累有价值的病毒株 40 余株、标本 1300 余例，切片 26000 余张，培训基层动物疫病防治人员、兽医从业人员和养殖户 10000 余人次。中国农业大学动物医学院赵德明团队常年为多家宠物医院、动物园、科研院所、安评企业等提供病理诊断服务。每年平均诊断病例 1000 余份，涉及动物种类有家畜（猪、牛、羊、鸡等）、实验动物（兔子、大小鼠、豚鼠以及转基因实验动物）、野生动物（东北虎、梅花鹿、斑马、金丝猴、丹顶鹤及袋鼠等）和水生动物（中华鲟，银龙、鲨鱼等）。不仅为解决临床实际问题提供了重要技术支持，而且为培养病理学人才提供了丰富的教学资源。

（五）兽医病理学科学研究获得新进展

兽医病理学工作者紧密结合我国畜牧业发展中新发的和潜在的动物疫病，特别是重大动物疫病方面开展了深入细致的病理机制研究，取得了一批重要的学术成果，为在我国预防、治疗、控制和消灭危害动物和人类健康的重大疫病发挥了关键作用。部分研究进展如下：

1. 禽病研究进展

在鸭坦步苏病毒、鸽流感等领域的流行病学调查、诊断与疫苗研发等领域取得了众多原创性和系统性成果。成功研制禽流感 H5 亚型血凝抑制试验抗原与阴、阳性血清，获得国家二类新兽药证书；成功研制鸭坦步苏病毒灭活苗，获得国家一类新兽药证书；开展了肉鸡肺动脉高压疾病的研究，利用病理学手段探索了形成肺动脉血管丛样变的主要机制，揭示了肉鸡肺动脉高压的发生与磷酸戊糖代谢途径失调有关，肺血管丛样病变的形成与内皮祖细胞功能障碍有关；深入探索了禽白血病等肿瘤性疾病的协同、生长抑制和免疫抑制机制，制备了多种动物致瘤疫病的新型疫苗，建立了该类病检测、净化及防控技术体系，为防控禽类肿瘤疾病开辟了全新的研究思路；首次鉴定出传染性腺胃炎病毒，建立了精准诊断体系，研制了保护率高的亚单位疫苗及 DNA 疫苗；创制了锌指抗病毒蛋白、β 防御素等安全高效广谱的系列天然细胞因子类兽药，开辟了抗生素替代新途径，相关研究成果发表在 *Emerging Microbes & Infections*、*Biosensors and Bioelectronic* 等国际重要刊物上；首次开展了禽致病性大肠杆菌毒力基因、耐药机制等相关研究，为相关疾病药物筛选，诊断试剂研发，疫苗制备等提供了重要科学依据；对鸡球虫引起鸡盲肠损伤和免疫机制进行了探索，在此基础上成功研制了肉鸡专用的鸡球虫病三价四株活疫苗、蛋鸡专用型鸡球虫病四价五株活疫苗以及缓释定位治疗鸡球虫病的药物；用鸡胚模型初步探讨了疫苗抗体选择压对 H9N2 禽流感病毒演化的作用，同时对近十年 H9N2 型禽流感病毒的基因演化及其对病毒的生物学特性进行了跟踪研究。

2. 猪病研究进展

在国内首次分离了猪血凝性脑脊髓炎病毒（PHEV），针对其致神经损伤的机制进行深入研究，初步筛选 PHEV 受体分子、明确其入侵途径、揭示其诱导的非典型自噬效应及神经退行性病变损伤的分子基础，多项研究成果发表在 *Journal of Virology*、*Vet Microbiol*、*Frontiers in Microbiology* 等国际重要期刊上；深入探索了猪圆环病毒 II 型、细小病毒、传染性胃肠炎病毒、流行性腹泻病毒的免疫调节机制，研发了上述疾病的快速检测技术，并制备了其新型基因工程疫苗，从基础研究到临床诊断、预防一体化设计，取得了一系列全新的、重磅级的科研成果，在 *Frontiers immunology*、*Journal of immunology* 等重要期刊上发表多篇论文；开展了猪戊型肝炎的病理学研究，筛选了长爪沙鼠等实验动物模型，利用电镜、免疫组化等病理学技术研究了此类疾病对全身多个组织脏器的影响，为此类疾病的公共卫生安全及病理检验提供了重要的数据资料；构建了不同减毒的猪霍乱沙门菌，对动物源的沙门氏菌的流行和耐药趋势开展了研究；对猪圆环病毒感染后导致的细胞凋亡、细胞因子紊乱、干扰素生成抑制和急性期蛋白改变等开展了详细的机制研究。

3. 牛、羊病研究进展

发现了一批布鲁氏菌新基因，并证实了其生物学功能，首次系统地阐述布鲁氏菌在胞内存活和持续性感染的分子机制，同时成功研发了布鲁氏菌抗体免疫层析快速检测试纸卡和免疫渗滤卡，并实现了成果转化；研发和制备了结核病潜伏感染者的快速鉴别诊断技术，并申请了专利；开展了疯牛病、羊痒病致病机制的研究，深入揭示了 PrPSc 引起线粒体功能障碍、轴突退变、调节细胞自噬进而引起神经元凋亡的分子机制，筛选了部分药物用于缓解 Prion 疾病，为此类疾病的防控和治疗靶位点的筛选提供了重要理论依据，研究成果相继发表在 *Aging Cell*、*Molecular Neurobiology* 等神经科学领域的重要期刊；深入开展了牛结核分支杆菌和副结核杆菌的流行病学调查与免疫逃逸机制等研究，相关研究成果发表在 *Frontiers immunology*、*Frontiers in Microbiology* 等期刊上；开展了绵羊肺腺瘤病毒囊膜蛋白致瘤机制的研究，从 MAPK 和 Akt/mTOR 信号通路调控自噬入手，深入解析了此类疾病中的自噬调节机制，成功研发了山羊传染性胸膜肺炎灭活疫苗，并转化应用；构建了沙门菌、单增李斯特菌等基因缺失菌株以及研发相关病原的减毒口服活载体生物材料，同时开展了新型免疫活性因子、动物肠道菌群、功能微生物和组织型纤溶酶原激活剂等研究；完成了新疆地区牛羊布鲁氏菌病、牛病毒性腹泻黏膜病、绵羊肺腺瘤和梅迪维斯纳病流行病学调查，建立了纳米抗体免疫和制备科研平台，获得了一批具有应用价值的抗BVDV 纳米抗体；发现了奶牛乳腺炎主要病原菌诱导纤维化相关生长因子及其受体表达增高，揭示了促进细胞外基质合成导致纤维化的主要信号通路。

4. 其他动物疾病研究进展

利用病理学方法，首次发现并报道了双峰驼皱胃存在特有的皱胃淋巴集结区，并对此分别从解剖形态、组织细胞、重要免疫相关分子及其特异表达基因、蛋白等进行了系列研究，该结构的发现及相关研究成果，弥补了皱胃淋巴集结在胃肠道黏膜免疫中的研究空白，对皱胃黏膜相关淋巴组织在消化道黏膜免疫中作用机制的阐明奠定了基础；对氟化钠诱导的脾细胞氧化应激、自噬、凋亡等通路进行了较深入的研究，研究成果发表在 *Aging* 等重要期刊上。

上述兽医病理学相关研究，有的是重要的科学发现具有较高的学术价值，有的研究成果在动物疾病防控和畜牧生产实际中发挥着重要作用，进一步凸显了我国兽医病理学科的基础作用和学术地位。

（六）积极响应行业发展需求，推进兽医病理行业自律

近些年来，兽医病理学越来越受到重视，特别是在动物疾病诊断、人用药品、兽药、诊断试剂及疫苗申报过程中的安全评价试验、动物疾病模型鉴定、动物实验研究等方面，病理学报告均是重要的组成部分。出具该报告的人员应为长期从事兽医病理学工作，具有相应资质的专业人员。在美国，北美兽医病理学会（American College of Veterinary Pathologists，ACVP）在 1949 年就组织成立了北美兽医病理师专家委员会，每年组织"北美兽医病理师资格认证考试"，持有"美国兽医病理师"证书的人员才有资格出具正规的兽医病理学诊断报告。相较而言，我国在该方面的发展和监管尚属空白，因此，迫切需要成立具有兽医病理资质认证的相关机构，制定与国际接轨的行业规范。在此背景下，由中国畜牧兽医学会兽医病理学分会组织，2009 年起正式开启了"中国兽医病理师"的考核工作，引起了病理学行业的高度关注和共鸣。长期从事兽医病理学研究和教学的资深教授、科研工作者、一线专业技术人员纷纷报名参加考试，经评审委员会资格审查和严格考核，截至 2018 年 8 月，全国已有 245 人获得"中国兽医病理师"证书。

"中国兽医病理师"的推行，为促进我国兽医病理行业自律，维护行业合法权益；传承和发扬兽医病理学的精髓，不断提升兽医病理学工作者的综合业务素质能力；创立国际间和国内病理学科的学术交流与科技合作平台；进一步巩固病理学与其他学科之间的联系、交叉与融合，更好地为生产实践服务，推动我国畜牧兽医事业的蓬勃发展作出了积极的贡献。

（七）制定动物病理技术规范，开展实验动物健康监测

实验动物是生物医药发展不可或缺的重要"基石"与"工具"，实验动物的质量密切关系到科学实验结果的可靠性、准确性及相关产品使用的安全性。因此，对实验动物进行严格的质量控制势在必行。实验动物经常由于一些不确定的因素，如冷热应激、环境气候变化、饲喂管理不当甚至不慎接触有毒有害物质等，可能会引起动物"亚健康"状态。"亚健康"作为健康与疾病的中间状态，应及时发现，并予以干预治疗，否则可能会导致严重的后果，如影响动物的生殖或生长速度、降低动物免疫力、动物质量等。特别对于实验动物而言，处于"亚健康"状态的动物，很可能干扰科学实验，直接影响结果的准确性。而动物病理学是动物疾病诊断的"金标准"。因此，病理学检查是实验动物质量控

制的重要技术手段，通过对动物临床病理学、大体病理学和组织病理学的检查，能够对实验动物的健康状况有一个系统而全面的认识。鉴于此，兽医病理学工作者针对多种实验动物特点，制定了相应的实验动物病理诊断规范。已经正式发布的有：北京市地方标准，实验动物病理学诊断规范第 1 部分：实验用猪；DB11/T 1462.2-2017；实验动物病理学诊断规范第 2 部分：实验用牛；DB11/T 1462.3-2017，实验动物病理学诊断规范第 3 部分：实验用羊；DB11/T 1462.4-2018，实验动物病理学诊断规范第 4 部分：实验用猕猴；DB11/T 1462.5-2018，实验动物病理学诊断规范第 5 部分：实验用长爪沙鼠等。这些标准的发布，为规范实验动物的管理和保障实验动物的质量提供了重要依据。北京市作为实验动物重要的资源基地，近几年一直坚持定期开展实验动物病理学健康监测，其监测结果为实验动物的健康状况提供了直接证据，病理分析结果和建议，为实验动物的饲养管理体系的完善提供了重要参考。

（八）竭力服务于国家科技脱贫攻坚战略

山东农业大学病理团队积极参与各级政府组织的科技扶贫工作，为西藏培养技术进修生，兽医病理学分会副理事长刘思当老师担任泰安市精准扶贫专家服务团项目组组长，参加山东省科技扶贫专家服务团基层行活动，5 年来先后 21 次为养殖场户进行科技扶贫培训，听众达 2000 余人次，取得了良好的社会效益。华中农业大学兽医病理团队参与广西扬翔股份有限公司在广西贵港等地区的扶贫项目，为当地的猪病防控发挥了重要作用。内蒙古农业大学兽医学院动物病理学团队与生产实践紧密结合，长期为养殖场（户）等的动物疾病做病理诊断服务，已做病理诊断 1 万 2 千多例，解决了畜牧业生产中出现的重大关键性问题，为内蒙古自治区畜牧业的健康发展提供了有力保障，特别对动物重大疫病和疑难病的诊断和发病机制研究方面发挥了不可替代的作用。河南科技大学动物疫病与公共卫生重点实验室团队借助河南省科普及适用技术传播工程、河南省"三区"人才支持计划科技人员专项和河南省 / 洛阳市科技特派员项目，以电话、网络通信、现场指导、集中培训等方式为河南洛宁、孟津、伊川、西华等贫困地区的畜禽养殖和疾病控制进行科技扶贫服务活动。每年开展实地科技扶贫服务总天数达 200 天以上，举办培训会议 50 场以上，解决了贫困地区畜禽养殖产业发展的关键技术难题，助力脱贫攻坚工作取得一定效果，带动了经济增长和脱贫致富。

三、兽医病理学国内外发展比较

（一）兽医病理从业人员的地位和作用

北美兽医病理从业人员在兽医病理诊断中发挥着核心作用。动物病例送检后通常是由兽医病理师负责，负责人根据病例的流行病理学资料、临床症状、病理变化等进行初步分析，然后分配至其他科室，进行病原分离或鉴定（微生物、寄生虫或其他病原等）、免疫学检测（血清抗体、蛋白或其他）、临床病理学检查（血液学或生化指标检测），如需剖检，则由病理学专业人员进行病理剖检，记录详细的组织器官病变，取材，制片，进行病理结果描述。最后，兽医病理师需汇总所有检测结果，进行全面、系统的分析和讨论，最终出具诊断结果报告。因此，兽医病理师贯穿于病例诊断的全过程，对送检病例的诊断结果具有重要发言权。目前，我国兽医病理从业人员的作用和地位与欧美国家相比有一定差距，尚未形成多学科协作，多角度、全方位的分析动物疾病的综合诊断体系。

（二）"兽医病理师"认证制度及行业认可

目前，国际上进行兽医病理学从业人员培训、考核的机构主要有：北美兽医病理学会（American College of Veterinary Pathologists，ACVP）、欧洲兽医病理学会（European College of Veterinary Pathologists，ECVP）、国际毒性病理师联合会（International Federation of Societies of Toxicologic Pathologists，IFSTP）等。他们的主要职责是组织兽医病理学从业人员的培训和继续教育，制定兽医病理学专业标准和规范，开展兽医病理师考核工作。其中"北美兽医病理师资格考试"每年在规定时间举行，准备考试的人员需要进行 2~3 年的兽医病理学专业培训后方可报名参加考试，考试内容包括兽医解剖病理学和兽医临床病理学，经过严格筛选后，考试通过率为 30% ~ 40%。持有"美国兽医病理师"证书的人员才可出具正规的兽医病理学诊断报告。而且持有 ACVP 证书的人员，在国际兽医病理行业中具有极高的认可度与公信度，为兽医病理工作者更好地服务于全球动物疫病诊断、医药安全评价、生命科学研究等领域提供了必要的保障。我国 10 年前已经陆续开始兽医病理师的发展与考核工作，但各项制度还不够完善，随着 2018 年兽医病理师分会的成立，我们相信在未来的发展中，兽医病理学的行业自律与兽医病理师将逐步得到病理同行的认可，为我国兽医科技的发展和人类医药事业稳步推进保驾护航。

四、我国兽医病理学发展趋势与对策

随着经济的飞速发展，我国畜牧业实现了从传统小农经济向现代畜牧业发展的历史性跨越。我国主要畜产品产量已跃居世界前列，成为名副其实的畜产品生产大国。在我国畜牧业快速发展、转型发展、创新发展和跨越发展的过程中，我们应该清醒地看到我国畜牧业发展进程中还存在一些不容忽视的问题。某些严重危害人类和动物健康的灾害性疾病的全球化趋势，以及全球社会生态环境的深刻变化也必将继续引起人与动物疾病的微妙但深刻的变化。二噁英的灾难、艾滋病的蔓延、疯牛病的威胁、口蹄疫的肆虐、禽流感的扩散、猪繁殖与呼吸综合征的困扰、结核病的卷土重来、埃博拉的人群传播、非洲猪瘟的悄然而至……老病新发、新病频发，给人们众多启示。这些严重危害畜禽健康的传染性疾病的全球化趋势，不但给世界各国的畜牧业生产提出了新的挑战，而且对食品安全、公共卫生和人类健康也造成新的威胁。作为畜牧业大国，重大动物疫病给我国畜牧生产和人类健康造成的危害和威胁不可低估。为此，我们必须进一步地加强对动物重大疫病的病理学研究，更好地认识其发生发展规律，为动物重大疫病的诊断、预防、治疗和控制提供科学依据，这是兽医病理学工作者的重要责任和使命。

兽医病理学未来发展的任务与趋势：①重视兽医病理学人才培养，倡导学科战略式发展。人才队伍是学科发展的首要条件，各农林院校兽医病理学科应重视人才梯度的建设和学科发展的规划。加强兽医病理教学资源的储备与开发，积极开展网络虚拟仿真课程建设，提升软、硬件平台技术，提倡教学改革模式的创新与发展，不断提高教学质量与水平，为我国培养更多更优秀的兽医病理学人才。②综合运用病理学的新技术、新方法，纵深推进动物疾病机制的研究。随着病理学新技术、新方法的不断涌现，为兽医病理学理论知识的丰富和应用技能的提升提供了良好的工具与手段。兽医病理学工作者应新旧结合、创新驱动，系统、全面地揭示重要动物疾病的发生发展规律，为动物疫病的诊断与防治提供理论依据与技术支持。③加强国际合作，提升我国兽医病理学的国际地位。兽医病理学作为经典、传统的学科在我国兽医事业的发展历程中发挥着重要作用。加强与国外兽医病理学同行的深度合作，推动教育教学培训、国际学术交流、科技项目共研等，进一步提升我国兽医病理学在世界兽医学发展中的地位与作用。④紧跟时代发展的现代化步伐，加速兽医病理远程诊断体系建设。随着5G网络及现代通信设施的飞速发展，远程诊断网络体系的建设、大数据学习机器的研发等，使得病理诊断未来将不再受时间、空间及人力的限制，这在很大程度上能够提升诊断的效率、科学性及准确性。⑤紧密结合生产实践，拓展兽医病理学服务领域。生物医药领域是未来发展的重要行业之一，药物、生物制品、生物材料等安全性评价都离不开病理专业的支持；宠物诊疗行业的兴起已经成为未来兽医科技服务的重要产业之一，而兽医病理诊断在宠物疾病的诊疗中发挥着关键作用，特别是宠物肿瘤病例的诊断与研究，为病理学科的发展与应用带来了机遇与挑战。如何发挥兽医病理学特色，广泛应用于解决生产实践问题，是每一代病理人肩负的责任与使命。

回顾历史，展望未来。我国兽医病理学事业的发展应更加注重发挥学科优势与特点，强基固本；在注重基础研究和应用基础研究的同时，进一步强化与临床医学的联系，更好地发挥病理学基础理论与基本技术在疾病诊断过程中的重要作用，更好地为生产实践服务；进一步加强病理学的内涵深入与外延发展，巩固与其他学科之间的联系，交叉与融合，努力拓展和创新发展病理学的新兴学科，交叉学科与边缘学科；进一步增强兽医病理学分会的活力与凝聚力，加强国际国内的学术交流与科技合作，努力强化兽医病理学高水平人才队伍建设；着力提升兽医病理学教材和著作的质量与水平，从数量质量兼顾型向质量水平提高型转变；着力提升我国兽医病理学的整体学科水平，学术影响力和科技创新能力，使我国的兽医病理学事业的发展达到一个新的高度。

参考文献

［1］许乐仁. 医学病理学的发展与我国近代兽医病理学［J］. 山地农业生物学报，2015，34（2）：1-8.

［2］高利波，高洪，赵汝，等. 动物病理学精品课程建设的探索与实践［J］. 云南农业大学学报，2011，5（6）：78-81.

［3］尹博，王江青，王建琳. 兽医病理教学的方法与思考［J］. 2017，38，60-61.

［4］刘超男，高雪丽，高畅，等. 兽医病理生理学实验教学改革［J］. 现代农业科技，2018（16）：269，271.

［5］廖成水，王臣，刘志军，等. 卓越教育背景下《兽医病理学实验》课程"10+35"教学模式的探讨［J］. 教育现代化，2018（35）：11-12.

［6］李万芳. 动物疫病诊断中兽医病理诊断技术的应用探讨［J］. 中国畜牧兽医文摘，2018（1）：180.

［7］王小波，石火英，高巍，等. 兽医病理学实验教学改革的探索［J］. 大学教育，2014（15）：89-90.

［8］Lv X, Li Z, Guan J, et al. Porcine hemagglutinating encephalomyelitis virus activation of the integrin α5β1-FAK-Cofilin pathway causes cytoskeletal rearrangement to promote its invasion of N2a cells［J］. Journal of Virology, 2018, 93: e01736-18.

［9］Li Z, Zhao K, Lv X, et al. Ulk1 Governs Nerve Growth Factor/TrkA Signaling by Mediating Rab5 GTPase Activation in Porcine Hemagglutinating Encephalomyelitis Virus-Induced Neurodegenerative Disorders［J］. Journal of Virology, 2018, 92（16）: e00325-18.

［10］Shi J, Zhao K, et al. Genomic characterization and pathogenicity of a porcine hemagglutinating encephalomyelitis virus strain isolated in China［J］. Virus Genes, 2018, 54（5）: 672-683.

［11］Li Z, Zhao K, Lan Y, et al. Porcine hemagglutinating encephalomyelitis virus enters Neuro-2a cells via clathrin-mediated endocytosis in a Rab5-, cholesterol-, and pH-dependent manner［J］. Journal of Virology, 2017, 91（23）: e01083-17.

［12］Liu C, Dong J, Waterhouse GIN, et al. Electrochemical immunosensor with nanocellulose-Au composite assisted multiple signal amplification for detection of avian leukosis virus subgroup J［J］. Biosensors and Bioelectronic, 2018, 101: 110-115.

［13］Li G, Niu X, Yuan S, Liang L, et al. Emergence of Morganella morganii subsp. Morganii in Dairy Calf, China［J］. Emerging Microbes & Infections, 2018, 7（1）: 172.

［14］Chaosi Li, Di Wang, Wei Wu, et al. DLP1-dependent mitochondrial fragmentation and redistribution mediate prion-associated mitochondrial dysfunction and neuronal death［J］. Aging Cell, 2018, 17（1）: e12693.

［15］Chunyu Wang, Deming Zhao, Syed Zahid Ali Shah, et al. Proteome Analysis of Potential Synaptic Vesicle Cycle Biomarkers［J］. Molecular Neurobiology, 2017, 54（7）: 5177-5191.

［16］Wang T, Du Q, Niu Y, et al. Cellular p32 is a Critical Regulator of Porcine Circovirus Type 2 Nuclear Egress［J］. Journal of Virology, 2019 Nov 13; 93（23）: e00979-19.

［17］Ting Zhu, Deming Zhao, Zhiqi Song, et al. HDAC6 alleviates prion peptide-mediated neuronal death via modulating PI3K-Akt-mTOR pathway［J］. Neurobiology of Aging, 2016, 37: 91-102.

［18］Tongtong Wang, Qian Du, Xingchen Wu, et al. Porcine MKRN1 Modulates the Replication and Pathogenesis of Porcine Circovirus Type 2 by Inducing Capsid Protein Ubiquitination and Degradation［J］. Journal of Virology, 2018, 92（21）: e01351-18.

［19］ Qian Du，Xingchen Wu，Tongtong Wang，et al.Porcine Circovirus Type 2 Suppresses IL-12p40 Induction via Capsid/gC1qR-Mediated MicroRNAs and Signalings［J］. Journal of Immunology，2018，201：533-547.

［20］ Xiaomin Zhao，Xiangjun Song，Xiaoyuan Bai，et al. microRNA-222 Attenuates Mitochondrial Dysfunction During Transmissible Gastroenteritis Virus Infection［J］. Mol Cell Proteomics 2019，18（1）：51-64.

［21］ Xiaomin Zhao，Xiaoyuan Bai，Lijuan Guan，et al. microRNA-4331 promotes TGEV-induced mitochondrial damage via targeting RB1，up-regulating IL1RAP，and activating p38 MAPK pathway in vitro［J］.Molecular & Cell Proteomics，2018，17（2）：190-204.

［22］ Yi Liao，Tariq Hussain，Chunfa Liu，et al. Endoplasmic Riculum Stress Induces Macrophages to Produce IL-1β During Mycobacterium bovis Infection via a Positive Feedback Loop Between Mitochondrial Damage and Inflammasome Activation［J］. Frontiers in Immunology，2019，10：1-14.

［23］ Tariq Hussain，Deming Zhao，Syed Zahid Ali Shah，et al. MicroRNA 27a-3p regulates antimicrobial responses of murine macrophages infected by mycobacterium avium subspecies paratuberculosis by targeting interleukin-10 and TGF-β -activated protein kinase1 binding protein 2［J］. Frontiers in Immunology，2018 Jan，Volume 8，article 1915，1-18.

［24］ Ping Kuang，Huidan Deng，Huan Liu，et al. Sodium fluoride induces splenocyte autophagy via the mammalian targets of rapamycin（mTOR）signaling pathway in growing mice［J］. Aging，2018，10（7）：1649-1665.

［25］ Yujiao Lu，Qin Luo，Hengmin Cui，et al. Sodium fluoride causes oxidative stress and apoptosis in the mouse liver［J］. Aging，2017，9（6）：1623-1639.

［26］ Hu S，Qiao J，Fu Q，et al. Transgenic shRNA pigs reduce susceptibility to foot and mouth disease virus infection［J］. Elife，2016 Feb3；5：e14281.

［27］ Li Z，Fu Q，Wang Z，et al. TceSR two-component regulatory system of Brucella melitensis 16M is nvolved in invasion，intracellular survival and regulated cytotoxicity for macrophages［J］. Lett Appl Microbiol，2015，60（6）：565-71.

［28］ Luo X，Zhang X，Wu X，et al. Brucella Downregulates Tumor Necrosis Factor-α to Promote Intracellular Survival via Omp25 Regulation of Different MicroRNAs in Porcine and Murine Macrophages［J］. Frontiers in Immunology，2018，8：2013.

［29］ Hussain T，Zhao D，Shah SZA，et al. MicroRNA 27a-3p Regulates Antimicrobial Responses of Murine Macrophages Infected by Mycobacterium avium subspecies paratuberculosis by Targeting Interleukin-10 and TGF-β -Activated Protein Kinase 1 Binding Protein 2［J］. Frontiers in Immunology，2018，8：1915.

［30］ Liu C，Dong J，Waterhouse GIN，et al. Electrochemical immunosensor with nanocellulose-Au composite assisted multiple signal amplification for detection of avian leukosis virus subgroup J［J］. Biosensors and Bioelectronic，2018，101：110-115.

［31］ Wang D，Wang J，Bi Y，et al. Characterization of avian influenza H9N2 viruses isolated from ostriches（Struthio camelus）［J］. Sci Rep，2018，8（1）：2273.

［32］ Wang WH. Observations on aggregated lymphoid nodules in the cardiac glandular areas of the Bactrian camel（Camelus bactrianus）［J］.Vet J. 2003 Sep；166（2）：205-9.

［33］ Zhang WD，Zhang XF，Cheng CC，et al. Impact of aging on distribution of IgA+ and IgG+ cells in aggregated lymphoid nodules area in abomasum of Bactrian camels（Camelus bactrianus）［J］. Exp Gerontol，2017 Dec 15；100：36-44.

［34］ Shi Chen Xie，Yang Zou，Dan Chen，et al. Occurrence and Multilocus Genotyping of Giardiaduodenalis In Yunnan Black Goats in China［J］. BioMed Research International，2018 Oct 10；2018：4601737.

［35］ Shao FJ，Ying YT，Tan X，et al. Metabonomics profiling reveals biochemical pathways associated with pulmonary arterial hypertension in broiler chickens［J］. J Proteome Res，2018，17（10）：3445-3453.

［36］ Shi R，Soomro MH，She R，et al. Evidence of Hepatitis E virus breaking through the blood-brain barrier and replicating in the central nervous system［J］. J Viral Hepat，2016，23（11）：930-939.

撰稿人：高　丰　许乐仁　赵德明　杨利峰

执笔人：杨利峰　高　丰

兽医药理学与毒理学发展研究

一、引言

  兽医药理学与毒理学是兼具基础和应用的学科,是基础兽医学的重要组成部分。兽医药理学(Veterinary Pharmacology)是运用动物生理学、生物化学、兽医病理学、兽医微生物学和免疫学等基础理论和知识,阐明兽药的作用原理、主要适应证和禁忌证等,为兽医临床合理用药提供理论基础。兽医毒理学(Veterinary Toxicology)主要研究毒物与畜禽机体之间的相互作用,即毒物对畜禽机体的危害和毒作用机理以及畜禽机体对毒物的吸收、分布、排泄和代谢,也包括新兽药临床前安全性评价以及毒理学试验方法等。兽医药理学与毒理学是一门桥梁学科,既是兽医药学与兽医学的桥梁,也是基础兽医学与临床兽医学的桥梁,对我国兽药合理使用、兽药产业发展和畜禽疾病防控具有重要的作用。

  近 5 年来,兽医药理学与毒理学学科紧密围绕我国畜牧兽医事业的发展,在兽药的药效学及作用机制、药代动力学及毒代谢动力学、兽医毒理学及毒性作用机制、兽药残留、耐药性及动物性食品安全、新兽药与新制剂的研制及应用等领域取得了丰硕的成果,学科实力有了长足的进步,开辟了一些新的研究方向。

二、本学科我国发展现状

  兽医药理毒理学分会自 1986 年正式成立以来,学科队伍不断壮大,学科整体水平得到了很大的提升。分会专家经常参加欧洲兽医药理学和毒理学学术讨论会、国际食品法典委员会大会、联合国粮农组织和世界卫生组织专家委员会会议,加强了国际合作与交流,提升了我国兽医药理学与毒理学学科的国际影响力。与美国 FDA 兽药专家保持密切交流,使我国新兽药的研发水平不断提高。近 5 年来,我国兽医药理学与毒理学学科在兽药的药效学、毒理学、耐药性、药动学、兽药残留、新兽药研发与一致性评价等领域取得了如下进展。

（一）药效学研究进展

长期以来，抗感染药物（微生物和寄生虫）一直是兽医药理学与毒理学研究的重中之重。我国兽药药效学的应用基础研究的原创性成果偏少，主要是为新兽药注册提供技术资料和进行中兽药的药效学研究。研究方向主要集中在抗感染药物领域，紧密围绕耐药菌防控的国家战略需求开展创新性研究，取得了一些创新性的研究成果。

1. 抗细菌感染药物

传统抗生素方面：从土壤来源的枯草芽孢杆菌 CAU21 分离鉴定得到其次级代谢产物杆农素（Bacaucin），一种由脂肪酸链和七个氨基酸残基组成的环状脂肽，杆农素对临床常见的革兰阳性耐药菌（包括 MRSA）具有广谱的抗菌活性。通过构效关系分析和结构改造获得多种肽类衍生物，能降低细胞毒性和增强抗菌活性。对非核糖体肽类抗生素及其衍生物进行筛选，获得一种新型广谱抗生素增效剂 SLAP-S25，能增强多类抗生素如四环素、氧氟沙星、利福平和万古霉素对 E.coli B2（blaNDM-5+mcr-1）的抗菌活性，发现的杆农素及其衍生物为 MRSA 的控制提供了新的候选物，SLAP-S25 的发现为提高现有抗生素使用效率、缓解多重耐药问题提供了新思路。开展了截短侧耳素类高效抗菌药物的合成、筛选及构效关系研究，包括针对截短侧耳素五元环上的羰基和 C_{11} 位的羟基确定其活性必须基团，探寻 C_{14} 上侧链的酸碱性对活性的影响，将 C_{14} 上侧链进行改造，设计合成了 44 个新衍生物，通过对 6 种菌的最低抑菌浓度测定，其中有 4 个化合物与延胡索酸泰妙菌素活性相当，13 个化合物较延胡索酸泰妙菌素活性好，5 个化合物对耐药的金黄色葡萄球菌有效。通过计算机辅助药物设计手段对上述衍生物进行了分子对接研究，从分子水平阐述了这些衍生物与活性位点的结合情况，为后续的衍生物设计和活性推测提供了参考。

抗毒力药物方面：抗毒力药物是通过抑制毒力因子的表达或活性而不是通过抑制细菌的生长来发挥抗感染作用，不易产生耐药性。通过抑制毒力因子的表达或活性，细菌不容易在宿主体内定植，使得宿主细菌对正常的宿主天然免疫清除系统更加敏感。抗毒力策略已成为国际抗细菌感染药物开发的热点，探讨了细菌溶血素、分选酶和细菌三型分泌系统作为抗细菌感染靶标的可行性，并从天然化合物中筛选获得多种具有抗细菌毒力的天然化合物，在多种病原菌感染动物模型中具有良好的保护作用。由于绝大多数中药及中药有效成分在体外对细菌没有或仅有微弱抗菌活性，在动物体内往往达不到有效的抗菌浓度，国内的研究认为中药成分主要是通过作用于机体调节免疫系统而非病原体本身而发挥作用。提示中药一方面通过调节机体免疫力发挥抗感染作用，另一方面对病原菌通过其抗毒力因子的作用，从而降低或消除病原菌对机体的损伤，更有利于机体免疫系统清除病原菌。这些天然化合物均有可能成为替代抗生素用于抗畜禽细菌感染性疾病的防治。

耐药抑制剂方面：发现多种天然化合物可提高抗生素对耐药菌的敏感性，如紫檀芪等化合物可与多黏菌素联用提高多黏菌素对携带 *mcr-1* 肠杆菌科（如大肠杆菌、肺炎克雷伯杆菌）的敏感性，并在耐药菌感染动物模型中表现出与多黏菌素的协同作用。厚朴酚通过抑制金属 β-内酰胺酶的活性，恢复美罗培南对产 *NDM-1* 大肠杆菌的活性。耐药抑制剂是延长现有抗生素的使用寿命、提高抗生素治疗效果的有效手段，部分化合物已经开始进行临床前研究及产品研发。

2. 抗寄生虫药物

开展了抗弓形虫天然产物的筛选，发现甘草查尔酮 A 可以抑制弓形虫速殖子的入侵和复制，提高感染小鼠的生存率，其抗虫机制与脂代谢相关，表明甘草查尔酮 A 是潜在的抗弓形虫化合物。对新型三嗪类抗球虫化合物沙咪珠利的作用机制进行了研究，发现沙咪珠利的作用峰期对应 *E.tenella* 的裂殖生殖和配子生殖阶段，可影响 *E.tenella* 的超微结构、干扰其虫体代谢和引起虫体凋亡。目前，已完成沙咪珠利一类新兽药注册资料的提交，现处于残留方法复核阶段。

3. 抗炎镇痛药

随着我国社会发展，宠物用药已成为兽药研发的重要组成。对维他昔布的抗炎镇痛作用进行了研究，发现维他昔布可特异性抑制环氧化酶 -2 活性，具有良好的抗炎和镇痛作用。目前已获得新兽药证书，临床上主要应用于治疗犬围手术期及临床手术等引起的急性、慢性疼痛和炎症。

（二）毒理学研究进展

与兽医药理学相比，国内从事兽医毒理学的单位和人员相对较少，研究范围不够广泛。近年来，主要是对新兽药（或饲料添加剂）的毒理学安全性评价，以及对毒性较大或毒理资料不完善的现有兽药（或饲料添加剂）进行安全性再评价以及其可能的毒理作用机制研究。开展了大量的新兽药（或饲料添加剂）的毒理学评价研究工作，由于许多新兽药或新饲料添加剂仍处于申报或保密保护期，其大多研究资料仍未公开发表。

在对毒性较大或毒理资料不完善现有兽药（或饲料添加剂）的毒理学再评价方面，最为关注的是对喹噁啉类药物（如喹乙醇、喹烯酮等）及硫酸黏菌素的毒性研究及其作用机制研究。喹噁啉类药物和硫酸黏菌素均具有抗菌促生长作用，但是喹噁啉类兽药具有明显的致突变性、光毒性和肝肾毒性，硫酸黏菌素具有明显的神经毒性和肾毒性，且其亦为人医治疗革兰阴性菌感染的重要药物，因此，进一步研究喹噁啉类药物及硫酸黏菌素的毒性及其作用机制成为近年来兽医毒理学的研究热点。

近年来我国对喹噁啉类药物和硫酸黏菌素的毒性及其毒性作用机制的研究领域主要有以下成果。Zhao D 的研究表明喹乙醇具有显著的致突变性，其作用机制可能与 ROS 依赖性的 JNK 通路和 mTOR 通路有关。Li D 的研究进一步表明，喹乙醇致突变性与 ROS 密切相关，且 GADD45a、p21、TCS2 在其毒性作用机制中发挥了极其重要的作用。谢红霞、李忠生和李道稳等的研究显示喹乙醇具有显著的肾脏毒性，其机制是喹乙醇可致肾小管上皮细胞发生细胞凋亡，且其凋亡作用可能与内质网应激相关凋亡途径相关。Gao H、Yu M、代重山和王旭等的研究显示，喹烯酮可显著诱导肝、肾损伤，损伤肝肾组织中的 ROS 水平显著升高，同时抑制抗氧化酶 GPx、SOD 和 CAT 的活性，其机制可能是 Nrf2/HO-1 和 Nrf2/ARE 信号通路参与喹烯酮引起肝肾组织的氧化损伤。Wang X 的研究表明，喹噁啉类药物的主要代谢途径是 N→O 基团还原和羟基化，黄嘌呤氧化还原酶（XOR）、醛氧化酶（SsAOX1）、羰基还原酶（CBR1）和细胞色素 P450（CYP）酶参与喹噁啉类药物代谢。Dai C、陆子音等的研究发现，硫酸黏菌素具有显著的神经毒性，其机制与氧化损伤、线粒体膜电位、内质网损伤密切相关，且黄芩苷对其神经毒性有一定的保护作用。梁蓓蓓、邸秀珍、王福云等的研究进一步证实了硫酸黏菌素的肾毒性，其机制与细胞自噬、NF-κB、Nrf2/HO-1 信号通路相关，且雷帕霉素、磷霉素、小檗碱可改善黏菌素所致的肾毒性。上述研究结果明确了喹噁啉类药物和硫酸黏菌素的相关毒性，为我国制定兽药管理相关政策补充了数据。

（三）耐药性研究进展

动物源耐药菌的出现，一方面挑战兽医抗菌药物的治疗效果，另一方面增加耐药基因传播给人类病原菌的风险。耐药性研究方面，近年获批国家重点研发计划"畜禽重大疫病防控与高效安全养殖综合技术研发"重点专项"畜禽重要病原耐药性检测与控制技术研究"（2016 年）和"畜禽药物的代谢转归和耐药性形成机制研究"（2018 年），取得了较多的原创性结果。

我国动物源细菌耐药性当前主要关注的病原菌有产碳青霉烯酶病原菌、携带 mcr-1 基因病原菌及耐甲氧西林金黄色葡萄球菌。碳青霉烯类药物是人医临床对抗多重耐药革兰氏阴性菌感染最重要的药物之一，目前并未批准在兽医临床使用。我国自 2011 年首次检出产 NDM-1 型碳青霉烯酶鸡源鲁菲不动杆菌以来，先后在山东省、广东省、江苏省、四川省及重庆等地区不同动物源病原菌中检出产 NDM 型病原菌，其中以山东省部分地区养殖场中产 NDM-1 型大肠杆菌的检出率最高，且近年来动物源产碳青霉烯酶病原菌的流行与分布仍有不断增加的趋势。黏菌素被认为是治疗革兰阴性菌感染的"最后一道防线"。质粒介导的黏菌素耐药基因 mcr-1 是我国学者 2015 年在上海某猪场大肠杆菌中发现并全球首次报道，该基因编码的磷酸乙醇胺可修饰细胞膜类脂 A，导致黏菌素的靶点失活，从而介导黏菌素耐药。随后，在全世界范围内掀起研究 mcr-1 基因的热潮，目前已超过 50 个国家报道 mcr-1 基因的流行情况。mcr-1 在我国报道时，其在生肉和屠宰场的生猪中检出率分别为 14.9% 和 20.6%，表明 mcr-1 基因已经在我国动物源大肠杆菌中广泛流行。随后，对鸡源大肠杆菌回溯性调查发现，我国自 20 世纪 80 年代在食品动物使用黏菌素开始，就已经出现 mcr-1 基因，并从 2009 年开始在大肠杆菌中快速传播与扩散，检出率从 2009 年的 5.2% 快速上升至 2014 年的 30%，这与黏菌素在我国食品动物中的使用量的增加趋势相吻合。此外，携带 *mcr-1* 基因的病原菌还可以与 *bla*CTX-M、*bla*NDM 等碳青霉烯类耐药基因共同存在一株细菌体内，甚至共存于同一个质粒。对我国肉鸡产业链研究表明，分离的 161 株产碳青霉烯酶大肠杆菌中，有 37 株同时携带有 *mcr-1* 基因，*mcr-1* 和 *bla*NDM 可在家禽、犬、野鸟、苍蝇和污水等不同动物和环境介质中相互传播，此外 *mcr-1* 基因还可以在孵化场中传播。耐甲氧西林金黄色葡萄球菌（MRSA）是人医与兽医临床最重要的病原菌之一。2005 年，首例猪源 MRSA 感染人的病例在荷兰报道，被称之为畜禽相关 MRSA（LA-MRSA），其不仅广泛存在于畜禽动物，还可以通过畜禽感染相关工作人员。在欧美及澳洲地区其主要的流行型为 ST398，而在我国乃至亚洲地区主要的流行型为 ST9。相对于 LA-MRSA ST398 引起的人类感染，LA-MRSA ST9 感染的病例较少，但在广州等地区已出现相关感染的病例。LA-MRSA 普遍对 β - 内酰胺类、酰胺醇类、大环内酯类及四环素类抗生素耐药，且少量菌株可通过获取多重耐药基因 *cfr* 而对利奈唑胺耐药，给感染治疗带来压力。我国在 2008 年对动物源 MRSA 进行调查以来，已在河北、陕西、湖北、四川等大多数地区检测到猪源 MRSA，且大多为 ST9 型，其染色体 *mec* 基因盒主要为 SCC*mec* Ⅲ 和 SCC*mec* Ⅻ；ST398 型 MRSA 在我国也有零星报道，其染色体 mec 基因盒主要为 SCCmec Ⅴ；与猪源 MRSA 相比，牛源 MRSA 的菌群结构较为复杂，目前已检测到的 MLST 型有 ST9.ST97.ST965、ST6、ST71、ST2738 等。此外，在宠物鼻腔拭子中分离得到 MRSA ST398-t034-SCC*mec* Ⅴ。我国动物源 MRSA 在猪、奶牛等养殖业中流行范围广泛，且携带率高，其中猪源 MRSA 在不同地区具有相似的耐药表型，普遍存在菌株克隆传播的现象。

（四）药动学研究进展

兽医药动学对新兽药和新制剂的研究开发、临床合理用药有重要的作用，也是兽医临床药理学、药剂学和毒理学等学科研究的重要工具。

1. 原料药和制剂的药动学

兽用原料药方面：研究了沙咪珠利在肉鸡和大鼠体内的药动学，喹烯酮及其 3 种代谢物在鸭体内的药动学。研究了二甲氧苄氨嘧啶在鸡体内的代谢物，同时检测了猪、鸡和鲤体内的艾地普林及 3 种主要代谢物，并研究了艾地普林在猪、肉鸡、鲤和大鼠体内的代谢处置。研究了乙酰甲喹在猪、鸡和大鼠体内的代谢、分布和消除，喹赛多在猪、鸡、鲤和比格犬的代谢和消除。此外，比较研究了替米考星在健康和副猪嗜血杆菌感染猪体内的药动学，达氟沙星在健康和巴氏杆菌感染鸭体内的药动学。

兽药制剂方面：研究了双氯芬酸钠注射液在猪体内的药动学和生物利用度，泰地罗新注射液和恩诺沙星注射用凝胶在猪体内的药动学，烯丙孕素溶液在后备母猪体内药动学。加米霉素注射液、双氯芬酸钠注射液和盐酸头孢噻呋注射液在牛体内的药动学。伊维菌素咀嚼片和泰地罗新注射液在比格犬体内的药动学，复方芬苯达唑咀嚼片在犬体内的药动学。沙咪珠利饮水剂在鸡体内的药动学。此外，还有一些比较药动学的研究，如泰妙菌素在大鼠、猪、鸡、牛和羊体内外的比较代谢研究，两种烯丙孕素口服液在母猪的药动学比较研究，还研究了恩诺沙星微球在大鼠体内的分布，头孢喹诺明胶微球在猪的药动学。

2. 联合用药的药动学

研究联合用药以及复方制剂中药物之间药动学的相互影响，对于指导临床合理安全用药非常重要。近年的研究有，氟苯尼考与多西环素联合用药在鸡的药动力学，复方双氯芬酸钠注射液（双氯芬酸 + 对乙酰氨基酚）在猪体内药动学和生物利用度，复方芬苯达唑咀嚼片（芬苯达唑 + 吡喹酮 + 伊维菌素）在犬体内的药动学，阿莫西林 / 黄芩素乳房注入剂在奶牛乳中的药动学。

3. 药动 / 药效同步模型

药动 / 药效同步模型（PK/PD 同步模型）是通过测定药物浓度、时间和效应数据，拟合药物浓度及其效应的经时曲线，将药动学和药效学的数据结合起来。PK/PD 模型更加系统的描述药物、宿主和病原微生物之间的动态变化，是提高抗菌药物的药效、降低毒副作用和耐药性的重要手段，能指导临床合理用药。近年来的药动 / 药效同步模型研究主要有：

体外模型：研究了头孢喹肟对猪副猪嗜血杆菌的体外 PK/PD 同步模型及基于 PK/PD 的折点制定、达氟沙星对鸡毒支原体的体外 PK/PD 同步模型、马波沙星在猪副猪嗜血杆菌的体外 PK/PD 同步模型。

半体内模型：研究了马波沙星在牛感染多杀性巴氏杆菌组织笼模型中的 PK/PD 同步模型，头孢喹肟在猪和黄牛对多杀性巴氏杆菌的 PK/PD 同步模型和在兔对金黄色葡萄球菌的 PK/PD 同步模型，喹赛多对猪沙门氏菌的半体内 PK/PD 同步模型。

体内模型：研究了沃尼妙林对鸡毒支原体的 PK/PD 同步模型，恩诺沙星对大肠杆菌在猪的 PK/PD 同步模型，奶牛乳房灌注头孢喹肟治疗鼠类金黄色葡萄球菌乳房炎的 PK/PD 同步模型，马波沙星在鼠类多杀巴氏杆菌感染的 PK/PD 同步模型，达氟沙星对鸡毒支原体的 PK/PD 同步模型和耐药性产生，达氟沙星对胸膜肺炎放线杆菌的 PK/PD 同步模型和药物敏感性变化，头孢喹肟对金黄色葡萄球菌的 PK/PD 同步模型和耐药性变化，多西环素对鸡毒支原体的 PK/PD 同步模型和对副猪嗜血杆菌的 PK/PD 同步模型剂量优化，泰拉菌素对多杀巴氏杆菌的 PK/PD 同步模型，达氟沙星对兔鼠伤寒沙门氏杆菌的 PK/PD 同步模型，猪体内头孢喹肟对猪胸膜肺炎放线杆菌的 PK/PD 同步模，头孢喹肟在小鼠对金黄色葡萄球菌生物膜的 PK/PD 同步模型，泰拉霉素对猪链球菌和巴氏杆菌的 PK/PD 同步关系，泰拉霉素在中性白细胞减少症豚鼠对猪嗜血杆菌的 PK/PD 同步模型。

对兽用抗菌药物 PK/PD 同步模型的深入研究，能够为兽医临床合理用药提供更科学合理的理论依据，避免或减缓细菌耐药性的产生，延长抗菌药物的生命周期。随着各种理论和技术的不断完善和应用，PK/PD 同步模型在兽医药理的应用领域也将越来越广，必将在指导兽药临床合理使用、新兽药研发和评估临床药效等方面发挥越来越重要的作用。

4. 生理药动学

生理药动学模型（PBPK 模型）可以反映机体各种器官或组织内药物及其代谢物浓度与时间变化的函数关系，提供药物在体内分布和生物转化的信息。近年来，生理药动学模型在兽医药理学领域得到了迅速发展，主要是利用 PBPK 模型确定兽药在动物体内的处置情况，预测剂量调整和种属外推情况下药物在组织内浓度的变化。

近年的研究有：喹赛多在猪体内残留的生理药动学预测模型，乙酰甲喹及脱二氧代谢物在猪体内的药动学和群体生理模型研究，喹烯酮在猪体内残留预测的生理药动学模型和对乙酰甲喹的外推，喹噁啉 –2– 羧酸在大鼠的生理药动学模型和对猪的外推。其他研究还有，氟苯尼考在猪肺内处置的生理药动学模拟，基于生理药动学模型预测肉鸡连续 5 次肌内注射氟苯尼考后各组织中的药物浓度，二甲氧苄啶在猪体内残留预测的生理药动学模型及外推研究，青霉素 G 在猪、肉牛、奶牛的群体生理药动学。

生理药动学模型在兽医药理领域的应用还需借鉴其他领域的应用经验和方法，建立适应兽药及残留研究的方法，更好地为兽医、养殖业和食品安全领域服务。还有一些新方法在兽医药动学上应用，如基于人工神经网络的头孢喹诺血药浓度预测模型研究，将神经网络时间序列模型与药物血药浓度的预测结合并联合药动学进行仿真，预测头孢喹诺的血药浓度。

（五）兽药残留研究进展

兽药残留研究是确保动物性产品质量安全的核心内容之一，主要研究范围包括：①代谢和残留消除研究；②定量确证和快速筛查关键技术研究及产品开发；③兽药残留预测预警技术研究；④残留检测标准物质研制。近年来，国内兽药残留主要集中在代谢和残留消除研究、定量确证和快速筛查关键技术研究及产品开发两方面。在代谢和残留研究方面，除了运用传统的组织动力学方法研究重要兽药在食品动物体内的残留消除规律外，实现了放射性示踪与液质联用技术在兽药代谢与残留研究中的应用，开展了 10 余种重要兽药在实验动物与食品动物的比较代谢动力学与体内处置研究。在残留检测技术研究方面，高分辨液相色谱—质谱联用已成为兽药残留检测的主要技术手段，复杂生物基质中多组分兽药及其代谢物的分离纯化技术是目前定量确证检测方法研究的焦点，基质固相分散萃取、分子印迹固相萃取、免疫亲和柱萃取、磁性石墨烯固相萃取等样品前处理技术均被用于兽药残留分析。快速检测技术也突破了基于单抗和多抗的传统免疫学方法，适配体和受体分析开始应用于兽药残留检测。兽药残留预测预警技术近年在国内已逐步开展，生理药动学方法成为预测兽药在食品动物体内残留消除动态过程的有效工具，突破了国际上仅用于预测原型药物残留的缺陷，实现同时预测原型和代谢物残留的技术突破。残留检测标准物质方面，国内开展的研究工作非常有限，尚属起步阶段。

（六）新兽药研发与一致性评价

1. 新兽药研发

2015—2017 年，兽药产品研发资金投入逐年增加，由 2015 年的 32.45 亿元增加到 2017 年的 48.2 亿元，占兽药产业总销售收入的比例由 2015 年的 7.85% 增长到 2017 年的 10.19%，增幅为 48.54%。其中，化药产品研发资金总投入由 2015 年的 22.65 亿元增加到 2017 年的 37.9 亿元，增幅达 67.33%。然而，从获得新兽药证书情况显示研发投入与产出效益比不大。3 年内仅有 2 个产品为一类新兽药及制剂，共 19 个产品为二类新兽药及制剂，42 个产品为三类新兽药及制剂。立项研究方面，2017 年获批国家重点研发计划"畜禽重大疫病防控与安全高效养殖综合技术研发"重点专项"新型动物药剂创新与产业化"项目。

2. 兽药一致性评价（比对试验）

2016 年，国务院办公厅发布开展仿制药质量和疗效一致性评价工作的意见，主要针对医药产品中仿制药而开展的。

2015 年，农业部以部长令 2015 年第 4 号令发布的《兽药产品批准文号管理办法》，自 2016 年 5 月 1 日起施行。办法第十条规定，申请除本企业研制的已获得《新兽药注册证书》和申请他人转让的已获得《新兽药注册证书》或《进口兽药注册证书》的非生物制品类的兽药产品批准文号的，逐步实行比对试验管理。实行比对试验管理的兽药品种目录及比对试验的要求由农业部制定，并要求开展比对试验的检验机构应当遵守兽药非临床研究质量管理规范（GLP）和兽药临床试验质量管理规范（GCP）。由此，兽药仿制产品获取批准文号，需要开展质量和疗效一致性评价。2016 年 12 月 7 日，农业部办公厅又以农办医【2016】60 号文发布了"关于印发《兽药比对试验产品药学研究等资料要求》的通知"，对列入兽药比对试验品种目录的产品，兽药企业在申请批准文号时，除需进行生物等效性试验之外，还需要提交药学研究资料，以确保兽药产品安全、有效和治疗可控。

三、本学科国内外发展比较

近年来，我国兽医药理学与毒理学科研人员承担了一批国家重点研发计划、国家自然科学基金杰出青年项目和重点项目等重大科研项目，获得了 2 项国家级和数十项省部级技术发明和科技进步奖，获授权技术发明专利数百项，高水平的基础研究论文发表数量在逐年增加。与国外相比，在细菌耐药性、药动—药效同步模型和生理药动学、兽药残留检测等领域达到了国际先进水平，药效学研究取得了一些原创成果，毒理学研究有待系统规范。

（一）药效学

面对抗生素耐药性危机，世界正在进入"后抗生素时代"，开发新型的抗生素或新的抗感染手段是国内外科研工作者的共同目标。我国的新兽药研发仍以仿制为主，创新兽药及药效学研究与国外仍有较大的差距。

1. 新抗生素的研发

近年来国际上新抗菌药物包括对耐药菌有效药物的研发有逐渐回暖的趋势，微生物培养技术的发展助推新抗生素的发现。抗生素的经典来源是土壤微生物的代谢产物，由于超过 99% 微生物在实验室无法培养，成为新抗生素研发的瓶颈。美国东北大学的 Kim Lewis 团队开发的 iCHIP 技术使可培养的土壤微生物种类提高到 50%，丰富了新型抗生素发现的资源，应用该技术发现了 Teixobactin 和 Lassomycin 两种新型抗生素。基因挖掘助推新抗生素的发现，DNA 测序技术的突飞猛进，使得基因组挖掘，包括挖掘难培养微生物的宏基因组，具有更加快速和低成本的优势，提高了发现新型抗生素的可能性。依赖于测序技术发展的微生物菌群研究助推了新抗生素的发现，如 Lugdunin 和 Lactocillin 的发现。

2. 耐药抑制剂的发展

抗生素耐药酶抑制剂联合抗生素是控制耐药菌感染的有效手段。如第一代 β–内酰胺酶抑制剂（克拉维酸、舒巴坦和他唑巴坦）和新一代 β–内酰胺酶抑制剂（阿维巴坦和伐博巴坦）。近年来，FDA 批准了一批 β–内酰胺/β–内酰胺酶抑制剂组合（如美罗培南/伐博巴坦，头孢他啶/阿维巴坦）等。临床所用抑制剂仅对丝氨酸 β–内酰胺酶有效，而对金属 β–内酰胺酶（MBLs）无效。迄今为止，尚未有 MBLs 抑制剂被批准用于临床。近年来国内外学者报道了一些 MBLs 抑制剂，如巯基/巯基—羧酸化合物类、吡啶羧酸和嘧啶类衍生物等。

（二）毒理学

我国兽医毒理学的起源可追溯至明代名医李时珍于 1590 年完成的巨著《本草纲目》（其中记载了钩吻、乌头、番木鳖、蓖麻等 20 余种有毒性的药物），但真正意义上的兽医毒理学形成始于 20 世纪 70 年代末至 80 年代初，20 世纪 80 年代中国农业大学率先开设动物毒理学课程并编著了专业教材《动物毒理学》（1989 年），与英国伦敦大学学者 Lander G.D. 于 20 世纪初编撰的巨著《兽医毒理学》相比，我国兽医毒理学科的形成和发展时间晚了将近一个世纪。

此外，我国兽医毒理学的研究硬件条件落后于发达国家，也是我国兽医毒理学科发展较为缓慢的原因之一。国外兽医毒理学技术几乎与医学毒理技术同步发展，应用于兽医毒理学研究的科研设施和仪器设备以及所采用的研究理念和思路均与医学几无差别。我国兽医毒理学发展较晚，且早先的研究仅限于对一些中毒病的描述性研究，加之早期缺乏相应的科研经费和科研立项使得我国兽医毒理学学科落后于发达国家。在发达国家，兽医工作者参与人体健康有关的毒理学研究，而在我国医学与兽医学的科研相对独立，国家对兽医领域的科技立项和经费支持与医学相比较少，而且兽医毒理学科等基础兽医学相关的研究项目更少，导致了我国兽医毒理学学科研究技术水平整体落后于发达国家。令人欣慰的是，近年来我国已经开始重视动物性食品安全问题，在兽医毒理学领域的科研投入和经费支持亦已有大幅提升，使得我国一些从事兽医药理毒理的重点科研单位的科研设施硬件条件已有明显改善，在兽医毒理领域开展了大量卓有成效的研究工作，我国兽药 GLP 的实施将使毒理学研究更加规范。

（三）细菌耐药性

我国的细菌耐药性问题已十分严峻，亟须采取有效的措施控制动物源细菌耐药性。2016 年 7 月，农业部公告第 2428 号决定从 2017 年 4 月停止硫酸黏菌素用于动物促生长，同年农业部印发《全国遏制动物源细菌耐药行动计划（2017—2020 年）》的通知，要求进一步加强和完善兽用药物监管体系和细菌耐药性监测网络，提倡采取有效的措施应对当前兽医临床细菌耐药性带来的风险。2018 年 4 月，农村农业部办公厅制定了《兽用抗菌药使用减量化行动试点工作方案（2018—2021 年）》，减少兽用抗菌药的使用量，从源头控制动物源细菌耐药性的出现与扩散。

针对当前的细菌耐药状况，开发新的抗菌药、抑制剂、逆转剂或与药物协同作用的小分子化合物是当前对抗多重耐药菌感染的重要策略。近年来，国内外已开展了大量研究工作，如筛选出对四环素耐药菌有效的活性化合物或与利用丙氨酸等生物小分子与卡那霉素联用提高杀菌活性，以及对截短侧耳素的结构修饰提高药物的抗菌活性和扩大抗菌谱，针对质粒的毒素—抗毒素系统，以及逆转黏菌素耐药性的化合物等，这些都是未来新药的开发方向，在对抗多重耐药菌感染方面具有重要的意义。此外，基于药动学—药效学模型（PK-PD 模型）制定合理的给药方案是近年来对抗多重耐药菌感染的有效手段之一，国内已先后利用半体内模型、体内组织笼模型及实验小鼠模型等实验方法开展了头孢喹肟及马波沙星等药物抗大肠杆菌、巴氏杆菌等病原菌的研究，通过 PK-PD 模型拟合药物在体内的杀菌过程，以推荐治疗感染的合理给药剂量和方案，减少细菌耐药性的产生，延长抗菌药物使用寿命。针对现有的药物，筛选出具有协同作用的药物或化合物对抗耐药菌的感染也是近年来国内外关注的热点问题。利用阿米卡星联合黏菌素或多黏菌素 B 体内外对抗携带 mcr-1 基因的产 NDM 酶大肠杆菌。利用外排泵抑制剂 CCCP 与黏菌素体外对抗耐黏菌素产碳青霉烯酶肠杆菌具有较好的协同作用。

（四）药动学

我国兽医药动学的研究始于"六五计划"农业部重点课题"抗菌药物在家畜体内的药

动学研究"，由华南农业大学组织 4 家单位合作，完成了 16 种抗菌药物在马、牛、羊和猪的药动学参数测定。此后，国内较多的高校和科研单位都相继开展了药动学研究。长期以来，我国兽医药动学研究以血药动力学和组织残留消除为重点，为新兽药的研发提供技术资料。20 世纪 90 年代以来逐步开展了不同动物的比较药动学、联合用药的药动学和病理状态下的药动学、药动—药效（PK-PD）同步模型、群体药动学和生理药动学等研究，由于数据分析等原因，药动—药效（PK-PD）同步模型、群体药动学和生理药动学等研究仍仅华南农业大学、华中农业大学和中国农业大学等单位具备研究条件。目前，我国在兽医药动学的整体研究水平与国外差距较少，在药动—药效（PK-PD）同步模型、生理药动学和群体药动学等领域达到了国际先进水平。

抗菌药物的药动学一直是兽医药动学的重点，近年我国兽医药动学的研究也主要集中于几种新上市的抗生素和国内使用较多的抗菌饲料添加剂的药动—药效（PK-PD）同步模型和生理药动学研究，以期制定更加合理的用药方案和降低耐药性的产生，这些研究达到了国际先进水平。由于我国新兽药以仿制为主，在兽用新原料药的吸收、分布、代谢和排泄等方面研究较少，技术水平仍有一定的差距，只有少数几种药物的研究达到了国际先进水平。

（五）兽药残留

总体上我国兽药残留研究范围及技术水平与国际无明显差距。国外在兽药代谢与残留研究方面主要集中于重要兽药在食品动物体内的残留消除研究，在比较代谢方面开展的研究极少，仅有少量文献报道了体外代谢及代谢酶的研究。兽药残留检测技术是国际上研究的热点，超高效液相色谱和高分辨质谱成为兽药残留分析方法研究的主流技术，重点集中在高通量多组分质谱筛查方法的建立，复杂生物样品中多组分分离纯化是研究者重点关注的核心内容。国内近年来也在开展多组分药物残留分析方法的研究，但主要用于生物样品中已知残留物的定量确证，在未知物质谱筛查方面也开展了部分研究，但技术尚待完善。快速检测技术国际上研究包括两方面：一方面，在识别元件上，除了常规抗体，受体、核酸适配体、分子抗体、分子印迹聚合物等新型识别元件受到了重视；另一方面，在信号放大技术方面，除了常规酶联免疫放大技术，一些新型的技术如抗体芯片、荧光偏振、时间荧光分辨、生物传感器、石墨烯碳纳米管等新型材料成为研究热点。在标准物质研制及残留预测预警方面近年来国外鲜有文献报道，国内已完成 10 余种重要兽药残留标示物的合成与制备，采用传统组织动力学方法和生理药动学方法开展了相应研究。

四、本学科我国的发展趋势与对策

分析我国兽医药理学与毒理学学科未来的发展战略需求和重点发展方向，提出本学科未来 5 年的发展趋势及发展策略。

（一）寻找新的药物靶标是药效学的重要任务

面对全球细菌耐药性的挑战，发展新型抗感染药物和替抗产品（如抗毒力药物等）是我国兽医药效学研究面临的主要任务，也是我国兽药研发实现以仿为主逐步过渡到模仿创新和自主创新的必由之路。未来几年，应加强新的药物靶标研究，特别是寻找有效的抗感染新靶标，一方面可从天然产物中筛选获得有效药物，另一方面也可借助计算机辅助药物设计和 NMR 技术等筛选方法。

（二）提高评价能力和加强规范性是毒理学的发展趋势

由于科学知识的缺乏和经济利益的驱使，我国滥用兽药和超标使用兽药的现象普遍存在，其后果除直接导致靶动物急性或慢性中毒外，可导致动物性食品中的兽药残留和生态环境影响。因此，在我国加强兽药、药物添加剂、饲料中可能毒物的安全性毒理学评价及其毒性作用机制研究，提高新兽药（或饲料添加剂）的毒理学安全性评价能力，在确保新研发的兽药（或饲料添加剂）产品高效安全，保障人畜健康和生态环境的可持续发展方面具有重要意义。从可持续发展的角度讲，我国兽医毒理学的根本任务是为动物性食品安全和保障人类健康提供依据，为整个毒理学学科的发展提供基础数据。

兽医毒理学在 20 世纪的发展与组织和细胞培养、电子显微镜、计算机数据分析、单克隆抗体、同位素技术、放射配体结合测定方法、基因引入技术、转基因动物以及分子生物学技术等的应用密切相关。21 世纪毒理学的发展趋势是向分子水平发展，分子生物学将作为现代毒理学的基础，从分子水平阐明毒物和药物的毒性机制。随着国内对兽医毒理学重要性认识的不断提高和兽医毒理学研究的日益深入，兽医毒理学将逐步走向规范化和系统化。

（三）耐药性应以加强耐药控制研究

应对当前兽医临床细菌耐药性带来的风险仍是我国兽医药理毒理学面临的主要任务，除应加强对细菌耐药性监测外，更应在减缓耐药性产生和耐药消减方面开展研究工作。基于药动学—药效学模型（PK–PD 模型）制订合理的给药方案是近年来对抗多重耐药菌感染的有效手段之一，寻找新的抗耐药性产品和耐药消减产品应作为未来耐药性研究的新领域。

（四）药动学应发挥多方面的作用

通过药动学研究和生物等效性评价为我国新兽药上市提供科学依据，仍是我国兽医药动学的重要研究内容。未来几年，应加强联合用药药动学、药动学—药效学模型研究，优化常用兽药的用药方案；通过生理药动学和群体药动学的研究，为兽药残留和兽药增加靶动物提供科学依据。此外，应加强对中兽药活性成分的药动学研究，为中兽药现代化提供

技术资料。

（五）加强兽药残留监控标准体系建设与技术提升

兽药残留食品安全性标准的自主性研究与建立是未来我国兽药残留标准体系建设努力的重要方向，尤其是原创药物最高残留限量标准的设定。残留检测技术应重点聚焦目前制约兽药残留高通量检测的样品前处理关键技术，开发食品中危害物质定量富集与净化前处理新技术与新型材料，建立高分辨质谱为主的兽药残留全谱识别技术。研究高适应性重组抗体库构建技术、筛选技术、体外亲和力进化技术，构建亲和力强、高稳定性的抗体库，筛选高适应性动物性食品安全危害物抗体，开发便携式、智能化食品安全快速检测新设备。同时，应进一步加强兽药残留活体预测预警技术的开发与应用，为兽药残留监控提供新型技术保障。

参考文献

［1］ Liu Y, Ding S, Dietrich R, et al. A Biosurfactant–Inspired Heptapeptide with Improved Specificity to Kill MRSA［J］. Angewandte Chemie, 2017, 56（6）: 1486–1490.

［2］ Mu S, Liu H, Zhang L, et al. Ynthesis and Biological Evaluation of Novel Thioether Pleuromutilin Derivatives［J］. Biological & pharmaceutical bulletin, 2017, 40（8）: 1165–1173.

［3］ Zhang Y, Liu Y, Wang T, et al. Natural compound sanguinarine chloride targets the type III secretion system of Salmonella enterica Serovar Typhimurium［J］. Biochemistry and biophysics reports, 2018, 14: 149–154.

［4］ Zhang Y, Liu Y, Qiu J, et al. The Herbal Compound Thymol Protects Mice From Lethal Infection by Salmonella Typhimurium［J］. Frontiers in microbiology, 2018, 9: 1022.

［5］ Shen X, Liu H, Li G, et al. Silibinin attenuates Streptococcus suis serotype 2 virulence by targeting suilysin［J］. Journal of applied microbiology, 2019, 126（2）: 435–442.

［6］ Li H, Chen Y, Zhang B, et al. Inhibition of sortase A by chalcone prevents Listeria monocytogenes infection［J］. Biochemical pharmacology, 2016, 106: 19–29.

［7］ Zhou YL, Liu S, Wang TT, et al. Pterostilbene, a Potential MCR–1 Inhibitor That Enhances the Efficacy of Polymyxin B［J］. Antimicrobial Agents and Chemotherapy, 2018, 62（4）: e02146–17.

［8］ Liu S, Zhou Y, Niu X, et al. Magnolol restores the activity of meropenem against NDM–1–producing Escherichia coli by inhibiting the activity of metallo–beta–lactamase［J］. Cell death discovery, 2018, 4: 28.

［9］ Si HF, Xu CY, Zhang JL, et al. Licochalcone A: An effective and low–toxicity compound against Toxoplasma gondii in vitro and in vivo［J］. Int J Parasitol–Drug, 2018, 8（2）: 238–245.

［10］ Liu LL, Chen HY, Fei CZ, et al. Ultrastructural effects of acetamizuril on endogenous phases of Eimeria tenella［J］. Parasitol Res, 2016, 115（3）: 1245–1252.

［11］ Liu LL, Chen ZG, Mi RS, et al. Effect of Acetamizuril on enolase in second–generation merozoites of Eimeria tenella［J］. Vet Parasitol, 2016, 215: 88–91.

［12］ Zhao D, Wang C, Tang S, et al. Reactive oxygen species–dependent JNK downregulated olaquindox–induced autophagy in HepG2 cells［J］. Journal of Applied Toxicology, 2015, 35（7）: 709–716.

［13］ Li D，Dai C，Yang X，et al. Critical role of p21 on olaquindox-induced mitochondrial apoptosis and S-phase arrest involves activation of PI3K/AKT and inhibition of Nrf2/HO-1pathway［J］. Food & Chemical Toxicology，2017，108（Pt A）：148-160.

［14］ Daowen L，Kena Z，Xiayun Y，et al. TCS2 Increases Olaquindox-Induced Apoptosis by Upregulation of ROS Production and Downregulation of Autophagy in HEK293 Cells［J］. Molecules，2017，22（4）：595.

［15］ Daowen L，Chongshan D，Xiayun Y，et al. GADD45a Regulates Olaquindox-Induced DNA Damage and S-Phase Arrest in Human Hepatoma G2 Cells via JNK/p38 Pathways［J］. Molecules，2017，22（1）：124.

［16］ Li D，Dai C，Zhou Y，Yang X，et al. Effect of GADD45a on olaquindox-induced apoptosis in human hepatoma G2 cells：Involvement of mitochondrial dysfunction［J］. Environ Toxicol Pharmacol，2016，46：140-146.

［17］ 谢红霞. 肉鸡喹乙醇中毒的病因、临床症状、剖检变化及防治［J］. 现代畜牧科技，2016，8：91.

［18］ 李忠生，于常艳，陈宵，等. 喹乙醇致肾脏毒性的内质网应激相关凋亡途径研究［J］. 卫生研究，2015，44（3）：444-450.

［19］ 李道稳. p21在喹乙醇诱导线粒体凋亡和周期阻滞中的作用及调控机理研究［A］. 中国毒理学会兽医毒理学委员会、中国畜牧兽医学会兽医食品卫生学分会. 中国毒理学会兽医毒理学委员会与中国畜牧兽医学会兽医食品卫生学分会联合学术研讨暨中国毒理学会兽医毒理学委员会第5次全国会员代表大会会议论文集［C］. 中国毒理学会兽医毒理学委员会、中国畜牧兽医学会兽医食品卫生学分会：中国畜牧兽医学会，2017：1.

［20］ 李道稳. 喹乙醇肝毒性的分子机制研究［A］. 中国毒理学会兽医毒理学委员会、中国畜牧兽医学会兽医食品卫生学分会. 中国毒理学会兽医毒理学委员会与中国畜牧兽医学会兽医食品卫生学分会联合学术研讨会暨中国毒理学会兽医毒理学委员会第5次全国会员代表大会会议论文集［C］. 中国毒理学会兽医毒理学委员会、中国畜牧兽医学会兽医食品卫生学分会：中国畜牧兽医学会，2017：1.

［21］ Gao H，Wang D，Zhang S，et al. Roles of ROS Mediated Oxidative Stress and DNA Damage in 3-Methyl-2-Quinoxalin Benzenevinylketo-1，4-Dioxide-Induced Immunotoxicity of Sprague-Dawley Rats［J］. Regulatory Toxicology and Pharmacology，2015，73（2）：587-594.

［22］ Yu M，Wang D，Xu M，et al. Quinocetone-Induced Nrf2/HO-1 Pathway Suppression Aggravates Hepatocyte Damage of Sprague-Dawley Rats［J］. Food and Chemical Toxicology，2014，69：210-219.

［23］ Yu M，Xu M，Liu Y，et al. Nrf2/ARE is the Potential Pathway to Protect Sprague-Dawley Rats Against Oxidative Stress Induced by Quinocetone［J］. Regulatory Toxicology and Pharmacology，2013，66（3）：279-285.

［24］ 代重山. 槲皮素通过激活MAPK/Nrf2信号通路上调HO-1表达改善喹烯酮致L02细胞的氧化应激及遗传毒性［A］. 中国畜牧兽医学会兽医药理毒理学分会. 中国畜牧兽医学会兽医药理毒理学分会第十一届会员代表大会暨第十三次学术讨论会与中国毒理学会兽医毒理专业委员会第五次学术研讨会论文集［C］. 中国畜牧兽医学会兽医药理毒理学分会：中国畜牧兽医学会，2015：2.

［25］ 王旭. 喹烯酮对肾上腺毒性的基因组研究［A］. 中国畜牧兽医学会兽医药理毒理学分会. 中国畜牧兽医学会兽医药理毒理学分会第十一届会员代表大会暨第十三次学术讨论会与中国毒理学会兽医毒理专业委员会第五次学术研讨会论文集［C］. 中国畜牧兽医学会兽医药理毒理学分会：中国畜牧兽医学会，2015：1.

［26］ Wang X，Martinez MA，Cheng G，et al. The critical role of oxidative stress in the toxicity and metabolism of quinoxaline 1，4-di-N-oxides in vitro and in vivo［J］. Drug Metabolism Reviews，2016，48（2）：159-182.

［27］ Dai C，Li J，Tang S，et al. Colistin-Induced Nephrotoxicity in Mice Involves the Mitochondrial，Death Receptor，and Endoplasmic Reticulum Pathways［J］. Antimicrobial Agents and Chemotherapy，2014，58（7）：4075-4085.

［28］ Dai C，Tang S，Li J，et al. Effects of Colistin on the Sensory Nerve Conduction Velocity and F-wave in Mice［J］. Basic & Clinical Pharmacology & Toxicology，2014，115（6）：577-580.

［29］ Dai C，Tang S，Velkov T，et al. Colistin-Induced Apoptosis of Neuroblastoma-2a Cells Involves the Generation of Reactive Oxygen Species，Mitochondrial Dysfunction，and Autophagy［J］. Molecular Neurobiology，2016，53（7）：

4685–4700.

［30］陆子音，连凯霞，李继昌. 黄芩苷对黏菌素致小鼠周围神经毒性的保护作用研究［J］. 中国兽医杂志，
2017，53（4）：13–16.

［31］代重山. 雷帕霉素改善黏菌素肾毒性及其分子机制［A］. 中国畜牧兽医学会兽医药理毒理学分会. 中国
畜牧兽医学会兽医药理毒理学分会第十一届会员代表大会暨第十三次学术讨论会与中国毒理学会兽医毒理
专业委员会第五次学术研讨会论文集［C］. 中国畜牧兽医学会兽医药理毒理学分会：中国畜牧兽医学会，
2015：2.

［32］王福云. 黄连素有效改善黏菌素诱导的肾毒性机制研［A］. 中国毒理学会兽医毒理学委员会、中国畜牧
兽医学会兽医食品卫生学分会. 中国毒理学会兽医毒理学委员会与中国畜牧兽医学会兽医食品卫生学分会
联合学术研讨会暨中国毒理学会兽医毒理学委员会第 5 次全国会员代表大会会议论文集［C］. 中国毒理
学会兽医毒理学委员会、中国畜牧兽医学会兽医食品卫生学分会：中国畜牧兽医学会，2017：2.

［33］邸秀珍. 磷霉素与多黏菌素 E 对耐碳青霉烯铜绿假单胞菌感染的联合效应及对多黏菌素 E 肾毒性的影响.
中国人民解放军医学院；2015.

［34］Wang Y，Wu C，Zhang Q，et al. Identification of New Delhi Metallo-β-lactamase 1 in Acinetobacter lwoffii of
Food Animal Origin［J］. Plos One，2012，7（5）：e37152.

［35］Liu B T，Song F J，Zou M，et al. A High Incidence of Escherichia coli Strains Co-harboring mcr-1 and bla NDM
from Chickens［J］. Antimicrobial Agents & Chemotherapy，2017，61（3）：e02347–16.

［36］Zhang W J，Lu Z，Schwarz S，et al.Complete sequence of the blaNDM-1-carrying plasmid pNDM-AB from
Acinetobacter baumannii of food animal origin［J］. Journal of Antimicrobial Chemotherapy，2013，68（7）：
1681–1682.

［37］He T，Wang Y，Sun L，et al. Occurrence and characterization of blaNDM-5-positive Klebsiella pneumoniae
isolates from dairy cows in Jiangsu，China［J］. Journal of Antimicrobial Chemotherapy，2016，72（1）：90–94.

［38］Liu Z，Wang Y，Walsh T R，et al. Plasmid-Mediated Novel blaNDM-17 Gene Encoding a Carbapenemase with
Enhanced Activity in a ST48 Escherichia coli Strain［J］. Antimicrob Agents Chemother，2018，61（5）：e02233–16.

［39］Kong L H，Lei C W，Ma S Z，et al. Various Sequence Types of Escherichia coli Isolates Coharboring blaNDM-5
and mcr-1 Genes from a Commercial Swine Farm in China［J］. Antimicrobial Agents & Chemotherapy，2016，61
（3）：e012167–16.

［40］Sun J，Yang R S，Zhang Q，et al. Co-transfer of blaNDM-5 and mcr-1 by an IncX3-X4 hybrid plasmid in
Escherichia coli［J］. Nature Microbiology，2016，1：16176.

［41］Liu Y Y，Wang Y，Walsh T R，et al. Emergence of plasmid-mediated colistin resistance mechanism MCR-1
in animals and human beings in China：a microbiological and molecular biological study［J］. Lancet Infectious
Diseases，2016，16（2）：161–168.

［42］Sun J，Zhang H，Liu Y H，et al. Towards Understanding MCR-like Colistin Resistance［J］. Trends in
Microbiology，2018，26（9）：794–808.

［43］Shen Z，Wang Y，Shen Y，et al. Early emergence of mcr-1 in Escherichia coli from food-producing animals［J］.
Lancet Infectious Diseases，2016，16（3）：293.

［44］Wang Y，Zhang R，Li J，et al. Comprehensive resistome analysis reveals the prevalence of NDM and MCR-1 in
Chinese poultry production［J］. Nature Microbiology，2017，2：16260.

［45］Andreas V，Frans L，Judith B，et al. Methicillin-resistant Staphylococcus aureus in pig farming［J］. Emerging
Infectious Diseases，2005，11（12）：1965–1966.

［46］Denis O，Suetens C，Hallin M，et al. Methicillin-Resistant Staphylococcus aureus ST398 in Swine Farm
Personnel，Belgium［J］. Emerging Infectious Diseases，2009，15（7）：1098–1101.

［47］Liu Y，Wang H，Du N，et al. Molecular evidence for spread of two major methicillin-resistant Staphylococcus aureus clones with a unique geographic distribution in Chinese hospitals〔J〕. Antimicrobial Agents & Chemotherapy, 2009, 53（2）: 512–518.

〔48〕 Li D, Wu C, Wang Y, et al. Identification of the multiresistance gene cfr in methicillin-resistant Staphylococcus aureus from pigs: plasmid location and integration into a SCCmec cassette〔J〕. Antimicrobial Agents & Chemotherapy, 2015, 59（6）: 3641–3644.

〔49〕 Shenghui C, Jingyun L, Changqin H, et al. Isolation and characterization of methicillin-resistant Staphylococcus aureus from swine and workers in China〔J〕. Journal of Antimicrobial Chemotherapy, 2009, 64（4）: 680–683.

〔50〕 Li J, Jiang N, Ke Y, et al. Characterization of pig-associated methicillin-resistant Staphylococcus aureus〔J〕. Vet Microbiol, 2017, 201: 183–187.

〔51〕 Wang W, Liu F, Baloch Z, et al. Genotypic Characterization of Methicillin-resistant Staphylococcus aureus Isolated from Pigs and Retail Foods in China〔J〕. Biomedical Environmental Sciences, 2017, 30（8）: 570–580.

〔52〕 Li W, Liu J H, Zhang X F, et al. Emergence of methicillin-resistant staphylococcus aureus ST398 in pigs in china〔J〕. International Journal of Antimicrobial Agents, 2017, 51（2）: 275–276.

〔53〕 Pu W X, Su Y, Li J X, et al. High incidence of oxacillin-susceptible mecA-positive Staphylococcus aureus（OS-MRSA）associated with bovine mastitis in China〔J〕. Plos One, 2014, 9（2）: e88134.

〔54〕 Wang D, Wang Z, Yan Z, et al. Bovine mastitis Staphylococcus aureus: Antibiotic susceptibility profile, resistance genes and molecular typing of methicillin-resistant and methicillin-sensitive strains in China〔J〕. Infection Genetics & Evolution, 2015, 31: 9–16.

〔55〕 Zhang W, Hao Z, Wang Y, et al. Molecular characterization of methicillin-resistant Staphylococcus aureus strains from pet animals and veterinary staff in China〔J〕. Veterinary Journal, 2011, 190（2）: e125–e129.

〔56〕 Cheng Peipei, Hu Xingxing, Wang Chunmei, et al. Pharmacokinetics of oral ethanamizuril solution in chickens〔J〕. Journal of Integrative Agriculture, 2018, 17（12）: 2783–2789.

〔57〕 Cheng P, Wang C, Lin X, et al. Pharmacokinetics of a novel triazine ethanamizuril in rats and broiler chickens〔J〕. Res Vet Sci, 2018, 117: 99–103.

〔58〕 Yan Yong, Yahong Liu, Limin He, et al. Simultaneous determination of quinocetone and its major metabolites in chicken tissues by high-performance liquid chromatography tandem mass spectrometry〔J〕. Journal of Chromatography B, 2013, 919–920: 30–37.

〔59〕 Hui Wang, Bo Yuan, Zhenling Zeng, et al. Identification and elucidation of the structure of in vivo metabolites of diaveridine in chicken〔J〕. Journal of Chromatography B, 2014, 965: 91–99.

〔60〕 Liye Wang, Lingli Huang, Yuanhu Pan, et al. Simultaneous determination of aditoprim and its three major metabolites in pigs, broilers and carp tissues, and its application in tissue distribution and depletion studies〔J〕. Food Additives & Contaminants, Part A 2016, 33（8）: 1299–311.

〔61〕 Liye Wang, Lingli Huang, Yuanhu Pan, et al. Metabolism and disposition of aditoprim in swine, broilers, carp and rats〔J〕. Scientific Reports, 2016, 6: 20370.

〔62〕 Lingli Huang, Fujun Yin, Yuanhu Pan, et al. Metabolism, distribution, and elimination of mequindox in pigs, chickens, and rats〔J〕. Journal of Agriculture and Food Chemistry, 2015, 63（22）: 9839–9849,

〔63〕 Lingli Huang, Xu Ning, Sechenchogt Harnud, et al. Metabolic disposition and elimination of cyadox in pigs, chickens, carp and rats〔J〕. Journal of Agricultural and Food Chemistry, 2015, 63（22）: 5557–5569.

〔64〕 Sattar A, Xie S, Huang L, et al. Pharmacokinetics and Metabolism of Cyadox and Its Main Metabolites in Beagle Dogs Following Oral, Intramuscular, and Intravenous Administration〔J〕. Front Pharmacol, 2016, 7: 236.

〔65〕 Zhang L, Zhao L, Liu et al. Pharmacokinetics of tilmicosin in healthy pigs and in pigs experimentally infected with Haemophilus parasuis〔J〕. J Vet Sci, 2017, 18（4）: 431–437.

［66］Xiao X, Lan W, Wang Y, et al. Comparative pharmacokinetics of danofloxacin in healthy and Pasteurella multocida infected ducks［J］. J Vet Pharmacol Ther, 2018, 41（6）: 912-918.

［67］F Yang, J Kang, F Yang, et al. Preparation and evaluation of enrofloxacin microspheres and tissue distribution in rats［J］. Journal of Veterinary Science, 2015, 16（2）: 157-164.

［68］Zhang S, Dai W, Lu Z, et al. Preparation and evaluation of cefquinome-loaded gelatin microspheres and the pharmacokinetics in pigs［J］. J Vet Pharmacol Ther, 2018, 41（1）: 117-124.

［69］Xiao X, Sun J, Chen Y, et al. In vitro dynamic pharmacokinetic/pharmacodynamic（PK/PD）modeling and PK/PD cutoff of cefquinome against Haemophilus parasuis［J］. BMC Vet Res, 2015, 11: 33.

［70］Zhang N, Wu Y, Huang Z, et al. Relationship between danofloxacin PK/PD parameters and emergence and mechanism of resistance of Mycoplasma gallisepticum in In Vitro model［J］. PLoS One, 2018, 13（8）: e0202070.

［71］Sun J, Xiao X, Huang RJ, et al. In vitro Dynamic Pharmacokinetic/Pharmacodynamic（PK/PD）study and COPD of Marbofloxacin against Haemophilus parasuis［J］. BMC Vet Res, 2015, 11: 293.

［72］Cao C, Qu Y, Sun M, et al. In vivo antimicrobial activity of marbofloxacin against Pasteurella multocida in a tissue cage model in calves［J］. Front Microbiol, 2015, 6: 759.

［73］Zhang L, Wu X, Huang Z, et al. Pharmacokinetic/pharmacodynamic integration of cefquinome against Pasteurella Multocida in a piglet tissue cage model［J］. J Vet Pharmacol Ther. 2019, 42（1）: 60-66.

［74］Shan, Q, Yang, F, Wang, J, et al. Pharmacokinetic/pharmacodynamic relationship of cefquinome against Pasteurella multocida in a tissuecage model in yellow cattle［J］. Journal of Veterinary Pharmacology and Therapeutics, 2014, 37（2）: 178-185.

［75］Xiong M, Wu X, Ye X, et al. Relationship between Cefquinome PK/PD Parameters and Emergence of Resistance of Staphylococcus aureus in Rabbit Tissue-Cage Infection Model［J］. Front Microbiol, 2016, 7: 874.

［76］Lei Yan, Shuyu Xie, Dongmei Chen, et al. Pharmacokinetic and pharmacodynamic modeling of cyadox against Clostridium perfringens in swine［J］. Scientific Report, 2017, 7（1）: 4064.

［77］Xiao X, Sun J, Yang T, et al. In vivo pharmacokinetic/pharmacodynamic profiles of valnemulin in an experimental intratracheal Mycoplasma gallisepticum infection model［J］. Antimicrob Agents Chemother, 2015, 59（7）: 3754-3760.

［78］Zhao DH, Zhou YF, Yu Y, et al. Integration of pharmacokinetic and pharmacodynamic indices of valnemulin in broiler chickens after a single intravenous and intramuscular administration［J］. Vet J, 2014, 201（11）: 109-115.

［79］Wang Jianyi, Hao Haihong, Huang Lingli. Pharmacokinetic and pharmacodynamic integration and modeling of enrofloxacin in swine for Escherichia coli［J］. Frontiers in microbiology, 2016, 7: 36.

［80］Yu Y, Zhou YF, Li X, et al. Dose Assessment of Cefquinome by Pharmacokinetic/Pharmacodynamic Modeling in Mouse Model of Staphylococcus aureus Mastitis［J］. Frontiers in microbiology, 2016, 7: 1595.

［81］Y Qu, Z Qiu, C Cao, et al. Pharmacokinetics/ pharmacodynamics of marbofloxacin in a Pasteurella multocida serious murine lung infection model［J］, BMC veterinary research, 2015, 11: 294.

［82］Zhang N, Wu Y, Huang Z, et al. The PK-PD Relationship and Resistance Development of Danofloxacin against Mycoplasma gallisepticum in An in vivo Infection Model［J］. Front Microbiol, 2017, 8: 926.

［83］Zhang L, Kang Z, Yao L, et al. Pharmacokinetic/ Pharmacodynamic Integration to Evaluate the Changes in Susceptibility of Actinobacillus pleuropneumoniae After Repeated Administration of Danofloxacin［J］. Front Microbiol, 2018, 9: 2445,

［84］Li Y, Feng B, Gu X, et al. Correlation of PK/PD Indices with Resistance Selection for Cefquinome against Staphylococcus aureus in an In vitro model［J］. Front. Microbiol, 2016, 7: 466.

［85］Nan Zhang, Xiaoyan Gu, Xiaomei Ye, et al. The PK/PD Interactions of Doxycycline against Mycoplasma gallisepticum［J］. Frontiers in Microbiology, 2016, 7: 653.

［86］ Zhang L, Li Y, Wang Y, et al. Integration of pharmacokinetic-pharmacodynamic for dose optimization of doxycycline against Haemophilus parasuis in pigs［J］. J Vet Pharmacol Ther, 2018, 41（5）: 706-718.

［87］ Qiaoyi Zhou, Guijun Zhang, Qin Wang, et al. Pharmacokinetic/Pharmacodynamic Modeling of Tulathromycin against Pasteurella multocida in a Porcine Tissue Cage Model［J］. frontiers in Pharmacology, 2017, 8: 392.

［88］ Xiao X, Pei L, Jiang LJ, et al. In Vivo Pharmacokinetic /Pharmacodynamic Profiles of Danofloxacin in Rabbits Infected With Salmonella typhimurium After Oral Administration［J］. Front Pharmacol, 2018, 9: 391.

［89］ Zhang L, Wu X, Huang Z, et al. Pharmacokinetic /pharmacodynamic assessment of cefquinome against Actinobacillus Pleuropneumoniae in a piglet tissue cage infection model［J］. Vet Microbiol, 2018, 219: 100-106.

［90］ Zhou YF, Shi W, Yu Y, et al. Pharmacokinetic /Pharmacodynamic Correlation of Cefquinome Against Experimental Catheter-Associated Biofilm Infection Due to Staphylococcus aureus［J］. Front Microbiol, 2016, 6: 1513.

［91］ Zhou YF, Peng HM, Bu MX, et al. Pharmacodynamic Evaluation and PK/PD-Based Dose Prediction of Tulathromycin: A Potential New Indication for Streptococcus suis Infection［J］. Front Pharmacol, 2017, 8: 684.

［92］ Zhou Q, Zhang G, Wang Q, et al. Pharmacokinetic /Pharmacodynamic Modeling of Tulathromycin against Pasteurella multocida in a Porcine Tissue Cage Model［J］. Front Pharmacol, 2017, 8: 392.

［93］ Zhao Y, Guo LL, Fang B, et al. Pharmacokinetic/pharmacodynamic（PK/PD）evaluation of tulathromycin against Haemophilus parasuis in an experimental neutropenic guinea pig model［J］. PLoS One, 2018, 13（12）: e0209177.

［94］ Lingli Huang, Zhoumeng Lin, Xuan Zhou, et al. Riviere, ZonghuiYuan. Estimation of residue depletion of cyadox and its marker residue in edible tissues of pigs using physiologically based pharmacokinetic modeling［J］. Food Additive & Contaminants, 2015, 32（12）: 2002-2017.

［95］ D Zeng, Z Lin, B Fang, et al. Pharmacokinetics of Mequindox and Its Marker Residue 1, 4-Bisdesoxymequindox in Swine Following Multiple Oral Gavage and Intramuscular Administration: An Experimental Study Coupled with Population Physiologically Based Pharmacokinetic Modeling［J］. Journal of agricultural and food chemistry, 2017, 65（28）: 5768-5777.

［96］ Xudong Zhu, Lingli Huang, Yamei Xu, et al. Physiologically based pharmacokinetic model for quinocetone in pigs and extrapolation to mequindox［J］. Food Addit Contam Part A Chem Anal Control Expo Risk Assess, 2017, 34（2）: 192-210.

［97］ Xue Yang, Yufeng Zhou, Donghao Zhao, et al. A physiologically based pharmacokinetic model for quinoxaline-2-carboxylic acid in rats, extrapolation to pigs［J］. Journal of Veterinary Pharmacology and Therapeutics, 2015, 38（1）: 55-64.

［98］ Yuanhu Pan,Jiliang Yi,Bo Zhou,et al. Disposition and Residue Depletion of Metronidazole in Pigs and Broilers［J］. Scientific Report, 2017, 3; 7（1）: 7203.

［99］ Lingli Huang, Fujun Yin, Yuanhu Pan, et al. Metabolism, distribution, and elimination of mequindox in pigs, chickens, and rats［J］. Journal of Agriculture and Food Chemistry, 2015, 63（44）: 9839-9849.

［100］ Wang J, Leung D, Chow W, et al. Target screening of 105 veterinary drug residues in milk using UHPLC/ESI Q-Orbitrap multiplexing data independent acquisition［J］. Anal Bioanal Chem, 2018, 410（22）: 5373-5389.

［101］ Lingli Huang, Zhoumeng Lin, Xuan Zhou, et al. Riviere, ZonghuiYuan. Estimation of residue depletion of cyadox and its marker residue in edible tissues of pigs using physiologically based pharmacokinetic modeling［J］. Food Additive & Contaminants, 2015, 32（12）: 2002-2017.

［102］ Nichols D,Cahoon N,Trakhtenberg EM,et al. Use of Ichip for High-Throughput In Situ Cultivation of "Uncultivable" Microbial Species［J］. Appl Environ Microb, 2010, 76（8）: 2445-2450.

［103］Ling LL，Schneider T，Peoples AJ，et al. A new antibiotic kills pathogens without detectable resistance［J］. Nature，2015，517（7535）：455-459.

［104］Gavrish E，Sit CS，Cao SG，et al. Lassomycin，a Ribosomally Synthesized Cyclic Peptide，Kills Mycobacterium tuberculosis by Targeting the ATP-Dependent Protease ClpC1P1P2［J］. Chem Biol，2014，21（4）：509-518.

［105］Zipperer A，Konnerth MC，Laux C，et al. Human commensals producing a novel antibiotic impair pathogen colonization［J］. Nature，2016，535（7613）：511-516.

［106］Donia MS，Cimermancic P，Schulze CJ，et al. A Systematic Analysis of Biosynthetic Gene Clusters in the Human Microbiome Reveals a Common Family of Antibiotics［J］. Cell，2014，158（6）：1402-1414.

［107］Tehrani KHME，Martin NI. beta-lactam/beta-lactamase inhibitor combinations：an update［J］. Medchemcomm，2018，9（9）：1439-1456.

［108］Stone L K，Baym M，Lieberman T D，et al. Compounds that select against the tetracycline-resistance efflux pump［J］. Nature Chemical Biology，2016，12（11）：902-904.

［109］Peng B，Su Y B，Li H，et al. Exogenous Alanine and/or Glucose plus Kanamycin Kills Antibiotic-Resistant Bacteria［J］. Cell Metabolism，2015，21（2）：249-261.

［110］Murphy S K，Zeng M，Herzon S B. A modular and enantioselective synthesis of the pleuromutilin antibiotics［J］. Science，2017，356（6341）：956-959.

［111］Lee I G，Sang J L，Chae S，et al. Structural and functional studies of the Mycobacterium tuberculosis VapBC30 toxin-antitoxin system：implications for the design of novel antimicrobial peptides［J］. Nucleic Acids Research，2015，43（15）：7624-7637.

［112］Zhou Y，Wang J，Guo Y，et al. Discovery of a potential MCR-1 inhibitor that reverses polymyxin activity against clinical mcr-1-positive Enterobacteriaceae［J］. J Infect，2019，78（5）：364-372.

［113］Zhou Y F，Tao M T，He Y Z，et al. In Vivo Bioluminescent Monitoring of Therapeutic Efficacy and Pharmacodynamic Target Assessment of Antofloxacin against Escherichia coli in a Neutropenic Murine Thigh Infection Model［J］. Antimicrobial Agents & Chemotherapy，2017，62（1）：e01281-17.

［114］Cao C F，Qu Y，Sun M Z，et al. In vivo antimicrobial activity of marbofloxacin against Pasteurella multocida in a tissue cage model in calves［J］. Frontiers in Microbiology，2015，6：759.

［115］Zhou Y F，Tao M T，Feng Y，et al. Increased activity of colistin in combination with amikacin against Escherichia coli co-producing NDM-5 and MCR-1［J］. Journal of Antimicrobial Chemotherapy，2017，72（6）：1723-1730.

［116］Bulman Z P，Chen L，Walsh T J，et al. Polymyxin Combinations Combat Escherichia coli Harboring mcr-1 and blaNDM-5：Preparation for a Postantibiotic Era［J］. mBio，2017，8（4）：e00540-17.

［117］John O S，Amoako D G. Carbonyl Cyanide m-Chlorophenylhydrazine（CCCP）Reverses Resistance to Colistin，but Not to Carbapenems and Tigecycline in Multidrug-Resistant Enterobacteriaceae［J］. Frontiers in Microbiology，2017，8：228.

［118］Qi Wang，Wan-Ming Zhao. Optical methods of antibioticresiduesdetections：A comprehensive review［J］. Sensors and Actuators B：Chemical，2018，269：238-256.

撰稿人：袁宗辉　曾振灵　肖希龙　邓旭明　徐士新　邱银生　黄玲利

执笔人：邱银生

兽医免疫学发展研究

一、引言

兽医免疫学是兽医学重要的基础性与应用性学科，它与兽医微生物学、兽医传染病学、兽医寄生虫病学存在广泛的联系和交叉。兽医免疫学旨在理解不同动物免疫系统的组成、感染免疫识别和反应，发展新型免疫学诊断、免疫预防及治疗技术等。兽医免疫学的进展往往对动物疫病防控技术具有重要指导作用，同时为理解不同动物免疫组成及免疫反应提供直接依据。

二、近 5 年我国兽医免疫学发展现状

（一）基础免疫学

近年来生命科学技术飞速发展，基础免疫学中对人免疫系统的研究进展日新月异，兽医研究中对不同动物物种的基础免疫学研究也得到逐步重视，在不同动物天然免疫系统的组成、抗感染免疫分子的发现和免疫调节方面取得了一些进步。但对天然免疫系统组成、获得性免疫中不同细胞亚类的组成、表面标志、细胞发育、免疫信号调节和免疫细胞通讯等方面仍然缺少系统性的研究。多数研究在某些方向上借鉴人类免疫学研究最新进展，开展类比研究，同时发现不同物种间免疫系统在器官、组织、细胞和分子层面的差异，阐述详细分子免疫反应机制。

在免疫系统组成方面，与人类免疫学相比，在器官免疫学和组织免疫学方面的研究进展相对缓慢，这也是当前世界兽医免疫学研究的现状。在分子免疫网络组成和调节方面进展较为迅速，尤其是针对不同动物在病原感染后免疫识别分子、信号转导、效应分子等的研究成为热点。

一系列动物免疫相关分子得到了确认和研究，培育成功了合作小型猪，克隆、表达和

鉴定分析了小型猪免疫相关基因 98 个、TCR γ 基因 15 个和 TCR δ 链基因 5 个，共计 226 个功能分子基因，初步建立了"健康"合作小型猪 αβTCR 和 γδTCR T 细胞 TCR 基因库。在抗原识别和递呈研究方面，解析和比较了马、猪、鸡、鸭和草鱼等主要组织相容性复合体 I 型分子（Class I MHC）的分子结构。比较发现了不同动物之间免疫分子组成的差异，针对不同病原识别的细胞天然免疫模式识别分子的存在和信号转导及其机制，包括不同细菌、病毒（DNA 病毒和 RNA 病毒）、真菌等。如干扰素（IFN）刺激因子（STING）是哺乳动物细胞中视黄酸诱导基因 I（RIG-I）下游的一种受体，然而，RIG-I 在鸡中不存在。我国科学家证实鸡的 STING 分子能够不依赖于 RIG-I 介导干扰素基因的激活，证明了鸡的 STING 分子是鸡先天免疫信号的重要调控因子，可能参与 MDA5 信号通路。此外一系列研究证实，猪和鸡等不同动物细胞存在与人相似的免疫细胞，在识别外来病原体入侵成分（细菌脂多糖、细菌和病毒的 DNA 和 RNA 等）方面具有相类似的天然免疫识别和调控网络，但每个物种的免疫分子与物种的进化呈现相关关系，存在不同程度的分化。这些不同动物间的比较免疫学研究有助于理解免疫分子在进化过程中的生物学作用。

（二）感染与免疫

近年来感染与免疫研究领域是人类和动物免疫学研究中最为活跃的领域。在兽医免疫学领域中，针对不同病原体感染后的机体免疫应答、病原免疫逃逸、备选疫苗的免疫学评估和商品化疫苗的免疫效果评估是该领域研究的重点，感染与免疫领域的研究极大推进了基础免疫学进展。

1. 病原感染后动物天然免疫应答机制研究获得快速进展

近年来，禽相关的兽医免疫学方面以重要禽传染病病原感染为研究对象开展天然免疫应答研究，主要集中在禽流感、新城疫、禽白血病、马立克氏病、禽传染性支气管炎、鸡传染性法氏囊病、鸭坦布苏病等病毒病和一些重要细菌病。

病原体感染宿主后，会被宿主细胞编码的相应的模式识别受体（Pattern recognition receptors，PRRs）识别，从而激活天然免疫信号通路。PRRs 主要识别病原相关模式分子（Pathogen-associated molecular patterns，PAMP），主要是病原编码的 DNA、RNA、蛋白质、脂多糖及其复合物等。模式识别受体主要包括 Toll 样受体（Toll like receptors，TLRs）、RIG-I 样受体（RIG-I like receptors，RLRs）和 Nod 样受体（Nod like receptors，NLRs），这些受体大多数已被证实在不同动物细胞中均有表达。病原刺激的天然免疫信号可活化转录因子 3（Interferon regulatory factor 3，IRF3）、IRF7、NF-κB（Nuclear factor-kappa B，NF-κB）等，继而调控各种干扰素（Interferon，IFN）和炎症因子的表达。进一步 IFN 等细胞因子可激活下游 Janus 酪氨酸激酶—信号转导子和转录活化子（Janus tyrosine kinases-signal transducers and activators of transcription，JAK-STAT）信号通路，启动一系列干扰素刺激基因（Interferon stimulated genes，ISGs）的表达，这些 ISGs 发挥效应分子的作用从而

阻止病原发复制。

在禽感染与免疫研究方面，证明了鸡的 STING 分子作为一种 DNA 模式识别受体，能够不依赖于 RIG-I 介导 IFN 基因的激活。在 DF-1 细胞中过表达 STING 能够抑制新城疫病毒和禽流感病毒的复制，激活 IRF-7 和 NF-kB 诱导 I 型 IFNs 的表达。敲低内源性 STING 分子的表达可消除病毒触发的 IRF-7 和 IFN-β 的激活，提高病毒产量。STING 的下调阻断了多肌氨酸—多胞苷酸、多脱氧腺苷酸—脱氧胸腺苷酸和黑色素瘤分化相关基因 5（MDA5）诱导的 IFN-β 的产生。进一步证实，与哺乳动物细胞相似，TANK 结合激酶 1（TBK1）在 STING 介导鸡细胞 IFN-β 的活化过程中是必不可少的。我国科学家的研究还证明 MDV 感染过程中，宿主细胞可以通过 cGAS-STING 介导的 DNA 受体信号通路识别 MDV 侵入，诱导 IFN-β 产生。通过对 MDV 病毒蛋白进行筛选，发现 MDV 衣壳蛋白 VP23 能够抑制 cGAS-STING 信号通路，拮抗 IFN-β 产生，进而促进病毒复制。进一步研究发现，VP23 通过竞争性结合转录因子 IRF7，阻断了蛋白激酶 TBK1 与 IRF7 的相互作用，IRF7 的磷酸化和二聚化受到抑制，最终阻断了 IRF7 的入核及 IFN-β 的转录和表达。以 SPF 鸭原代细胞系建立了鸭瘟病毒（DEV）体外感染模型，发现 DEV 感染使得鸭 IFN-β 和 RIG-I 上调；鸭 RIG-I 抗病毒活性通过 STAT1 信号通路发挥作用，抑制 DEV 复制；DEVgE 蛋白诱导细胞完全自噬，促进病毒增殖。此外，有研究证明传染性法氏囊病病毒蛋白 VP4 通过抑制糖皮质激素诱导的亮氨酸拉链（GILZ）k48 连接泛素化从而抑制 I 型干扰素的表达。新城疫病毒（NDV）利用其编码的 V 蛋白可通过降解细胞线粒体关键蛋白抑制宿主 I 型干扰素的产生。

近 5 年来，猪及猪病相关兽医免疫学发展迅速，尤其是在重要猪传染病的抗感染免疫方面取得了长足进步，如猪瘟、猪繁殖与呼吸综合征、口蹄疫、猪流行性腹泻、传染性胃肠炎等。在上述疾病的病原入侵的天然免疫识别、致病机理方面有诸多突破性发现：

（1）猪瘟（CSF）是由猪瘟病毒（CSFV）引起的一种严重危害养猪业的烈性传染病。近 5 年来，以 CSFV 与宿主相互作用为切入点，针对病毒复制的各个环节进行了深入研究，绘制了迄今最完整的 CSFV 与宿主相互作用网络，鉴定了一个新的 CSFV 吸附受体即层粘连蛋白受体（LamR），证明了 C 蛋白与宿主血红蛋白 β 亚基的 C 端相互作用，抑制 RIG-I 受体的活化，下调 IFN-β 的转录水平，利于 CSFV 复制。阐明了硫氧还蛋白 2（Trx2）和鸟苷酸结合蛋白 1（GBP1）等 8 个调节 CSFV 复制的宿主分子及其调控机制。

（2）猪口蹄疫是危害我国养猪业的重要疫病，严重危害养猪业，近 5 年来，通过系统研究揭示了口蹄疫病毒抑制天然免疫的新机制。发现 1 种结构蛋白 VP3 与 VISA 及 JAK1 相互作用抑制 IFN-β 和 IFN-γ 信号通路的分子机制；非结构蛋白 2B 可降解天然信号的识别受体 RIG-I 和 LGP2 抑制天然免疫；非结构蛋白 3A 与 RIG-I、MDA5 和 VISA 复合体有相互作用，从而抑制 IFN-β 信号通路。

（3）猪繁殖与呼吸综合征病毒（PRRSV）感染后可引起猪的免疫抑制。近年研究发现，PRRSV 非结构蛋白 NSP4 可以通过拮抗 NF-κB 信号通路来抑制 I 型干扰素的产生；NSP11 可以通过招募 OTULIN 分子来增强去泛素化功能，进而抑制 I 型干扰素产生。此外，NSP1α 的锌指结构域可以促进可溶性 CD83 的表达，NSP10 蛋白可以通过 NF-κB 和 Sp1 信号通路促进 CD83 表达，而 CD83 能促进单核细胞衍生的树突状细胞介导的 T 细胞增殖。NSP1α 也可以与 NSP4 共同作用抑制细胞表面 SLA-I 抗原递呈分子的表达。PRRSV 基因组 RNA 可被宿主 DDX19A 蛋白识别，然后诱导 NLRP3 炎性小体的激活；基因组 3'-UTR 中 RNA 假结结构可被宿主模式识别受体识别继而激活天然免疫反应。这表明 PRRSV 多种非结构蛋白参与免疫抑制，促进病毒逃避机体的天然免疫。研究发现 NSP9 和 NSP10 共同促进了高致病性 PRRSV 在体内外增殖能力和病毒对仔猪的致病力，其中 NSP9 的第 519、544、586 和 592 位氨基酸是影响病毒复制和毒力的重要位点。

（4）学者们公认为粪口传播是猪流行性腹泻病毒（PEDV）感染的主要途径，然而近来研究证实 PEDV 能够通过鼻腔入侵引起仔猪腹泻及肠道黏膜致病。研究表明 PEDV 能够经过鼻腔黏膜下的树突状细胞的摄取进入鼻腔黏膜固有层，随后摄取 PEDV 后的树突状细胞迁移至附近淋巴结，通过病毒突触将 PEDV 传递给淋巴细胞，而后携带 PEDV 的淋巴细胞又能经淋巴循环和血液循环迁移至肠黏膜，并将病毒传递给肠上皮细胞引起致病。同时研究发现，PEDV 感染可特异性降解靶细胞干扰素信号通路的重要分子 STAT1，下调靶细胞内磷酸化 STAT1 的水平，进而抑制靶细胞产生抗病毒免疫分子的能力。这一发现解释了 PEDV 传播快、流行广的原因和 PED 防控的难度，提示防控 PED 的发生不能只依赖传统的肌肉注射方式，鼻腔免疫可能成为有效的免疫途径。

（5）猪传染性胃肠炎病毒（TGEV）属于冠状病毒科成员，体内外实验结果表明 TGEV 感染能够诱导内质网应激，激活未折叠蛋白反应，利用 RNA 干扰和特异性抑制剂处理发现仅 PERK 通路调节 TGEV 诱导的内质网应激反应。TGEV 感染通过 PERK 通路激活导致 eIF2α 磷酸化，磷酸化的 eIF2α 通过抑制蛋白翻译抑制 TGEV 复制。此外，PERK-eIF2α 通路还激活 NF-κB，促进 I 型干扰素产生，从而抑制 TGEV 复制。同时研究发现，TGEV 感染能够激活 IRE1α 介导的未折叠蛋白反应，IRE1α 能够下调 microRNA 中 miR-30a-5p 的表达，下调表达的 miR-30a-5p 通过靶向细胞因子信号抑制蛋白 SOCS1 和 SOCS3，导致 SOCS1 和 SOCS3 在 TGEV 感染后期大量表达；上调表达的 SOCS1 和 SOCS3 抑制了 IFN 的抗病毒效应，从而促进 TGEV 复制。该研究表明 TGEV 通过激活内质网应激 IRE1α 信号通路调控 miR-30a-5p 表达来逃逸干扰素抗病毒应答，表明 IRE1α 在调控宿主天然免疫中发挥重要作用。对新型冠状病毒的研究证实病毒 NS6 蛋白可抑制干扰素产生。

（6）猪链球菌（*Streptococcus suis*，*S.suis*）是当前危害养猪业最为重要的病原菌之一，严重危害着我国乃至世界养猪业的发展。该菌可通过一系列拮抗宿主天然免疫应答的分子来逃避宿主的免疫清除效应而增殖并致病。近年来，我国学者成功鉴定了一系列猪链球菌逃避宿主免疫应答的因子，发现猪链球菌通过分泌腺苷合成酶 Ssads 合成 AMP，从而活化 A2a 受体信号途径，抑制中性粒细胞脱颗粒等抗菌活性，而拮抗宿主免疫应答反应。通过分泌超氧化物歧化酶拮抗免疫细胞的氧化杀菌反应；通过表达 5'- 核苷酸酶来合成腺苷，通过 MRP 蛋白 N 端结构域与纤维蛋白原互作，从而抑制中性粒细胞功能；通过分泌补体因子 H 结合蛋白来抑制补体沉积，从而逃避免疫系统的清除效应；并成功解析了调控猪链球菌抗吞噬活性的谷氨酰胺转移酶的结构。发现免疫细胞新的杀菌机制——中性粒细胞胞外诱捕网在控制猪链球菌感染中发挥重要作用，猪链球菌感染后虽可通过 PKC 通路诱导中性粒细胞胞外诱捕网的形成，但却能有效逃避其介导的杀菌效应。针对猪链球菌感染引起炎症因子风暴、多器官功能性衰竭、高致死率为特征的中毒休克样综合征（streptococcal toxic-shock-like syndrome，STSLS）我国学者进行了系统的研究，成功建立猪链球菌感染致中毒样休克综合征的模型，并系统评价了感染后的免疫应答水平和组织病理变化。鉴定了一系列可激活炎性信号通路的因子，并成功解析了 TREM-1 信号通路、inflammasome 信号通路在猪链球菌致 STSLS 中的作用，系统解析了猪链球菌通过高表达 SLY 激活高水平的 NLRP3 inflammasome 导致 STSLS 的分子机制。

在马的免疫学研究方面，世界上的研究团队较少，我国中国农业科学院哈尔滨兽医研究所一直坚持开展重要马病及其免疫学研究，尤其是马传染性贫血病（EIA）的研究较为突出。在天然免疫方面，揭示了一系列马源免疫调节因子限制病毒的感染机制，包括马属动物 Mx2、Tetherin、TRIM5α、Virperin 和 SLFN11 等的抗 EIAV 等逆转录病毒感染机制及病毒对抗机制。

在益生菌免疫调节机制研究方面，发现益生菌通过介导肠上皮细胞的模式识别受体（PRR）直接识别微生物、代谢产物，或介导 PRR 与微生物相关分子模式（MAMP）结合，通过调节多个信号通路来调控受体的表达，并激发机体自身非特异性免疫应答，维持肠道内环境稳定及炎症抑制等一系列免疫保护反应。研究发现益生菌通过丝裂原活化蛋白激酶（MAPK）信号通路及信号转导与转录激活因子（STAT3）信号通路，调节细胞因子信号传导的抑制因子（SOC3）的表达，抑制 NF-κB 的活性及 IL-6 的分泌，缓解炎症的发生。酵母菌通过激活过氧化物酶体增殖物激活受体 -γ（PPAR-γ）、抑制细胞外信号调节激酶 1/2（ERK1/2）和 p38 丝裂原活化蛋白激酶（p38 MAPK）的磷酸化来抑制促炎因子 IL-6、白细胞介素 -8（IL-8）、趋化因子配体 20（CCL20）、趋化因子配体 2（CXCL2）及趋化因子配体 10（CXCL10）的转录表达，进而调节肠道免疫。

2. 在获得性免疫方面取得了显著进展

在获得性免疫方面，近年来的研究主要集中在针对主要传染病病原感染后的抗体应答及已有疫苗和备选疫苗免疫效果评估方面。获得性免疫评估对于理解疾病进展，研发有效疫苗具有重要指导作用。

近年来对新发和重新出现的传染病如小反刍兽疫、猪繁殖与呼吸综合征、非洲猪瘟等感染后引起的免疫应答进行了详细研究，明确了病原感染后抗体和细胞免疫发生特点。持续开展了禽流感、口蹄疫、猪瘟、猪繁殖与呼吸综合征、小反刍兽疫、布病等重大疫病免疫效果评估。着重评估了现有疫苗对新出现毒株的免疫效果，并提出了疫苗更新方案。对2018年入侵我国的非洲猪瘟开展了全面的研究，尝试了不同的疫苗的制备方案，2019年5月，哈尔滨兽医研究所自主研发的非洲猪瘟疫苗取得了阶段性成果，实验室研究结果表明，具有良好的生物安全性和免疫保护效果。2019年11月，成功解析非洲猪瘟病毒颗粒精细三维结构，为开发效果佳、安全性高的新型非洲猪瘟疫苗奠定了坚实基础。

深入研究了不同免疫原和免疫策略激发宿主保护性免疫反应的能力和持续时间、疫苗免疫干扰等问题，系统分析并优化了同种动物整体疫苗免疫方案，提高了疫苗使用效率，减少了疫苗使用频率，为绿色健康养殖提供了解决方案。

开展了用于疫病净化的标记疫苗研究。目前使用的大多数动物疫苗是以减毒活疫苗和灭活疫苗为主的传统疫苗。减毒活疫苗能有效刺激机体产生保护性抗体，但存在毒力返强的风险。灭活疫苗具有较高的安全性，但通常需要与佐剂配伍使用，且免疫剂量高、接种次数多、免疫应答持续时间短，同时还存在灭活不彻底带来的风险。为了更好地进行疫病的进化和根除，目前已经积极开展了可区分野毒感染和疫苗免疫动物（Differentiating infected from vaccinated animals，DIVA）疫苗研究。此类疫苗具有安全、高效、广谱、用量少、具有标记特征。这些研究在猪瘟、口蹄疫、禽流感、布病等重大疫病疫苗研究中得到快速推进。评估了用于区分免疫与感染的相关免疫学标签及其免疫学检测方法的可行性。

探索了新型基因工程疫苗和佐剂疫苗方案，如活载体疫苗、病毒样颗粒疫苗、纳米佐剂疫苗等。通过对抗原抗体反应分析，获得特定病原关键免疫蛋白的有效B细胞表位信息，同时结合蛋白结构和免疫反应分析，指导新型疫苗的设计。比较了不同免疫原激发获得性免疫的能力和差异，加速了新型疫苗研发。

（三）免疫学新技术及其应用

随着现代分子生物学技术不断提升，一些新的技术如基因组学技术、转录组学技术、蛋白组学技术、分子标记技术、分子成像技术、基因编辑技术、纳米技术、新型佐剂技术等与免疫学研究紧密结合，越来越快地应用到兽医免疫学研究当中。不仅极大促进了基础免疫学的研究，同时对疫苗制备和评估，以及基因编辑抗病育种均具有积极推动作用。

在基因编辑方面，吉林大学在抗猪瘟病毒猪育种研究方面取得新的进展，该研究将RNA干扰（RNAi，RNA interference）技术与CRISPR/Cas9为基础的定点整合技术相结合，成功地制备出了抗猪瘟病毒的基因编辑猪。该基因编辑猪能有效地限制猪瘟病毒在猪体内的复制和增殖，显著降低了猪瘟病毒感染的临床症状和死亡率。CRISPR/Cas9技术也成功用于灵长类动物、禽类等其他动物细胞的基因编辑。中国科学院上海生命科学研究院建立了非人灵长类动物模型构建的技术方法，首次利用CRISPR/Cas9技术构建了

FMR1 基因敲除食蟹猴（F0 代）。建立了非人灵长类动物模型构建的技术方法，并首次利用精巢移植的方法加速获得了 F1 代食蟹猴个体。利用精准分子育种技术，构建成功敲除了 PRRSV、FMDV 受体分子的猪。构建成功表达抗流感 RNAis-Mx 基因转基因鸡 LTgL（cMxcd-RNAis）。

新型佐剂显著提高了疫苗免疫后引起的细胞与体液反应。新型疫苗佐剂主要有脂质体、免疫复合物、寡核苷酸、多糖、细胞因子、油水乳剂、新型纳米佐剂及天然产物如中草药成分等。

多种细菌和病毒被开发为疫苗载体，如利用植物乳杆菌重组禽流感的保守抗原（NP-M1-DCpep），发现口服免疫重组乳酸菌能诱导小鼠树突状细胞活化，不仅增强小鼠产生多功能特异性 T 细胞反应，还促进肠道派氏淋巴结内生发中心的形成，有利于 B 细胞分泌抗原特异性 sIgA，为不同亚型流感病毒感染的小鼠提供有效的保护。重组乳酸菌还能增强脾脏 CD8+T 细胞毒性作用，在 NOD-SCID 小鼠体内防御禽流感病毒感染过程中发挥了关键作用。新城疫病毒、不同动物的疱疹病毒如伪狂犬病毒、鸭瘟病毒等作为载体已经成功应用于多种动物传染病疫苗的研究和应用。这些疫苗集中了载体和目标蛋白表达两者的优势，具有"一针两防"的特点，部分疫苗如鸭瘟重组禽流感病毒载体疫苗可在短时间内激发有效免疫保护，大大缩短了免疫起效时间。

益生菌的应用对维持机体免疫正常状态，增强抗病免疫反应具有一定作用。乳酸杆菌和芽孢杆菌是常用的两类益生菌，在促进动物肠道发酵功能、维持肠道平衡、缓解动物腹泻方面有积极的作用。枯草芽孢杆菌能够刺激机体免疫器官发育、免疫功能完善，通过细胞免疫激活 T 淋巴细胞和 B 淋巴细胞，增加免疫球蛋白（IgA、IgG 和 IgM）的水平，约氏乳杆菌 BS15 可以防治亚临床坏死性肠炎造成的肠道表型变化和免疫功能损伤，BS15 的添加显著缓解外周血和回肠固有层 T 淋巴细胞亚群的损伤和回肠 IgA+B 细胞数量降低以及肠道与血清免疫球蛋白和细胞因子分泌减少。因此，益生菌也被用来作为载体表达外源蛋白制备疫苗，或利用其自身组分作为疫苗佐剂。

（四）免疫防治产品

近年来随着不同领域研究的不断深入，疫苗学研究得到快速发展，新的疫苗策略不断得以应用，对已有疫苗的应用评估更加科学。

禽流感研究方面，根据 H5 和 H7 禽流感病毒抗原性不断变异，防控疫苗种毒株得到及时更新，H7N9 防控成效显著。近年来我国监测到抗原性变异的 H5 亚型 7.2 分支、2.3.4.4 分支、2.3.4.4d 分支、2.3.2.1e、2.3.2.1d 分支禽流感病毒，在生产和使用的疫苗无法提供完全免疫保护。国家禽流感参考实验室研究人员利用成熟的灭活疫苗研发平台，先后研制出针对我国不同分支 H5 亚型禽流感病毒的重组禽流感病毒系列灭活疫苗种毒株（Re-7 株、Re-8 株、Re-10 株、Re-11 株、Re-12 株）（Zeng et al., 2016; Liu et al., 2016; 农业部

2093号公告、农业部2174号公告、农业部2316号公告、农业农村部99号公告），对禽流感灭活疫苗种毒进行了及时更新；同时也对新城疫重组禽流感病毒活载体疫苗种毒进行了更新（农业部2174号公告）。2013年我国出现低致病力H7N9亚型禽流感病毒，该病毒在家禽中经过近4年的进化后突变为高致病性禽流感病毒，引起多起家禽疫情和"第5波次"人H7N9疫情，为有效控制家禽和人H7N9，国家禽流感参考实验室研究人员及时研制出H5/H7二价灭活疫苗（农业农村部2541号公告）。该疫苗于2017年9月开始在家禽中应用后，显著降低家禽中的H7N9病毒分离率（下降93.3%），有效阻止了病毒在家禽中的传播和流行，更在阻断H7N9病毒由禽向人传播中发挥了"立竿见影"的防控效果，人H7N9病例数由疫苗应用前的第5波次人H7N9疫情的766人减少至同期仅有3例人H7N9感染病例（Shi et al., 2018），持续监测结果显示，连续2个冬春高发季节，我国未再出现新一波次人H7N9疫情。H7N9的防控效果为"从动物源头控制人兽共患传染病"提供了重要启示。

新型禽流感疫苗成功研制将成为禽流感免疫防控的新利器。DNA疫苗具备同时产生体液免疫和细胞免疫、可诱导更为广谱免疫保护、更为安全、工艺简单等诸多优良特点，被称为"第3代疫苗"。国家禽流感参考实验室研究人员经过20年的研究，成功研制出国际上首个禽用DNA疫苗，获得新兽药证书。该疫苗无佐剂，对家禽更安全，可同时诱导体液免疫和细胞免疫，将为家禽养殖禽流感免疫提供更多的选择。鸭是禽流感病毒的主要储存宿主，也是重组产生新型禽流感病毒的重要宿主，因此鸭的禽流感免疫防控在整个禽流感防控中具有关键作用。由于禽流感病毒通常对鸭不致病，因此鸭养殖者对禽流感免疫的积极性不高，导致鸭的禽流感免疫覆盖率偏低，严重影响禽流感免疫防控效果。国家禽流感参考实验室研究人员成功研制出鸭瘟重组禽流感病毒活载体疫苗，并进行了产业化研究。该疫苗可同时预防鸭瘟和H5亚型禽流感，达到一针防两病的效果，该疫苗的应用将显著提高鸭的禽流感免疫覆盖率，提升禽流感免疫防控效果。该疫苗的另一优点是可以快速诱导出免疫保护，鸭免疫后7天可以提供对H5亚型禽流感100%的免疫保护，研究表明，该疫苗可产生细胞免疫，是产生快速免疫保护的重要机制。近期的临床应用结果显示该疫苗对现地鸭具有良好的安全性和有效性。目前该疫苗已进入新兽药注册阶段。

为降低鸡只的免疫次数，提高禽肉蛋的品质，我国科学家主要从研制联苗和开发佐剂的角度入手。在联苗开发方面，表达传染性支气管炎病毒主要结构蛋白的重组鸭肠炎病毒，表达新城疫病毒F蛋白的重组传染性喉气管炎病毒，表达传染性支气管炎病毒S1基因的重组新城疫病毒，表达传染性法氏囊病病毒VP2基因的重组鸡马立克氏病毒等，均能有效地对两种病原提供良好的免疫保护，为多联疫苗的开发打下了基础。在佐剂与免疫调节剂方面的研究，我国科学家证明以肌氨酸修饰的石墨烯氧化物作为佐剂，能够调节先天免疫并提高体内适应性免疫能力。有研究评估了免疫增强剂TPPPS与不同佐剂对重组ALV-J gp85亚单位疫苗诱导SPF鸡抗体应答的协同作用。这些探索为进一步提高疫苗免疫效力打下了基础。

近年来已成功研制猪口蹄疫 O 型、A 型二价灭活疫苗（Re-O/MYA98/JSCZ/2013 株 + Re-A/WH/09 株），该疫苗是国内外首例使用反向遗传技术定向设计和优化构建疫苗种毒的猪用口蹄疫 O 型、A 型二价灭活疫苗，可同时预防猪 O 型、A 型口蹄疫。发明了单质粒口蹄疫病毒拯救系统，为疫苗种毒定向设计与构建提供了关键技术平台；利用单质粒口蹄疫病毒拯救系统，对病毒复制水平、抗原谱和抗原结构稳定性等疫苗种用性质进行了系统改造和提升；重组疫苗毒株的致病性致弱，其抗原产量和免疫效力优于流行毒株。该疫苗的问世，将彻底解决无猪用 A 型口蹄疫疫苗的历史，有力地支撑了国家防控需求。

在我国，猪传染性胃肠炎病毒、猪流行性腹泻病毒和猪轮状病毒感染是哺乳仔猪死亡的"第一杀手"，这些疾病呈地方流行性，严重危害养猪业的经济效益。面对这一临床难题，成功研制出猪传染性胃肠炎、猪流行性腹泻、猪轮状病毒（G5 型）三联活疫苗（弱毒华毒株 + 弱毒 CV777 株 +NX 株），该疫苗已广泛应用，主动免疫保护率、被动免疫保护率分别达到 96.15% 和 88.67%，为临床养猪生产提供了安全高效的防控保障。

马传染性贫血中国疫苗株是目前世界上唯一大规模应用的慢病毒疫苗。对其致弱及免疫保护机制的了解有助于指导其他慢病毒疫苗的研发。这也是近些年 EIAV 弱毒疫苗的研究热点。通过对 EIAV 致弱过程 LTR 及 env 传代及体内的进化特点分析，明确了 EIAV 疫苗株准种的特性，并提出了"EIAV 弱毒疫苗可能是存在于 EIAV 准种的一个小的分支"起源和筛选假说，促进了对 EIAV 致弱机制的认知。同时通过序列的进化分析结果，比较了多样性 env 重组病毒的保护效率，证实了 env 蛋白的多样性是 EIAV 弱毒疫苗诱导免疫保护的关键因素。探索了弱毒疫苗免疫机制和强弱毒感染引起的细胞病理学差异，证明了 EIAV 弱毒疫苗的安全性，发现弱毒疫苗可以通过激活天然免疫来抵抗野生病毒的感染。首次证实了疫苗株 env 的多样性与免疫效率直接相关。这些研究拓展慢病毒病原学和免疫学理论认知，为艾滋病疫苗的设计提供了重要借鉴。同时我国自主研发成功马流感灭活疫苗（H3N8 亚型，XJ 株），目前已完成临床试验及相关材料的申报，进入新兽药注册阶段。2018 年恢复马流产沙门氏菌疫苗的生产。建立了多种针对重要马疫病的快速、简便、特异、敏感性高的多种检测方法，包括马传染性贫血、马流感、马动脉炎、马鼻肺炎、马疱疹病毒感染、马流产、日本脑炎等。多种免疫学诊断产品已进入临床应用及商品化阶段，改变了我国相应检测产品的匮乏及对国外产品的依赖。2018 年，农业农村部公布了新修订的马腺疫诊断农业行业标准（马腺疫诊断技术，NY/T571—2018）和马流感诊断技术（NY/T 1185—2018）。同时，完善了马传染性贫血和马鼻疽防控的技术标准，为我国全面推进两病的净化工作起到重要作用。

自 20 世纪 90 年代以来，我国的养牛业获得了较快的发展，但牛传染病的防控却相对滞后。2008 年我国多地发生了牛呼吸道病，经长途运输的牛到达目的地后陆续发病，治疗效果欠佳，死亡率高，经济损失巨大。针对国内牛重要疫病频发的防疫需求，国内一些科研机构和大学开展了牛重要疫病疫苗的研发，取得了可喜的进展。国内中国兽医药品监察所研发了牛传染性鼻气管炎病毒和牛病毒性腹泻病毒二联灭活疫苗，2016 年获得新兽药注册。哈尔滨兽医研究所研发的牛副流感病毒 3 型（SD0835 株）灭活疫苗及牛多杀性巴氏杆菌病二价灭活疫苗（A 型 Pm-TJ 株 +B 型 C45-2 株）已完成临床试验，进入了注册申报阶段；牛传染性鼻气管炎病毒 TK/gE 基因缺失灭活疫苗已完成中间试制，拟申报临床试验。华中农业大学研发的牛支原体减毒活疫苗也已获得临床试验批件。在诊断方面，哈尔滨兽医研究所已建立了牛传染性鼻气管炎病毒、牛病毒性腹泻病毒、牛副流感病毒 3 型、牛呼吸道合胞体病毒、牛腺病毒 3 型、牛肠道病毒、牛轮状病毒、牛冠状病毒、牛 A 型多杀性巴氏杆菌和牛支原体等牛重要病原体的快速检测技术，其中研发的牛支原体 ELISA 抗体检测试剂盒于 2017 年获得新兽药注册。上述研究为国内牛呼吸道与消化道传染病的免疫预防提供了有力的技术支撑。

在动物微生态领域，随着绿色健康养殖概念推广及国家对健康养殖的重视程度不断提高，"十三五重点研发计划"等课题的实施，极大促进了动物微生态领域抗生素替代品的研发，建立了乳酸工程菌、芽孢工程菌等工程菌构建和筛选平台，尤其在"食品级"乳酸菌载体表达系统的构建与应用上成果丰富；建立了成熟的益生菌生产线，包括液体深层发酵和微囊包被核心生产工艺的微生态制剂车间。利用植物乳杆菌表达系统重组 H9N2 亚型禽流感的血凝素（HA），在小鼠和雏鸡能诱导强烈的体液免疫反应、黏膜免疫和细胞免疫反应，为感染禽流感病毒的小鼠和雏鸡提供了良好的保护效果。除此之外，多种微生态制剂作为免疫平衡和免疫调节剂得到了深入研究。

三、本学科与国外比较及发展趋势展望

当前国际兽医免疫学研究总体进展迅速，我国兽医免疫学研究近年来快速推进，在疫苗学和感染与免疫学等方向与发达国家相比呈现并跑和领跑态势，很多研究方向经过多年积累，取得了重大成果和重要科学发现，推动了学科的发展。这些成绩的取得得益于国家对科技和人才的重视和持续支持，国家行业重大需求的驱使和国家整体科技战略布局和科技计划的实施。然而由于我国兽医免疫学研究整体起步较晚，在系统性方面与世界先进水平还存在一定差距，整体学科建设有待加强。综合近年来的学科发展态势，与国外相比，我国兽医免疫学方向存在如下特点和发展趋势：

（一）我国兽医免疫学学科总体发展走上快车道，但发展不均衡

兽医免疫学涉及多种动物与病原，同时与兽医微生物学、兽医传染病学、兽医寄生虫病学以及兽医生理生化等学科存在紧密联系和交叉。兽医免疫学发展的不均衡表现在：①从事基础免疫学研究的科学家少，从事感染与免疫、疫苗学研究的科学家相对较多；②从

事猪、禽等免疫学的研究相对较多，而牛、羊、等其他动物的研究较少；③盲目模仿人免疫学研究较多，且研究方向随意，不成体系；④基础免疫学发展滞后，大多数人不愿意从事基础性工作和系统准备，研究平台和专有分子试剂缺乏是制约领域发展的瓶颈；⑤存在学科发展快速和不均衡与顶层设计之间的矛盾。

破解这些发展中的矛盾，是一个长期的过程。这一方面需要科学家有敏锐的洞察力、长期坚持的定力和协同合作的能力，另一方面需要国家层面良好的顶层设计、科学的评价机制、适时的引导和长期的稳定支持。

（二）现代生命科学技术和平台将极大推动基础免疫学发展

现代生命科学研究日新月异，生命科学与材料学、物理学、化学等多学科交叉融合、新技术被不断推出，同时新的生命科学发现反过来推动了研究技术的进步。在微观层面新的分子成像技术极大推进了对生物大分子的结构认知、CRISPR/Cas基因编辑技术大大提升了基因编辑效率、单细胞免疫研究使得更清晰地区分有效免疫组分；在宏观层面不同组学研究、抗体工程技术、生物大数据及人工智能辅助帮助免疫学研究进入新的时代；新材料在疫苗学中应用极大提高了疫苗的免疫效力。

在免疫学技术研发和应用方面，我国与国外相比以前一直处于落后状态。近几年我国的差距在逐步缩小，在关键技术方面拥有越来越多的自主知识产权。在未来相当长一段时间内，我国应更加重视技术的原始创新和应用。

（三）感染免疫学强势发展，有望解决国家重大需求，获得重大突破

感染与免疫是生命科学重要的研究领域，疾病与健康是生命研究的永恒主题。对病原感染后免疫学机制研究可为新型抗病毒策略研究和疾病控制提供直接依据。目前感染与免疫学研究在病原感染后天然免疫应答和获得性免疫研究领域均广泛开展。对病原感染分子机制、天然免疫应答与抗病毒机理、体液和细胞免疫应答、免疫原设计策略方面均取得了良好的进展。

近年来我国已在禽流感、口蹄疫、猪繁殖与呼吸综合征、马传染性贫血、猪瘟等重要传染病感染与免疫方面取得了重要进展，指导了疫苗研究和疫病控制。然而动物病原多样，重大疫病频频发生，给国家经济和人类健康造成了重大威胁。科学界尚对很多病原及机体免疫存在诸多未知，如非洲猪瘟、猪繁殖与呼吸综合征、结核病、布病等。我国在此类重大疫病及其免疫学研究方面有了良好的积累，目前呈现良好的研究态势，预期会产生一批重要的科学发现，解决行业重大需求。

（四）新技术及新理论将快速应用于疫苗学研究，加速推进新疫苗的产生和应用

生命科学新发现和新技术不断应用于疫苗学的研究，从免疫原设计、免疫效果评估、

评价方法都较过去有了长足进步。从国家对动物疫病防控的战略需求出发，研发无生物安全风险、广谱、可实现鉴别诊断的新型换代疫苗势在必行。病毒抗原表位的发现及其免疫学功能的证实，以及分子生物学、蛋白质工程、生命组学及其相关技术的发展和成熟（如反向疫苗学技术）使研制优质高效、安全的新型疫苗成为可能，也是新型疫苗研究的热点领域。

对于目前没有疫苗或疫苗效果不佳的疾病，未来疫苗学研究将着眼于更加精细和科学地评价病原激发产生免疫反应的机制，从而指导疫苗研究，如研究病毒与受体的亲和特性以及细胞受体和配体的相互作用机制。结合蛋白质生物大分子相互作用研究，研究病毒与宿主细胞的相互作用，从结构层面研究受体与配体的作用，以此为基础，用物理方法和生物学检测手段研究病毒表面蛋白的突变对受体结合能力的影响。并利用反向遗传学技术包装病毒，在细胞及动物水平评价病毒的抗原变异对宿主免疫效果的影响，以此揭示病毒优势抗原及其免疫机制，为分子设计优势抗原获病毒样颗粒类新型疫苗提供了结构基础。

对具有高效保护性免疫反应的抗原或抗原表位进行筛选，根据"反向疫苗学"原理，以病原优势 B 细胞、保守 T 细胞抗原表位为基础，设计更易为 B 细胞、T 细胞表面识别加工的抗原表位，并以宿主免疫因子为载体，不仅可以解决异源载体蛋白的副作用，还可以实现抗原精准靶向递呈，有效提高免疫细胞的抗原识别效率，最终促进快速免疫应答反应；以安全、高效和生物可降解为理念，以全新的细胞模式识别与天然免疫理论研究为基础，筛选基于 TLRs 模式识别和免疫分子机制的免疫刺激或效应分子以开发新型分子免疫佐剂；构建针对不同血清型的多价疫苗和 / 或同一血清型内不同抗原变异毒株的广谱疫苗；建立不同体系的表达技术平台，采用不同技术手段提高基因工程疫苗的有效抗原含量和疫苗免疫效力，从而促进我国动物重大疫病新型疫苗创制领域的技术发展，为疫苗产品的更新换代做好科学与技术储备。

参考文献

［1］ Liu JX, Chen PC, Jiang YP, Wu L, Zeng XY, et al. A Duck Enteritis Virus-Vectored Bivalent Live Vaccine Provides Fast and Complete Protection against H5N1 Avian Influenza Virus Infection in Ducks［J］. Journal of virology, 2011, 85（21）: 10989-10998.

［2］ Liu LL, Zeng XY, Chen PC, et al. Characterization of Clade 7.2 H5 Avian Influenza Viruses That Continue To Circulate in Chickens in China［J］. Journal of virology, 2016, 90（21）: 9797-9805.

［3］ Shi JZ, Deng GH, Ma SJ, et al. Rapid Evolution of H7N9 Highly Pathogenic Viruses that Emerged in China in 2017［J］. Cell host & microbe, 2018, 24（4）: 558-568.

［4］ Zeng XY, Chen PC, Liu LL, et al. Protective Efficacy of an H5N1 Inactivated Vaccine Against Challenge with Lethal H5N1, H5N2, H5N6, and H5N8 Influenza Viruses in Chickens［J］. Avian diseases, 2016, 60（1）: 253-255.

［5］ Zeng XY， Tian GB， Shi JZ， et al. Vaccination of poultry successfully eliminated human infection with H7N9 virus in China［J］. Science China–Life Sciences， 2018， 61（12）： 1465–1473.

［6］ Bai Y，He L，Li P，Xu K，et al. Efficient Genome Editing in Chicken DF–1 Cells Using the CRISPR/Cas9 System［J］. G3（Bethesda）， 2016， 6（4）： 917–923.

［7］ Cheng Y， Sun Y， Wang H， et al. Chicken STING Mediates Activation of the IFN Gene Independently of the RIG–I Gene［J］. J Immunol， 2015， 195（8）： 3922–3936.

［8］ Cheng Y， Lun M， Liu Y， et al. CRISPR/Cas9–Mediated Chicken TBK1 Gene Knockout and Its Essential Role in STING–Mediated IFN–β Induction in Chicken Cells［J］. Front Immunol， 2019， 9： 3010.

［9］ Sun Y， Zheng H， Yu S， et al. Newcastle disease virus V protein degrades mitochondrial antiviral–signaling protein to inhibit host type I interferon production via E3 ubiquitin ligase RNF5［J］. J Virol， 2019 Jul 3. pii： JVI.00322–19.

［10］ Gao L， Li K， Zhang Y， et al. Inhibition of DNA–sensing pathway by Marek's disease virus VP23 protein through suppression of interferon regulatory factor 7 activation［J］. J Virol， 2018 Dec 5. pii： JVI.01934–18.

［11］ He Z， Chen X， Fu M， et al. Infectious bursal disease virus protein VP4 suppresses type I interferon expression via inhibiting K48–linked ubiquitylation of glucocorticoid–induced leucine zipper（GILZ）［J］. Immunobiology， 2018 Apr –May； 223（4–5）： 374–382.

［12］ Li H， Wang Y， Han Z， et al. Recombinant duck enteritis viruses expressing major structural proteins of the infectious bronchitis virus provide protection against infectious bronchitis in chickens［J］. Antiviral Res， 2016， 130： 19–26.

［13］ Li K， Liu Y， Liu C， et al. Evaluation of two strains of Marek's disease virus serotype 1 for the development of recombinant vaccines against very virulent infectious bursal disease virus［J］. Antiviral Res， 2017， 139： 153–160.

［14］ Li Y， Meng F， Cui S， et al. Cooperative effects of immune enhancer TPPPS and different adjuvants on antibody responses induced by recombinant ALV–J gp85 subunit vaccines in SPF chickens［J］. Vaccine， 2017， 35（12）： 1594–1598.

［15］ Meng C， Zhi X， Li C， et al. Graphene Oxides Decorated with Carnosine as an Adjuvant To Modulate Innate Immune and Improve Adaptive Immunity in Vivo［J］. ACS Nano， 2016， 10（2）： 2203–2213.

［16］ Shao Y， Sun J， Han Z， et al. Recombinant infectious laryngotracheitis virus expressing Newcastle disease virus F protein protects chickens against infectious laryngotracheitis virus and Newcastle disease virus challenge［J］. Vaccine， 2018， 36（52）： 7975–7986.

［17］ Zhao R， Sun J， Qi T， et al. Recombinant Newcastle disease virus expressing the infectious bronchitis virus S1 gene protects chickens against Newcastle disease virus and infectious bronchitis virus challenge［J］. Vaccine， 2017， 35（18）： 2435–2442.

［18］ Fang， P， Fang， L， Ren， J， et al. Porcine Deltacoronavirus Accessory Protein NS6 Antagonizes Interferon Beta Production by Interfering with the Binding of RIG–I/MDA5 to Double–Stranded RNA［J］. J Virol, 2018, 92（15）： 00712–00718.

［19］ Tao R， Fang L， Bai D， et al. Porcine Reproductive and Respiratory Syndrome Virus Nonstructural Protein 4 Cleaves Porcine DCP1a To Attenuate Its Antiviral Activity［J］. J Immunol， 2018， 201（8）： 2345–2353.

［20］ Li Y， Fang L， Zhou Y， et al. Porcine Reproductive and Respiratory Syndrome Virus Infection Induces both eIF2α Phosphorylation–Dependent and –Independent Host Translation Shutoff［J］. J Virol， 2018， 92（16）. pii： e00600–18.

［21］ Fang P， Fang L， Ren J， et al. Porcine Deltacoronavirus Accessory Protein NS6 Antagonizes Interferon Beta Production by Interfering with the Binding of RIG–I/MDA5 to Double–Stranded RNA［J］. J Virol， 2018，

92（15）. pii: e00712–18.

［22］ Jing H, Fang L, Ding Z, et al. Porcine Reproductive and Respiratory Syndrome Virus nsp1α Inhibits NF–κB Activation by Targeting the Linear Ubiquitin Chain Assembly Complex［J］. J Virol, 2017, 91（3）. pii: e01911–16.

［23］ Guo, L, Luo, X, Li, R, et al. Porcine Epidemic Diarrhea Virus Infection Inhibits Interferon Signaling by Targeted Degradation of STAT1［J］. J Virol, 2016, 90（18）: 8281–8292.

［24］ Li, Y, Wu, Q, Huang, L, et al. An alternative pathway of enteric PEDV dissemination from nasal cavity to intestinal mucosa in swine［J］. Nat Commun, 2018, 9（1）: 018–06056.

［25］ Li, Y, Zhou, L, Zhang, J, et al. Nsp9 and Nsp10 contribute to the fatal virulence of highly pathogenic porcine reproductive and respiratory syndrome virus emerging in China［J］. PLoS Pathog, 2014, 10（7）: e1004216.

［26］ Ma, Y, Wang, C, Xue, M, et al. The Coronavirus Transmissible Gastroenteritis Virus Evades the Type I Interferon Response through IRE1alpha–Mediated Manipulation of the MicroRNA miR–30a–5p/SOCS1/3 Axis［J］. J Virol, 2018, 92（22）: 00728–00818.

［27］ Xue, M, Fu, F, Ma, Y, et al. The PERK Arm of the Unfolded Protein Response Negatively Regulates Transmissible Gastroenteritis Virus Replication by Suppressing Protein Translation and Promoting Type I Interferon Production［J］. J Virol, 2018, 92（15）: 00431–00518.

［28］ Zhao K, Gao JC, Xiong JY, et al. Two residues in NSP9 contribute to the enhanced replication and pathogenicity of highly pathogenic porcine reproductive and respiratory syndrome virus［J］. J Virol, 2018, 92: e02209–17.

［29］ Wang L, Zhang L, Huang B, et al. A nanobody targeting viral nonstructural protein 9 inhibits porcine reproductive and respiratory syndrome virus replication［J］. J Virol, 2019, 93（4）: e01888–18.

［30］ Xie S, Chen XX, Qiao S, et al. Identification of the RNA pseudoknot within the 3' end of the porcine reproductive and respiratory syndrome virus genome as a pathogen–associated molecular pattern to activate antiviral signaling via RIG–I and Toll–Like Receptor 3［J］. J Virol, 2018, 92（12）: e00097–18.

［31］ Qi P, Liu K, Wei J, et al. Nonstructural protein 4 of porcine reproductive and respiratory syndrome virus modulates cell surface Swine Leukocyte Antigen Class I expression by downregulating β2–microglobulin transcription［J］. J Virol,2017, 91（5）. pii: e01755–16.

［32］ Song J, Liu Y, Gao P, et al. Mapping the Nonstructural Protein Interaction Network of Porcine Reproductive and Respiratory Syndrome Virus［J］. J Virol, 2018, 92（24）.

［33］ Wang D, Ge X, Chen D, et al. The S Gene Is Necessary but Not Sufficient for the Virulence of Porcine Epidemic Diarrhea Virus Novel Variant Strain BJ2011C［J］. J Virol, 2018 Jun 13; 92（13）. pii: e00603–18.

［34］ Du J, Ge X, Liu Y, et al. Targeting Swine Leukocyte Antigen Class I molecules for proteasomal degradation by the nsp1α replicase protein of the chinese highly pathogenic porcine reproductive and respiratory syndrome virus strain JXwn06［J］. J Virol, 2015, 90（2）: 682–693.

［35］ Huang C, Zhang Q, Guo XK, et al. Porcine reproductive and respiratory syndrome virus nonstructural protein 4 antagonizes beta interferon expression by targeting the NF–κB essential modulator［J］. J Virol, 2014, 88（18）: 10934–10945.

［36］ Chen X, Zhang Q, Bai J, et al. The nucleocapsid protein and nonstructural protein 10 of highly pathogenic porcine reproductive and respiratory syndrome virus enhance cd83 production via NF–κB and Sp1 signaling pathways［J］. J Virol, 2017, 91（18）: e00986–17.

［37］ Chen X, Bai J, Liu X, et al. Nsp1α of porcine reproductive and respiratory syndrome virus strain BB0907 impairs the function of monocyte–derived dendritic cells via the release of soluble CD83［J］. J Virol, 2018, 92（15）: e00366–18.

［38］ Su Y, Shi P, Zhang L, et al. The superimposed deubiquitination effect of OTULIN and porcine reproductive and respiratory syndrome virus（PRRSV）Nsp11 promotes multiplication of PRRSV［J］. J Virol, 2018, 92（9）: e00175–18.

［39］Zhang Z, Ma J, Zhang X, et al. Equine Infectious Anemia Virus Gag Assembly and Export Are Directed by Matrix Protein through trans–Golgi Networks and Cellular Vesicles［J］. J Virol, 2015, 90（4）: 1824–1838.

［40］Wang XF, Liu Q, Wang YH, et al. Characterization of EIAV LTR quasispecies in vitro and in vivo［J］. J Virol, 2018, 92（8）: e02150–17.

［41］Ji S, Na L, Ren H, et al. Equine Myxovirus Resistance Protein 2 Restricts Lentiviral Replication by Blocking Nuclear Uptake of Capsid Protein［J］. Journal of Virology, 2018: JVI.00499–18.

［42］Na L, Tang YD, Wang C, et al. Rhesus monkey TRIM5alpha SPRY domain contributes to AP–1 activation［J］. J Biol Chem, 2018, 293（8）: 2661–2674.

［43］Shi SH, Yang WT, Yang GL, et al. Immunoprotection against influenza virus H9N2 by the oral administration of recombinant Lactobacillus plantarumNC8 expressing hemagglutinin in BALB/c mice［J］. Virology, 2014, 464–465: 166–176.

［44］Xie Z, Pang D, Yuan H, et al. Genetically modified pigs are protected from classical swine fever virus［J］. PLoS Pathog, 2018 Dec 13; 14（12）: e1007193. doi: 10.1371/journal.ppat.1007193.

［45］Shi SH, Yang WT, Yang GL, et al. Lactobacillus plantarum vaccine vector expressing hemagglutinin provides protection against H9N2 challenge infection［J］. Virus Res, 2016, 211: 46–57.

［46］Yang WT, Yang GL, Shi SH, et al. Protection of chickens against H9N2 avian influenza virus challenge with recombinant Lactobacillus plantarum expressing conserved antigens［J］. Appl Microbiol Biotechnol, 2017, 101: 4593–4603.

［47］Yang WT, Yang GL, Wang Q, et al. Protective efficacy of Fc targeting conserved influenza virus M2e antigen expressed by Lactobacillus plantarum［J］. Antiviral Res, 2017, 138: 9–21.

［48］Yang WT, Shi SH, Yang GL, et al.Cross–protective efficacy of dendritic cells targeting conserved influenza virus antigen expressed by Lactobacillus plantarum［J］. Sci Rep, 2016, 6: 39665.

［49］Hesong Wang, Xueqin Ni, Xiaodan Qing, et al. Probiotic enhanced intestinal immunity in broilers against subclinical necrotic enteritis［J］.Frontiers in Immunology, 2017, 8: 1592.

［50］Li X, Yang F, Hu X, et al. Two classes of protective antibodies against Pseudorabies virus variant glycoprotein B: Implications for vaccine design［J］. PLoS Pathog, 2017, 13（12）: e1006777.

撰稿人：步志高　杨汉春　王笑梅　倪学勤

执笔人：王晓钧

兽医微生物学发展研究

一、引言

兽医微生物学是兽医学的基础学科之一，主要研究动物病原微生物的基本特征、抗原性、毒力因子、致病机理及诊断与预防方法，探讨病原微生物与动物疾病的关系，并应用微生物学与免疫学知识和技能诊断和防控动物疫病以及人兽共患病，因此在保障畜牧业生产、动物源性食品安全和人类健康等方面发挥了重要作用。

兽医微生物学是在动物生物化学、动物生理学、细胞生物学、分子生物学、分子遗传学、兽医免疫学等学科的基础上发展起来的，学科之间的交叉和渗透大大促进了兽医微生物学的发展。近20年，随着分子生物学理论和技术的发展和应用，我国兽医微生物学研究取得重大进展，特别是在病原的检测、基因表达调控、功能基因组学、病原致病机理、病原与宿主互作、新型疫苗的研制、生物信息学与大数据分析以及流行规律和预测预报技术等方面取得较大突破，大量细菌和病毒已完成全基因组测序，特定基因的克隆、修饰已是微生物学实验室常规的技术手段。在全基因组测序以及随后诞生的转录组学、蛋白质组学、代谢组学等组学手段的帮助下，对于微生物与动物互作过程中二者的基因表达调控规律、蛋白质以及小RNA分子的调控等认识也更为丰富。对一些重要动物病原微生物如禽流感病毒、口蹄疫病毒、新城疫病毒、猪瘟病毒、猪链球菌等研究较为深入，在病原学、诊断技术、致病机制以及防控技术等方面取得了丰硕的研究成果，达到世界先进水平。

2015—2019年，我国兽医微生物学学科进入一个全面快速发展的新时期，无论在学科理论、研究方法和应用技术，还是在人才培养、条件建设等方面均取得了显著进步。我国的兽医微生物学呈现出以应用基础研究为主导、基础研究不断深入、应用研究广泛拓展的态势。随着研究实力和水平的提高，实质性国际合作逐年增多。近年来，我国学者联合国际上的优秀同行协作攻关，与国外合作者联合发表的论文逐年增加，有效促进了国内研究成果和水平的国际认可。

二、我国兽医微生物学学科发展现状

(一)动物病原菌基础研究

随着集约化养殖规模的不断扩大,细菌性病原的危害日益严重,有些细菌如牛分支杆菌、布氏杆菌、猪链球菌、沙门菌等仍是重要的人兽共患病原菌,公共卫生意义重大。近5年来,动物细菌性病原基础研究取得了重要进展。

1. 流行菌株血清型及基因型鉴定

近年来,沙门菌引起的食源性疾病占比呈现上升趋势,其中大多数感染与摄入受污染的猪肉、禽肉等食物有关。研究发现猪源沙门菌的血清型主要有德比(*Salmonella derby*)、鼠伤寒(*Salmonella typhimurium*)、火鸡(*Salmonella meleagridis*)、鸭(*Salmonella anatum*)、阿哥纳(*Salmonella agonba*)和伦敦(*Salmonella london*)沙门菌;鸡源沙门菌的血清型主要有鼠伤寒、伤寒(*Salmonella typhi*)、纽波特(*Salmonella newport*)、肠炎(*Salmonella enteritidis*)和鸡(*Salmonella gallinarum*)沙门菌。我国作为世界上猪肉、禽类产品生产和消费大国,应高度重视沙门菌在畜禽的屠宰加工和终端市场方面的控制。

由于我国牛羊养殖量的增长、各地区间牛羊无序调运、检验检疫不规范等原因,造成布病疫情(人间和畜间)持续流行。国家动物布氏杆菌病参考实验室长期致力于我国畜间布氏杆菌流行菌株的监测工作,确定从临床分离到的布氏杆菌主要为羊种1、2、3型,牛种1、3、7型,猪种3型及犬种菌。羊布病的病原以羊种3型为主,也是引起人感染的主要病原。中国动物卫生与流行病学中心从流产奶牛、绵羊及山羊的胎儿中分离马尔他布氏杆菌和流产布氏杆菌,多位点序列分型(MLST)分析发现除常见的ST8和ST2外,还检测到两种新的序列型(ST37、ST38)。

我国猪链球菌病流行存在带菌率南高北低、流行血清型繁多等特点,且与国外菌株存在较大差别。2型仍然是主要致病血清型,9型、5型、7型、Chz型及部分未定型菌株值得关注,这些菌株致病呈现上升趋势。此外,新血清型Chz和26种新的荚膜多糖相关基因簇(NCLs)菌株,无法用原有33种血清型的抗体分型,且来自血清型Chz、NCL4、NCL26的部分菌株具有较强的致病性。

对全国多个规模化猪场调查显示,胸膜肺炎放线杆菌以血清7型阳性率最高,副猪嗜血杆菌优势血清型为5型。猪丹毒近年来在我国发病率呈上升趋势,主要流行血清型为1a;通过脉冲场凝胶电泳,该菌可分为8个基因型,优势基因型为ER2;与20世纪50—80年代的菌株相比,新的临床分离菌株毒力降低,耐药性增加,部分毒力基因发生遗传变异。鸭疫里氏杆菌对我国养鸭业危害严重,流行的血清型主要有1、2和10型,其中山东、广东、江苏地区流行的优势血清型是2型。

2. 病原菌进化研究

细菌性病原不断发生新变异，不仅出现新的变异株与血清型，而且毒力因子变异也在加强，导致新的流行。近年来发现，禽大肠杆菌新的毒力岛大肠杆菌Ⅲ型分泌系统2（ETT2）与该菌致病性相关，临床分离株中50%以上ETT2阳性。对副猪嗜血杆菌遗传演化规律研究显示，该菌存在广泛的单核苷酸多态性、小片段插入缺失和结构变异，并在基因编码区（CDS）呈优势分布，且单核苷酸多态性主要为同义突变，显示出纯化选择压力；小片段插入缺失主要通过框架改变引起CDS区变异，在整体水平上呈插入趋势；结构变异主要通过插入、缺失、反转和染色体内易位等方式，且多数菌株缺失突变的数量大于插入和反转，提示副猪嗜血杆菌存在基因大片段缺失趋势。此外，全基因组测序分析表明蛋及其制品和鸡肉中的肠炎沙门菌、鼠伤寒沙门菌、海德尔堡沙门菌的演化随时间、地域、来源的不同呈现多样性，且菌株间存在种间水平基因转移。

3. 病原菌致病机理研究

随着基因组学、蛋白质组学、代谢组学等组学技术的发展，微生物结构与功能研究以及致病机制的研究更加深入，特别是在细菌基因表达调控、宿主免疫调控等方面取得新突破。

（1）基因组信息日趋完善　高通量基因组和转录组测序技术的应用，使得细菌性病原基因组信息日趋完善，新的靶标或毒力标志物被发现。通过对羊源猪布氏杆菌019全基因组测序，发现*WbkA*基因与该菌株粗糙的菌落表型相关；比较基因组分析发现，该菌株与疫苗株S2亲缘关系较近。对一株从家禽屠宰场分离的血清型为肠道沙门菌的Indiana D90进行全基因组测序发现，在其4个质粒中共有24个多重耐药基因，最大的质粒pD90-1属于IncHI2/HI2A/Q1/N型，能够编码β-内酰胺类抗性基因（*bla CTX-M-65*）及其他20种抗性基因，而IncI2型的pD90-2质粒含有*nikA-nikB-mcr-1*基因结构，可成功转移至大肠杆菌和肠道沙门菌中，但在鼠伤寒沙门菌中的转移率较低。对胸膜肺炎放线杆菌进行基因组和转录组测序，发现了较多新的功能元件如小RNA、操纵子结构等，为研究该菌致病机理奠定了基础。此外，完成了多株鸭疫里氏杆菌强毒株、无毒株和广谱耐药株的全基因组测序，丰富了该菌基因组信息。

（2）一些有价值的功能蛋白被挖掘　通过对动物病原微生物基因组学、蛋白组学分析，并结合遗传学、免疫学技术，挖掘具有重要价值的功能基因，解析了病原体毒力相关蛋白结构与功能的关系。在猪链球菌中发现两个位于细菌表面的重要毒力因子SS9-LysM和5'核苷酸酶，前者有助于宿主释放游离铁从而促进猪链球菌在血液中存活；后者不仅可将腺苷单磷酸转化为腺苷，抑制嗜中性粒细胞防御功能，负调控免疫应答，还可将2'-脱氧腺苷单磷酸转化为2'-脱氧腺苷，对巨噬细胞产生毒性作用，引起血液中单核细胞减少。在副猪嗜血杆菌中鉴定的高温诱导蛋白HtrA不仅是一种蛋白酶，参与酶解镍转运蛋白、二肽转运蛋白和外膜蛋白A，还有助于细菌抵抗温度应激和补体介导的杀伤，是该菌的一种重要毒力因子。禽致病性大肠杆菌（APEC）中新发现的转录调控因子 AutA 和 AutR，共同调节黏附素 UpaB 的表达及抗酸适应性，从而促进细菌感染；新发现的 PhoP/PhoQ 二元调控系统，参与调控菌毛的表达和细菌入侵脾脏等。

在研究病原体毒力相关蛋白的结构与功能关系的同时，还挖掘了一些免疫相关蛋白，如在副猪嗜血杆菌中确定 3 个外膜蛋白具有免疫原性，是多组分通用性亚单位疫苗的理想候选；胸膜肺炎放线杆菌中筛选到 4 个体内诱导抗原，证实具有良好的免疫效力，为发展高效的新型疫苗，推动疫病净化奠定基础。

（3）细菌小 RNA（sRNA）调控研究　sRNA 调控机制研究是近年来比较活跃的研究领域。应用链特异性转录组测序和转录起始位点测序方法，从猪链球菌 2 型脑膜炎菌株 P1/7 中鉴定 29 个位于基因间隔区的 sRNA。深入研究发现其中一个 sRNA 不仅可通过抑制转录调控因子 CcpA 调控荚膜产量，从而促进猪链球菌黏附和侵袭脑微血管内皮细胞，还可通过正调控 LuxS 蛋白，从而影响生物被膜形成，促发脑膜炎。该研究结果为探究猪链球菌致脑膜炎发生机制提供了新视野。

在流产布氏杆菌中发现 43 个 sRNA，其中 BASI74 过表达可显著降低细菌在巨噬细胞内存活，同时发现 4 个 BASI74 的靶基因，其中一个基因编码胞嘧啶 -N4 特异性 DNA 甲基转移酶，该酶保护细胞 DNA 免受限制性内切核酸酶的酶解；另一个 sRNABSR1526 影响布氏杆菌在胞内生存能力，缺失后细菌抵抗外界不良环境的能力下降，同时在动物体内毒力也下降。

总体上，细菌 sRNA 的研究尚处于起步阶段，还有大量未知的 sRNA 有待挖掘，目前发现的 sRNA 中，绝大部分功能及作用机制未知或所知不多。我国在这一新兴热点领域已经做了一些有影响的工作，但总体关注度和研究投入尚需加强。

（4）细菌群落间的调控研究　自然环境中，细菌除了进行个体生长、繁殖外，还与群落中其他微生物存在紧密的交流，形成相互作用网络。群体感应（QS）系统是调控同种细菌和不同种细菌间交流的重要机制，在调控细菌密度、生物被膜形成、毒力和抗生素产生中起到重要作用。我国学者从猪、牛消化道中筛选出酰基高丝氨酸内酯（AHL）阳性的菌株，这些菌株产生的 AHL 信号分子能与牛源或猪源大肠杆菌发生互作，降低大肠杆菌的运动性、黏附性、侵袭性，减少了生物被膜形成能力，同时抑制了群体感应系统的活性，该研究为进一步研究消化道菌群与大肠杆菌之间相互作用、相互拮抗、共同介导对宿主致病进程奠定了基础。

基于 QS 信号在细菌致病过程中的重要作用，近年来 OS 抑制剂通过拮抗细菌自身的群感系统进而避免耐药性产生或降低细菌毒力，是研发新型抗菌药物的重要突破口。研究发现，鼠李糖乳杆菌微荚膜可作为大肠杆菌 QS 系统中转录因子的有效阻抑物，表明鼠李糖乳杆菌作为一种潜在的 QS 抑制剂，是理想的抑菌剂候选。

（5）病原菌与宿主互作研究　近年来，越来越多的研究人员开始着力研究病原及其编码蛋白与宿主蛋白的相互作用，试图揭示病原微生物致病、维持宿主稳态以及机体抗感染的分子机制。针对猪链球菌脑膜炎机制研究发现，该菌丝氨酸/苏氨酸激酶可能影响宿主细胞 E3 泛素连接酶的表达，促进脑微血管内皮细胞中 Claudin-5 的降解，从而有利于细菌穿过血脑屏障；烯醇化酶通过与脑微血管内皮细胞表面 RPSA 结合，激活下游 p38/ERK-e IF4E 信号，进而导致 HSPD1 表达和胞外分泌增加，最终引起细胞凋亡。

关于细菌分泌系统在宿主—致病菌互作中的功能也是近几年的研究热点。细菌分泌系统通过传送效应分子来干扰宿主细胞的正常生理功能。研究发现 APEC 的 VI 分泌系统（T6SS）基因簇，能够促进细菌对上皮细胞黏附、在宿主血液中增殖及免疫逃避。在大肠杆菌中确定了 VT1 ~ VT6 六个潜在的抗菌效应子，并证实 VT4 借助其溶菌酶样活性介导靶细胞壁的溶解从而杀伤靶细菌，VT6 则是一种新的酰胺酶，特异性裂解肽聚糖中酰胺键。肠炎沙门菌 T6SS 在细菌黏附定殖宿主细胞、抗吞噬及生物被膜形成中也扮演着重要角色。

有研究证实，胸膜肺炎放线杆菌的脂多糖可通过 TLR4/NF-κB 介导的途径诱导肺泡巨噬细胞以时间和剂量依赖方式产生促炎细胞因子，揭示了该菌感染猪肺内促炎细胞因子过度产生的机制；布氏杆菌以时间依赖性方式诱导巨噬细胞产生活性氧（ROS），ROS 释放量发生变化与炎性小体的活化、炎症反应的发生密切相关；牛分支杆菌感染巨噬细胞后通过激活炎症复合体 NLRP7，上调干扰素诱导蛋白和 microRNA，诱导炎性因子分泌。

4. 细菌学研究新技术的应用

随着现代生物技术的完善和渗透，极大地推动了细菌学研究工作的发展，并由此产生了许多新的技术。基于高通量测序的宏基因组技术检测平台给病原识别鉴定带来了新思路。宏基因组学可对传染病防控中的多种类型样本进行直接测序，获得高通量的测序数据，并结合病原核酸数据库，通过序列比对、变异进化分析等生物信息学方法，实现对疫情病原的快速识别、监测和溯源。通过集成重要人兽共患病相关的宿主（猪、牛、鸽等）和病原（细菌、病毒、真菌等）专用基因组参考序列库，开发了自动化分析宏基因组数据的平台，该分析平台能较为快速地得到病原微生物的种属信息，实现了将高通量测序技术向实际应用的转化，具有较好的实用价值。

CRISPR/Cas 系统因其强大的"基因组编辑"能力，迅速成为生命科学最热门的技术，并在 2013 年和 2015 年被 Science 杂志两度评选为十大科学突破。应用该技术，建立了高效特异清除大肠杆菌中大多由质粒携带的多重耐药基因 cfr 的方法，不仅有效地消除受体菌中的耐药质粒，恢复其对抗生素的敏感性，还使受体菌获得了对靶耐药基因的免疫能力；构建的打靶载体不依赖于宿主菌，可自我转移，可在机体/环境中安全有效地控制耐药基因，不会使细菌产生新的耐药性，有望成为一种安全高效的清除机体/环境中耐药基因传播的工具。此外研究发现，CRISPR/Cas 技术在区分不同血清型的菌株和相同血清型中亚型的分型中有明显的优势，可作为追溯细菌来源以及鉴定毒力菌株血清型的有效工具。

（二）动物病毒学基础研究

随着生物化学、生物物理学、分子生物学、分子遗传学技术的发展，近年来我国动物病毒学基础研究得到飞速发展，在新发病毒的鉴定、遗传演化规律、致病机理等方面的研究取得突破进展。

1. 病原监测与新发病原鉴定

我国兽医微生物学领域针对病毒的追踪研究一直十分活跃。近 5 年来，我国口蹄疫疫情呈散发但总体稳定的状态。病原学研究显示，主要流行 O 型和 A 型 2 个血清型，亚洲 I 型未检出。A 型趋于控制，疫情呈明显下降趋势；O 型散发，毒株复杂，给我国口蹄疫防控带来挑战。引发疫情的主要原因是境外毒株如 O/Ind-2001、O/PanAsia 传入和毒株变异如 O/Mya-98 感染宿主变异、O/Cathay 毒株抗原变异等。

猪繁殖与呼吸综合征病毒（PRRSV）具有毒株多样性、易变异、免疫抑制和持续感染等特性，极大威胁着我国养猪生产。PRRSV 在我国的流行与演化大致可分为四个阶段：第一阶段为 1995—2005 年，主要以北美毒株为主，代表性毒株有 Ch1a 等，呈零星散发，经济损失不大；第二阶段为 2006—2008 年，PRRSV 高致病性变异株（HP-PRRSV）在 2006 年突然出现，代表性毒株有 JXwn06、HuN4、JX1A 等，其感染以高急性、高热、高发病率和高死亡率为主要特征；第三阶段为 2009—2012 年，HP-PRRSV 毒株多样性增强，病毒高变区非结构蛋白 nsp2 的缺失或插入模式至少有 23 种，且高致病性毒株之间或与疫苗株发生重组；第四阶段为 2013 年至今，PRRSV 类 NADC30 样毒株传入我国，逐渐成为优势毒株，并和 HP-PRRSV 毒株发生频繁重组，使得 PRRSV 毒株多样性进一步加剧。

20 世纪 90 年代末中国大陆流行的猪瘟病毒株主要为 2.1、2.2、2.3 和 1.1 亚型，但 2.1 和 2.2 亚型毒株占据主导地位。2000 年以后 2.2 和 2.3 亚型毒株逐步消失，2.1 亚型毒株占据绝对优势地位，其被进一步划分为 10 个亚亚型（2.1a–2.1j）。通过对 2014—2018 年收集的 220 个毒株的 E2 基因序列进行分析发现，基因 2.1 亚型毒株流行最多，特别是 2.1b 占据优势地位。2.1b 毒株在东北、华北、华东和华中等 20 多个省市都有流行，2.1c 在中国南部如广东、广西、云南、贵州、湖南等省市流行较多。从 2017 年开始，2.1j 和 2.1h 不再检测到。研究结果表明，我国 CSFV 基因组总体处于相对稳定状态，C- 株疫苗能够对我国的流行毒株有效保护，而且我国大陆一直没有监测到基因 III 型的传入和流行，但我国台湾地区及周边国家均存在基因 III 型，提示要加强对基因 III 型的监测力度。

猪流行性腹泻自 20 世纪 80 年代初在我国发现以来，一直呈散发性流行。2010 年秋，猪流行性腹泻病毒（PEDV）变异株在免疫猪群突然出现，给我国养猪业造成了巨大的经济损失。与经典毒株 CV777（G1 亚群）相比，高毒力 PEDV 变异株属 G2 亚群，其基因组发生明显变异，其高变区之一位于 S 蛋白编码区内，以碱基的插入、缺失和突变为典型特征。

此外，近年来新的病原或变异株不断被发现。2015 年我国多个省发生肉鸡腺病毒感染引起肝炎—心包积液症状，证实是一种新的基因 4 型禽腺病毒（FAdV-4），该病毒多处基因发生缺失和突变，毒力增强。2017 年从我国广东地区鹅体内分离出 H5N6 流感病毒，该毒株可在鸡和鹅之间传播，并且对鸡和鹅均有高致病性，提示应重视水禽与陆地禽类之间病毒的跨物种传播；同年，首次从广东地区猪群中分离并确证了一种全新的猪肠道冠状病毒（SeACoV），是迄今所发现的第 5 种猪冠状病毒。

2. 病毒的遗传演化研究

流感病毒的遗传演化一直是病毒学工作者关注的热点。近年来，禽流感病毒（AIV）呈现出基因型多样性增加、感染宿主谱扩大、传播全球化等特点。在我国，H9N2 亚型 AIV 不断变异和重排，出现 G57 优势基因型。该基因型病毒在鸡体中的复制能力和致病性提高，抗原性发生明显改变，并广泛参与其他亚型 AIV 重排。2013 年在我国人群中首次暴发的 H7N9 亚型 AIV，其流行病学调查显示来源于感染的鸡群，且内部基因与 H9N2 等亚型重排产生新的基因型，同时表面基因 HA 不断变异，产生多碱性裂解位点，从而变为高致病性 AIV。值得警惕的是，H5Nx、H9N2、H7N9 等亚型 AIV 受体结合特性发生明显改变，α-2，6 受体结合能力提高，感染人的能力提升，给公共卫生提出重大挑战。

目前，流行于我国的 PRRSV 存在毒株多样和基因重组等特征，HP-PRRSV 疫苗株能够与流行毒株发生重组，且重组毒具有较强的增殖能力和中等致病力，引起猪的临床症状。HP-PRRSV 减毒疫苗株毒力返强和重组在临床上已十分普遍，警示过度依赖和滥用 PRRSV 活疫苗将会使 PRRSV 在我国的发展进一步恶化。

研究发现，J 亚群禽白血病病毒（ALV-J）毒株在遗传系谱图中的分布与感染鸡群的遗传背景密切相关，显示 ALV-J 通过氨基酸变异以达到适应新宿主的过程。在我国培育型黄羽肉鸡群及固有地方品种鸡等不同品系中发现了我国特有的新型 K 亚群禽白血病病毒（ALV-K），该亚群在 LTR 和 Pol 等基因区域出现了新的变异。

狂犬病呈零星散发，但仍持续威胁公共卫生健康。狂犬病毒在全国共流行 6 个毒株群（ChinaI ～ VI），云南和湖南种群最为丰富，有多达 4 个群流行；河南、福建等 6 省份均有 3 个毒株群流行；上海、江西等 8 省份皆流行 2 个病毒种群；北京、天津等 14 省份目前只监测到 1 个毒株群流行。ChinaI 正上升为优势毒株群，已蔓延至我国东北部和西部地区，覆盖 25 个省份；China III 群近年在内蒙古、新疆地区的野生动物中流行且溢出至家畜中；China IV 是青海、西藏地区的流行种群，同时流行于内蒙古、黑龙江地区的野生动物中。

传染性支气管炎病毒（IBV）在我国鸡群中已经出现与常规疫苗株有显著抗原性差异的野毒，重组病毒不断出现。QX 基因型毒株为当前国内主要流行毒株，TW 型毒株近年来也有逐渐增加趋势，其他基因型毒株则呈区域性流行、零星发生。此外，尽管有些病毒如新城疫病毒（NDV）、小反刍兽疫病毒（PPRV）只有一个血清型，但存在多个基因型或基因谱系。NDV 有 9 个基因型，其中 IX 型是我国特有的基因型，而 VII 型是我国最主要的 NDV 流行基因型；PPRV 有 4 个基因谱系（I ~ IV），目前我国及亚洲其他国家主要流行谱系 IV。

3. 病毒毒力变异的分子基础

我国学者在流感病毒毒力方面的研究比较深入，证实 HA、PB2、PA 蛋白是流感病毒感染家禽和哺乳动物的重要分子，它们的突变可明显改变病毒的受体结合特性和聚合酶活性，导致当前流行毒株对家禽和哺乳动物的感染与致病能力不断增强。首次发现 H5N1 病毒 HA 基因可编码 microRNA（miRNA）样 RNA，它能通过靶向一种先天免疫抑制因子 PCBP2 并抑制其表达，促进细胞因子的高表达，是一种新的可引发"细胞因子风暴"和高死亡率的病毒毒力分子。通过病毒受体结合特性及结构学研究，确认了感染人的 H10N8 亚型禽流感病毒 HA 蛋白为禽类受体偏好性；H4N6 亚型猪流感病毒 HA 蛋白的 226L 与 228S 氨基酸，以及 H6N1 亚型禽流感病毒 HA 蛋白的 E190V 与 G228S 氨基酸突变使其具有人受体偏好特性，可能产生大流行的传播风险。

随着口蹄疫病毒（FMDV）的流行与进化，出现了 O 型 Cathay 谱系病毒株已经变异成猪的适应病毒株（在临床上仅感染猪），还出现了 O 型泛亚（PanAsia）和缅甸 98（Mya98）病毒株从牛羊适应到猪的问题。我国学者阐明了 O 型毒株"从牛适应猪"的宿主嗜性变异的新机制，首次揭示了口蹄疫病毒 5'UTR 的 PKs 区是宿主嗜性的决定区，其缺失是从牛适应猪的决定因素，同时阐明了亚洲 I 型口蹄疫病毒对猪致病性增强的分子基础。

在 PEDV 研究领域取得新进展，揭示 PEDV 流行毒株毒力是多因子作用的结果，S 基因仅是流行毒株致病的必要条件，结构蛋白编码区促进 PEDV 在仔猪肠道内定殖，并和 3'UTR 协同作用，影响病毒致病力。这一研究结果为阐明 PEDV 流行毒株的致病机制提供了科学依据，并为 PEDV 疫苗设计提供了重要的思路。

4. 病毒与宿主相互作用促进病毒增殖的分子基础

病毒与宿主细胞的相互作用是个复杂的过程。近年来研究表明，细胞自噬对大多数病毒如 PRRSV、NDV、AIV 等的复制具有重要的调控作用。流感病毒 M2 蛋白与 NP 蛋白介导的自噬可以调节 AKT-mTOR 信号通路以及宿主 HSP90AA1 蛋白表达水平，而后流感病毒 PB2 蛋白与 HSP90AA1 蛋白互作使流感病毒 RNA 合成增加，NP 蛋白与宿主 LC3 蛋白结合促进 vRNP 出核，最终 M2 蛋白与 LC3 蛋白的互作促进病毒粒子产量增加。

病毒感染还能诱导宿主细胞生成应激颗粒（SG），而 SG 可影响病毒复制过程。研究发现，NDV 感染能通过 PKR-eIF2α 通路诱导产生稳定的 SG，SG 形成关键基因 TIA-1 和 TIAR 的敲低能够显著抑制病毒复制，同时导致细胞总蛋白翻译水平上升。病毒感染诱导的 SG 中主要包含宿主的总 mRNA 而非病毒 mRNA。NDV 感染细胞之后，细胞以形成 SG 的方式暂停蛋白翻译来阻止病毒蛋白翻译和病毒复制，而病毒 mRNA 通过逃逸出 SG 的包裹后继续翻译，抑制 SG 后，从 SG 中释放的宿主 mRNA 转移至多聚核糖体进行翻译，竞

争性地降低病毒蛋白翻译水平。

在研究 PRRSV 与靶细胞互作时发现，PRRSV 通过调控宿主 miRNA 如 miR-140、miR373d 等促进病毒体内外增殖；通过 eIF2a 磷酸化和非磷酸化依赖途径（mToR）抑制宿主蛋白翻译；通过 nsp9 和 nsp11 降解细胞周期蛋白 Rb 和 P21，诱导细胞进入 S 期，促进病毒增殖；nsp2、nsp9 和 nsp10 通过招募细胞核内重要蛋白因子如 DDX5、DDX18 及 NF45 等促进病毒复制。

细胞受体是病毒感染、复制与传播的生物学基础，我国学者在病毒与细胞受体相互作用方面做了大量工作。关于 CSFV 研究，鉴定了宿主层粘连蛋白受体（LamR）为 CSFV 的吸附受体，这也是首个鉴定的 CSFV 细胞蛋白受体，其促进了 CSFV 在细胞表面的富集，进一步活化未知的入侵受体，进而引发下游信号通路的激活；解析了 MEK2 等多个宿主分子与 CSFV 相互其作用及其调控病毒复制的分子机制，为疫苗的更新、精准开发抗病育种靶标和创新 CSFV 防控策略提供了重要理论依据。对于 FMDV，证实该病毒的 VP4 降解宿主蛋白 NME1，促进了 p53 与泛素连接酶 MDM2 的互作，抑制了 p53 介导的抗病毒反应，从而促进 FMDV 的复制；证实衣壳蛋白 VP2 结合宿主蛋白 HSPB1 后激活 EIFS1-ATF4 通路，进而促进细胞自噬的分子机制；证实了宿主亲环素 A（CypA）可通过蛋白酶体路径降解 FMDV 的 L 和 3A 蛋白，而 FMDV 2B 蛋白在感染过程中可与 CypA 发生相互作用，抑制 CypA 对 L 和 3A 蛋白的降解，从而拮抗 CypA 发挥抗病毒功能，揭示了 FMDV 2B 蛋白拮抗宿主抗病毒反应的新机制。对于 ALV 研究，发现了一个新的 ALV-J 感染入侵的 B 细胞受体，鉴定了 ALV-J 的受体介导病毒进入细胞的最小功能域，阐明了 ALV-J 进入细胞的分子机制。在狂犬病毒研究方面，发现代谢型谷氨酸受体 2 蛋白（mGluR2）为该病毒感染的全新细胞受体，揭示了狂犬病毒嗜神经特性的分子基础。

5. 病毒免疫逃逸的分子基础

病毒可通过多种方式逃避宿主的免疫应答，其中防止免疫激活是重要的方式之一。PRRSV 是一种典型的免疫抑制性病毒，我国学者揭示了该病毒下调猪肺泡巨噬细胞表面抗原递呈分子 SLA-I 类分子的途径和分子机制，鉴定了介导 SLA-I 下调的重要病毒蛋白 nsp1α 和 nsp4，其中 nsp1α 与 SLA-I 重链和轻链互作，通过泛素蛋白酶体途径介导其降解，而 nsp4 通过调控 β2m 的基因转录进而下调 SLA-I 蛋白水平。

天然免疫是宿主抵御病原微生物入侵的第一道防线，其中 I 型干扰素在抗病毒过程中扮演着重要角色。研究揭示了 CSFV 拮抗干扰素信号通路的分子机制，鉴定了拮抗干扰素信号通路的重要病毒蛋白，发现其抑制干扰素通路的信号转导途径主要集中于 MDA5、RIG-I、JAK-STAT 等靶标蛋白。CSFV 通过 C 蛋白拮抗血红蛋白 β 亚基（HB）的功能进而抑制 RIG-I 介导的 IFN 信号通路，通过激活丝裂原活化的蛋白激酶 2（MEK2）负调控 JAK-STAT 通路以利于病毒复制，Npro 蛋白利用宿主 PCBP1 蛋白拮抗 I 型 IFN 信号通路。关于 PRRSV 拮抗干扰素信号通路的分子机制，鉴定了拮抗干扰素信号通路的重要病毒蛋白和宿主 miRNA，发现其抑制干扰素通路的信号转导途径主要集中于 IRAK1、DDX41、NEMO 和 STAT 等靶标分子上。PEDV 可通过多种方式拮抗宿主干扰素的抗病毒效应，如 PEDV 3C 样蛋白酶可诱导 NEMO 分子的切割，N 蛋白可阻断 IRF3 和 TBK1 的相互作用；PEDV 感染后诱导细胞的表皮生长因子受体（EGFR）活化，通过信号转导抑制 I 型干扰素的抗病毒效应；PEDV 感染阻断 IPS-1 和 RIG-I 介导的信号通路的激活，进而抑制 dsRNA 介导的 β 干扰素产生。对于 FMDV 的研究发现，非结构蛋白 2B 通过降解天然信号的识别受体 RIG-I 和宿主抗病毒蛋白 LGP2 来抑制天然免疫应答，开拓了 FMDV 在 RIG-I 样受体水平抑制天然免疫的新视野；明确了结构蛋白 VP3 抑制 IFN-β 和 IFN-γ 信号通路的分子机制，首次揭示了结构蛋白 VP3 抑制天然免疫的机制；阐明了 3A 蛋白抑制 IFN 信号通路的机制，为揭示 3A 缺失氨基酸导致适应猪提供新的理论依据。

NLRP3 炎症小体活化是细胞对 NDV 感染的天然免疫反应，能抑制病毒复制；而病毒蛋白 P 和 V 能抑制 NLRP3 炎症小体的活性。NDV 感染细胞后，还可通过激活炎症因子信号通路 NF-κB，诱导死亡配体 TNF-α 和 TRAIL 的表达。TNF-α 和 TRAIL 结合到周围细胞的死亡受体，激活 Caspase 8，引起周围组织细胞的外源性细胞凋亡及线粒体源细胞凋亡，而细胞凋亡能够通过各种激活的酶瓦解细胞，从而不引起炎症反应或免疫反应。

此外，鉴定了一些重要的宿主限制性因子以及病毒相应的拮抗机制。例如，宿主硫氧还蛋白 2（Trx2）通过 NF-κB 信号通路抑制 CSFV 的复制，而 CSFV 通过抑制 Trx2 的表达，进而拮抗 Trx2 的抗病毒作用；鸟苷酸结合蛋白 1（GBP1）通过 GTPase 活性拮抗 CSFV 复制，而 NS5A 蛋白抑制 GBP1 的 GTPase 活性；激活 mTORC1 可促进细胞增殖但显著抑制 CSFV 复制，而 CSFV 感染宿主细胞能够通过劫持 mTORC1 信号通路来完成自身的复制并维持细胞存活。在 PRRSV 研究中，鉴定了宿主限制性因子 IFITM、CH25H、SAMHD1、DCP1a、BST2 等，并揭示了 PRRSV 相应的拮抗机制，丰富了 PRRSV 诱导的免疫抑制的分子基础，对 PRRSV 疫苗和药物的设计具有重要的启示作用。

（三）其他类型微生物研究

相对细菌和病毒，其他类型微生物如真菌、支原体、衣原体、立克次体、螺旋体等的研究队伍不够强大。尽管如此，关于牛支原体的研究获得了许多重要成果。在遗传操作系统方面，利用牛支原体的 oriC 基因序列成功构建了可以转染牛支原体的载体系统，该载体系统具有作为过表达载体使用的潜能，为研究牛支原体提供了重要的遗传工具；牛支原体菌株 Hubei-1、HB0801 等全基因组测序的完成，为牛支原体遗传和致病机制的深入研究提供了很好的平台；鉴定了多个黏附相关蛋白，证实 α-烯醇酶、NADH 氧化酶等也可作为牛支原体的黏附素，在牛支原体黏附宿主过程中发挥了重要的作用；明确了牛支原体脂相关膜蛋白（LAMPs）通过激活 TLR2 和 MyD88 介导的 NF-kB 信号通路诱导 IL-1β 释放的分子机制，部分解释了牛支原体对宿主造成免疫病理损伤的机理。

在猪肺炎支原体研究方面，获得了 2015 年度国家科学技术发明奖二等奖。搭建了猪呼吸道黏膜体外组织工程技术平台和 SPF 猪培育技术平台，建立猪支原体等呼吸道病原的体内外精细感染模型，如猪气管上皮细胞气液培养模型、强弱毒株感染猪肺上皮细胞损伤差异模型等，为分析猪肺炎支原体感染与宿主细胞的应答提供有力工具；利用猪肺炎支原体强弱毒株体外感染猪呼吸道上皮细胞，从感染细胞的氧化损伤和差异表达蛋白两方面来分析猪肺炎支原体感染与宿主细胞应答过程中的相互关系，证实猪肺炎支原体脂膜蛋白 LAMPs 通过 Caspase3 和 MAPK 途径诱导猪肺泡上皮细胞凋亡；利用基因编辑、生物信息学等技术，挖掘猪支原体关键毒力因子，解析免疫逃逸与持续性感染机制。

我国动物真菌的研究还远远落后于细菌和病毒，但在真菌毒素方面近年来取得了重要进展，揭示了镰刀菌产生的 B 型单端孢霉烯族毒素引起动物拒食和呕吐的机理。从迷走神经和促炎性细胞因子等方面着手，探索了呕吐毒素（DON）诱导拒食反应的机理，并以 DON 为代表毒素，从神经递质 5- 羟色胺、神经肽 YY 和胆囊收缩素的调控作用着手，探索了 DON 诱导呕吐反应的机理。

由于遗传操作工具的缺少以及研究技术的局限性，对衣原体、立克次体、螺旋体等病原致病机理的研究较少。

（四）有益微生物的研究与利用

抗生素的过度使用衍生出药物残留与耐药性两大严峻问题，减少甚至禁止抗生素的使用，并寻找适宜的抗生素替代物已到了刻不容缓的地步。时至今日，绿色、安全且无残留的益生菌微生态制剂以其改善宿主肠道菌群平衡、促进消化吸收、增强免疫力等功效正在逐步跻身于促生长饲料添加剂的行列。饲用微生态制剂主要包括乳酸杆菌、双歧杆菌、酵母菌、芽孢杆菌和肠球菌等制剂。我国已在利用筛选的有益微生物促进动物生长、防病治病、改善养殖环境的功效方面取得了较显著的成绩。通过对断奶仔猪、母猪、育肥猪饲喂选育的有益微生物来提高猪日增重、饲料报酬，同时降低动物发病率，提高成活率。在仔鸡日粮中添加有益微生物提高肉鸡的日增重、饲料转化率及群体均匀度，预防和治疗鸡白痢等疾病。此外，水产养殖中，有益微生物及其制剂能快速分解水体中的鱼类粪便、残饵、残体以及大分子有机物，消化水体中的氨氮、亚硝酸氮、硫化氢等有毒有害物质，抑制有害藻类生长，促进优良藻类繁殖，补充水产养殖动物肠道内的有益菌群，抑制致病菌的生存，减少发病率，提高养殖产量。总之，合理利用有益微生物已逐渐成为临床上防控动物疾病的有效途径之一。

随着绿色健康养殖概念推广及国家对健康养殖的重视程度不断提高，极大促进了我国有益微生物的基础研究和产品研发。利用高通量测序技术研究动物体内微生物的多样性，尤其是消化道微生态；利用基因组和代谢组学技术研究动物消化道疾病发生过程中微生物群落的结构、功能和相互作用；研究益生菌参与营养代谢、免疫刺激的作用机制；从各种动物和环境中分离筛选了大量益生菌菌株，建立了益生菌菌种资源库；建立了乳酸工程菌、芽孢工程菌等工程菌构建和筛选平台，尤其在"食品级"乳酸菌载体表达系统的构建与应用上成果丰富；基于益生菌为载体研制口服疫苗，显示了巨大潜力；建立了成熟的益生菌生产线，包括液体深层发酵和微囊包被核心生产工艺的微生态制剂车间，扩大了微生态制剂在动物生产中的应用。

2018 年国家农业农村部启动限抗减排活动，提出到 2020 年抗生素药物添加剂将全面退出饲料行业。限抗减抗是社会、时代的需求，人们对肉蛋奶产品已从"量"的追求转变为"质"的追求，绿色生态、无抗养殖、无抗产品已深入人心。我国的动物微生态制剂产量，从 1992 年的总产量不足 1000 吨，到如今动物微生态制剂总产量突破 15 万吨，产值达到 20 亿元。根据目前国内畜禽和水产等动物的养殖总量来计算，动物微生态制剂的应用研究还有很大的空间。未来 5 年，需要加强开展基础和应用研究，尤其是在如下领域：研制具有自主知识产权的益生菌产品；开展特定益生菌对主要畜禽免疫功能影响的机制研究；以肠道菌群为靶点研究疾病的发生、发展规律以及控制措施；开展中国特有动物肠道微生物组的研究；建立国家级的研究平台，设置重大项目开展动物微生态领域的基础研究和应用研究。

三、兽医微生物学国内外发展比较

在国家经济发展良好、科研发展布局明晰、科技人才战略扎实推进的大好形势下，我国兽医微生物学工作者趁势而上，学科发展发生了明显变化，取得了显著进步，科研水平大幅提升，基础研究得到加强，区域特色突出，国际化合作如雨后春笋。但是，与发达国家兽医微生物学学科相比还存在一定差距，我们的重大原始创新占比偏少，研究成果应用转化率不高，应用研究种类比较单一。在烈性病原的生物安全操作方面，我国已建成运行一批高级别生物安全实验室，但还须健全完善；在病原的生态学、自然变异规律、天然宿主携带机制、病原研究新技术、大数据整合、学科交叉等方面都存在着不同程度的不足，有待加强国内外的合作。

（一）基础研究水平迅猛提升，但重大原始创新需加强

在国家、省市级地方政府人才项目和科技立项的支持下，国外高水平人才回归，国内专门人才培养机制畅通，一批中青年人才脱颖而出。近 5 年，我国兽医微生物学相关的基础研究国家科研立项增多，重视病原自身增殖规律、代谢特征、病原—宿主互作方面的研究，一系列创新性成果发表在国际主流期刊。例如，揭示了鸡细胞中存在一条新的 I 型干扰素信号通路，证实鸡的重要天然免疫分子感染素基因刺激蛋白（STING）在鸡抗 RNA 病毒天然免疫中发挥重要作用；鉴定了又一抗猪瘟病毒分子寡腺苷酸合成酶样蛋白

（OASL），并揭示其通过 MDA5 介导的 I 型干扰素信号通路发挥抗猪瘟病毒活性，而不依赖于经典的 OAS/RNase L 通路；发现一个新型耐药基因 MCR-1 可使细菌对多黏菌素产生耐药性，这意味着人类所用抗生素中的"最后一道防线"有被攻破的风险；从动物上分离出对碳青霉烯和黏菌素同时耐药的大肠杆菌，并在该菌株中发现两个耐药基因，进而提出了杂合质粒形成模型。这些研究成果极大地丰富了病原感染致病机制与耐药机制，提升了我国在兽医微生物学领域研究的国际学术地位。

近年来，尽管我国兽医微生物学基础研究取得了许多突破性进展，但仍面临许多问题，如很多病原致病的关键机制尚不清楚，如布氏杆菌致炎性机制、免疫逃逸机制等。相关的论文数量、学术水平及国际影响力增加明显，但技术跟踪、更换研究对象式的局部创新较为普遍，开辟新方向性的创新、引领性的重大创新还不足，与我国研究人员数量不相匹配。

（二）应用型研究稳步推进，但产品研发需多样化

应用基础研究是兽医微生物学工作者的重要任务，我国相关研究团队较多，充分利用我国地域广阔、养殖数量庞大的资源优势，在新病原发现、传播媒介、流行规律、疫苗研究等方面取得了突出成绩，同时围绕控制微生物感染的诊断检测新技术建立、药物作用靶点筛选、疫苗毒株选育和构建，形成了一大批优秀应用性成果。

在我国已经建立了若干重要动物病原微生物（如禽流感病毒、口蹄疫病毒、新城疫病毒、猪瘟病毒、猪伪狂犬病病毒、猪繁殖与呼吸综合征病毒、猪链球菌等）的种质资源库。越来越多的病原微生物新型检测技术不断出现，被逐步开发成为商品化试剂盒，并广泛应用于兽医病原微生物的检测、疫病诊断及科学研究领域，如 PCR 检测技术、环介导等温扩增技术、核酸依赖性扩增技术、基因芯片、微流体芯片等，这些特异、敏感和快速的病原微生物检测技术被广泛应用于多亚型同种病毒、强弱毒、不同病毒混合感染的检测与鉴别，并在动物源性食品微生物污染检测中得以推广应用，实现对传统微生物鉴定方法的补充和完善。新型兽用疫苗不断改进，如核酸疫苗、亚单位疫苗、基因缺失疫苗、载体疫苗、嵌合疫苗等，同时新型免疫佐剂不断得到开发，特别是用纳米材料作免疫佐剂显示了许多常规佐剂不可比拟的优势，将是疫苗佐剂研究的一个重要方向。除疫苗外，绿色、安全且无残留的微生态制剂以其改善宿主肠道菌群平衡、促进消化吸收、增强免疫力等功效正在逐步跻身于促生长饲料添加剂的行列以替代抗生素的使用。

2015—2018 年获得国家科技奖二等奖 4 项；2017—2018 年获得疫苗新药证书约 59 项，其中一类 5 项，二类 6 项，三类 48 项；检测方法新药证书 6 项。兽用疫苗专利仅 2016 年就超过 200 件，应用性相关的论文更多。尽管成果很多，但我国目前应用研究及成果品种主要集中在疫苗，其次是检测方法上，品种单一，原创性成果偏少。研究成果缺乏实践延伸，成果转化率较低。

（三）区域特色明显，但联合攻关融合发展不足

科研团队和单位紧密结合当地经济特点和国家发展战略规划，科学确定研究方向和团队设置，形成了以禽病原、猪病原、水生动物病原、马病原、牛羊病原、宠物病原、经济动物病原、外来病原等为特色的专门研究团队和研究机构，符合地方经济发展的需求，容易产生接地气的项目和成果，直接为当地社会服务的同时，也造就了学科自身优势。这种布局和发展模式与欧美国家基本一致。但是，随着我国经济发展和科研水平的大幅提升，对研究成果的要求越来越高，创新性和技术含量成为影响科技服务能力的关键因素，快速提升学科发展水平的开放、合作需进一步加强。目前，我国现有OIE参考实验室18个（近5年新增6个），国家兽医参考实验室19个；地区协作中心和省部级重点实验室以及主要研究机构、院校与国内外建立联合研究平台数量更多，如教育部人兽共患病重点实验室、农业与农产品安全国际合作联合实验室、中哈农业科学联合实验室及教学示范基地、中英禽病国际研究中心等。从中央到地方，管理层面已经成功建立了稳定、广泛的国际合作渠道和融合发展平台，但是，合作成效还不足以引领兽医微生物学的发展。今后应进一步倡导国内、国外的科研人员开展更广泛的项目合作，在内容、目标上制定系统、长远的规划，在兽医微生物学领域高层次专业人才的培养、重大疫病关键科学问题的合力攻关、兽医突发事件的国际救助、兽医微生物学相关的国际公益参与等方面形成多学科交叉、跨地区优势互补的发展特色，为我国兽医微生物学的进步开创新局面。

四、我国兽医微生物学发展趋势与展望

随着分子生物学、细胞生物学、分子免疫学理论和技术的发展，近些年我国兽医微生物学在病原学、诊断技术、致病机制及防控技术等方面的研究已达到世界先进水平。随着动物生产的发展和动物产品贸易量的日益增加，面对新病原的发现和外来病原的侵入，加强对病原分子结构和功能、免疫特性、致病特性、流行特点等方面的研究，研制新疫苗和改进原有疫苗，以提高防控效果，已成为兽医微生物学工作者重要的研究方向。

（一）兽医微生物学发展思路与目标

1. 发展思路

兽医微生物学的发展，必须坚持以科学发展促进学科、产业发展。首先要进行兽医微生物学相关的高素质人才团队的建设和研究平台建设，夯实兽医微生物学发展的基础；研究团队围绕畜禽养殖产业发展的微生物学关键问题开展研究，加强病原基础研究，强化技术创新研究，加快技术成果的应用转化，全面提高兽医微生物学发展水平；积极促进生物化学及分子生物学、细胞生物学、分子免疫学、生物物理学等学科与兽医微生物学的深度

交叉与融合，不断拓展兽医微生物学的研究领域，通过多学科协作促进兽医微生物学的基础理论研究及高新技术研发，不断提升本学科的科研原创能力；针对新发重大动物疾病等关键问题设置研发专项，集中优势资源进行攻关，力求快速、准确、系统地开展研究以尽早获取有效的疾病防控措施；以高新科技创新促进科研、技术创新，加速提升我国兽医微生物学相关研究的科研创新能力和技术水平，保障我国畜禽养殖产业健康、快速发展。

2. 发展目标

虽然在兽医微生物学领域已取得较大成就，但至今对某些动物传染病病原（如非洲猪瘟病毒等）还缺乏深刻的了解。因此，兽医微生物学今后仍要加强对病原微生物的生物学特性和感染致病机制研究，结合 OIE 的标准和我国国情，加强对新发动物疾病病原微生物的认知及现有病原微生物的重新认知，建立重要动物疫病的特异、快速、早期诊断方法，改进原有疫苗和研制安全、高效的新型疫苗，以提高疾病防控效果和推动疾病净化。通过加强病原微生物的基础性研究，推动动物疫病防控技术的创新，提高科研、技术成果的转化和临床应用；通过与交叉学科的协作研究，促进各个学科基础理论研究、技术研发及科研原创能力的不断提升；通过不断增强兽医微生物学的人才及平台建设能力、科研创新能力、产业结合能力及产业发展带动能力，大幅提升我国兽医微生物学的国际影响力，推进我国兽医微生物学的快速持续发展，进而有力保障畜禽养殖、生产、动物源性食品安全和人类健康。

（二）兽医微生物学研究的重点领域规划

1. 新病原及变异病原的监测及鉴定

动物传染病突发疫情在我国不断出现，对动物健康和经济发展带来严重影响。对新病原体的检测与鉴定，是一个国家动物传染病应急防控能力和水平的标志性体现。近年来，一些新发动物疾病病原（猪新型冠状病毒、猪塞内卡病毒、猪圆环病毒 3 型等）以及"老"病毒变异株（伪狂犬病毒变异株、猪流行性腹泻病毒变异株等）得到鉴定，有效控制了疫情发展。2012 年，国家自然科学基金委员会前瞻布局"动物源病原体的发现及其对人类致病性研究"重大项目，聚焦"野生动物携带的病原体及其对人类的致病性"这一重大科学问题开展研究，来自中国疾病预防控制中心、中国人民解放军军事医学研究院、中国科学院等部门组成的联合研究团队，从野生动物中新发现了 146 种微生物，为应对野生动物源传染病提供重要科技支撑。为应对不明原因性传染病突发疫情，迫切需要建立发现新病原的技术体系及有关新病原学的理论，开展对新发现病原微生物的基础理论研究，加强与生物信息学、生态学、流行病学等学科的交融，不断提高发现新发传染病病原体的能力，为预警与防控未来新发突发传染病提供坚实的科学储备和技术支撑。

2. 病原微生物致病机制研究

病原致病机理的研究是传染病防控的基础。近年来，我国兽医微生物学在动物重要致病性病原微生物感染和致病分子机理研究中取得较大突破，为新型检测技术的建立、新药物靶标筛选、新疫苗研制提供了源头保障。然而，病原致病机理研究还面临诸多挑战，如嗜性改变的病毒变异株或新出现毒株，其致病性、病毒逃逸机体免疫应答、致病毒持续感染相关基因、病毒的复合受体、病毒基因与细胞的相互作用等方面尚不清楚。掌握这些新病原微生物的致病分子机制及其规律，研发新的诊断方法、防治微生物感染的药剂和疫苗是需要重点研究的方向之一。细菌学方面的研究工作已深入到细胞微生物学和分子微生物学的研究时代，侧重于从基因水平上去认识细菌。通过已有的数据库同源性搜索鉴定细菌毒力基因，利用已知的调控序列鉴定可能毒力基因，也可根据细菌基因组内部的特殊序列特征鉴定细菌毒力岛，由此筛选出一些细菌新的毒力基因，并在不同条件因素的影响下，深入研究相应基因功能。从本质上认识病原菌的毒力因素及与宿主的相互作用机制，最终会对感染性疾病的防治提供新的手段。

3. 病原微生物功能蛋白研究

随着分子生物学、转录组学及蛋白组学研究的不断深入，动物病原的基础研究已经从毒（菌）株的水平，发展到毒（菌）株的免疫蛋白、毒力蛋白、基因调控蛋白等分子水平。通过对病原微生物基因组学分析，并结合遗传学、免疫学技术研究微生物的基因组功能，挖掘具有重要价值的功能基因；分析病原微生物在感染宿主不同阶段、不同环境下所诱导宿主蛋白的差异性表达，解析病原微生物的重要毒力蛋白及其结构和生物学功能，这些领域的研究将为新型疫苗的设计和动物疫病防控提供科学依据。

除上述领域外，微生物耐药机制研究也需要密切关注。要从根本上解决抗药性的问题，必须了解微生物在抗药性方面的进化规律，因此，利用分子生物学、基因组学、生物信息学方法来研究其进化过程，找出规律，仍是兽医微生物学工作者重要任务之一。此外，近年来，关于动物源病原微生物引起的食源性疾病事件越来越多，这对于食品安全产生了很大的影响。因此，做好动物源食品中病原微生物污染的监控尤为关键，针对其快速检测技术的研发有必要加强。

参考文献

［1］ Xie X, Hu Y, Xu Y, et al. Genetic analysis of Salmonella enterica serovar Gallinarum biovar Pullorum based on characterization and evolution of CRISPR sequence［J］. Veterinary Microbiology, 2017, 203: 81-87.

［2］ Su Z, Zhu J, Xu Z, et al. A transcriptome map of Actinobacillus pleuropneumoniae at single-nucleotide resolution using deep RNA-Seq［J］. PloS One, 2016, 11（3）: e0152363.

［3］ Zhang L, Li Y, Wen Y, et al. HtrA is important for stress resistance and virulence in Haemophilus parasuis［J］. Infection and Immunity, 2016, 84（8）: 2209-2219.

［4］ Zhuge X, Sun Y, Xue F, et al. A novel PhoP/PhoQ regulation pathway modulates the survival of extraintestinal pathogenic Escherichia coli in macrophages［J］. Frontiers in Immunology，2018，9：788.

［5］ Wu Z，Wu C，Shao J，et al. The Streptococcus suis transcriptional landscape reveals adaptation mechanisms in pig blood and cerebrospinal fluid［J］. RNA，2014，20（6）：882–898.

［6］ Dong H，Peng X，Liu Y，et al. BASI74，a virulence–related sRNA in Brucella abortus［J］. Frontiers in Microbiology，2018，9：2173.

［7］ Liu R，Li W，Meng Y，et al. The serine/threonine protein kinase of Streptococcus suis serotype 2 affects the ability of the pathogen to penetrate the blood–brain barrier［J］. Cellular Microbiology，2018，20（10）：e12862.

［8］ Liu F，Li J，Yan K，et al. Binding of fibronectin to SsPepO facilitates the development of Sstreptococcus suis meningitis［J］. The Journal of Infectious Diseases，2018，217（6）：973–982.

［9］ Hu D，Guo Y，Guo J，et al. Deletion of the Riemerella anatipestifer type IX secretion system gene sprA results in differential expression of outer membrane proteins and virulence［J］. Avian Pathology，2019：1–13.

［10］ Tian M，Bao Y，Li P，et al. The putative amino acid ABC transporter substrate–binding protein AapJ2 is necessary for Brucella virulence at the early stage of infection in a mouse model［J］. Veterinary Research，2018，49（1）：32.

［11］ Dong H，Peng X，Liu Y，et al. BASI74，a virulence–related sRNA in Brucella abortus［J］. Frontiers in Microbiology，2018，9：2173.

［12］ Jiang H，Dong H，Peng X，et al. Transcriptome analysis of gene expression profiling of infected macrophages between Brucella suis 1330 and live attenuated vaccine strain S2 displays mechanistic implication for regulation of virulence［J］. Microbial Pathogenesis，2018，119：241–247.

［13］ Xiang B，Liang J，You R，et al. Pathogenicity and transmissibility of a highly pathogenic avian influenza virus H5N6 isolated from a domestic goose in Southern China［J］. Veterinary Microbiology，2017，212：16–21.

［14］ Liu Y，Wan W，Gao D，et al. Genetic characterization of novel fowl aviadenovirus 4 isolates from outbreaks of hepatitis–hydropericardium syndrome in broiler chickens in China［J］. Emerging Microbes & Infections，2016，5（11）：e117.

［15］ Pan Y，Tian X，Qin P，et al. Discovery of a novel swine enteric alphacoronavirus（SeACoV）in southern China［J］. Veterinary Microbiology，2017，211：15–21.

［16］ Wang L，Su S，Bi Y，et al. Bat–origin coronaviruses expand their host range to pigs［J］. Trends in Microbiology，2018，26（6）：466–470.

［17］ Dong H，Zhou L，Ge X，et al. Porcine reproductive and respiratory syndrome virus nsp1β and nsp11 antagonize the antiviral activity of cholesterol–25–hydroxylase via lysosomal degradation［J］. Veterinary Microbiology，2018，223：134–143.

［18］ Chen X，Bai J，Liu X，et al. Nsp1α of porcine reproductive and respiratory syndrome virus Strain BB0907 impairs the function of monocyte–derived dendritic cells via the release of soluble CD83［J］. Journal of Virology，2018，92（15）：e00366–18.

［19］ Liu YY，Wang Y，Walsh TR，et al. Emergence of plasmid–mediated colistin resistance mechanism MCR–1 in animals and human beings in China：a microbiological and molecular biological study［J］. The Lancet Infectious Diseases，2016，16（2）：161–168.

［20］ Huang J，Chen L，Li D，et al. Emergence of a vanG–carrying and multidrug resistant ICE in zoonotic pathogen Streptococcus suis［J］. Veterinary Microbiology，2018，222：109–113.

［21］ Yao X，Doi Y，Zeng L，et al. Carbapenem–resistant and colistin–resistant Escherichia coli co–producing NDM–9 and MCR–1［J］. The Lancet Infectious Diseases，2016，16（3）：288–289.

［22］ Cheng Y，Sun Y，Wang H，et al. Chicken STING mediates activation of the IFN gene independ ently of the RIG–I gene［J］. The Journal of Immunology，2015，195（8）：3922–3936.

［23］ Guan X, Zhang Y, Yu M, et al. Residues 28 to 39 of the extracellular loop 1 of chicken Na$^+$/H$^+$ exchanger type I mediate cell binding and entry of subgroup J avian leukosis virus ［J］. Journal of Virology, 2017, 92（1）: e01627-17.

［24］ Luo W, Zhang J, Liang L, et al. Phospholipid scramblase 1 interacts with influenza A virus NP, impairing its nuclear import and thereby suppressing virus replication ［J］. PLoS Pathogens, 2018, 14（1）: e1006851.

［25］ Liu L, Tian J, Nan H, et al. Porcine reproductive and respiratory syndrome virus nucleocapsid protein interacts with Nsp9 and cellular DHX9 to regulate viral RNA synthesis ［J］. Journal of Virology, 2016, 90（11）: 5384-5398.

［26］ Ma H, Jiang L, Qiao S, et al. The crystal structure of the fifth scavenger receptor cysteine-rich domain of porcine CD163 reveals animportant residue involved in porcine reproductive and respiratory syndrome virus infection ［J］. Journal of Virology, 2017, 91（3）: e01897-16.

［27］ Song J, Liu Y, Gao P, et al. Mapping the nonstructural protein interaction network of porcine reproductive and respiratory syndrome virus ［J］. Journal of Virology, 2018, 92（24）: e01112-18.

［28］ Chen J, Shi XB, Zhang XZ, et al. MicroRNA 373 facilitates the replication of porcine reproductive and respiratory syndrome virus by its negative regulation of type I interferon induction ［J］. Journal of Virology, 2017, 91（3）: e01311-1316.

［29］ Xiao S, Du T, Wang X, et al. MiR-22 promotes porcine reproductive and respiratory syndrome virus replication by targeting the host factor HO-1 ［J］.Veterinary Microbiology, 2016, 192: 226-230.

［30］ Li Y, Zhou L, Zhang J, et al. Nsp9 and Nsp10 contribute to the fatal virulence of highly pathogenic porcine reproductive and respiratory syndrome virus emerging in China ［J］. PLoS Pathogens, 2014, 10（7）: e1004216.

［31］ Xu L, Zhou L, Sun W, et al. Nonstructural protein 9 residues 586 and 592 are critical sites in determining the replication efficiency and fatal virulence of the Chinese highly pathogenic porcine reproductive and respiratory syndrome virus ［J］. Virology, 2018, 517: 135-147.

［32］ Zhao K, Gao JC, Xiong JY, et al. Two residues in NSP9 contribute to the enhanced replication and pathogenicity of highly pathogenic porcine reproductive and respiratory syndrome virus ［J］. Journal of Virology, 2018, 92（7）: e02209-2217.

［33］ Zhou L, Wang Z, Ding Y, et al. NADC30-like strain of porcine reproductive and respiratory syndrome virus, China ［J］. Emerging Infectious Diseases, 2015, 21（12）: 2256-2257.

［34］ Du J, Ge X, Liu Y, et al. Targeting swine leukocyte antigen class I molecules for proteasomal degradation by the nsp1alpha replicase protein of the Chinese highly pathogenic porcine reproductive and respiratory syndrome virus strain JXwn06 ［J］. Journal of Virology, 2016, 90（2）: 682-693.

［35］ Chen J, He WR, Shen L, et al. The laminin receptor is a cellular attachment receptor for classical Swine Fever virus. Journal of Virology, 2015, 89（9）: 4894-4906.

［36］ Wang J, Chen S, Liao Y, et al. Mitogen-activated protein kinase kinase 2（MEK2）, a novel E2-interacting protein, promotes the growth of classical swine fever virus via attenuation of the JAK-STAT signaling pathway ［J］. Journal of Virology, 2016, 90（22）: 10271-10283.

［37］ Li S, Wang J, He WR, et al. Thioredoxin 2 is a novel E2-interacting protein that inhibits the replication of classical swine fever virus ［J］. Journal of Virology, 2015, 89（16）: 8510-8524.

［38］ Li Y, Wu Q, Huang L, et al. An alternative pathway of enteric PEDV dissemination from nasal cavity to intestinal mucosa in swine ［J］. Nature Communications, 2018, 9（1）: 3811.

［39］ Wang D, Ge X, Chen D, et al. The S gene is necessary but not sufficient for the virulence of porcine epidemic diarrhea virus novel variant strain BJ2011C ［J］. Journal of Virology, 2018, 92（13）: e00603-18.

［40］ Zeng Z, Deng F, Shi K, et al. Dimerization of coronavirus nsp9 with diverse modes enhances its nucleic acid binding affinity［J］. Journal of Virology, 2018, 92（17）: e00692-18.

［41］ Yu ZQ, Tong W, Zheng H, et al. Variations in glycoprotein B contribute to immunogenic difference between PRV variant JS-2012 and Bartha-K61［J］. Veterinary Microbiology, 2017, 208: 97-105.

［42］ Ye C, Guo JC, Gao JC, et al. Genomic analyses reveal that partial sequence of an earlier Pseudorabies virus in China is originated from a Bartha-vaccine-like strain［J］.Virology, 2016, 491: 56-63.

［43］ Tong W, Liu F, Zheng H, et al. Emergence of a Pseudorabies virus variant with increased virulence to piglets［J］. Veterinary Microbiology, 2015, 181（3-4）: 236-240.

［44］ Zhu Z, Wang G, Yang F, et al. Foot-and-mouth disease virus viroporin 2B antagonizes RIG-I-Mediated antiviral effects by inhibition of its protein expression［J］. Journal of Virology, 2016, 90（24）: 11106-11121.

［45］ Zhang H, Zheng H, Qian P, et al. Induction of systemic IFITM3 expression does not effectively control foot-and-mouth disease viral infection in transgenic pigs［J］. Veterinary Microbiology, 2016, 191: 20-26.

［46］ Li W, Zhu Z, Cao W, et al. Esterase D enhances type I interferon signal transduction to suppress foot-and-mouth disease virus replication［J］. Molecular Immunology, 2016, 75: 112-121.

［47］ Yang H, Chen Y, Qiao C, et al. Prevalence, genetics, and transmissibility in ferrets of eurasian avian-like H1N1 swine influenza viruses［J］. Proceedings of the National Academy of Sciences, 2015, 113（2）: 392-397.

［48］ Luo W, Zhang J, Liang L, et al. Phospholipid scramblase 1 interacts with influenza A virus NP, impairing its nuclear import and thereby suppressing virus replication［J］. PLoS Pathogens, 2018, 14（1）: e1006851.

［49］ Yang, C, Liu X, Gao Q, et al. The nucleolar protein LYAR facilitates ribonucleoprotein assembly of influenza A virus［J］. Journal of Virology, 2018, 92（23）: e01042-18.

［50］ Pu, J, Wang S, Yin Y, et al. Evolution of the H9N2 influenza genotype that facilitated the genesis of the novel H7N9 virus［J］. Proceedings of the National Academy of Sciences of the United States of America, 2015, 112（2）: 548-553.

［51］ Wang, F, Qi J, Bi Y, et al. Adaptation of avian influenza A（H6N1）virus from avian to human receptor-binding preference［J］. The EMBO Journal, 2015, 34（12）: 1661-1673.

［52］ Bi Y, Chen Q, Wang Q, et al. Genesis, evolution and prevalence of H5N6 avian influenza viruses in China［J］. Cell Host Microbe, 2016, 20（6）: 810-821.

［53］ Li X, Chen W, Zhang H, et al. Naturally occurring frameshift mutations in the tvb receptor gene are responsible for decreased susceptibility of chicken to infection with avian leukosis virus Subgroups B, D, and E［J］. Journal of Virology, 2018, 92（8）: e01770-17.

［54］ Su Q, Li Y, Cui Z, et al. The emerging novel avian leukosis virus with mutations in the pol gene shows competitive replication advantages both in vivo and in vitro［J］. Emerging Microbes & Infections, 2018, 7（1）: 117.

［55］ Wu X, Zhao J, Zeng Y, et al. A novel avian retrovirus associated with lymphocytoma isolated from a local Chinese flock induced significantly reduced growth and immune suppression in SPF chickens［J］. Veterinary Microbiology, 2017, 205: 34-38.

［56］ Yan S, Liu X, Zhao J, et al. Analysis of antigenicity and pathogenicity reveals major differences among QX-like infectious bronchitis viruses and other serotypes［J］. Veterinary Microbiology, 2017, 203: 167-173.

［57］ Zhang T, Li D, Jia Z, et al. Cellular immune response in chickens infected with avian infectious bronchitis virus（IBV）［J］. European Journal of Inflammation, 2017, 15（1）: 35-41.

［58］ Ren D, Chen P, Wang Y, et al. Phenotypes and antimicrobial resistance genes in Salmonella isolated from retail chicken and pork in Changchun, China［J］. Journal of Food Safety, 2017, 37（2）: e12314.

［59］ Cai Y, Tao J, Jiao Y, et al. Phenotypic characteristics and genotypic correlation between Salmonella isolates from a slaughterhouse and retail markets in Yangzhou, China［J］. International journal of food microbiology, 2016,

222：56–64.

［60］ Zhou Z, Li J, Zheng H, et al. Diversity of Salmonella isolates and their distribution in a pig slaughterhouse in Huaian, China［J］. Food Control, 2017, 78：238–246.

［61］ Sun M J, Di D D, Li Y, et al. Genotyping of Brucella melitensis and Brucella abortus strains currently circulating in Xinjiang, China［J］. Infection, Genetics and Evolution, 2016, 44：522–529.

［62］ Wang Y, Wang Z, Chen X, et al. The complete genome of Brucella suis 019 provides insights on cross-species infection［J］. Genes, 2016, 7（2）：7.

［63］ Wang J, Li X, Li J, et al. Complete genetic analysis of a Salmonella enterica serovar Indiana isolate accompanying four plasmids carrying mcr-1, ESBL and other resistance genes in China［J］. Veterinary Microbiology, 2017, 210：142–146.

［64］ Li Q, Yin K, Xie X, et al. Detection and CRISPR subtyping of Salmonella spp. isolated from whole raw chickens in Yangzhou from China［J］. Food Control, 2017, 82：291–297.

［65］ Song H, Zhang J, Qu J, et al. Lactobacillus rhamnosus GG microcapsules inhibit Escherichia coli biofilm formation in coculture［J］. Biotechnology Letters, 2019：1–8.

［66］ Liu F, Li J, Li L, et al. Peste des petits ruminants in China since its first outbreak in 2007: A 10-year review［J］. Transboundary and Emerging Diseases, 2018, 65：638–648.

［67］ Ran XH, Chen XH, Ma LL, et al. A systematic review and meta-analysis of the epidemiology of bovine viral diarrhea virus（BVDV）infection in dairy cattle in China［J］. Acta Tropica, 2019, 190：296–303.

［68］ Tao XY, Li ML, Wang Q, et al. The reemergence of human rabies and emergence of an Indian subcontinent lineage in Tibet, China［J］. PLoS Neglected Tropical Diseases, 2019, 13：e0007036.

［69］ Wang J, Wang Z, Liu R, et al. Metabotropic glutamate receptor subtype 2 is a cellular receptor for rabies virus［J］. PLoS Pathogens, 2018, 14：e1007189.

［70］ Tan JM, Wang RY, Ji SL, et al. One Health strategies for rabies control in rural areas of China［J］. The Lancet Infectious Diseases, 2017, 17：365–367.

撰稿人：丁家波　刘永杰　吴宗福　陈金顶　倪学勤　韩　军　雷连成

执笔人：刘永杰

兽医传染病学发展研究

一、引言

兽医传染病学是兽医学的一个分支，是研究家畜、家禽、宠物、特种经济动物和野生动物以及人兽共患等传染性疾病发生发展、流行规律及其预防控制和消灭净化这些传染病的理论和方法的科学。其主要研究内容是，以危害动物健康与生产、公共卫生与食品安全的传染病为研究对象，开展其病原学、病原生态学、流行病学以及诊断、治疗和防控等综合预防与控制研究，以期研制有效的诊断、治疗、控制、净化、预防甚至根除传染病的策略与方法，最终达到预防、控制或消灭动物传染病，为畜牧养殖业健康发展、生态环境安全、野生动物种质资源安全、公共卫生安全等保驾护航，为经济发展与社会进步提供科技支撑和保障。兽医传染病学也是兽医学学科中发展最快的学科之一。

动物传染病是对养殖业危害最严重的一类疾病，它不仅可能造成动物大批死亡和动物源性产品的损失，影响人民生活和对外贸易，而且当中大多数人兽共患传染病还能给人类健康带来严重威胁。另外，我国养殖业的经济效益远没有达到世界平均水平，其中最主要的原因就是某些动物传染病的高发病率与多个区域流行，特别是我国近年来一直在推动畜禽养殖的集约化和规模化，传染病已成为阻碍养殖业健康发展的主要因素之一。据统计，每年动物传染病造成的直接经济损失达 400 亿元以上，加上饲料、药物、人工以及防控等成本，间接经济损失可达千亿元以上。另外，动物传染病也严重影响食品与公共卫生安全，现今 70% 的人类传染病来源于动物，75% 的人类新发现传染病为人兽共患病，生物恐怖分子所用的生物材料有 80% 也是人兽共患病的病原体。

我国是畜牧业大国，主要畜禽种类养殖量都位于世界前列。鉴于动物传染病对人类与动物健康构成严重威胁，给国民经济造成巨大损失，我国高度重视动物传染病的研究与防治。同时，我国在重大动物传染病的发病机制与防治技术研究上也取得了显著成就。

但是，由于我国的生态环境呈现高度多样性的特征，动物传染病流行情况十分复杂，防控形势依然严峻，非常有必要不断加强兽医传染病学科建设，全面提升我国动物传染病的研究与防治水平，缩小与发达国家的差距，确保我国畜牧业健康有序发展和人民生命安全、社会和谐、经济繁荣和国家长治久安。

二、我国兽医传染病学学科发展现状

改革开放以来，随着我国畜牧业的不断发展，动物防疫体系、防控机制和措施的不断完善，我国动物传染病学科无论是在科学研究、人才培养、条件建设还是在社会服务、成果转化和应用示范等方面均得到了快速发展，在重大疫病病原学与流行病学、病理学与致病机制、免疫学及综合防控技术与方法等领域也取得了高水平重大进展，在 *Nature*、*Science*、*Nature Communications*、*PNAS* 等国际著名期刊发表一系列论文，建立了一批新技术、新工艺和新方法，申报与授权专利数量大幅增加，新兽药证书申报与审批加快，取得了以国家科技进步奖一等奖为代表的系列科研成果，涌现出以院士、国家杰出青年基金获得者、长江学者为代表的科研人才及其创新团队，为学科可持续发展奠定了坚实基础。上述成果成为引领我国动物疫病防控与高效养殖领域的主要原始创新力量，为有效防控国内重要动物疫情及外来动物疫病入侵提供了重要人才、技术、产品与智力支撑，有力保障了北京奥运会、上海世博会等重大活动的动物产品安全，成功应对了汶川特大地震等重大自然灾害的灾后防疫，马鼻疽和马传染性贫血列为要消灭的疾病并推进相关工作；牛肺疫无疫状态及疯牛病风险可忽略水平通过国际认可；小反刍兽疫和非洲猪瘟等突发疫情得到及时控制，高致病性禽流感、口蹄疫等重大动物疫病流行强度逐年下降，我国已于2018年宣布为无亚洲Ⅰ型口蹄疫疫情国家，为我国经济建设提供了强有力的科技驱动，有效拓展和带动了我国现代农业的发展。

（一）传染病学学科最新研究进展

1. 我国动物传染病整体流行概况

根据国内外有关数据，目前已分离到相应病原的动物传染病有180种（不含寄生虫病），可以大致分为多种动物共患传染病（即在两种及以上动物中发生与流行，含人兽共患传染病）和仅在某一类动物群体流行的传染病，前者有74种，后者主要包括：猪传染病20种，禽传染病30种，反刍动物传染病34种，马传染病11种，特种经济动物传染病9种。而在我国曾报道过的就有157种，仅有21种目前我国尚未发现本土病例，另外一些动物传染病的亚型也未在我国出现。

我国动物疫病监测与疫情信息管理子系统中有疫病数据的有86种，其中37种为我国规定报告的在世界动物卫生组织（OIE）法定报告名录内陆生动物疫病，分别为：口蹄疫、炭疽、伪狂犬病、狂犬病、旋毛虫病、布鲁氏菌病、日本脑炎、细粒棘球绦虫病（包虫病）、牛巴贝斯虫病、牛结核病、牛出血性败血症、牛传染性鼻气管炎、牛锥虫病、牛病毒性腹泻病、绵羊痘和山羊痘、山羊关节炎/脑炎、山羊传染性胸膜肺炎、羊地方性流产、羊沙门氏菌流产、非洲猪瘟、猪瘟、猪传染性胃肠炎、猪繁殖与呼吸综合征、马流感、马鼻疽、兔病毒性出血病、高致病性禽流感、新城疫、鸡传染性支气管炎、鸡传染性喉气管炎、鸭病毒性肝炎、禽伤寒、传染性法氏囊病、禽支原体病、禽衣原体病、鸡白痢病、低致病性禽流感。

另外 49 种未在 OIE 系统中填报，分别是：猪支原体肺炎、猪圆环病毒病、猪细小病毒病、猪密螺旋体痢疾、猪流行性感冒、猪流行性腹泻、猪链球菌病、猪副伤寒、猪附红细胞体病、猪丹毒、猪传染性萎缩性鼻炎、副猪嗜血杆菌病、猪肺疫、牛毛滴虫病、牛流行热、牛皮蝇蛆病、新生犊牛腹泻、羊传染性脓疱、羊肺腺瘤病、绵羊疥癣、羊肠毒血症、马巴贝斯虫病、鸡产蛋下降综合征、鸡传染性鼻炎、鸡病毒性关节炎、马立克氏病、禽白血病、禽传染性脑脊髓炎、禽痘、禽霍乱、禽结核病、小鹅瘟、鸭浆膜炎、鸭瘟、猫泛白细胞减少症、犬传染性肝炎、犬瘟热、犬细小病毒病、水貂阿留申病、水貂病毒性肠炎、放线菌病、弓形虫病、钩端螺旋体病、李氏杆菌病、魏氏梭菌病、肝片吸虫病、牛丝虫病、大肠杆菌病、球虫病。

中国兽医公报近 10 年来对 20 种重要动物传染病进行了监测公布，包括鼻疽、布鲁氏杆菌病、鸡马立克氏病、口蹄疫、狂犬病、蓝舌病、马传染性贫血、绵羊痘和山羊痘、禽霍乱、禽流感、炭疽、兔病毒性出血症、新城疫、鸭瘟、猪丹毒、猪繁殖与呼吸综合征、猪肺疫、猪囊虫病、猪水疱病、猪瘟。数据显示，除鼻疽、蓝舌病（欧洲 8 型）近 10 年来未监测到发生外，马传染性贫血 2008 年（4 月上海，6 月、7 月、11 月广东）与 2010 年（1 月广东）有散发病例、猪水泡病在 2011 年（4 月青海）有散发病例外，其他动物传染病在我国每年都有发生。

2. 动物传染病病原生态学与流行病学研究进展

近 10 年来，我国分别出现了以小反刍兽疫和非洲猪瘟为代表的外来动物疫情，一些传染病也出现新的亚型或变种，传统动物传染病持续流行，对我国畜牧养殖业的发展造成了重大影响。

（1）我国新现 3 种重要外来动物传染病　国务院 2012 年发布的《国家中长期动物疫病防治规划（2012—2020 年）》，确定了 13 种重点防范的外来动物疫病，包括一类动物疫病（9 种）：牛海绵状脑病、非洲猪瘟、绵羊痒病、小反刍兽疫、牛传染性胸膜肺炎、口蹄疫（C 型、SAT1 型、SAT2 型、SAT3 型）、猪水疱病、非洲马瘟、H7 亚型禽流感；未纳入病种分类名录、但传入风险增加的动物疫病（4 种）：水疱性口炎、尼帕病、西尼罗河热、裂谷热。其中 3 种即非洲猪瘟、小反刍兽疫、H7 亚型禽流感已入侵我国并造成重要危害。

非洲猪瘟进入我国并呈蔓延流行：非洲猪瘟是世界动物卫生组织法定报告动物疫病，该病也是我国重点防范的一类动物疫情。本病自 1921 年在肯尼亚首次报道，一直存在于撒哈拉以南的非洲国家，1957 年先后流传至西欧和拉美国家，2007 年以来，非洲猪瘟在全球多个国家发生、扩散、流行，特别是俄罗斯及其周边地区。2017 年 3 月，俄罗斯远东地区伊尔库茨克州发生非洲猪瘟疫情，疫情发生地距离我国较近，仅为 1000km 左右。2018 年 8 月 2 日，经中国动物卫生与流行病学中心诊断，沈阳市沈北新区沈北街道（新城子）五五社区发生疑似非洲猪瘟疫情，并于 8 月 3 日确诊。分子流行病学研究表明，传入中国的非洲猪瘟病毒属基因 II 型，与格鲁吉亚、俄罗斯、波兰公布的毒株全基因组序列同源性为 99.95% 左右。2008 年，我国发生非洲猪瘟 99 起；2019 年，全球有 27 个国家和地区报道发生非洲猪瘟疫情 14634 起，其中我国 63 起，31 个省份均发生过非洲猪瘟疫情。

小反刍兽疫传入我国并不断蔓延：小反刍兽疫又称"羊瘟"，是 OIE 法定报告动物疫病，也是全球计划根除的动物疫病，我国将其列为一类动物疫病。1942 年小反刍兽疫（PPR）首次发现于西非的科特迪瓦，距今已有 77 年的历史。1983 年该病首次出现于阿拉伯半岛，1987 年又传入印度。2007 年，PPR 首次传入西藏阿里地区，2013 年 11 月，PPR 再次传入我国并不断蔓延，其后该病陆续出现在我国辽宁、黑龙江、江苏、四川等地。至 2015 年 8 月，国内共有 22 个省、直辖市、自治区发生疫情 271 起，累计 3.7 万只羊发病、1.7 万只羊死亡。近年来，PPR 逐渐跨越地理屏障，扩散趋势不断持续。2015 年联合国粮农组织和 OIE 启动了"2030 年前根除小反刍兽疫"的全球性计划。我国也于 2016 年发布了《全国小反刍兽疫消灭计划（2016—2020 年）》。

H7 亚型禽流感出现并对公共卫生造成重大危害：H7 亚型禽流感是 OIE 法定报告动物疫病，是全球各国禽流感防控需要监测的疫病种类。H7 亚型禽流感有低致病性（LPAI）和高致病性（HPAI）。自 2012 年以来，全球有南非（H7N1）、澳大利亚（H7N7）、墨西哥（H7N3）、丹麦（野禽 H7）4 个国家发生 H7 亚型高致病性禽流感疫情，南非（H7N1）、荷兰（H7N7）、德国（H7N7）、西班牙（H7N1）、丹麦（H7N7）、美国（H7N7）和中国（H7N9）7 个国家报告发生 H7 亚型低致病性禽流感疫情。2013 年，在中国上海和安徽两地发生了 3 例人感染 H7N9 禽流感病毒的确诊病例。自此之后，疫情扩散迅速，在短短三个月的时间里，疫情就扩散到了包括北京、江苏以及山东、湖南等在内的 10 个省市的 40 个城市。自 2017 年秋季开展 H7N9 禽流感疫苗全面免疫以来，该病得到了有效控制，人群中 H7N9 病毒感染病例鲜有报道。

（2）一些动物传染病出现新的病原、亚型或变种　发现导致猪水泡性疾病的新病原—赛尼卡谷病毒：2002 年，美国基因治疗公司偶然从 PER.C6 细胞（转化的胎儿成视网膜细胞）培养基中首次发现并分离到塞尼卡谷病毒（SVV）。2004 年，美国印第安纳州猪群暴发水疱性疾病，但未能确诊病因，根据临床症状将其命名为猪原发性水疱病（PIVD）。英国（2007 年）和意大利（2010 年）也曾暴发过类似的水疱性疾病。2007 年，美国从加拿大进口的 187 头猪出现水疱病症状，发病率高达 80%，最终确诊为 SVV 感染；2012 年，美国又在出现水疱症状的 6 月龄猪体内检测到 SVV。2015 年，美国中西部多个地区暴发猪水疱性疾病，新生仔猪死亡率达 30% ~ 70%，后来证实该病与 SVV 感染有关。2014 年伊始，全球多个国家确诊了猪 SVV 疫情。2015 年 3 月和 7 月，我国广东省发现 SVV 感染导致的猪水疱性疾病。2016 年，加拿大、哥伦比亚和泰国发现了猪 SVV 感染。2016—2017 年，我国又从湖北、福建、河南和黑龙江等省的患病猪群中陆续分离到 SVV。

发现引起 A-II 型仔猪先天性震颤的非典型瘟病毒：猪非典型瘟病毒（APPV）可引起 A-II 型仔猪先天性震颤（CT）。APPV 在国外流行范围较广泛，很多国家研究者在猪场分离到非典型瘟病毒。在德国，有研究者对来自健康的成年猪的 369 个血清进行检测，显示在德国有 APPV 的存在，据估计在农场的个体患病率为 2.4% ~ 10%。有研究者对欧洲和亚洲猪场进行调查分析，发现在 1460 个测试样本中，有 130 个（8.9%）是 APPV 阳性，同时，他们还证明了 APPV 在亚洲也比较普遍，在中国大陆 11/219 样本（5%）和台湾的 22/200 样本（11%）中检测到 APPV。2017 年，张文波等在江西省首次证实了国内猪群中非典型瘟病毒的存在。Shen H 等也在广东省某猪场出现先天性震颤的两头初生仔猪身上分离到 APPV，这表明 APPV 在国内也已经大范围存在，危害猪群健康。

发现新的猪肠道冠状病毒 – 猪 δ 冠状病毒：猪 δ 冠状病毒（PDCoV）最早于 2012 年由中国香港的研究人员在鉴定哺乳动物与禽类的新冠状病毒时被首次发现，是一种能够引起猪只严重水样腹泻、呕吐、脱水和新生仔猪死亡的猪肠道冠状病毒。2014 年在美国腹泻仔猪和母猪的粪便中首次被成功检测并分离到，随后陆续在加拿大、韩国、中国大陆和泰国等国家被检出。Dong 等（2015）对 2013—2014 年间采自我国湖北、江苏、广东、河南、安徽等省市规模化猪场的 258 份粪便样品进行检测，共检测到 21 份阳性样品，阳性率为 14.3%，首次证实 PDCoV 在我国猪场中存在。

发现猪圆环病毒 3 型感染：从 2016 年起，PCV3（PCV3）陆续在世界范围内有所报道，包括美国、中国、美国、韩国、巴西、波兰和意大利等。世界范围内第 1 例报道来自美国。2016 年，美国首先报道了一种与已知的圆环病毒相关的新型猪圆环病毒，这一病毒与猪皮炎和肾病综合征及生殖功能衰竭有关。多个国家已经报告了 PCV3 在不同猪群中的病原学和血清学流行情况，PCV3 序列变异性很小，与美国报道的毒株序列相似性均大于 95%。国内对于 PCV3 的区域性和全国范围报道非常多，PCV3 在国内猪群中已经是普遍感染。国内几乎同时报道了 2 个毒株（湖北株和广东株）。

发现猪繁殖与呼吸综合征类 NADC30 毒株流行：2012 年周峰等在河南省首次发现国内与美国 NADC30 株高度同源毒株以来，类 NADC30 毒株在我国其他地方也相继出现并逐渐成为又一田间优势流行毒株。该毒株在 2014 年开始流行，到 2015 年该毒株疫情已经涉及北京、河北、天津、山西、山东、河南、江苏、浙江、福建、四川、湖北、广东等地，上述地区众多猪场出现感染和发病。

动物流感病毒出现新的亚型：动物流感主要包括禽流感（H1 ~ H16，N1 ~ N9）、猪流感（H1N1、H1N2、H3N2……）、马流感（马甲 1 型，H7N7；马甲 2 型，H3N8）、猫科动物流感（H5N1）、犬流感（H3N8）、狐狸流感（H5N1）、蝙蝠（H17N10、H18N11）等。当前，世界范围内动物流感流行的国家和地区不断扩大，2015年以来，相继有多个国家都有疫情发生。通过对我国家禽养殖场、活禽市场开展系统的禽流感病毒流行病学调查，出现了以H5N2、H5N6、H5N8等多种新型亚型病毒为代表的流行病毒，近期又以H5N6亚型为优势代表亚型，不仅对养禽业造成了严重危害，还已成为当前危害人类健康的主要亚型病毒。另外，H9N2亚型基因型G57病毒在我国养殖鸡群中呈流行优势，该基因型病毒促进了新型H7N9重排病毒的产生，因此要高度重视H9N2病毒作为新型病毒的基因供体作用。流行病学研究显示国内近5年内无马流感大流行，但每年在国内不同地区呈区域性流行，病原分离鉴定显示病毒多为H3N8亚型美洲谱系的Florida II型病毒。同时，出现了另外3种亚型流感，分别为：① D型流感。目前，已在北美、欧洲、中国等多个国家和地区检测到D型流感病毒，牛被认为是主要宿主。它比C型流感病毒存在更广谱的细胞嗜性，能够感染牛、猪、雪貂和豚鼠并通过接触传播感染其他动物。② H1N1甲型流感。2009年3月暴发的新型猪源H1N1甲型流感造成了21世纪第一次世界大流行，目前，H1N1/2009流感并未消失，其一直在人群中流行和传播，对公共卫生依然有巨大威胁。③ H7N9亚型流感。如前所述，2013年，中国出现人感染H7N9禽流感病毒确诊病例。研究已经证实，国内出现的H7N9禽流感病毒属于沿江地带与东亚地区野鸟禽流感病毒的基因重组结构。H7N9禽流感病毒的传染源主要是受病毒感染的禽类，尤其是鸡、鸭、鹅等。我国科学工作者系统解析了H7N9禽流感病毒产生、变异进化和流行传播规律，揭示了家禽中的H7N9病毒可对人健康造成严重威胁，具有重要的公共卫生学意义，并进一步发现了H7N9病毒正在发生水禽的适应性演化，对H7N9亚型禽流感防控具有很强的指导意义。

（3）在野生动物中发现了多种动物传染病　野生动物是众多病原体的天然储存库，诸如来自灵长类的埃博拉病毒，来自狐蝠的亨德拉病毒、尼帕病毒，仅鼠类可传播的人兽共患病就达50多种，野生鸟类可传带的禽流感病毒更是高达上百个亚型。近年来，国内野生动物疫情呈现出疫病种类多，多地散发、局地连片，发生范围广，持续时间长等特点，对人民群众生命健康和公共卫生安全面临重大威胁。猴结核病、鹿布鲁氏病等人兽共患病在野生动物驯养繁殖种群中普遍存在，疫情时有发生。2005年以来，H5N1、H5N6、H5N8等多种亚型高致病性禽流感频繁发生，特别是近年鸟类禽流感从西部的西藏和青海，到东部内蒙古全境，以及到长江流域的湖南和江苏等地时有发生；小反刍兽疫不到半年即已扩散到全国20多个省份，在西藏、新疆多个区域的野生动物种群中呈持续发生态势。近几年发生在我国的野生动物疫病主要分布在陆生野生动物和野鸟（主要候鸟）中，如禽流感、山羊传染性胸膜肺炎、非洲猪瘟等。在西藏那曲地区从死亡藏羚羊体内分离出山羊支原体肺炎亚种，此病原体造成3000余只藏羚羊死亡；2018年11月，首次从吉林白山地区野猪体内检测到非洲猪瘟病毒，这是我国自2018年8月从家猪体内首次检测到非洲猪瘟病毒后，首次从野猪体内检测此病毒。

（4）其他一些主要动物传染病仍持续流行　亚洲一型口蹄疫自 2009 年 6 月之后，再无疫情，2011 年后病原监测再未发现阳性。目前我国主要流行 O、A 型口蹄疫。O 型多毒株同时流行防控难度大，流行的毒株有 O/Cathay，O/PanAsia，O/Mya-98，其中 O/Mya-98 毒株造成的影响较大，该毒株可引起猪牛发病，且病毒不断发生变异。2016 年一个新的 O 型毒株 O/Ind2001 毒株传入我国。A 型流行的主要是 A/Sea-97 毒株。目前，外疫传入的风险很大，在我国周边国家有流行且持续保持传入风险的毒株有 O/PanAsia-2、A/Iran05 和 Asia1/Sindh08。另外，A/G-Ⅶ（有可能重演 Ind2001 传播之路）、Asia1/Ind-Ⅷ（已传到缅甸）毒株对我国构成了新的威胁，应提前评价和储备疫苗。

目前在我国持续流行的共患动物传染病包括布鲁氏菌病、结核病、沙门菌感染、致病性大肠杆菌 O157：H7 感染、单核细胞增生李斯特菌感染、动物流感、口蹄疫、轮状病毒感染、新城疫等；猪重要传染病包括猪瘟、猪繁殖与呼吸综合征（高致病性猪蓝耳病）、猪圆环病毒病、伪狂犬病、猪流行性腹泻、猪链球菌病、副猪嗜血杆菌病、猪丹毒、猪支原体肺炎、猪巴氏杆菌病、猪回肠炎等；禽类传染病包括禽白血病、鸡传染性鼻炎、鸭疫里默氏菌病、鸡毒支原体感染、滑液囊支原体感染；反刍动物传染病包括副结核、无浆体病、羊传染性无乳症、气肿疽（黑腿病或鸣疽）、绵羊地方性流产、牛传染性鼻气管炎、牛病毒性腹泻等，马传染病包括马腺疫、马病毒性动脉炎、马传染性贫血、马鼻肺炎等；宠物及毛皮动物传染病包括犬瘟热病、狂犬病、细小病毒性肠炎、狐狸脑炎，水貂阿留申病、出血性肺炎、克雷伯菌和巴氏杆菌等。

3. 动物传染病生物制品研究进展

（1）总体研究现状　目前，我国已有兽用生物制品 GMP 生产企业约 120 家，拥有兽用生物制品生产批准文号近 2000 个，年产值达 200 亿元。兽用生物制品的研发、生产、经营、使用、监管等全链条管理在《兽药管理条例》总原则规定下已逐步配套完善了相关法律法规制度规定等 30 余个，后续还在不断完善。按照《新兽药研制管理办法》（农业部令第 55 号）的规定，生物制品包括疫苗、血清制品、诊断制品、微生态制品等。在新制品研发方面，按兽用生物制品注册分类及注册资料要求（农业部公告第 442 号、2223 号），新制品研制及注册资料按预防用兽用生物制品、治疗用兽用生物制品和兽医诊断制品进行试验设计、组织起草注册资料。

自 1987 年开展兽用生物制品评审以来，共批准新药 564 个，其中 1987—1988 年批准 28 个。1989—2018 年共批准新生物制品 536 个，但其中一类新生物制品仅有 55 个，比例较低（10.2%）（图 3），说明我国兽用生物制品原创性产品创新力不足，大部分仍为仿制产品或工艺改进产品，有些同类产品达 20 余个。

（2）动物传染病诊断用生物制品研究进展　诊断技术研究方面，我国在世界上首先确诊了小鹅瘟、兔病毒性出血症等传染病，研究成功了数十种动物传染病的特异诊断方法。动物变态反应诊断法，平板、试管、微量凝集试验，血细胞凝集抑制试验，间接血细胞凝集试验，免疫琼脂扩散试验，免疫电泳试验，荧光抗体技术和酶联免疫吸附试验等特异性诊断方法已得到广泛应用。利用基因工程技术制备抗原组装试剂盒的研究也进展迅速，推出了一批与基因工程疫苗相配套的鉴别诊断试剂盒。另外，诊断技术体系亦日趋完善，制定、出台或修订了系列标准、规范。

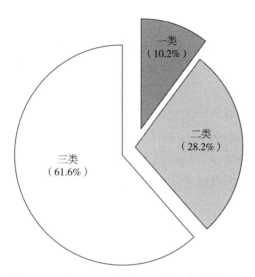

图 3   1989—2018 年我国批准的各类兽用生
物制品占比

2015—2019 年，16 种一、二类动物诊断制品获批上市，其中一类 2 个（见附录 4）。

（3）动物传染病疫苗研究进展   我国在不同历史时期均研制出一批具有世界领先水平的兽用疫苗。如牛瘟山羊化兔化弱毒疫苗、猪瘟兔化弱毒疫苗、马传染性贫血弱毒疫苗等。这些疫苗的应用在我国消灭了牛瘟、控制了马传染性贫血、猪瘟等重大动物疫病的暴发和流行。其中猪瘟兔化弱毒疫苗为全世界猪瘟防控和净化作出了不可替代的贡献。

2015—2019 年，共有 25 种一、二类疫苗获批，其中一类 11 个（见附录 4）。

随着生物技术发展，我国兽医工作者创制的亚单位疫苗、合成肽疫苗、活载体疫苗和核酸疫苗等新一代疫苗，部分已达到国际先进水平或走在世界前列。如禽流感 DNA 疫苗（H5 亚型，pH5-GD）、猪口蹄疫 O 型病毒 3A3B 表位缺失灭活疫苗（O/rV-1 株）、兔出血症病毒杆状病毒载体灭活疫苗（BAC-VP60 株）等，在我国兽用生物制品研发中可以称作里程碑式成果。

禽流感 DNA 疫苗（H5 亚型，pH5-GD）：是我国获得批准的首个人和动物的 DNA 疫苗产品，也是全世界首批的禽流感 DNA 疫苗产品，该疫苗免疫后不仅能够诱导良好的体液免疫反应，还可诱导较强的细胞免疫应答，具有环境友好和可靠的生物安全性等特点，是未来人和动物预防与治疗疫苗重要的技术发展方向之一。

猪口蹄疫 O 型病毒 3A3B 表位缺失灭活疫苗（O/rV-1 株）：是一种缺失了病毒非结构蛋白中抗原表位的负标记疫苗，可以通过检测缺失表位的抗体来区分疫苗免疫动物与自然感染动物，从根本上消除了疫苗免疫对感染状况监测的干扰，是一个支持口蹄疫免疫净化防控策略的新疫苗产品。该标记疫苗利用反向遗传学操作技术，缺失了口蹄疫病毒非结构蛋白 3AB 中的保守优势抗原表位，疫苗免疫动物后不会产生针对缺失表位的抗体，实现与自然病毒感染相鉴别，同时建立配套的检测缺失表位抗体的 ELISA 方法，能够区分自然病毒感染动物与标记疫苗免疫动物，有助于简化标记疫苗的抗原纯化工艺，降低疫苗生产成本。该疫苗是国内外首个注册成功的口蹄疫病毒表位缺失负标记疫苗，用于预防猪 O 型口蹄疫感染。

兔出血症病毒杆状病毒载体灭活疫苗（BAC-VP60 株）：以杆状病毒表达系统表达保护性抗原 VP60 作为疫苗抗原，是一种可在体外细胞生产疫苗抗原的兔病毒性出血症基因工程亚单位疫苗。本成果突破了 RHD 抗原仅能在兔体繁殖的瓶颈，彻底改变了依赖易感兔制备疫苗的生产工艺。所研制的 RHD 新型疫苗使用细胞培养生产的抗原具有良好的生物活性且易于定量，有利于规模化生产及产品质量控制，实现了 RHD 疫苗生产质的飞跃。由于不使用强毒制备疫苗，避免了散毒的危险，生物安全性好，也体现了良好的动物福利，属国内外首创，具有良好的应用前景。

但现有疫苗中大部分为常规疫苗，基因工程疫苗（如基因缺失疫苗、活载体疫苗、基因工程亚单位疫苗）和人工合成多肽疫苗相对较少。常规疫苗中禽用和猪用疫苗占绝大多数，牛羊用、宠物用、水产用疫苗相对较少（图 4）。传统工艺制备的疫苗占绝大多数，大规模悬浮培养、浓缩纯化、特殊冻干保护剂及新型佐剂等新工艺制备的疫苗相对较少。

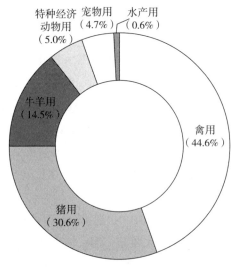

图 4　2006—2018 年批准的兽用生物制品
按靶动物分类占比

4. 动物传染病综合防控研究进展

当今动物传染病越来越复杂，不但传染病的种类日益增加，而且多种病原的共感染、混合感染、继发感染也越来越严重。如何针对这一重大传染病逐一开展控制与净化研究，最终达到净化和消灭某种传染病，如何将动物传染病的研究成果与防治措施进行综合集成，对有效预防与控制动物传染病具有十分重要的意义。在动物传染病综合防控领域，政、学、研、企等共同发力，近年来取得了重大进展。

（1）动物传染病行政执法机构和技术支持体系不断完善　农业部设立兽医局，具体负责全国动物疫病防治、动物疫情管理、动物卫生监督管理和监督执法、兽医医政和兽药药政药检、畜禽屠宰行业管理和中兽医管理等行政管理工作。据不完全统计，截至 2016 年年底，全国共设有省级动物卫生监督机构 32 个、市级动物卫生监督机构 358 个、县级动物卫生监督机构 3162 个、县级派出机构 22681 个，动物卫生监督机构总人数接近 15 万人，其中执法人员 14.3 万人；全国共确认官方兽医 11.5 万人、国际动物卫生证书签证兽医官 1466 人，累计培训官方兽医 10 万多人次，7.67 万人获得执业兽医资格。

国家级兽医技术支持机构包括中国动物疫病预防控制中心（农业农村部屠宰技术中心）、中国兽医药品监察所（农业农村部兽药评审中心）和中国动物卫生与流行病学中心 3 个农业农村部直属事业单位。此外，农业农村部在全国设立了 304 个国家动物疫情测报站，在边境地区设立了 146 个动物疫情监测站，开展指定区域内的疫情监测监控、流行病学调查等工作。

法律体系基本形成，国家修订了动物防疫法，制定了兽药管理条例和重大动物疫情应急条例，出台了应急预案、防治规范和标准。相关制度不断完善，建立了强制免疫、监测预警、应急处置、区域化管理等制度。以《动物防疫法》为核心，以《重大动物疫情应急条例》《兽药管理条例》《病原微生物实验室生物安全管理条例》《进出境动植物检疫法实施条例》为骨干的兽医法律体系基本形成。

（2）动物传染病科研体系建设和科技支撑能力不断加强　科研体系包括中央和地方两级。中央层面共有 9 个科研机构，包括中国农业科学院系统的 7 个研究所（哈尔滨兽医研究所、兰州兽医研究所、上海兽医研究所、北京畜牧兽医研究所、兰州畜牧与兽药研究所、特产研究所、长春兽医研究所）以及中国检验检疫科学研究院动物检疫研究所、中国水产科学研究院黄海水产研究所。地方层面，多数省份设有畜牧兽医研究所，从事地方流行动物疫病防治技术研究等工作。此外，中国 60 多所高校设有兽医学院、动物医学院或兽医专业，每年培养兽医毕业生近 7000 名。这些高校兽医学院或动物医学院既是中国兽医工作者的摇篮，也是中国兽医科研体系的重要组成部分，对提升中国兽医科技水平具有重要作用。此外，中国动物疫病预防控制中心、中国兽医药品监察所和中国动物卫生与流行病学中心 3 个农业农村部直属单位也承担部分兽医科研职能，也是我国兽医科研体系的重要组成部分，在我国动物卫生事业发展中发挥着重要作用。

科技支撑能力不断加强，一批病原学和流行病学研究、新型疫苗和诊断试剂研制、综合防治技术集成示范等科研成果转化为实用技术和产品。我国兽医工作的国际地位明显提升，恢复了在世界动物卫生组织的合法权利。

（3）消灭和控制了一些重大动物传染病　中华人民共和国成立以来，我国在动物重大疫病的防治方面取得了显著成就，已消灭了牛瘟和牛肺疫，控制了马传染性贫血和猪水疱病，所取得的成就最为突出。一些主要动物传染病，如猪肺疫、牛气肿疽、鼻疽、猪丹毒等传染病均已得到基本控制。对一些人兽共患病，如布氏杆菌病、结核病、炭疽等病的防治也取得了很好的效果。

口蹄疫方面，2018 年 1 月 2 日，农业部发布重要公告，宣布亚洲一型口蹄疫正式退出免疫。自 2018 年 7 月 1 日起全国停止销售、生产、免疫含有亚洲一型口蹄疫病毒组分的疫苗。企业、科研单位、大专院校有保藏价值的亚洲一型种毒于 2018 年 5 月 1 日前交中国兽医药品监察所和中国农业科学院兰州兽医研究所保藏，无保藏价值的活病毒销毁。这标志着经过多年的免疫、净化、监测等综合防控措施，困扰我国多年的亚洲一型口蹄疫最终被消灭，结束了我国同时免疫防控 O、A、亚洲一型三种血清型口蹄疫的局面。2009年海南省建成免疫无口蹄疫区，2012 年辽宁省免疫无口蹄疫区和吉林永吉免疫无口蹄疫区通过评估，2016 年山东省胶东半岛免疫无口蹄疫区、免疫无高致病性禽流感区建成。我国口蹄疫分血清型、分区域防控取得了阶段性的成果。我国口蹄疫防控实践表明，只要有坚强正确的领导，依法防控，科学防控，口蹄疫是可防可控可灭的。我国口蹄疫防控成果也为世界口蹄疫及其他病的防控树立了典范。

（4）动物传染病防控体系逐渐与国际接轨　近年来，我国加强了动物传染病领域的交流作用，通过认真履行动物卫生领域国际义务，深化与国际组织和其他国家的双边、多边交流合作，为全球动物卫生和公共卫生安全作出了应有贡献。

融入世界口蹄疫防控体系。2010 年 5 月，中国正式加入"东南亚口蹄疫控制行动"计划，2011 年中国国家口蹄疫参考实验室成为 OIE 口蹄疫参考实验室，有利推动了世界动物卫生组织全球口蹄疫防控战略实施，加强了与世界各口蹄疫参考实验室之间的合作交流和信息共享。

（5）外来动物疫病防控力度加大　中国 1955 年消灭牛瘟，1996 年消灭牛传染性胸膜肺炎，从未发生西尼罗河热、非洲马瘟、尼帕病、水疱性口炎、施马伦贝格病等其他外来动物疫病，目前已被 OIE 认可为无牛瘟、无牛传染性胸膜肺炎和无非洲马瘟国家。对于上述外来动物疫病的防控，农业部和国家质量监督检验检疫总局等相关单位持续开展动物及动物产品进口风险评估和入境检疫，持续组织开展被动监测，并在广东从化无规定马属动物疫病区等地开展了部分外来动物疫病的主动监测，未检测到阳性样品。中国境内从未报告发生的 OIE 法定报告动物疫病见表 38。

表 38　中国从未报告发生的 OIE 法定报告动物疫病

易感动物种类	疫病名称
多种动物共患病	克里米亚刚果出血热、心水病、新大陆螺旋蝇蛆病、Q 热、裂谷热、苏拉病（伊万斯锥虫）、土拉杆菌病（兔热病）、西尼罗河热、多房棘球蚴感染
牛病	牛海绵状脑病、结节性皮肤病
羊病	梅迪—维斯那病、内罗毕病、痒病
猪病	尼帕病毒性脑炎
马病	非洲马瘟、马媾疫、马脑脊髓炎（东部）、马脑脊髓炎（西部）、马病毒性动脉炎、马巴贝斯虫病、委内瑞拉马脑脊髓炎
兔病	黏液瘤病
蜂病	蜜蜂螨病、蜜蜂美洲幼虫腐臭病、蜜蜂欧洲幼虫腐臭病、蜜蜂热带厉螨病、蜜蜂瓦螨病
鱼病	流行性造血器官坏死病、真鲷虹彩病毒病、三代虫病、病毒性出血性败血病、传染性鲑鱼贫血病、流行性溃疡综合征
软体动物病	牡蛎包拉米虫感染、奥尔森派琴虫感染、包拉米虫原虫感染、鲍鱼凋萎综合症、折光马尔太虫感染、鲍鱼疱疹样病毒感染、海水派琴虫感染
甲壳类动物病	鳌虾瘟、传染性肌肉坏死、坏死性肝胰腺炎
两栖动物病	蛙病毒感染、箭毒蛙壶菌感染
其他	骆驼痘、利什曼病

（6）动物传染病的生物安全问题日渐突出　近年来在畜牧业快速发展的同时，亦出现了医学生物病原体安全的相关问题，暴露了我国应对突发性公共卫生事件缺乏完整的预警和有效防控体系的问题。这不仅给我国的公共卫生、畜牧业和经济建设造成了极大的损失，还影响了我国的出口贸易和国际形象。

研究表明，70% 的动物疫病可以传染给人类，75% 的人类新发传染病来源于动物或动物源性食品，动物疫病如不加强防治，将会严重危害公共卫生安全。

（7）我国动物传染病防治仍面临严峻挑战　我国动物疫病病种多、病原复杂、流行范围广。随着畜牧业生产规模不断扩大，养殖密度不断增加，畜禽感染病原机会增多，病原变异概率加大，新发疫病发生风险增加，重大动物疫病在部分地区呈点状散发态势，一些人兽共患病仍呈地方性流行特点。随着人口增长、人民生活质量提高和经济发展方式的转变，对养殖业生产安全、动物产品质量安全和公共卫生安全的要求不断提高，我国动物疫病防治正在从有效控制向逐步净化消灭过渡。国际动物和动物产品贸易活跃，边境地区动物和动物产品走私屡禁不止，外来动物疫病传入风险持续存在。我国养殖规模化程度较低、活畜禽长途调运、现宰现食等养殖、流通和消费方式严重制约动物疫病防治水平的提升。目前，我国兽医管理体制改革进展不平衡，基层基础设施和队伍力量薄弱，活畜禽跨区调运和市场准入机制不健全，野生动物疫源疫病监测工作起步晚，动物疫病防治仍面临不少困难和问题，存在严峻挑战。

（二）兽医传染病学科建设、教学与人才培养发展现状

建设了"兽医学"和"预防兽医学"国家重点学科和"双一流"建设学科，建立了以国家或部委重点实验室、OIE 参考实验室、国家级兽医参考实验室为代表的基地或平台，产生了以院士、长江学者、国家杰出青年科学基金获得者、新世纪百千万人才工程等为代表的一批高端人才，主持承担了以国家自然科学基金重大、重点以及国家重点研发计划为代表的重大项目，产生了以国家科技进步奖一等奖为代表的系列国家级奖项，在 Nature、Science 等国际一流期刊发表了系列论文，研发了系列兽用疫苗和生物诊断制剂。

1. 学科方面

建设了"兽医学"和"预防兽医学"国家重点学科和"双一流"建设学科及动物传染病国家重点实验室（见综合报告）。

2. 平台方面

建立了以 OIE 参考实验室、国家参考实验室、农业农村部重点实验室为代表的系列动物传染病研究平台（见综合报告），为动物传染病研究奠定了坚实基础。2011 年，农业部确定了综合性重点实验室、专业性（区域性）重点实验室和农业科学观测实验站组成的30 个学科群。其中涉及兽医传染病领域主要有兽用药物与兽医生物技术学科群和动物疫病病原生物学学科群 2 个学科群。综合性重点实验室 2 个、专业性 / 区域性重点实验室 15个、农业科学观测实验站 12 个。

3. 人才方面与人才培养

先后产生了院士、国家杰出青年科学基金获得者、长江学者、国家百千万人才工程、万人计划等为代表的一批高端人才（表 39），培养了大批本科生、研究生、博士生等。

表 39　兽医传染病学科国内高端人才

序 号	姓 名	依托单位	人才类别	入选年度
1	陈焕春	华中农业大学	中国工程院院士	2003
2	夏咸柱	军事医学研究院军事兽医研究所	中国工程院院士	2003
3	刘秀梵	扬州大学	中国工程院院士	2005
4	张改平	河南农业大学	中国工程院院士	2009
5	高 福	中国科学院微生物研究所	中国科学院院士	2013
6	金宁一	军事医学研究院军事兽医研究所	中国工程院院士	2015
7	陈化兰	中国农业科学院哈尔滨兽医研究所	中国科学院院士	2017
8	焦新安	扬州大学	国家杰出青年基金获得者	2003
9	周继勇	浙江大学	国家杰出青年基金获得者	2006
10	郑世军	中国农业大学	国家杰出青年基金获得者	2007
11	杨汉春	中国农业大学	国家杰出青年基金获得者	2008

序 号	姓 名	依托单位	人才类别	入选年度
12	刘金华	中国农业大学	国家杰出青年基金获得者	2010
13	刘 爵	北京市农林科学院	国家杰出青年基金获得者	2010
14	肖少波	华中农业大学	国家杰出青年基金获得者	2015
15	曹胜波	华中农业大学	国家杰出青年基金获得者	2018
16	廖 明	华南农业大学	新世纪百千万人才工程	2010
17	张永光	中国农业科学院兰州兽医研究所	新世纪百千万人才工程	2007
18	程安春	四川农业大学	国家百千万人才工程	1999

4. 团队方面

近些年的研究基础已形成了一批动物传染病防控的优秀人才团队和研究基地。我国畜禽重大疫病防控科技创新能力和水平得到显著提升。

中国农业科学院哈尔滨兽医研究所、兰州兽医研究所、上海兽医研究所、中国农业大学、南京农业大学、华中农业大学、华南农业大学、河南农业大学、军事医学研究院军事兽医所等单位在猪传染病研究方面开展深入研究，形成了明显优势和特色。

农业部于2011年设立农业科研杰出人才及其创新团队资助计划，其中兽医传染病学领域，中国农业大学杨汉春、刘金华，南京农业大学姜平、范红结，华中农业大学肖少波、郭爱珍，华南农业大学廖明，四川农业大学程安春，扬州大学焦新安，中国农业科学院哈尔滨兽医研究所王笑梅、冯力，中国农业科学院上海兽医研究所童光志、李泽君，中国农业科学院特产研究所闫喜军，军事医学研究院军事兽医研究所涂长春，中国兽医药品监察所赵启祖、丁家波，中国动物疫病预防控制中心王传彬，中国动物卫生与流行病学中心王志亮、黄保续，北京市农林科学院刘爵14个单位21个团队入选。国家生猪产业技术体系猪病防控研究室组织了陈焕春院士等同领域著名的9位猪病研究岗位科学家，重点开展猪病流行和防控技术研究和技术应用推广工作。

扬州大学刘秀梵院士兽医传染病学教师团队、西北农林科技大学张涌教授兽医学教师团队，华南农业大学廖明教授预防兽医学教师团队、四川农业大学程安春教授预防兽医学教师团队、河南农业大学张龙现教授人兽共患病教学科研教师团队等入选首批（2018年）全国高校黄大年式老师团队。

5. 成果方面

据不完全统计，2014—2018年度兽医传染病学科获批国家自然科学基金重大项目1项，重点项目13项；2016—2018年度获批国家重点研发计划40项（见附录7）；

2012—2018年度兽医传染病学科获得国家科技奖励12项，包括：国家科技进步奖一等奖1项、国家自然科学奖二等奖1项、国家技术发明奖二等奖4项、国家科技进步奖二等奖6项（见附录1-3）。

另外，在 *Nature*、*Science*、*PNAS* 等国际一流期刊发表了系列论文；出版了以《兽医传染病学》《兽医生物制品学》等在内的教材、专著、编著；专利申报也再创历史新高。

兽医传染病学以中国畜牧兽医学会动物传染病学分会为主，主办了系列会议，为科研学术交流搭建了良好平台，重大学术会议见附录8。

三、兽医传染病学科国内外发展比较

（一）各国政府均十分重视动物传染病防控体系建设

鉴于动物传染病的重要性，各国政府都十分重视动物传染病预防与控制体系建设。美国在 20 世纪 80 年代中期对动物传染病预防与控制体系做了重大调整，调整后的体系由两部分组成：第一部分是国家兽医诊断服务实验室系统（NVSL），负责全国疫情的监测和疫病的诊断；第二部分是国家动物疫病研究系统（NADC），设有四个中央实验室，分别从事不同动物疫病的研究工作。英国在 20 世纪 80 年代和 90 年代两次对动物疫病预防与控制体系进行了加强和完善，澳大利亚、瑞士、西班牙、日本等国家也都建立了各自的动物疫病预防与控制体系。该体系的建立与完善使得在执行相关计划的过程中，中央政府、地方政府和企业等职责明确，并在他们之间建立了互相协同和监督的机制，保证了计划的有效实施。特别是在应对紧急突发疫情事件时，可迅速组织协调扑灭工作。

上述各国完善的动物疫病防控体系主要以各级诊断中心、参考实验室或国家实验室为技术支撑，挂靠或直接设在大学兽医学院的相应研究所。

（二）发达国家制订长期动物疫病控制与根除计划

长期以来，发达国家对动物传染病的监控、根除和外来动物疫病的防范始终非常重视，特别是对于被 OIE 列为必报的动物疫病，已形成一套较系统完整的疫病监控和紧急应对措施，长期坚持对全国的动物疫病状况进行严密监控。美国早在 1928 年就消灭了口蹄疫、1976 年消灭了猪瘟等重大动物疫病。通过实施疫病根除计划，美国已在很多州的规模化猪场净化和根除了猪伪狂犬病，其他一些动物疫病也逐步得到消灭和净化。由此看来，建立完善的动物疫病监控和紧急应对体系，制订长期的疫病紧急计划和疫病根除计划是有效防止发生重大动物疫情的关键技术措施。

（三）发达国家始终将重大动物传染病研究放在兽医科学研究的首要位置

发达国家始终加强基础研究，注重现代生物技术在动物传染病防疫中的集成与应用，取得了巨大的经济与社会效益，始终将重大动物传染病的研究放在兽医科学研究的首要位置。针对一些重大动物疫病，每年投入大量的科研经费用于病原学基础研究、监测与诊断技术研究、新型疫苗研究、流行病学调查和建立疫病净化体系。其中，大学在基础理论和技术研究中起着核心作用，推动着生命科学和兽医科学的发展与技术进步。

（四）发达国家根据动物传染病不同级别采取不同综合防控措施

欧美发达国家十分重视动物传染病的综合防控，如对猪瘟、伪狂犬病、口蹄疫、非洲猪瘟等均已经根除的动物传染病，强调进出境检疫，一旦发现，立即扑杀，研究工作只局限于少数外来病研究实验室。对于危害严重的流行性疾病（如猪繁殖与呼吸综合征、猪圆环病毒病、猪流行性腹泻等），主要采取综合性防控措施，特别是饲养管理和生物安全控制，非常重视流行病学研究、病原学诊断技术和疫苗研究，开发安全高效疫苗和诊断试剂，重视临床病毒基因变异监测，通过疫苗临床试验研究，科学规范使用疫苗，对猪繁殖与呼吸综合征和流行性腹泻等难以控制的疫病开展基础研究，包括病原与宿主相互作用、致病机制、免疫机制、基因工程疫苗等。对于地方流行性疾病，如猪传染性胃肠炎、猪轮状病毒、猪传染性脑脊髓炎、猪细小病毒病、脑心肌炎、流行性乙型脑炎等，一般通过综合性防控措施进行预防和控制，不使用疫苗，强调临床病原诊断和监测，实验室研究相对较少。大学和防疫机构一般都有大动物疫病诊断中心，负责规模猪场兽医诊断工作。

（五）我国在兽医传染病学领域还存在差距与不足

近年来，随着国家不断加大对科研的经费投入和团队建设，我国学者不仅获得了病原学的新认识，还在发病机制研究、诊断技术与综合防控策略上取得了重要进展。但正如很多专家从亲身经历中意识到的那样，虽然高水平论文发表了很多，大量专利也得到批准，但疾病越来越多，临床控制效果与欧美发达国家相比仍有较大差距，诊断试剂盒的准确性不如国外一些大公司的同类产品，一些疫苗的保护率还低于国际先进水平。

由于受到多种因素的影响，我国一直比较重视病原分子流行病学、致病和免疫机制、疫苗和诊断方法研究，但轻视临床流行病学、病理学诊断方法研究，实验室与临床存在一些脱节，而且存在大量低水平重复研究，疫苗使用方法和免疫抗体评估方法研究也不够重视。重实验、轻临床，重疫苗、轻诊断，重药物、轻综合，重论文、轻应用的现象长期得不到纠正。

流行病学研究方面，我国虽然近年来硬件设施和人员配备方面取得了明显进步，但由于养殖环境与规模复杂多样，在面对流行病学工作时，重心还是主要集中在疾病发生后病因的检测方面，对疾病的监测与溯源还存在明显不足；对一些重大传染病的病原生态分布和流行规律仍存在"家底不清、态势不明"的问题，尤其是我国非洲猪瘟流行病学研究仍是空白。

诊断制剂研究方面，国外有专门的动物疾病诊断制剂公司，相比之下，国内诊断试剂行业起步比较晚，兽医诊断试剂行业集中度仍然很低，规模都比较小，竞争力比较激烈。另外，诊断制品质量也不稳定，国内目前已批准了多个诊断制品，但从市场反应看，其灵敏度、特异性、可重复性和保存期与同类的国外制品比较还存在一定差距。究其原因，主要是在诊断制品生产工艺上存在差距，在产品敏感性、特异性检验用质控样品的标准化上存在差距。针对规模化养殖缺少高通量、简便、快捷的动物疫病检测制品。

疫苗研究方面，一是产品结构无法满足防控需求，现有动物生物制品种类还不齐全，对细菌类制品研究不足，已批准上市的产品中，大部分是畜禽疫苗品种，水产、特种经济动物用制品较少，宠物用生物制品的种类和质量均不及国际水平。二是生产工艺研究还有待提高，主要表现在活疫苗耐热保护剂尚未普遍应用、灭活疫苗佐剂单一、抗原高效培养纯化浓缩工艺滞后。抗原制备方式由传统的转瓶或鸡胚等培养技术向大规模、全封闭、管道化、自动化悬浮培养技术转变的进程缓慢。三是疫苗质量评价和控制新技术新方法有待建立等。当前，非洲猪瘟疫苗全世界还没有彻底攻克，我国仍然没有开展系统研究。

四、我国兽医传染病学学科的发展趋势与对策

（一）发展思路与目标

动物疫病防治工作关系国家食物安全和公共卫生安全，关系社会和谐稳定，我国兽医传染病学发展思路与战略目标必须与我国科学发展的总体水平、总体目标和综合国力相适应。根据我国家畜、家禽和野生动物养殖与管理、动物及产品贸易等方面对动物传染病预防控制的重大需求，结合《国家中长期科学和技术发展规划纲要（2006—2020年）》《国家中长期动物疫病防治规划（2012—2020年）》《全国兽医卫生事业发展规划（2016—2020年）》等，确定我国兽医传染病学学科发展的思路与目标。

1. 总体思路

深入贯彻落实科学发展观，坚持四个全面战略布局，以"五大发展理念"为引领，坚持"预防为主"和"加强领导、密切配合，依靠科学、依法防治，群防群控、果断处置"的方针，把动物疫病防治作为重要民生工程，以促进动物疫病科学防治为主题，以转变兽医事业发展方式为主线，以维护养殖业生产安全、动物产品质量安全、公共卫生安全为出发点和落脚点，牢牢把握科学主动权，通过创制高效特异性疫苗，开发动物传染病及动物源性人兽共患病的流行病学预警监测、检疫诊断、免疫防治、区域净化与根除技术，实施分病种、分区域、分阶段的动物疫病防治策略，全面提升兽医公共服务和社会化服务水平，有计划地控制、净化和消灭严重危害畜牧业生产和人民群众健康安全的动物疫病，强化国家边境动物防疫安全理念，加强对境外流行、尚未传入的重点动物疫病风险管理，建立国家边境动物防疫安全屏障，为全面建设小康社会、构建社会主义和谐社会提供有力支持和保障。

2. 总体目标

在若干个具有较好基础的研究领域达到世界先进水平，加强自主创新，力争在全球兽医传染病学领域有重要影响，创制一批具有自主知识产权的新型疫苗、诊断试剂和生物治疗制剂，启动一些重大传染病的净化与根除计划，建立一批高技术平台，培养一批专门从事动物传染病科学研究与防控的专门人才和实用技术人才；全面提升我国动物传染病的整体研究水平，保障我国养殖业的可持续发展和人民健康。

（二）对策与建议

1. 提高认识，将动物传染病防控纳入国家整体安全战略

在国家安全大战略背景下，必须提高动物传染病在国家生物安全中重要性的认识，关口前移，纳入国家整体安全战略。

2. 强化管理，建立健全动物传染病防控法律法规建设

根据世界贸易组织有关规则，参照国际动物卫生法典和国际通行做法，健全动物卫生法律法规体系。及时制定动物疫病控制、净化和消灭标准以及相关技术规范，逐步建立起科学、统一、透明、高效的兽医管理体制和运行机制。健全兽医行政管理、监督执法和技术支撑体系，稳定和强化基层动物防疫体系，切实加强机构队伍建设，建立有中国特色的兽医机构和兽医队伍评价机制。

3. 统筹协调，构建动物传染病防控联动联防联控体系

动物传染病的有效防控涉及方方面面，离不开国内多部门的科研联合攻关，离不开国内疫情防控机构或部门的联动联防联控，需要共同构建多层次的协调机制和防控网络。建立以国家级实验室、区域实验室、省市县三级动物疫病预防控制中心为主体，分工明确、布局合理的动物疫情监测和流行病学调查实验室网络。构建重大动物疫病、重点人兽共患病和动物源性致病微生物病原数据库。加强外来动物疫病监视监测网络运行管理，强化边境疫情监测和边境巡检。提升突发疫情应急管理能力。完善突发动物疫情应急预案，加强应急演练。

4. 加大投入，全面提升动物传染病的科技支撑体系建设

（1）加强基础理论研究，注重原始创新，为综合防控奠定坚实基础　开展重要病原生物学与流行病学研究。研究重要病原的分子溯源、遗传变异、分子进化规律，建立病原学与流行病学数据库及传播风险评估模型。开展病原组学与调控网络研究。发现调控病原复制的病原和宿主细胞的关键基因，发现潜在的药物靶标、诊断标识和疫苗候选抗原。解析临床上多病原共感染与继发感染的规律，阐明多病原共感染及其协同致病的分子机制。开展病原基因组学、蛋白质组学、跨种感染等致病与免疫机制研究，力争取得原创性科研成果，为动物传染病防控提供科学与理论支撑。

（2）注重新型技术应用、关键技术突破，研制新型动物传染病生物制品　近年来，随

着病原学、免疫学、基因组学、分子生物学、细胞工程学、材料科学等领域的基础理论成果不断创新，结合现代生物技术、细胞工程技术和生产工艺等革新和应用，为创制性能更理想的疫苗、诊断制品、免疫调节剂、治疗生物制剂、微生态制剂创造了条件。创制精准设计、构建和改造的制苗种毒和疫苗，开展传统疫苗及新型疫苗的研究，研制"多联多价、一针多防"的高效优质疫苗；研发特异、敏感、快速、便捷和检测高通量、自动化的动物疫病诊断制品；开发新型、高效的免疫佐剂；大力研究免疫调节剂、治疗性生物制剂和微生态制剂。

（3）加强研究技术平台建设以及技术创新体系建设　建设一批符合条件、管理规范的生物安全实验室，符合国际标准的实验动物中心，继续加大动物传染病国家重点实验室、OIE参考实验室、国家参考实验室、部委重点实验室建设力度，为动物传染病研究提供有力平台支撑。逐步建立健全以市场为导向，产学研相结合的技术创新体系，形成重大关键技术突破，提升动物病毒病综合防控技术水平。

（4）加强动物传染病生物安全体系建设　研究制定规模猪场企业单位、省市区域及全国范围内的不同等级的猪病防控生物安全措施及实施细则。建设一批具有不同生物安全等级的微生物实验室、实验动物和动物实验基地。

（5）强化动物传染病人才队伍建设　在人才培养方面，我们仍缺乏大量具有国际竞争力的顶尖人才和开展传染病防控的高水平实用型人才，应继续采用"派出去、请进来"方针，与国外一流大学和科研机构合作培养高层次人才；通过产学研结合，培养高水平实用型人才，同时，加大现有人才培养力度，培养兽医行业科技领军人才、管理人才、高技能人才，以及兽医实用技术推广骨干人才，为动物传染病防控提供智力支撑。

5.顶层设计，加强资源整合融合，孕育标志性成果

加强兽医研究机构、高等院校和企业资源集成融合，充分利用全国动物防疫专家委员会、国家参考实验室、重点实验室、专业实验室、大专院校兽医实验室以及大中型企业实验室的科技资源、队伍、人才的整合、融合，形成强强联合，合力攻关，取得标志性重大成果。加强科研项目的顶层设计，通过从基础研究到关键技术研究到集成示范研究的链条式设计，将疫病控制的相关要素与技术在同一项目或不同项目内实现一体化执行，达到科研成果尽快为产业服务的目的。

6.前瞻布局，严防外来动物传染病入侵我国

针对13种重点防范的外来动物疫病以及其他未在我国发生的动物疫病，强化跨部门协作机制，健全外来动物疫病监视制度、进境动物和动物产品风险分析制度，强化入境检疫和边境监管措施，提高外来动物疫病风险防范能力。加强野生动物传播外来动物疫病的风险监测。完善边境等高风险区域动物疫情监测制度，实施外来动物疫病防范宣传培训计划，提高外来动物疫病发现、识别和报告能力。分病种制定外来动物疫病应急预案和技术规范，在高风险区域实施应急演练，提高应急处置能力。加强国际交流合作与联防联控，健全技术和物资储备，提高技术支持能力。开展外来病防控技术贮备研究，研究猪尼帕病毒等国外重要疫病的流行动态，利用基因工程技术，早期开展诊断和免疫技术研究，做好应急防控准备。

参考文献

［1］ Aguilar XF, Fine AE, Pruvot M, et al. PPR virus threatens wildlife conservation［J］. Science, 2018, 362（6411）: 165-166.

［2］ Arzt J, Pacheco JM, Stenfeldt C, et al. Pathogenesis of virulent and attenuated foot-and-mouth disease virus in cattle［J］. Virol J, 2017, 14（1）: 89.

［3］ Bao J, Wang Q, Li L, et al. Evolutionary dynamics of recent peste des petits ruminants virus epidemic in China during 2013-2014［J］. Virology, 2017, 510: 156-164.

［4］ Bello, M.B., et al. Diagnostic and Vaccination Approaches for Newcastle Disease Virus in Poultry: The Current and Emerging Perspectives［J］. Biomed Res Int, 2018, 2018: 7278459.

［5］ Brown, V.R. and S.N. Bevins, A review of virulent Newcastle disease viruses in the United States and the role of wild birds in viral persistence and spread［J］. Vet Res, 2017, 48（1）: 68.

［6］ Cui Y, Wang X, Zhang Y, et al. First confirmed report of outbreak of theileriosis/anaplasmosisin a cattle farm in Henan, China［J］. Acta tropica, 2018, 177207-177210.

［7］ Fangyan Yuan, et al. Generation, safety and immunogenicity of an Actinobacillus pleuropneumoniae quintuple deletion mutant SLW07（ΔapxIC ΔapxIIC Δorf1 ΔcpxAR ΔarcA）［J］. Vaccine, 2018, 36: 1830-1836.

［8］ Fu X, Fang B, Ma J, et al. Insights into the epidemic characteristics and evolutionary history of the novel porcine circovirus type 3 in southern China［J］. Transbound Emerg Dis, 2018, 65（2）: e296-e303.

［9］ J Xue, M Y. Xu, Z Ma. et al. Serological investigation of Mycoplasma synoviae infection in China from 2010 to 2015［J］. Poult Sci, 2017, 96（9）: 3109-3112.

［10］ Li C, Bu Z, Chen H. Avian influenza vaccines against H5N1 'bird flu'［J］. Trends in Biotechnolog, 2014, 32（3）: 147-156.

［11］ Li Y, Li L, Fan X, et al. Development of real-time reverse transcription recombinase polymerase amplification（RPA）for rapid detection of peste des petits ruminants virus in clinical samples and its comparison with real-time PCR test［J］. Sci Rep, 2018, 8（1）: 17760.

［12］ Li Z, Zheng F, Gao S, et al. Large-scale serological survey of bovine ephemeral fever in China［J］. Vet Microbiol, 2015, 176: 155-160.

［13］ Liu HB, Wei R, Ni XB, et al .The prevalence and clinical characteristics of tick-borne diseases at One Sentinel Hospital in Northeastern China［J］. Parasitology, 2018: 1-7.

［14］ Liu Z, et al. Development of multiplex PCR assays for the identification of the 33 serotypes of Streptococcus suis［J］. PLoS One, 2013, 8（8）: e72070.

［15］ Marie J Ducrotoy, Raquel Conde-Álvarez, José María Blasco, et al. A review of the basis of the immunological diagnosis of ruminant brucellosis［J］. Veterinary Immunology and Immunopathology, 2016, 171: 81-102.

［16］ Paul de Figueiredo, Thomas A. Ficht, Allison Rice-Ficht, et al. Pathogenesis and Immunobiology of Brucellosis［J］. The American Journal of Pathology, 2015, 185（6）: 1505-1517.

［17］ Qi S, Su M, Guo D, et al. Molecular detection and phylogenetic analysis of porcine circovirus type 3 in 21

Provinces of China during 2015–2017［J］. Transbound Emerg Dis，2019 Jan 13；doi：10.1111/tbed.13125.

［18］Rahman，A.，M. Habib and M.Z. Shabbir，Adaptation of Newcastle Disease Virus（NDV）in Feral Birds and their Potential Role in Interspecies Transmission［J］. Open Virol J，2018，12：52–68.

［19］Robinson L，Knight–Jones TJ，Charleston B，et al. Global foot–and–mouth disease research update and gap analysis：3 –Vaccines［J］. Transbound Emerg Dis，2016，63（S1）：30–41.

［20］Shi J，et al. Rapid Evolution of H7N9 Highly Pathogenic Viruses that Emerged in China in 2017［J］. Cell Host Microbe，2018，24（4）：558–568.

［21］Su，S，Gu，M，Liu，D，et al. Epidemiology，Evolution，and Pathogenesis of H7N9 Influenza Viruses in Five Epidemic Waves since 2013 in China［J］. Trends in microbiology，2017，25：713–728.

［22］Vlasova AN，Amimo JO，Saif LJ. Porcine rotaviruses：epidemiology，immune responses and control strategies［J］. Viruses，2017，9，48；doi：10.3390/v9030048.

［23］Walker PJ，Klement E. Epidemiology and control of bovine ephemeral fever［J］. Vet Res，2015，46：124.

［24］Wenske O,Rückner A,Piehler D,et al. Epidemiological analysis of porcine rotavirus A genotypes in Germany［J］. Vet Microbiol，2018，214（2）：93–98.

［25］Xing Guo，Shuang Gao，Shengbo Sang，et al. Detection system based on magnetoelastic sensor for classical swine fever virus［J］. Biosensors and Bioelectronics，2016，82：127–131.

［26］Zhang Q，et al. H7N9 influenza viruses are transmissible in ferrets by respiratory droplet［J］. Science，2013，26；341（6144）：410–414.

［27］Zhang Q，Jiang P，Song Z，et al. Pathogenicity and antigenicity of a novel NADC30–like strain of porcine reproductive and respiratory syndrome virus emerged in China［J］. Vet Microbiol，2016，197：93–101.

［28］Zhang Y. et al. H5N1 hybrid viruses bearing 2009/H1N1 virus genes transmit in guinea pigs by respiratory droplet［J］. Science，2013，21；340（6139）：1459–1463.

撰稿人员：王晓钧　王家鑫　文心田　朱战波　刘金华　杜　建
李俊平　何洪彬　张　强　金宁一　金梅林　姜　平
高玉伟　程世鹏　程安春　焦新安　鲁会军　廖　明
执笔人：李　昌

兽医寄生虫学发展研究

一、引言

兽医寄生虫学是兽医学的骨干学科，是预防兽医学的重要组成部分，也是一门重要的兽医临床学科，是研究动物寄生虫病病原的生物学、生态学、致病机制、实验诊断、流行规律和防治的科学，是以多种学科为基础的综合性学科。病原学、流行病学、生活史、危害、致病机制、诊断技术、药物研发以及防控措施等是兽医寄生虫学研究的主要内容。

兽医寄生虫学学科的任务是：保障养殖业安全，保障公共卫生安全，保障动物源性食品安全，保护野生动物资源。畜禽寄生虫种类多、分布广，常以隐蔽的方式损害动物，严重危害畜禽健康，降低其生产性能以及畜产品的数量和质量；人兽共患寄生虫病对人和动物造成严重危害，食源性寄生虫病是食品安全和公共卫生领域的重要课题。

近年来，兽医寄生虫学与免疫学、分子生物学、生物信息学等新兴学科有了深入的交叉和融合，使得寄生虫病原学、流行病学、致病机制、诊断方法、疫苗研制以及新药研发等研究取得了很多突破性进展。

二、近 5 年我国兽医寄生虫学发展现状

（一）科研项目明显增加，成效显著

近年来本领域的多位专家先后承担了"973"专项、"863"计划项目、国家科技支撑计划、国家重点研发、国家自然科学基金以及国家公益性行业（农业）科研专项等一批科研项目，国家自然科学基金项目申请和资助数量均位于兽医学学科第三名，科研经费量创历史新高。兽医寄生虫学领域的科研产出数量和质量均得到较大提升，在国际刊物上论文发表量持续攀升，在 TOP 期刊上也不断有论文发表。据不完全统计，2014 年至今，我国学者仅在兽医寄生虫学领域的主流期刊 *Veterinary Parasitology* 发表论文数量就达到 150 余

篇，而 2000 年—2014 年我国学者在该刊发表论文总数仅 360 篇。兽医寄生虫学工作者先后获得数项国家级和省部级科技奖励，在新兽药研发方面也取得了显著成绩。在人才培养方面也取得了可喜成绩，长江学者特聘教授、国家自然科学基金杰出青年基金、优秀青年基金、国家万人计划中青年领军人才和杰出人才、国家百千万人才工程国家级人选和享受国务院政府津贴专家等方面兽医寄生虫学科研工作者入选人数均有显著提升。在国际合作和交流方面也取得显著的进展，先后引进国际顶级专家 4 名，其中包括美国科学院院士 1 名。国内外交流明显活跃，主办或参与多次国际性学术交流会议，多位专家受邀在大会或分会上做学术报告，多位专家蜚声国际学术界，多名专家在国际期刊和国际组织任职。可见，兽医寄生虫学工作者在国际上的知名度和影响力得到了明显提升。

（二）对多种重要寄生虫病研究和防控取得突破性进展

我国寄生虫学工作者对严重危害畜禽生产、人畜健康、公共卫生安全等多种重要寄生虫病开展了多方面研究，取得显著成果。近几年我国重点研究和防控的寄生虫病主要集中在弓形虫病、隐孢子虫病、球虫病、梨形虫病、新孢子虫病以及贾第虫病、微孢子虫病和环孢子虫病等原虫病；日本血吸虫病、片形吸虫病、东毕吸虫病等吸虫病；棘球蚴、囊尾蚴、草食动物消化道绦虫病等绦虫病，旋毛虫病、捻转血矛线虫病、钩虫病、蛔虫病等线虫病，蝇蛆病、螨病、蜱与蜱感染等外寄生虫病。对不同寄生虫病的研究内容不尽相同，多是涉及病原学、流行病学、诊断技术、致病机制、免疫机理、疫苗研发以及防控措施等研究内容。

本报告以寄生虫的危害宿主类别、传播方式或涉及主要领域进行归类，以新的视角简要阐述我国近 5 年寄生虫学领域研究与寄生虫病防控现状。

1. 畜禽重要寄生虫病：主要是对畜牧业造成重要经济损失的寄生虫病

（1）畜禽球虫病 目前，国内已经有 6 个鸡球虫疫苗获得新兽药证书，部分进入生产应用，甚至远销巴西、越南等国家。我国球虫病的基础研究方面也有突破性进展，可以说中国学者关于球虫病研究的水平居国际前列。近几年，研究内容主要集中于鸡球虫蛋白功能、入侵机制、免疫机制和免疫保护等方面，其他动物球虫病，如兔球虫、牛球虫等也有涉猎。①流行病学和诊断技术：基于种特异性基因鉴定球虫种及新种认定；对兔群、奶牛和褐牛球虫感染情况进行调查与监测。②免疫保护和疫苗研发。早熟苗：进一步对鸡和兔的重要球虫进行早熟选育，获得早熟弱毒株，对它们进行生物学特性及早熟弱毒苗免疫效力研究。蛋白疫苗：筛选球虫分泌蛋白基因，重组表达作为候选抗原，配合其他免疫增强剂或佐剂以提高免疫效力，为研制鸡球虫重组疫苗奠定基础。③功能蛋白与致病机制：深入研究了球虫分泌蛋白在虫体入侵、繁殖中的功能。鉴定了数种新的分泌蛋白，明确了多种微线蛋白在虫体入侵过程中的重要作用，其重组蛋白具有较好的抗原性。对柔嫩艾美耳球虫子孢子感染宿主细胞后蛋白质组学分析，进一步研究球虫子孢子入侵细胞机制。

④耐药性和耐药机制研究：莫能霉素（Mon）耐药虫株，Mon可明显诱导Mon-敏感虫株产生自噬并介导虫体死亡，发现自噬可作为诱导球虫死亡研发新药的重要机制，也可进一步解释球虫产生耐药的另一种作用机制。⑤药物治疗及研发：开发了一批有效的抗球虫药物，包括国家一类新药"海南霉素"、二类新药"地克珠利"，发现多种具有抗球虫活性的药物：复方中药制剂与鼠李糖乳杆菌（*Lactobacillus rhamnosus*）ATCC53103协同发酵产物治疗雏鸡球虫病，EtHK可作为潜在的药物靶点，芒果苷及其类似物可用于开发抗球虫药物，紫茎泽兰可致弱鸡球虫卵囊活性，鸦胆子醇提物能有效减少鸡血便的产生，降低卵囊排出量和盲肠中第二代裂殖体的数量，减轻盲肠病变程度，为研制新型抗球虫药奠定了基础。

（2）新孢子虫病　新孢子虫病对牛、犬等多种动物危害已为人们所认识。我国研究者已经成功运用新孢子虫基因敲除、基因过表达等基因调控技术对该病原进行了深入研究，为揭示新孢子虫的致病机理、虫体代谢、病原与宿主互作、药物靶点筛选等奠定良好的基础，近期有望取得突破性进展。

（3）片形吸虫病　片形吸虫病对我国家畜造成严重危害，我国兽医界在片形吸虫的功能组学、分子生物学特性、片形吸虫与宿主间的相互作用、宿主（水牛）免疫应答、诊断检测技术等方面进行了系统且深入的研究，取得明显进展。首次阐明了我国大片吸虫不同发育期的转录组，明确了我国肝片吸虫的染色体核型。查明了青海牧区牦牛、环青海湖牧区和甘肃甘南牧区绵羊肝片吸虫流行病学特征，为综合防治措施的制定提出了科学依据。建立了多种诊断方法，开展了药效评价与筛选以及肝片吸虫病的综合防治研究，制定综合防治措施，在甘南等地示范推广后，取得了显著的经济效益。

（4）东毕吸虫病　确定了东毕属应归于裂体属，确定土耳其斯坦东毕吸虫结节变种和程氏东毕吸虫均为土耳其斯坦裂体吸虫同物异名。摸清了黑龙江地区该病的发病时间、中间宿主种类与分布等相关规律；对该雌雄虫的转录组进行测序与分析，为进一步深入研究奠定了基础。

（5）捻转血矛线虫病等反刍动物消化道线虫病　捻转血矛线虫病是广泛分布于我国各地的线虫病，该虫也是消化道线虫的模式虫种。发现捻转血矛线虫半乳糖结合凝集素（galectin）对宿主具有免疫抑制作用，并阐明了galectin免疫抑制作用的分子机制。发掘、鉴定和深入研究大量新的功能性分子。筛选出了多个疫苗候选抗原，其中H11 DNA疫苗获国家发明专利。开展了捻转血矛线虫种群遗传学及抗药性相关基因的遗传变异及牛羊寄生蠕虫流行病学等方面研究。鉴定、发现了捻转血矛线虫胰岛素样信号传导通路重要基因及功能；发现中国地区不同地理种群内部发生高度遗传变异，种群间遗传分化不明显，存在较高的基因流，以及中国地区捻转血矛线虫存在抗苯丙咪唑虫株；明确了湖北省放牧牛羊寄生蠕虫的优势虫种及季节感染动态，建立了诊断捻转血矛线虫的LAMP方法及检测抗苯丙咪唑虫株的AMRS-PCR方法。成功建立研究寄生性线虫基因功能和表达寄生性线虫疫苗候选抗原的转基因显微注射技术体系平台。开展捻转血矛线虫滞育相关基因的研究，获得了 74 个滞育期幼虫的差异基因 EST 序列以及部分重要 *Hc-acox-1*，*Hc-maoc-1*，*Hc-dhs-28*，*Hc-daf-22*，*Hc-fau* 全基因和 cDNA，对它们的功能和意义进行了初步研究。在捻转血矛线虫干燥相关基因研究方面，确认了线虫抗干燥过程中发挥作用基因的表达位置及功能。进行了捻转血矛线虫免疫学相关研究，为疫苗研发奠定基础。

在线虫病防控方面，取得了不错的成绩：①研制出爱普利注射剂 0.2mg/kg，对牦牛线虫病驱虫效果高效安全。②以疫苗的稀释剂为水基制备阿维菌素水乳剂，进行羊梭菌病多联干粉灭活疫苗，驱虫效果明显。

（6）螨　近年来开展了疥螨和痒螨的形态学、生物学、分子系统进化、种群遗传结构、线粒体基因组、转录组、MicroRNA、功能基因以及重组亚单位疫苗抗原的天然杀螨药物筛选等研究，取得较好的成果。发现笼养鸡的皮刺螨和北方羽螨分别是危害我国蛋鸡和种鸡的主要螨虫；研制出防治北方羽螨的油剂，解决了现有制剂对鸡羽毛渗透性差、疗效差的问题；证实鸡皮刺螨携带的细菌是重要的细菌病传播媒介；成功建立了鸡皮刺螨实验室快速繁殖方法，并开展了鸡皮刺螨的生物学研究、药物筛选和疫苗研制。

2. 人兽共患寄生虫病：人兽共患寄生虫病种类多，对人和动物危害严重，是我国寄生虫学工作者近年来研究的重点领域

（1）弓形虫病　对弓形虫病研究涉及病原和疾病的各个方面，包括病原学、流行病学、致病机制、代谢、免疫学、诊断与防控等，由于弓形虫是顶复门原虫的模式种，医学、兽医学、生物学领域对其研究均较深入，国内已有数个单位利用基因调控技术研究弓形虫的蛋白功能、致病机制、毒力因子、代谢等，有多篇高水平研究文章发表在国际重要刊物上。近年来，弓形虫的基因调控技术平台较为成熟，为其深入研究奠定了基础。主要集中于流行现状、诊断方法、虫体代谢、致病机制等方面的研究。①分别建立了多种检测抗体或抗原的检测方法，对于早期感染、隐性感染、区分动物弓形虫包囊与卵囊感染具有重要意义。鉴定了 15 个新的顶复体蛋白质，敲低一个关键蛋白 CPH1 后，类锥体的结构完整性、寄生虫的迁移能力和宿主入侵能力均受显著影响。②深入探讨了弓形虫的致病机制。发现了多种在弓形虫入侵、增殖以及释放过程中的重要因子，如多种分泌蛋白是弓形虫生命活动和致病的关键因子。发现了多种致密颗粒蛋白，这些假定蛋白可能在虫体感染宿主的过程中扮演着重要角色，也为弓形虫与宿主的相互作用研究提供了理论依据。多种酶类是弓形虫的代谢及生存的必需因子，如酮酸激酶 PYK1 是弓形虫碳代谢的中心节点，在糖酵解、脂肪酸及能量代谢发挥重要作用；半胱氨酸水解酶 MCA1 和 MCA2 是弓形虫凋亡的关键因子，是虫体分裂和增殖必需物质；D-3-磷酸甘油酸脱氢酶能够与宿主细胞表面的唾液酸结合并介导弓形虫入侵宿主细胞；柠檬酸合成酶 I（rTgCSI）蛋白在低浓度下增强吞噬作用和晚期凋亡、高浓度下抑制吞噬和晚期细胞凋亡，在体外的巨噬细胞与 rTgCSI 培养后可刺激 IL-10、IL-1β、TNF-α、TGF-β1 的分泌；硫氧还蛋白还原酶（Thioredoxin reductase，TR）是虫体抗氧化系统发挥作用的重要因子。③新型疫苗研究。多种重组表达蛋白用于实验室免疫小鼠等动物均有一定效果；多种基因敲除虫株的毒力大大降低，有望成为新型疫苗。

（2）隐孢子虫病　近5年内，我国学者发表论文数量列世界第二位。近几年主要研究内容和成果如下：①深入开展了我国不同地区多种动物隐孢子虫感染情况调查，基本摸清畜禽以及野生动物隐孢子虫种类分布特征和流行规律。我国人和动物感染微小隐孢子虫具有独特的遗传学特征，我国微小隐孢子虫以IId亚型占绝对优势，在我国发现的7个IId亚型中IIdA19G1占比48.8%（127/260）和IIdA15G1占比36%（94/260），IIdA15G1和IIdA19G1合计占比84.8%，显著不同于世界其他国家和地区；遗传重组似乎是选择高传染性隐孢子虫亚型的驱动力，GP60和其他几种分泌蛋白可能参与某些隐孢子虫亚型的高传染性；对我国、瑞典和埃及不同动物源*C.parvum* IId进行MLST分型和群体遗传分析，发现*C.parvum* MLST亚型具有宿主适应性和地理区域隔离特征，鉴定出*C.parvum* IId为克隆性群体结构；推论出*C.parvum* IId亚型从西亚扩散至其他地理区域，该研究结果在*C.parvum*起源研究以及宿主适应机制研究方面是一个关键进展。②对隐孢子虫8个虫种的200多个分离株进行了全基因组测序，它们的基因组非常相似。宿主范围广的虫种，其特异性基因的拷贝数增加；微小隐孢子虫和泛在隐孢子虫的亚型家族内也同样存在这些虫种间的基因拷贝数和序列差异。亚端粒区的基因复制和丢失以及高度多样性的分泌蛋白，可能是导致感染肠道的遗传相近的隐孢子虫虫种产生宿主特异性的原因。感染胃的隐孢子虫虫种基因组高度保守。③黏附和入侵机制研究。发现微小隐孢子虫含整合素结构域蛋白（Cgd5_830）通过硫化肝素介导虫体对肠上皮细胞的黏附；胰岛素降解酶家族成员INS21和INS-5蛋白可能参与*C.parvum*早期入侵宿主细胞；CpCDPK6可能参与微小隐孢子虫入侵宿主的早、中期过程；CDPK家族成员蛋白在虫体入侵后的表达时期和位置分布均有差异，推测其在虫体入侵、逸出和生长的不同阶段发挥作用。

（3）毕氏肠微孢子虫病　近数十年内，毕氏肠微孢子虫（*E.bieneusi*）分子流行病学研究取得显著进展，在26个省、自治区发现大量宿主种类和众多的新基因型，发表SCI论文数量列国际第二位。毕氏肠微孢子虫感染在腹泻和不腹泻的患者、非人灵长类、奶牛、绵羊、山羊、猪、犬、猫、兔、马、驴和捕获的野生动物和动物园动物，以及水源中。鉴定出361个基因型，其中314个是新基因型，表明在中国具有独特的群体遗传特征。最常见到的基因型分别是D、EbpC、I、J、BEB6，人、牛、绵羊、山羊、猪和野生动物最常见到的是基因型D。这些基因型聚类于11个群（1~4群，6~9群，群外基因型和两个新群），绝大多数动物源基因型属于人兽共患的1群，表明我国调查的动物所感染基因型具有潜在的人兽共患风险。这些ITS基因型进一步多位点分型鉴定出237个多位点基因型，猪感染的毕氏肠微孢子虫具有最复杂的群体遗传结构。

（4）贾第虫病　近十年内，十二指肠贾第虫［*Giardia duodenalis*，同物异名为蓝氏贾第虫（*Giardia lamblia*），肠贾第虫（*Giardia intestinalis*）〕分子流行病学取得了显著的进展。非人灵长类感染率 4.49%（172/3827），鉴定出集聚体 A（16）、B（146）和 E（4），其中 B 为绝对优势的集聚体。集聚体亚型分别为 AI（2）、AII（13）、AIII（1）、BIV（118），而且以 BIV 为优势亚型。牛羊反刍动物以集聚体 E 为优势，也有少量人兽共患集聚体 A 和 B 出现。犬以 D、C 和 A 集聚体为常见，猫则鉴定出 A、F 和 B。贾第虫感染在我国具有较大的公共卫生风险。

（5）血吸虫病　2015 年年底，全国如期实现了《全国预防控制血吸虫病中长期防控规划（2004—2015）》提出的总体目标。之后，我国人群和家畜血吸虫病疫情继续下降，疫情达到历史最低水平。截至 2017 年年底，全国 12 个血吸虫病流行省（直辖市、自治区）中，上海、浙江、福建、广东、广西等 5 个省（直辖市、自治区）达到血吸虫病消除标准，四川省达到传播阻断标准，云南、江苏、湖北、安徽、江西及湖南 6 个省达到传播控制标准。全国 450 个流行县（市、区）中，229 个（50.89%）达到血吸虫病消除标准，139 个（30.89%）达到传播阻断标准，82 个（18.22%）达到传播控制标准。

多年来致力于血吸虫病研究，开展了家畜血吸虫病流行病学、防控技术及其示范推广、血吸虫功能基因组、蛋白质组和 miRNA 组的解析、血吸虫宿主适宜性、血吸虫发育生物学、血吸虫感染免疫学、寄生虫与宿主相互作用机制、重要血吸虫分子的生物学功能探索等基础研究和应用基础研究；阐明了我国湖沼型流行区和山区型流行区（大山区）家畜感染的季节动态，研究提出不同流行区家畜血吸虫病防控对策和技术措施并开展推广应用，为我国家畜血吸虫病疫情下降作出了贡献；鉴定一批与日本血吸虫生长发育和免疫逃避相关的重要分子，阐述血吸虫与宿主相互作用机制，发现与血吸虫雌雄虫发育成熟、产卵等相关的重要分子，揭示了 miRNAs 调控血吸虫生殖发育和寄生的分子调控，为血吸虫病防控研究取得再次突破开拓了新思路和新途径。近年来，我国学者全面揭示了日本血吸虫各发育时期 microRNA 及 endo-siRNA 的转录组及表达特征。完成了日本血吸虫 5 个发育时期的小 RNA 的转录组分析。初步阐明虫体在不同发育时期具有特征性的 microRNA 的转录规律。发现不同性别虫体之间的蛋白质组成差异。在确定日本血吸虫编码极化相关蛋白质（SjScribb）的基因的基础上，研究了该蛋白质中与其他蛋白质相关作用的 PDZ 基团及结合序列。确定了日本血吸虫各发育时期降解组的表达规律。率先确定了日本血吸虫编码 262 个蛋白酶的基因及其表达规律。发现了与血吸虫雌虫代谢、虫卵产生相关的蛋白酶，为研制特异性药物和疫苗奠定了基础。对吸虫病治疗研究发现 ABL 激酶抑制剂 Imatinib 对日本血吸虫成虫的不同的生理过程有显著影响，青蒿琥酯对日本血吸虫诱导的早期肝纤维化具有较好的干预效果。

通过对蛋白质磷酸化过程中的关键酶类进行功能研究发现，PP1 蛋白磷酸酶通过调控细胞增殖和生殖成熟在日本血吸虫的生长发育过程中发挥必需功能；RIO 蛋白激酶作为关键分子参与日本血吸虫雌虫的生殖发育；同时伊马替尼（Imatinib）作为 ABL 激酶的抑制剂对日本血吸虫的存活、雌雄虫相互作用以及生殖成熟等重要生理过程产生显著抑制效果。此类血吸虫生长发育关键分子的功能研究可为鉴定潜在药物靶点奠定坚实的理论基础。

（6）带科绦虫病　主要包括棘球蚴病、猪囊尾蚴病、亚洲带绦虫病、牛囊尾蚴病等，其中棘球蚴病是农业农村部中长期动物防制规划中重点防控的 16 个疫病之一。基本摸清了全国棘球蚴病的流行情况并对病原生物学、致病机制、诊断及控制策略等进行了深入的研究。在总结世界棘球蚴病 150 年防控经验的基础上，结合我国实际提出了对犬无虫卵污染驱虫的"单项灭绝病原"的控制策略，提出"犬犬投药，月月驱虫"的控制措施，目前该措施已在我国包虫病高发流行地区近 600 个县推广应用，取得了明显的控制效果。建立了棘球蚴病和脑包虫病的血清学诊断和基因检测方法，实现了生前免疫学诊断、鉴别诊断和犬粪监测。制定和修订了农业行业标准《棘球蚴病诊断技术》NY/T 1466。"吡喹酮咀嚼片"获得 5 类新药证书。开展了青藏高原棘球绦虫基因型鉴定、种群遗传结构与功能基因研究；证实在我国西北地区绵羊和人细粒棘球蚴均属 G1 基因型。

分析和评估了羊脑多头蚴抗原组分，并进行免疫效果评价。建立了猪带绦虫仓鼠感染模型和猪囊尾蚴小鼠感染模型及猪的感染模型，为猪带绦虫 / 囊尾蚴病原学研究以及疫苗保护评价提供了实验材料、模型和平台。成功研制了组织细胞苗、亚单位疫苗和核酸疫苗。完成了带绦虫、亚洲带绦虫、猪带绦虫和豆状带绦虫等我国主要绦虫全基因组测序及其转录组、MicroRNA、功能基因与防控技术研究；揭示了带绦虫完成宿主转换及物种形成的进化历程。完成了 4 种绦虫的蛋白酶及其抑制物的比较基因组研究，为寄生虫入侵、致病与免疫机制等研究提供新的思路，也为药物或疫苗研发提供重要的靶标分子。

（7）弓首蛔虫病　与国外学者合作成功解析了犬弓首蛔虫基因组及转录组。犬弓首蛔虫基因组大小为 317Mb，含有 13.5% 的重复序列，编码至少 18596 个蛋白编码基因。对犬弓首蛔虫基因组及转录组的成功解析，为深入研究犬弓首蛔虫及其他相关寄生虫的基因功能及生物学特性、研制新的防控制剂提供了丰富的基础数据及资源。

（8）粪类圆线虫病　建立粪类圆线虫生活史及转基因技术平台并首次在子午沙鼠中建立了该虫感染的动物模型。对该虫非典型蛋白激酶 RIOK1、RIOK2 和 RIOK3 编码基因进行了鉴定和功能研究，发现三激酶编码基因具有该类酶的保守功能域，RIOK 蛋白激酶的功能研究为靶向于该蛋白激酶的抑制剂的探索和抗寄生虫药物的开发提供潜在的机会。

3. 食源性寄生虫病

食源性寄生虫病主要是从人的角度来陈述的人兽共患寄生虫病，人类主要通过食用肉食品中未灭活（未煮熟）的感染性虫体遭受感染，前述的多种人兽共患病也是食源性寄生虫病，如猪尾蚴病、弓形虫病、牛囊尾蚴病等，此处仅列出几种仅能通过食用肉食品感染人的寄生虫病。

（1）旋毛虫病　近 5 年来，我国旋毛虫病相关研究团队无论在基础研究还是应用研究方面都取得了突出的成果。鉴定旋毛虫病早期诊断标识抗原 10 余个，成功建立猪旋毛虫病"无盲区"免疫学诊断与检验技术—ELISA 及免疫荧光试纸技术并列入国家标准（猪旋毛虫病诊断技术，报批阶段）；鉴定核酸诊断标识 5 个，建立实时荧光 PCR 检测方法并列入国家标准（旋毛虫实时荧光 PCR，GB T 35904–2018）。初步探究了旋毛虫包囊形成机制和免疫抑制机制，为旋毛虫病的防治及免疫抑制剂的应用提供了新思路。相关研究成果发表论文共计 100 多篇，其中 SCI 50 余篇。研究成果获吉林省技术发明一等奖，制定或修订国家标准 2 项，申请专利 10 余件，获授权专利 3 件。吉林大学人兽共患病研究所 2014 年被认定为 OIE 亚太区食源性寄生虫病协作中心。

（2）异尖线虫病　我国异尖线虫病的主要病原体是异尖属线虫，异尖线虫病的临床表现为急腹症和过敏症。近年来，我国学者对我国各个海域的异尖线虫进行了全面的调查，发现渤海、黄海、东海鱼类寄生的异尖线虫主要是派氏异尖线虫，而南海主要是典型异尖线虫。研究证明我国海洋鱼类异尖线虫的感染率和感染强度较高，存在着异尖线虫病的风险，应该加强对异尖线虫病的防控。

4. 虫媒与虫媒传播寄生虫病

（1）虫媒　硬蜱：经过多年努力，对西北地区硬蜱的种类、区系分布、季节动态及生活习性等进行了广泛的调查和治疗研究。目前，已经完成了长角血蜱甘肃株、残缘璃眼蜱、亚洲璃眼蜱内蒙株的线粒体基因组测序；完成 11 个蜱种 30 个不同发育阶段的 miRNA 测序工作，构建了我国地方蜱种的 miRNA 数据库平台。调查了国内不同地区硬蜱的抗药性；进行了硬蜱的生物防控、药物制剂等方面研究。

近年来我国学者通过高通量测序技术发现了一类新型分节段黄病毒—阿龙山病毒（Alongshan virus, ALSV）。阿龙山病毒首先发现于我国内蒙古东部及黑龙江大兴安岭地区。2017 年在该地区采集的 374 份蜱咬伤住院患者血样中共检出 86 例阿龙山病毒阳性患者，患者以男性居多（73.3%），多为野外工作者（97.7%），有近期蜱叮咬史（95.3%），患者年龄主要集中在 40 ~ 60 岁（67.4%）；发病高峰期主要集中在 5 ~ 7 月，与当地蜱滋生繁殖期一致；目前尚不明确病毒是否可通过人—人进行传播。阿龙山病毒是在我国东北蜱咬伤患者分离鉴定的分节段黄病毒新种，因为该病毒感染患者首先发现于我国内蒙古阿龙山地区，因此命名为阿龙山病毒，这是我国兽医寄生虫学科学家的一个重大突破。

蚊：我国兽医界过去对蚊的研究较少。近年来，我国学者在海南省开展了旨在控制蚊虫的多方面研究。证明了 5 个气味受体基因（CquiOR04、CquiOR05、CquiOR06、CquiOR42 和 CquiOR65）可能决定致倦库蚊和淡色库蚊的复杂嗜血性。解析了按蚊乙酰胆碱酯酶的晶体结构和伊蚊 3 个芳烷基胺 N- 乙酰基转移酶的晶体结构，对设计新型专性杀蚊药都有重要价值；发现蚊虫卵黄羧肽酶基因与溴氰菊酯抗性关系。近期发现两种海南热带植物和一种海洋生物成分具有杀蚊虫效果；制订了一种新型绿色蚊虫控制方法，已经获得了实用新型专利授权。

（2）虫媒传播的寄生虫病　梨形虫病：梨形虫病包括泰勒虫病和巴贝斯虫病，对牛、羊、马以及犬等多种动物的危害严重。近年来我国学者深入研究了羊泰勒虫病、环形泰勒虫病和莫氏巴贝斯虫病，在媒介、虫体培养、超微结构、诊断与鉴定、流行与传播和防控方面进行了更深入的工作。完成了梨形虫交叉引物恒温扩增联合免疫层析检测技术的研究，申报国家发明专利2项；进行了以羊巴贝斯虫AMA1为靶标分子的多重套式PCR和ELISA方法的研究，申报2项国家发明专利；开展了牛环形泰勒虫SPAG作为诊断标识可能性的鉴定，目前正在进行虫体阶段特异性评价；进行了鉴别牛巴贝斯虫和双芽巴贝斯虫感染的ELISA试剂盒的研制，起草了牛巴贝斯虫病间接ELISA新兽药申报书框架。下一步将进行试剂盒生产和评价工作，同时进一步完善新兽药申报材料。完成《牛泰勒虫病诊断技术》行业标准报批稿及答辩工作，现处于待发布状态；《牛巴贝斯虫病诊断技术》国家标准项目公示结束，现等待最后审批阶段。水牛巴贝斯虫病的研究，从最初的病原学、流行病学、致病机制、免疫诊断和预防控制，到近年来对该病原的全基因组进行测序，完成线粒体和顶质体基因组注释，并以此为基础克隆表达/研究了一系列和入侵宿主及免疫相关的基因。对人兽共患的田鼠巴贝斯虫研究方面，参与确诊我国首例人感染田鼠巴贝斯虫病例，建立了以重组抗原为核心的血清学检测技术。论证了田鼠巴贝斯虫病在我国野生鼠类中的普遍存在性，并明确长角血蜱等硬蜱可能是主要传播媒介，输血仍是人感染巴贝斯虫重要途径。田鼠巴贝斯虫可能是梨形虫一个新的分支。

我国学者首次确定骆驼福斯盘尾丝虫病的传播媒介是曲囊库蠓（*Culicoides puncticollis*），发现了我国反刍家畜斯氏副柔线虫病的传播媒介是截脉角蝇和西方角蝇，并对传播媒介的生活习性及斯氏副柔线虫在传播媒介不同时期内幼虫的发育情况进行了深入研究。

5. 野生动物寄生虫病

野生动物寄生虫病　近年来，我国学者利用线粒体和核糖体遗传标识，对寄生在大熊猫、小熊猫等21种珍稀野生动物体内寄生蛔虫的分类地位进行了系统进化研究；建立了西氏贝蛔虫粪便虫卵特异的PCR检测法，完成了大熊猫西氏贝蛔虫7种抗原候选的疫苗或诊断价值评价，开展了药物防控技术研究，出版了专著《野生动物寄生虫病学》。系统地完成了我国50余种圈养灵长类的胃肠道蠕虫及原虫的病原种类调查、分子分类、原虫基因分型及蠕虫防控技术研究。

6. 抗寄生虫药物和疫苗研究与应用

（1）抗寄生虫药物　国内科研单位在抗寄生虫药物研究方向主要包括新原料药研发、新制剂研发、抗药性研究等方面。根据"中国兽药信息网"的信息，近年来共有5个新抗寄生虫药物获得国家二类新兽药证书（乙酰氨基阿维菌素、米尔贝肟、莫昔克丁、非泼罗尼、硝唑尼特），1个获得国家三类新兽药证书（多拉菌素）。在新制剂研发方面，有4个获得国家二类新兽药证书（乙酰氨基阿维菌素注射液、米尔贝肟片、莫昔克丁浇泼溶液、非泼罗尼滴剂）、1个获得国家三类新兽药证书（多拉菌素注射液）、4个获得国家三类新兽药证书（吡喹酮硅胶棒、吡喹酮诱食片、癸氧喹酯干混悬剂、癸氧喹酯溶液）、2

个获得国家三类新兽药证书（乙酰氨基阿维菌素浇泼剂、伊维菌素浇泼溶液）。在抗药性研究方面，主要是开展了一些抗药性调查及抗药机制研究。

在寄生虫病防控方面，研制出爱普利注射剂 0.2mg/kg，对牦牛线虫病驱虫效果高效安全。以常用抗寄生虫药物水乳剂作为疫苗稀释剂，进行了狂犬病弱毒疫苗——吡喹酮合剂以及羊梭菌病多联干粉灭活疫苗——阿维菌素合剂的研制，做到免疫和驱虫一针两用，既进行了传染病免疫，又达到了驱虫效果。

（2）寄生虫病疫苗　目前国内外商品化的寄生虫病疫苗种类很少，鸡球虫病疫苗应该是最为成熟的寄生虫病疫苗。近年来，我国在鸡球虫疫苗方面先后获得 6 个新兽药证书，包括二类新兽药 1 个，其余为三类。产品已经销往巴西和东南亚国家，获得良好的国际声誉。此外，绵羊棘球蚴病重组蛋白疫苗获批上市并成为政府强制的绵羊免疫疫苗。虽然目前市场上所用寄生虫病疫苗不多，但是对寄生虫病疫苗研究一直是近年来的研究重点，研究疫苗所涉及的寄生虫病种类很多，如血吸虫病、棘球蚴病、鸡和兔的球虫病、弓形虫病、捻转血矛线虫病、硬蜱、片形吸虫病等，但是离应用还有较大距离。以下几点可能是寄生虫病疫苗研发进展迟缓的主要原因：①寄生虫形态结构和发育过程复杂，仅单细胞原虫表达的蛋白也达千个，抗原成分多种多样，筛选研制疫苗的高效免疫原难度很大；②寄生虫灭活疫苗难以有效阻断寄生虫的发育；③机体抗寄生虫的免疫往往为带虫免疫，也就是非清除免疫，现有的疫苗评价体系一般是以病毒病或细菌病疫苗为基础的，急需出台针对寄生虫病疫苗的评价标准，而且不同种类的寄生虫病也应该有不同的评价标准。

（3）寄生虫生物防控　建立了分离和培养捕食线虫性真菌的技术体系；阐明了捕食性真菌捕食器菌丝细胞与营养菌丝细胞在组织构造上的差异及重要特征，初步探讨捕食机制。首次提出驱虫药加捕食性真菌的部分生物防治技术模式，制备了捕食性真菌冻干制剂与驱虫药联合应用的片剂与胶囊制剂和卵寄生性真菌的微胶囊制剂，获得省级科技进步奖一等奖 1 项和国家发明专利 2 项，并且对捕食性真菌的基因组学、转录组学和蛋白质组学进行了研究。这些数据的获得，为揭示捕食器产生、真菌作用线虫过程和真菌自身的生物进程变化及筛选鉴定捕食相关蛋白质奠定了基础，为今后阐明捕食性真菌捕食线虫的机制提供了有力支撑。

（4）寄生虫耐药性研究　对常用驱线虫药物的耐药性进行了研究，建立了幼虫发育试验检测苯并咪唑、左旋咪唑、阿维菌素、伊维菌素耐药性的方法，首次分离鉴定出了国内耐伊维菌素药物虫株及敏感虫株，并对其转录组学和代谢组学进行了研究。在捻转血矛线虫耐药机理研究方面，证明在我国苯并咪唑耐药性捻转血矛线虫中存在 β–微管蛋白同种型 I 基因 200 位密码子核苷酸的突变，筛选出 8 个与捻转血矛线虫耐伊维菌素相关的新候选分子及 3 种与虫体耐药性相关的蛋白，并对其功能进行了初步研究。

三、学术建制、人才培养、研究平台、团队建设

兽医寄生虫学学科积极搭建学术交流平台，营造良好学术氛围。学科组织和开展的"动物寄生虫学分会代表大会暨学术研讨会"每2年进行一次，近5年参会代表均在600人左右。兽医寄生虫学科相关科研人员通过参加"中国动物学会寄生虫学专业委员会全国学术会议""全国寄生虫学青年工作者学术研讨会""中国动物学会原生动物学分会学术会议"等学术会议，增进了科研工作者之间的学术交流和科研合作。另外，兽医寄生虫学领域的科研工作者在国际舞台上也越来越活跃，主办或参与多次国际性学术交流会议，多位专家受邀在大会上做主题学术报告；同时本学科有多名专家在国际期刊和国际组织任职；进一步提升了本学科科研工作者在国际上的知名度和影响力。

近5年来，兽医寄生虫学领域在人才培养方面也取得了可喜的成绩，在国家自然科学基金杰出青年基金、优秀青年基金、国家万人计划中青年领军人才和杰出人才、百千万人才工程国家级人选和享受国务院政府津贴专家等方面兽医寄生虫学学科研工作者入选人数均有显著提升。多位兽医寄生虫学科研工作者入选现代农业产业技术体系岗位科学家，尚有一批省级特聘教授、省级人才计划和省级教学名师入选者。近5年来，兽医寄生虫学学科共有4位专家入选"中国高被引学者榜单"。

兽医寄生虫学学科拥有全国高校黄大年式教师团队、科技部人兽共患寄生虫病创新研究团队、农业部农业科研杰出人才及其创新团队以及多个省级科研创新团队和教学团队。

四、本学科国内外发展比较

近年来，围绕国家重大战略需求和重大科学问题，我国在兽医寄生虫学研究领域投入不断加大。在我国全体兽医寄生虫学工作者的共同努力下，在寄生虫与寄生虫病的基础研究与应用研究方面取得了巨大成绩。在原虫侵入分子鉴定与机制、免疫逃避相关分子鉴定、线虫侵入、致病、免疫抑制分子鉴定与功能等方面取得了显著成绩，研究水平达到国际先进水平。在其他寄生虫的研究方面，总体达到国际水平。兽医寄生虫学学科在保障养殖业健康发展、保护人民身体健康等方面发挥了重要作用。譬如，世界卫生组织希望消灭的六种热带疾病中有五种是由寄生虫引起的：疟疾、锥虫病、血吸虫病、盘尾丝虫病、利什曼病（麻风病是唯一的细菌性疾病），凸显了寄生虫病的重要性。然而，近年来西方发达国家的兽医寄生虫学研究有所下降。如英国，科研经费多转向于研究疯牛病；而美国在该学科的科研经费投入也在减小，且在医学和兽医寄生虫学的教学和临床实践上未给予足够的重视。因此，提高兽医寄生虫学的地位，从而为其发展以及动物的持续福利和生产力提供必要的资金，是一项重大的挑战。

纵观我国寄生虫学和寄生虫病防治的发展史，可以认为我们已经拥有一支能够胜任控制寄生虫病蔓延、保障畜牧业发展的队伍，也拥有一支能够追踪世界科技前沿的教学科研队伍。由于起步比西方国家晚、设备相对落后、经费相对不足以及课题的延续性差等一些原因，我国兽医寄生虫学科的研究在某些项目上处于国际先进水平，个别项目处于国际领先水平，大多数方面落后于发达国家的研究水平。

在畜禽寄生虫病防控方面，虽然取得了显著的成绩，但与发达国家相比，我国的防治水平还比较低，主要表现在以下几个方面：①畜禽寄生虫病危害仍相当严重，每年给我国畜牧业造成上百亿的直接经济损失，间接经济损失难以估计；②诊断、监测技术特异性、敏感性还不够理想，不够规范化、标准化；③兽用寄生虫病治疗药物的研制与开发滞后；④大多数寄生虫病疫苗仍处于研制开发阶段；⑤基础性研究还比较薄弱，如病原生物学、寄生虫生理生化、免疫学、功能基因组学等现有技术还不能满足畜禽寄生虫病防治需求。

五、本学科我国发展趋势与对策

我国畜禽养殖量逐年增加、集约化养殖率低（不足 40%）、患病率高、屠宰量大、检验压力大及漏检率高，这些因素是造成我国重要畜禽寄生虫病感染率逐年攀升的重要原因。实现对畜禽重要寄生虫病的有效防控是保障养殖业健康发展的基本要求，也是我国未来发展的战略需求。另外，人兽共患寄生虫病病种繁多，严重威胁人类健康及畜禽的高效健康养殖，并造成巨大经济损失。因此，围绕一些重要人兽共患寄生虫病的相关科学研究将是寄生虫学科的重点发展方向。国家重大战略需求、围绕重要科学问题，强化基础研究，突出原始创新、加强现有技术整合与应用，提高寄生虫病防控水平，是今后一段时间内寄生虫学科的重点发展方向。

1. 重要寄生虫的致病机制

寄生虫种类繁多，虫种之间分类差异巨大，虫体结构复杂。寄生虫的感染、发育和致病的机制极其复杂，对其致病机制的研究是药物靶点筛选及疫苗研究的前提。绝大多数寄生虫难以进行体外培养和传代，给寄生虫的致病机制研究带来了极大挑战，这也是很多种寄生蠕虫的致病机制至今不明、有些虫种的生活尚不清晰的原因。因此，解析寄生虫致病机制是今后若干年的重要工作。

2. 宿主抗寄生虫感染的免疫机制

寄生虫生活史复杂，具有不完全免疫、免疫逃避和带虫免疫等特点。对严重危害畜禽养殖以及人体健康的寄生虫，研究其在宿主内的生长发育特征及与宿主互作的网络调控机制；解析重要寄生虫逃避宿主免疫清除的分子机制；系统分析重要寄生虫在宿主体内发育繁殖过程中所产生的外泌体、非编码 RNA 以及调控蛋白等与宿主互作网络及机理；解析寄生虫感染后宿主免疫系统的调控网络和机制；在此基础上，发掘重要诊断标识、药物靶标以及疫苗候选抗原分子。

3. 组学技术以及基因 / 蛋白功能研究

组学研究是近些年的研究热点之一，主要包括基因组、蛋白质组、转录组、代谢组等研究。通过对重要寄生虫病病原的基因组和蛋白质组解析、寄生虫感染后转录组和代谢组等一些组学相关数据的挖掘，可用于研究重要寄生虫的进化起源、筛选分子诊断靶标、解析参与寄生虫入侵过程的关键基因和蛋白、鉴定寄生虫与宿主互作蛋白和 / 或受体、验证重要基因 / 蛋白质的功能、解析宿主免疫调控机制、筛选药物靶标等，为建立快速诊断技术、研制高效的抗寄生虫病疫苗和药物提供必要的数据平台。

4. 重要寄生虫病的快速诊断技术

我国寄生虫病的诊断和监测技术的特异性、敏感性还不够理想，且不够规范化、标准化，从某种程度上阻碍了寄生虫病的有效防控。针对严重危害畜禽生产的重要寄生虫病如球虫、肝片吸虫、捻转血矛线虫、血液原虫等，以及针对包虫、旋毛虫、囊虫、血吸虫、弓形虫、隐孢子虫等重要人兽共患寄生虫病，发掘和鉴定适宜活体早期诊断的标识分子，研制适宜养殖现场活体早期诊断的快速检测技术和方法，并开发新型高通量检测技术和方法及其配套试剂与设备。

5. 新的抗寄生虫药物和疫苗研制

目前，我国兽用寄生虫病治疗药物的研制与开发滞后，大多数寄生虫病疫苗仍处于研制开发阶段。另外，抗寄生虫药物耐药性的产生以及药物残留等诸多因素，迫切需要研制开发新的低毒、低残留、廉价的广谱抗寄生虫药物，研究临床合理用药新技术，研制安全高效的抗寄生虫病疫苗与生物治疗制剂等。而随着抗寄生虫药物应用中不断出现的问题，寄生虫病疫苗研究更是提到议事日程，虽然研究寄生虫病疫苗难度很大，但是随着鸡球虫病疫苗、绵羊棘球蚴病疫苗的广泛应用，疟疾疫苗研究的不断进步，多种重要寄生虫病的疫苗研究依然是今后很长时间人们努力的方向。

6. 重要虫媒病媒介寄生虫分布调查、传播疫病机理及防控措施研究

钝缘蜱等媒介寄生虫的分布不清、种类不明严重制约着我国的非洲猪瘟疫情防控政策制订及实施。亟须开展我国非洲猪瘟传播媒介种类调查及分布；开展非洲猪瘟传播媒介钝缘蜱等媒介寄生虫的流行病学调查；借助多组学技术开展非洲猪瘟中国分离株等病原在媒介寄生虫和体内复制和释放的分子机理研究，开展媒介寄生虫特异性诊断技术及防控措施研究。

六、结束语

伴随着现代分子生物和现代免疫学的飞速发展，通过我国寄生虫学学科相关科研人员

的努力，实现传统寄生虫学与现代先进技术的有机结合。同时，通过整合多种研究资源，体现多学科交叉融合，加速科研成果的转化和产业化。另外，从国家层面应继续加大研究经费的投入，通过联合攻关，在重要寄生虫病的诊断、药物和疫苗研制等方面实现新突破，开拓畜禽寄生虫病防控的新局面。

参考文献

［1］ Ehsan M，Wang W，Gadahi J，et al. The Serine/Threonine-Protein Phosphatase 1 From Is Actively Involved in Suppressive Regulatory Roles on Immune Functions of Goat Peripheral Blood Mononuclear Cells ［J］. Frontiers in immunology，2018，9：1627. doi：10.3389/fimmu.2018.01627.

［2］ Feng Y，Ryan U，Xiao L. Genetic Diversity and Population Structure of Cryptosporidium ［J］. Trends Parasitol，2018，34：997-1011. doi：10.1016/j.pt.2018.07.009.

［3］ Feng Y，Xiao. Molecular Epidemiology of Cryptosporidiosis in China ［J］. Frontiers in microbiology，2017，8：1701. doi：10.3389/fmicb.2017.01701.

［4］ Fu Y.，Cui，Fan，et al. Comprehensive Characterization of Acyl Coenzyme A-Binding Protein TgACBP2 and Its Critical Role in Parasite Cardiolipin Metabolism ［J］. mBio，2018，9. doi：10.1128/mBio.01597-18.

［5］ Giri B，Mahato R，Cheng. Roles of microRNAs in T cell immunity：Implications for strategy development against infectious diseases ［J］. Medicinal research reviews，2019，39：706-732. doi：10.1002/med.21539.

［6］ Gong，He，Wang，et al. Nairobi sheep disease virus RNA in ixodid ticks，China，2013 ［J］. Emerging infectious diseases，2015，21：718-720. doi：10.3201/eid2104.141602.

［7］ Guo，Roellig D，Li，et al. Multilocus Sequence Typing Tool for Cyclospora cayetanensis ［J］. Emerging infectious diseases，2016，22：1464-1467. doi：10.3201/eid2208.150696.

［8］ Hua，Xie，Song，et al. Echinococcus canadensis G8 Tapeworm Infection in a Sheep，China，2018 ［J］. Emerging infectious diseases，2019，25：1420-1422. doi：10.3201/eid2507.181585.

［9］ Lan，Zuo，Ding，et al. Anticoccidial evaluation of a traditional Chinese medicine——Brucea javanica——in broilers ［J］. Poultry science，2016，95：811-818. doi：10.3382/ps/pev441.

［10］ Li，Dong，Wang，et al. An investigation of parasitic infections and review of molecular characterization of the intestinal protozoa in nonhuman primates in China from 2009 to 2015 ［J］. International journal for parasitology，Parasites and wildlife，2017a，6：8-15. doi：10.1016/j.ijppaw.2016.12.003.

［11］ Li，Wang，Wang，et al. Infections in Humans and Other Animals in China ［J］. Frontiers in microbiology，2017b，8：2004. doi：10.3389/fmicb.2017.02004.

［12］ Li，Lü，Nadler，et al. Molecular Phylogeny and Dating Reveal a Terrestrial Origin in the Early Carboniferous for Ascaridoid Nematodes ［J］. Systematic biology，2018a，67：888-900. doi：10.1093/sysbio/syy018.

［13］ Li，Gong，Tai，et al. Extracellular Vesicles Secreted by Are Recognized by Toll-Like Receptor 2 and Modulate Host Cell Innate Immunity Through the MAPK Signaling Pathway ［J］. Frontiers in immunology，2018b，9：1633. doi：10.3389/fimmu.2018.01633.

［14］ Li，Feng，Santin. M，Host Specificity of Enterocytozoon bieneusi and Public Health Implications ［J］. Trends Parasitol，2019，35：436-451. doi：10.1016/j.pt.2019.04.004.

［15］ Li，Xiao Multilocus Sequence Typing and Population Genetic Analysis of：Host Specificity and Its Impacts on

Public Health［J］. Frontiers in genetics, 2019, 10: 307. doi: 10.3389/fgene.2019.00307.

［16］ Liang, Du, Dong, et al. iTRAQ-based quantitative proteomic analysis of mycelium in different predation periods in nematode trapping fungus Duddingtonia flagrans［J］. Biological Control. doi: 10.1016/j.biocontrol.2019.04.005.

［17］ Liu, Zhu, Wang, et al. Schistosoma japonicum extracellular vesicle miRNA cargo regulates host macrophage functions facilitating parasitism［J］. PLoS pathogens, 2019a, 15: e1007817. doi: 10.1371/journal.ppat.1007817.

［18］ Liu, Li M, Wang Z, et al. Human sparganosis, a neglected food borne zoonosis［J］. The Lancet, Infectious diseases, 2015, 15: 1226-1235. doi: 10.1016/s1473-3099（15）00133-4.

［19］ Liu, Zhang, Wang, et al. A Tentative Tamdy Orthonairovirus Related to Febrile Illness in Northwestern China［J］. Clinical infectious diseases: an official publication of the Infectious Diseases Society of America, 2019a, doi: 10.1093/cid/ciz602.

［20］ Luo, Shi, Yuan, et al. Genome-wide SNP analysis using 2b-RAD sequencing identifies the candidate genes putatively associated with resistance to ivermectin in Haemonchus contortus［J］. Parasites & vectors, 2017, 10: 31. doi: 10.1186/s13071-016-1959-6.

［21］ Ren, Zhao, Zhang, et al. Cryptosporidium tyzzeri n. sp.（Apicomplexa: Cryptosporidiidae）in domestic mice（Mus musculus）［J］. Exp. Parasitol, 2012, 130: 274-281. doi: 10.1016/j.exppara.2011.07.012.

［22］ Robertson L, Clark C, Debenham, et al. Are molecular tools clarifying or confusing our understanding of the public health threat from zoonotic enteric protozoa in wildlife? International journal for parasitology［J］. Parasites and wildlife, 2019, 9: 323-341. doi: 10.1016/j.ijppaw.2019.01.010.

［23］ Rui, Wang, Yang. The extracellular bioactive substances of Arthrobotrys oligospora during the nematode-trapping process［J］. Biological Control, 2015, 86: 60-65. doi: 10.1016/j.biocontrol.2015.04.003.

［24］ Shen, Zhang, Ren, et al. A chitinase-like protein from Sarcoptes scabiei as a candidate anti-mite vaccine that contributes to immune protection in rabbits［J］. Parasites & vectors, 2018, 11: 599. doi: 10.1186/s13071-018-3184-y.

［25］ Wang, Huang, Zhao, et al. First record of Aspergillus oryzae as an entomopathogenic fungus against the poultry red mite Dermanyssus gallinae［J］. Vet. Parasitol, 2019a, 271: 57-63. doi: 10.1016/j.vetpar.2019.06.011.

［26］ Wang, Ma, Huang, et al. Darkness increases the population growth rate of the poultry red mite Dermanyssus gallinae［J］. Parasites & vectors,, 2019b, 12: 213. doi: 10.1186/s13071-019-3456-1.

［27］ Wang, Ma, Yu, et al. An efficient rearing system rapidly producing large quantities of poultry red mites, Dermanyssus gallinae（Acari: Dermanyssidae）, under laboratory conditions［J］. Veterinary parasitology, 2018a, S0304401718302152-. doi: 10.1016/j.vetpar.2018.06.003.

［28］ Wang J, Huang S, Behnke M, et al. The Past, Present, and Future of Genetic Manipulation in Toxoplasma gondii［J］. Trends Parasitol, 2016a, 32: 542-553. doi: 10.1016/j.pt.2016.04.013.

［29］ Wang J, Li T, Elsheikha H, et al. Live Attenuated Pru: Δcdpk2 Strain of Toxoplasma gondii Protects Against Acute, Chronic, and Congenital Toxoplasmosis［J］. The Journal of infectious diseases, 2018b, 218: 768-777. doi: 10.1093/infdis/jiy211.

［30］ Wang J, Li T, Liu G, et al. Two Tales of Cytauxzoon felis Infections in Domestic Cats［J］. Clin. Microbiol. Rev, 2017a, 30: 861-885. doi: 10.1128/cmr.00010-17.

［31］ Wang J, Zhang N, Li T, et al. Advances in the Development of Anti-Toxoplasma gondii Vaccines: Challenges, Opportunities, and Perspectives［J］. Trends Parasitol, 2019e, 35: 239-253. doi: 10.1016/j.pt.2019.01.005.

［32］ Wang, Zhao, Gong, et al. Advances and Perspectives on the Epidemiology of Bovine in China in the Past 30 Years ［J］. Frontiers in microbiology, 2017b, 8: 1823. doi: 10.3389/fmicb.2017.01823.

［33］ Wang R, Li J, Chen Y, et al. Widespread occurrence of Cryptosporidium infections in patients with HIV/

AIDS: Epidemiology, clinical feature, diagnosis, and therapy [J]. Acta tropica, 2018c, 187: 257–263. doi: 10.1016/j.actatropica.2018.08.018.

[34] Wang, Wang, Luo, et al. Comparative genomics reveals adaptive evolution of Asian tapeworm in switching to a new intermediate host [J]. Nature communications, 2016b, 7: 12845. doi: 10.1038/ncomms12845.

[35] Wang S, Wang R, Fan X, et al. Prevalence and genotypes of Enterocytozoon bieneusi in China [J]. Acta tropica, 2018d, 183: 142–152. doi: 10.1016/j.actatropica.2018.04.017.

[36] Wang, Gong, Zhang, et al. NLRP3 Inflammasome Participates in Host Response to Infection [J]. Frontiers in immunology, 2018e, 9: 1791. doi: 10.3389/fimmu.2018.01791.

[37] Wang Z, Wang, Wei, et al. A New Segmented Virus Associated with Human Febrile Illness in China [J]. The New England journal of medicine, 2019d, 380: 2116–2125. doi: 10.1056/NEJMoa1805068.

[38] Wang Z, Wang S, Liu H, et al. Prevalence and burden of Toxoplasma gondii infection in HIV–infected people: a systematic review and meta–analysis [J]. The lancet. HIV 4, 2017c, e177–e188. doi: 10.1016/s2352–3018 (17) 30005–x.

[39] Wei, Hermosilla, Taubert, et al. Canine Neutrophil Extracellular Traps Release Induced by the Apicomplexan Parasite [J]. Frontiers in immunology, 2016, 7: 436. doi: 10.3389/fimmu.2016.00436.

[40] Xu, Wang, C, Zhang, et al. Acaricidal efficacy of orally administered macrocyclic lactones against poultry red mites (Dermanyssus gallinae) on chicks and their impacts on mite reproduction and blood–meal digestion [J]. Parasites & vectors, 2019, 12: 345. doi: 10.1186/s13071–019–3599–0.

[41] Yang, Wei, Hermosilla, et al. Caprine Monocytes Release Extracellular Traps against [J]. Frontiers in immunology, 2017, 8, 2016. doi: 10.3389/fimmu.2017.02016.

[42] Zhao, Lu, He, et al. Serine/threonine protein phosphatase 1 (PP1) controls growth and reproduction in Schistosoma japonicum [J]. Faseb j., 2018, fj201800725R. doi: 10.1096/fj.201800725R.

[43] Zhu, Zhao, Wang, et al. MicroRNAs Are Involved in the Regulation of Ovary Development in the Pathogenic Blood Fluke Schistosoma japonicum [J]. PLoS pathogens, 2016, 12: e1005423. doi: 10.1371/journal.ppat.1005423.

[44] Zhu X, Korhonen P, Cai, et al. Genetic blueprint of the zoonotic pathogen Toxocara canis [J]. Nature communications, 2015, 6: 6145. doi: 10.1038/ncomms7145.

[45] Zou F, Li, Yang J, et al. Cytauxzoon felis Infection in Domestic Cats, Yunnan Province, China, 2016 [J]. Emerging infectious diseases, 2019, 25: 353–354. doi: 10.3201/eid2502.181182.

撰稿人： 刘　群　张龙现　韩　谦　关贵全　李安兴　张路平

潘保良　王荣军　刘　晶　杨光友　刘晓雷

执笔人： 刘　群　张龙现

兽医公共卫生学发展研究

一、引言

兽医公共卫生学是利用一切与人类和动物健康问题有关的理论知识、实践活动和物质资源，研究生态平衡、环境污染、人兽共患病、动物源性食品安全、实验动物比较医学以及现代生物技术与人类健康之间的关系，从而为人类健康事业服务的一门综合性应用学科。其目的是以兽医领域技术和资源直接为人类健康服务，其研究范围包括生态环境与人类健康，人兽共患病的监测、预警预防和控制，动物防疫检疫与动物源性食品的安全性，实验动物和比较医学，现代生物技术与人类健康（动物器官移植）等。

兽医公共卫生（VPH）主要包括以下几方面内容：一是动物性食品安全，主要研究动物性食品的污染问题、质量及卫生的管理监督和控制等；二是人兽共患病控制及监督检查，涉及人兽共患病的源头控制和监督检查、兽医公共卫生风险评估、动物疾病的防疫及防控经济学的评估等；三是比较医学与动物健康福利，包括动物福利、实验动物的模型及健康等；四是生态平衡维持与兽医公共卫生，生态平衡的保证及外来物种的入侵等；五是重大应急事件的应急管理，重大的人兽共患病及动物疾病的控制、自然灾害后的疫情控制等；六是环境污染对人和动物的危害，动物生产环境有关的生物安全与控制、微生物耐药性的控制等。

兽医公共卫生学的重要作用包括：

1）从源头上做起，监测和控制人兽共患病。已认知的 1145 种人类传染性疾病中，有 62% 来源于动物，被称之为动物源性疾病，医学上又称"人兽共患病"。

2）控制养殖废弃物对环境的污染，保护我们赖以生存的环境。据最近国家环保局对 23 个省、市规模化畜禽养殖业情况调查，90% 的畜禽养殖场未通过环境影响评估，80% 左右的规模化畜禽场缺乏必要的污染治理投资。

3）保证"从农场到餐桌"过程中动物源性食品安全。在发达国家，食源性疾病也是

大问题，2002 年世界卫生组织称，美国每年约 7600 万人患有食源性疾病，其中 32.5 万人住院治疗，5200 人死亡。欧洲也将食品安全放在了社会政策的第一位。

4）通过动物医学实验促进人类医学发展，保护人类健康。近年来，我国人兽共患病和动物源性食品安全事件频发，兽医公共卫生学所面临的问题和挑战十分严峻，必须重新认识、重视并充分发挥兽医公共卫生在人兽共患病和动物源性食品安全方面的重要防线作用，加强在科学技术和行政法规方面的研究，保障国家经济健康发展、社会安定和人民健康。

2012 年 5 月 2 日，国务院常务会议讨论通过了《国家中长期动物疫病防治规划（2012—2020 年）》。规划指出，动物疫病防治工作关系国家食物安全和公共卫生安全。要坚持预防为主方针，按照政府主导、社会参与的原则，实施分病种、分区域、分阶段的防治策略，全面提升兽医公共服务和社会化服务水平，全面提高动物疫病综合防治能力。力争到 2020 年，口蹄疫、高致病性禽流感、新城疫等 16 种优先防治的国内动物疫病达到规划设定的考核标准，动物发病率、死亡率和公共卫生风险显著降低，重点防范的外来动物疫病传入和扩散风险有效降低。为此，一要加强重大动物疫病和重点人兽共患病防治，推进重点病种从有效控制到净化消失；二要强化源头防治，提高动物整体健康水平；三要加强外来动物疫病防范，强化风险管理；四要实行区域化管理，重点加强国家优势畜牧业产业带、人兽共患病重点流行区、外来动物疫病传入高风险区、动物疫病防治优势区等"一带三区"防治工作；五要切实加强能力建设，着力提高动物疫情监测预警能力、突发疫情应急管理能力、动物疫病强制免疫能力、动物卫生监督执法能力、动物疫病纺织信息化和社会化服务能力，适应新时期动物疫病防治工作需要。

当前我国的兽医公共卫生在科学研究、教育体系、管理体制、面临新任务的准备等方面都与国外存在较大的差距。兽医公共卫生面临新的任务，主要涉及动物源性食品安全、环境污染与动物安全、新发与再发人兽共患病、哨兵动物预警功能、宠物与人类健康这六大方面。从社会与公共卫生学的角度来看，随着管理体制的规范与法制的建立健全，国际化程度的提高，国家的文明程度、经济发展、国际环境、气候条件、与医生配合程度等方面的影响，兽医公共卫生的任务范围将逐渐扩大，因此面临的形势更加严峻，需要赋予兽医公共卫生新的功能：动物疫病与动物源性食品安全风险评估；动物疫病与人兽共患病监测、预测、预警；动物疫病经济学风险评估（如采取海因里希疫病损失法评价高致病性禽流感的经济损失）；宠物与人类健康保障；生态平衡与入侵生物控制；动物源性食品安全。

二、本学科我国发展现状

1. 人兽共患病及动物重大疫病严峻现状

截至 2018 年年底，世界上已被证实的人兽共患病 200 余种，其中在人类公共卫生方面具有严重危害的 90 多种。这些人兽共患病中有许多可以通过动物本身或其产品传播给人类，从而威胁着人类的健康和生命安全。近年来，我国人兽共患病的发生率呈现逐年上升的趋势，如大肠杆菌、狂犬病、寄生虫性人兽共患病等近年都表现出不同幅度上升。其中狂犬病的发生率上升趋势最为严重，狂犬病俗称疯狗症，是一种常见的人兽共患传染病，其病原体为狂犬病病毒，感染该病毒而没有接种疫苗的患者，会产生动物的急性脑炎和周围神经炎症，死亡率几乎为百分之百，狂犬病发生率的上升幅度及病死率已经成为传染病之首。南水北调工程和全球变暖等问题导致钉螺出现扩散的现象。除此之外，我国曾有效控制人兽共患病如流行性乙型脑炎、布鲁氏菌、结核病、血吸虫病等再度流行并且发病率出现不断上升的趋势。最近几年研究发现，不仅出现旧的人兽共患病呈现逐年上升的趋势，还不断出现新的人兽共患病（如甲型流感病毒 H5N1、H7N9 等亚型）。这些动物疫病在世界各地暴发流行，从而危害着人类及动物健康安全。此外，埃博拉病毒、疯牛病病毒、新型汉坦病毒、亨德拉病毒、尼帕病毒、猴痘病毒、寨卡病毒和西尼罗病毒等新病原体出现或感染新的宿主，给我国带来了严重的威胁。

2. 动物性食品安全问题

随着社会发展，人类生活水平提高，导致人们对动物性食品需求不断增加，而动物性食品的质量保障成为当今社会关注的焦点。近年来动物性食品的诸多问题如滥用食品添加剂、掺假、寄生虫污染等问题不断曝光，从而引起人们的广泛关注，同时说明动物性食品还存在着巨大的安全隐患。动物性食品存在安全隐患主要有以下几方面原因：一是养殖户滥用激素、食品添加剂、抗微生物或寄生虫等药物导致兽药残留超标；二是屠宰和加工时以次充好，出现掺假等现象等。为保障动物性食品质量，保证人类健康，政府相关部门应出台相应的法律法规强制性规范兽药的使用及对经营动物性食品个人和企业进行约束管理。

动物性食品安全事件频发。目前由于动物性食品中存在较多污染源，农药残留较重，添加剂使用不合理不规范，导致动物性食品中存在较多的致病因子，加剧了安全事故的频发。

食源性微生物污染包括细菌性污染、病毒和真菌及其毒素的污染。在我国，微生物性食物中毒仍居首位，占 40% 左右。2018 年，我国食源性疾病监测资料表明，由微生物引起的食源性疾病暴发的事件数和患者数最多。微生物污染包括副溶血性弧菌、沙门氏菌、变形杆菌、蜡样芽孢杆菌、金黄色葡萄球菌及其毒素的污染。生产食品原料的畜产品污染是造成细菌和致病菌超标的主要原因之一。比如，我国细菌性食物中毒中，有 70% ~ 80% 是由沙门氏菌引起的，而在引起沙门氏菌中毒的食品中，约 90% 是肉、蛋、奶等畜产品。随着人民生活水平的提高，饮食来源和方式的多样化，由食源性寄生虫病造成的食品安全问题日益突出，已成为影响我国食品安全的主要因素之一。全国人体重要寄生虫病现状调查发现，食源性寄生虫的感染率在部分省市明显上升。2006 年的"福寿螺

事件"就是最好的例证。尤其是 2018 年，非洲猪瘟进入中国，迅速蔓延，由于尚未开发出有效疫苗或药物用于防控，该病已成为新的兽医公共卫生防控重大难题之一。

我国目前存在严重的抗生素等兽药和饲料添加剂滥用问题，导致耐药病原体的大量出现和传播，在我国畜牧业发达、抗生素应用频繁的地区，大肠杆菌、葡萄球菌、沙门氏菌导细菌几乎 100% 具有多重抗药性，这不仅造成免疫失败，而且耐药病原菌可通过食物链感染人体或将耐药基因转移给人体病原菌，造成人用抗菌药物疗效下降甚至治疗失败。此外，激素类、营养性矿物质等饲料添加剂的滥用状况也比较严重，造成添加物在动物源性食品中残留，不仅通过食物链到达人体，危害人的健康，成为动物源性食品安全问题的源头，还严重影响我国畜产品的国际贸易，出口贸易受阻。国家虽然已经颁布了《食品动物禁用的兽药及其他化合物清单》，但是由于这些兽药或有助于畜产品生产，或价格低廉而有效等诸多原因，畜产品生产企业仍存在违法使用禁用药物问题。比如"三聚氰胺奶粉""瘦肉精中毒""多宝鱼事件"等食品安全事件，不仅给人造成危害，也给生产企业造成了损失。

3. 动物养殖污染严重

在动物养殖过程中，特别是规模化养殖场，对人居环境和养殖环境的污染很严重。其中，最为突出的就是臭气污染。在动物养殖过程中，动物会产生大量粪便排泄物，如不及时清理，就会形成大量有毒气体，危害和影响周围群众的生活。此外，还有废弃物污染源的大量存在，已经严重超出土地能够承担的负荷。同时，由于污水的大量存在，长期不治理，还可能滋生大量病原体，造成大范围的疫病传播。中国耕地仅占世界耕地总面积的 8%，却消耗了全球氮肥生产总量的 1/3。由于大量施用化肥，大量畜禽粪便废弃，成为当今中国最大的面源污染源。畜禽粪便中含有大量病原微生物、寄生虫和虫卵。每克粪便中的大肠杆菌、链球菌含量：鸡粪分别为 1300 万个和 340 万个；鸭粪分别为 1300 万个和 5400 万个；猪粪分别为 3300 万个和 8400 万个；绵羊粪分别为 1600 万个和 3800 万个。在畜禽场排放的污水中，平均每毫升含大肠杆菌 38 万个和 68 万个肠球菌，对环境和人类健康威胁极大。

据最近国家环保局对 23 个省、直辖市规模化畜禽养殖业污染情况调查，80% 的规模化养殖场建在人口密集区域；90% 的畜禽养殖场未通过环境影响评估；80% 左右的规模化畜禽场缺乏必要的污染治理投资，直接对环境造成巨大的危害。据资料显示，中国畜禽粪便的总体土壤负荷警戒值已达 0.49（以小于 0.4 为宜），动物养殖场排放物将成为环境的最大污染源，部分养殖发达地区已经呈现出严重或接近严重的环境压力水平。病畜和畜禽场废弃物所携带的病原微生物，畜禽饲料的促生长剂、高铜、高锰、高铅等微量元素，饲料原料中的有毒有害物质等均可随粪便排出体外，污染环境。

4. 动物源性耐药微生物对人类健康的危害

由于动物长期大量使用抗生素，体内病原微生物在抗生素的长期胁迫作用下即能产生耐药性，并通过食物链传染给人。动物使用抗生素后有30%～75%的抗生素以母体化合物的形态随粪便排到体外。环境中的抗生素能保持一段时间生物活性，如淤泥中土霉素的半衰期为84～114d，阿维菌素在土壤中降解半衰期为91～217d。这些残存的抗生素能胁迫环境中微生物产生耐药性。植物和水生物对环境中抗生素有浓集作用，通过食物链的生物富集和生物放大作用危害人类，并胁迫人和动物体内微生物产生耐药性。

5. 环境内分泌干扰物

人类生活和生产活动而排放到环境中对人畜体内正常生理激素产生影响，从而影响人和动物体内分泌系统功能的化学物质统称为外源性内分泌干扰物（EDCS），也称环境激素。一些兽药，特别是类固醇类药物、磺胺类、某些消毒剂和养殖污染物都具有激素样作用。农药除草剂大多属于外源性内分泌物干扰物。外源性内分泌物干扰物广泛存在于环境中，通过食物链对人和动物体内生理激素的合成、分泌、运输、结合、代谢、清除等产生干扰，影响机体内分泌系统正常功能，导致内分泌系统功能紊乱。

三、本学科国内外发展比较

1. 食源性病原微生物国内外发展比较

1）食源性病原微生物检测技术。食源性病原微生物的实验室检查以染色、培养、生化鉴定等为主，尤其是分离培养，目前仍然是许多病原体检测的"金标准"。但是，由于细菌的生长繁殖需要一定时间，使检测周期难以缩短。此外，很多病原体的培养受营养要求、抗生素应用及病原体含量等因素的影响，用传统人工方法操作复杂，检测周期长，敏感性与特异性也有限。为解决这一问题，我国开发研制了多种食源性微生物检测技术，包括自动与半自动细菌鉴定与药敏试验的微生物鉴定专家系统、血清学检测方法（如酶快速反应检测技术、常规ELISA技术、微型自动荧光酶标分析技术、免疫磁性分离技术、免疫胶体金技术等），以及以现代分子生物学技术为基础的新型检测技术，如PCR技术、依赖PCR的DNA指纹图谱技术、基于16 siRNA与GyaB的检测技术、随机引物扩增DNA多态性（RAPD）、基因芯片技术、噬菌体鉴定技术、生物传感器技术、多位点序列分型（ML、ST）、环介导等温扩增技术（LAMP），给食源性病原体的检测带来崭新的领域和新的机遇。在人兽共患细菌病的诊断方面，除了传统的细菌病原体的分离培养以及常规的分子学和免疫学诊断外，一些更加便捷、快速、准确和敏感的病原菌检测技术也不断出现，包括微型自动荧光酶标分析技术、免疫磁性分离技术、免疫胶体金技术、基因芯片技术、噬菌体鉴定技术、生物传感器技术、代谢技术、微流控芯片技术、基因测序技术等。尤其随着基因组学的发展，一些基于基因组测序的病原菌流行病学取得了明显进展，江苏省人兽共患病学重点实验室进行了沙门菌、产单核细胞李斯特菌、弯曲菌等病原基因组学的流行病学研究，为疾病的诊断和防控提供了新的思路。

2）食源性病原微生物危害的风险性评估工作。风险性评估是食源性病原菌预警预服系统的重要组成部分，是食品安全管理的重要手段。联合国粮食及农业组织、世界卫生组织、世界动物卫生组织以及一些欧美发达国家在对食源性病原细菌危害的风险性评估方面进行了卓有成效的工作。我国的《食品安全行动计划》和《中华人民共和国食品安全法》也制订了食品中病原危害的风险性评估的内容和目标，中国疾病预防控制中心开展了主要高危食品——禽肉/禽类中沙门氏菌、生食牡蛎中副溶血弧菌污染水平的风险性评估，初步建立了适合我国国情的风险性定量评估模型。

3）食源性病原微生物监测网络。这是有效预防和控制人兽共患病原菌感染的重要基础。我国自 2000 年起建立国家食源性致病菌的监测网，对食品中的沙门菌、大肠杆菌 O157：H7、产单核细胞李斯特菌和空肠弯曲菌等人兽共患细菌进行连续主动监测。2005 年中国疾病预防控制中心制订了针对鼠疫、霍乱、炭疽、钩端螺旋体病等人兽共患细菌病的监测方案，该监测系统经过 10 多年的运转，基本了解了目前监测疾病的地理分布特征，宿主动物分布规律，并对分离到的病原菌进行了分群、分型和分子遗传学研究等。近年来，对全产业链食源性人兽共患细菌病病原菌的监测也取得了一定的成绩。通过对某屠宰场生猪屠宰过程中沙门菌污染状况的长期监测，发现沙门菌的污染多是发生在"磨光—劈半"间，此环节是该生猪屠宰沙门菌污染的关键点，为沙门菌防控提供了重要的数据支持。风险评估的开展有助于认识各环节人兽共患细菌病病原感染的风险因素，有利于采取最有效的措施降低细菌感染的风险。欧美国家在对食品中病原细菌危害的风险性评估方面进行了卓有成效的工作。目前美国已经完成了蛋和蛋类制品中沙门菌、牛肉中的大肠杆菌 O157：H7 和不同种类即食食品中的产单核细胞李斯特菌的风险性分析。我国在人兽共患细菌病风险性评估方面的工作相对薄弱，但是也取得了一定的进展。例如，中国疾病预防控制中心开展了主要高危食品——禽肉/禽类中沙门菌、生食牡蛎中副溶血弧菌污染水平的风险性评估，初步建立了适合我国国情的风险性定量评估模型；江苏省人兽共患病学重点实验室利用 @RISK 软件建立了生猪屠宰过程中的沙门菌污染水平的定量风险评估模型，发现去内脏环节的肠道破损率、肠道粪便沙门菌浓度和粪便带菌率以及淋洗环节的淋洗时间、放血环节的沙门菌污染浓度是生猪屠宰过程中重要的风险因子。

虽然我国在食源性病原微生物检测方面取得了一定的成绩，但在食源性病原微生物控制方面缺乏化学、生物性危害监测、暴露评估和定量风险性评估的数据，对包括动物产品在内的食源性病原微生物的种类、分布等"家底不清"。从食品安全现状和存在的关键问题出发，研究我国动物产品安全中的食源性病原微生物控制关键技术，建立符合我国国情的动物产品安全技术标准和检测体系，及时有效地控制和预防食源性病原微生物的传播已迫在眉睫。

2. 食源性寄生虫国内外发展比较

食源性寄生虫是指所有能够经口随食物（包括水）使人感染的寄生虫的总称。根据寄生虫与食物间的关系，又可将其分为食物寄生性与食物污染性两类。食物寄生性寄生虫是指虫体的某一或多个发育阶段需寄生于一种或多种食物的寄生虫，反之为食物污染性寄生虫。迄今为止，文献报道的可经食物和饮水感染的人兽共患寄生虫有 40 余种。在我国流行和危害比较严重的有 8 种左右，其中食物寄生性寄生虫主要有来自猪肉的旋毛虫、猪囊虫及弓形虫，来自水产品鱼虾类的华支睾吸虫（肝吸虫），来自螺类的广州管圆线虫及来自蜿蛄与蟹类的肺吸虫；食物污染性寄生虫主要是以犬粪便为污染源的细粒棘球虫（包虫病）以及以家畜（牛）粪便为污染源的隐孢子虫。目前，我国的食源性寄生虫病防控形势十分严峻，这些病种已成为继烈性人兽共患病之后突现的可长期和经常制造突发性重大公共卫生事件的典型病种。我国目前尚没有系统完整的食源性寄生虫病的预警体系，尤其是近年来，伴随消费者饮食习惯的改变，食源性寄生虫病等食品安全问题日益突出，食源性寄生虫病的控制任重而道远。

3. 人兽共患病国内外发展比较

人兽共患病是指脊椎动物和人类之间自然传播和感染的疾病，它是由微生物和寄生虫等可以在人兽间互相传播的病原体所引起的各种疾病的总称。据统计，目前已知的人兽共患病共有 250 多种，我国已证实的人兽共患病有 90 多种。我国在人兽共患病研究上取得了很大进展，对动物流感、狂犬病、乙型脑炎、结核、布氏杆菌病、沙门氏菌、大肠杆菌、链球菌、血吸虫等重要人兽共患病的病原体开展了基因组学、转录组学、蛋白质组学的研究，获得了病原体的遗传信息资料，进行了分子流行病学调查，建立了以免疫学、分子生物学原理为基础的多种检测技术和方法，制备了效果良好的灭活苗或弱毒苗，并开展了相应的基因工程疫苗的研制，比较有效地控制了重要人兽共患病在我国的暴发和流行，尤其是在 SARS、MERS、高致病性禽流感、猪链球菌等新发人兽共患传染病上，取得了很好的成绩。同时，针对埃博拉、疯牛病、新型汉坦病毒、亨德拉病毒、尼帕病毒、猴痘病毒和西尼罗病毒等严重威胁我国的新人兽共患病病原体开展了检测储备技术的研究。虽然我国在人兽共患病防控研究上获得了可喜的成绩，但是随着国际交流的加强、人与宠物、野生动物的密切接触、我国畜牧业的快速发展和养殖方式的改变、病原体的遗传变异和跨宿主传播等因素的存在，我国防控人兽共患病的任务仍然艰巨。

4. 兽药和饲料添加剂残留国内外发展比较

我国兽药残留监控工作虽然起步较晚，与发达国家相比在工作条件、检测技术和监控能力上存在一定的差距，但由于政府和各方面的高度重视，经过多年的努力，在兽药残留监控的法规建设、标准建立、方法研究、检测能力提升、监控队伍培养、监控措施的实施等方面取得了显著成效。

近年来，在饲料添加剂和兽药残留检测技术取得的重要进展包括：

1）样品分离纯化技术。由于动物性食品中兽药残留的特点是样品中残留物水平很低，样品基质复杂，干扰物质多不易从样品中分离、纯化残留物。传统的样品制备技术如液—液分配等仍在广泛使用，同时，如免疫亲和色谱技术、分子印迹技术、基质固相分散萃取技术、超临界流体萃取技术等新的样品分离纯化技术也不断被引入兽药残留分析中。

2）免疫分析技术。小分子量的兽药（MW<2500）一般不具备免疫原性，将兽药小分子以半抗原的形式通过一定碳链长度的连接分子与分子量大的载体（一般为蛋白质）以共价键相偶联制备成人工抗原，以人工抗原免疫动物，产生对该兽药具特异性的抗体来识别该兽药分子并与之结合，并建立了放射免疫测定法、酶免疫测定法、荧光免疫测定法、化学发光免疫测定法、固相免疫传感器等。与常规理化分析技术相比，免疫分析具有特异性强、灵敏度高、方便快捷、分析容量大、分析成本低、安全可靠等优点，已在兽药残留的快速筛选性检测和常规分析技术测定困难的兽药分析中占据主流地位。

3）仪器分析包括毛细管电泳技术、超临界流体色谱技术、色谱－质谱连用技术等。在法规和条件建设方面，农业部发布了235号公告，规定不需要制订最高残留限量的兽药88种，制订了94种兽药的最高残留限量标准，规定可以用于食品动物，但不得检出兽药残留的兽药9种。在农业部发布的《兽药休药期规定》（农业部278号公告）中，对临床常用的202种（类）兽药和饲料药物添加剂规定了休药期。要求兽药残品标签上必须有休药期，养殖场必须按休药期在动物上市或屠宰前停止用药。农业部共制订发布兽药残留检测方法国家标准126个。其中，30个可用于残留筛选，96个可用于残留定量检测。在这126个标准中，涉及检测方法9种，可检测药物100余种，有36个标准可用于多残留检测。中央财政重点投资建设了4个国家残留基准实验室和20个省级兽药残留检测实验室。地方财政投资建设了30个省级兽药残留检测实验室。各基准实验室和检测实验室均具备了与其职能相适应的检测能力，并通过了相关主管部门的实验室认证认可。同时，农业部发文规定了35种（类）兽药为禁用兽药，并及时注销禁用药产品批准文号，组织了全国规模的清缴禁用兽药活动，取得了预期效果。

虽然我国在兽药、饲料添加剂、违禁兽药等控制和检测方面取得了一定的成绩，也建立了相应的法律法规，但是由于我国畜牧业发展迅速，在目前的养殖模式和疾病控制模式下，兽药和饲料添加剂残留对动物源性食品和环境造成的潜在危害仍不容忽视。

四、本学科在我国的发展趋势与对策

我国兽医公共卫生的发展正处于在公共卫生控制下立法的阶段，未来我国要朝着高度组织的农业生产系统的方向发展。我国还需进一步完善兽医公共卫生管理体制的协调功能，同时我们还需普及卫生教育，加大宣传，通过兽医相关人员的专业宣传转变从高等教育者到乡村家庭妇女的思想及对卫生信息的了解，向家畜生产中传授人兽共患病的危害及预防知识。

同时还需重视兽医公共卫生有关的高等教育体系的发展及加大人才培养的力度，我国相关的院校应该设立兽医公共卫生专业相关的课程，并对毕业生实施相应的培训，使毕业生能够更好地应用相关的专业知识，从而提高兽医公共卫生从业人员素质，规范体制及法规建设，进行科学有效的社会管理。我国还需建立健全的风险评估体系，通过对人兽共患病的评估结果制定相应的疫病预防及控制措施，实施有效的风险管理。

此外，还应通过对动物性食品从饲养到最后的加工流通等环节进行记录等方式实施可追溯性管理，对有问题的动物性食品实施快速有效的控制管理。还应采取食品质量安全管理体系进行动物性食品的质量控制，使动物性食品从饲养到流通的整个过程有具有良好的操作规范进行控制，从而保证产品质量，保障人类的健康。

1. 人兽共患病

目前我国动物人兽共患病防控过度依赖疫苗免疫，频繁疫苗接种的免疫压力导致病原体毒力增强速度加快、变异毒株频现。单纯依靠疫苗是无法从根本上控制传染病的发生的。要想从根本上控制传染病，还必须要从提高动物免疫着手。随着科技投入的不断加大，越来越多的病原基因组序列得以解析，病原体的代谢调节机制、致病机理、宿主的抗病防御机制等也陆续得到阐述。特别是一些重大人兽共患病病原体，如 SARS 病毒、H7N9 亚型流感病毒等，已经取得了一些重要进展。H9N2 亚型禽流感病毒虽然不引起禽类发病，但可以引起哺乳动物或人类致命性感染。因此，长期开展动物流感的病原生态学、跨宿主传播机制、致病性及免疫特性研究尤为重要，而研制水禽流感专用疫苗、研制可提供黏膜免疫保护的新型 H9N2 疫苗等研究也显得极为必要。通过免疫共沉淀、BiFC 等蛋白分子互作技术，筛选与病毒蛋白互作的宿主免疫相关蛋白，制备系列突变体，鉴定互作的必需结构域；分析病毒非结构蛋白对宿主天然免疫相关蛋白的表达、细胞定位、生物学功能的影响，以及对相关的免疫信号通路的信号传导、抗病毒蛋白表达等影响，从而阐明动物人兽共患病逃逸宿主免疫的分子机制，为人兽共患病防控奠定基础。

2. 食源性病原微生物和寄生虫快速检测新技术研究

开发研制高通量的食源性病原微生物寄生虫快速检测技术，加快从传统的培养和生理生化分析向快速的分子生物技术、免疫学技术、代谢技术、蛋白质指纹图谱技术、自动化仪器、基因芯片技术、生物传感器技术等方向发展。从目前来看，以分子生物学方法为主的食源性病原微生物和寄生虫检测技术是主要发展方向，尤其是 DNA 指纹图谱技术近年来得到快速发展。对于一种未知病原微生物，为了提高致病菌检出率、缩短检测时间、简化检测程序，集免疫磁珠分离和分子检测为一体的快速检测是今后的发展方向，而将生物芯片技术或多重 PCR 与荧光探针定量技术相结合，形成一套完整分子生物学方法，可使病原微生物和寄生虫的检测逐步向灵敏度高、特异性强、重复性好、简易、经济的方向不断发展。

3. 食源性微生物和寄生虫基础研究

我国对食源性微生物和寄生虫的基础研究薄弱，对我国食品安全造成重大威胁的食源性微生物和寄生虫病的生物学（包括基因型、抗原组成特点及流行和致病规律）缺乏深入了解，缺乏有效防治措施，对许多重要食源性微生物和寄生虫检测及疾病诊断无标准检测方法。解决这些重要问题的前提和基础是对病原体生物学以及病原体与宿主相互作用本质的深刻理解。需要开展食源性病原体的生态学研究，弄清我国食源性微生物和寄生虫的基本情况，并利用基因组、反转录组、蛋白质组和代谢组等技术，从基因和蛋白质水平研究食源性病原微生物和寄生虫致病机制、传播规律等，发现控制和检测新的靶标分子，为更好地控制动物源性食品污染问题打下基础。

4. 进出口检验检疫

检验检疫作为一个拥有悠久历史的行业，随着人类科学技术的进步而不断发展完善，其主要职责是防控各类检验检疫性风险因子的传播。检验检疫学科所涉及的领域极其宽泛，涵盖了医学、化学、物理学、生物学、工学、理学、农学、经济学、社会学、法学、管理学等多个学科。随着国际经济贸易全球化和区域经济一体化趋势的不断深入，国外传染病、动植物疫病疫情输入的风险日益加大，如何科学合理利用检验检疫技术手段是有效应对经济全球化负面冲击的重要利器，是治理新时期非传统安全问题的重要工具。检验检疫作为一个以技术执法和服务为主要手段的行业，时刻离不开强大的科技支撑，检验检疫科技已经成为检验检疫行业的核心竞争力和根本发展动力。基于该认识，近年来国家对检验检疫科技研发的投入力度不断加大。在《国家中长期动物疫病防治规划》（2012—2020年）中把"防范外来动物疫病传入"列入重点任务，要求"健全外来动物疫病监视制度、进境动物和动物产品风险分析制度，强化入境检疫和边境监管措施，提高外来动物疫病风险防范能力"。2013年，由中国检验检疫科学研究院牵头的"十二五"国家科技支撑计划"外来与新发动物疫病预警与阻断技术研究与开发"项目正式启动，通过本项目的实施，我国口岸对外来与新发动物疫病的预警、检疫把关技术和检疫处置能力得到了有效提升，进一步完善了我国外来与新发动物疫病防控技术支撑体系。2016年，由中国检验检疫科学研究院牵头的"十三五"国家重点研发计划"潜在入侵的畜禽疫病监测与预警技术研究"项目正式启动，该项目以构建全方位、一体化的潜在入侵动物疫病监测及预警技术体系，实现口岸外来动物疫病防控水平的整体提升为目标，为外交外贸及产业发展保驾护航。当前，我国出入境检验检疫工作面临全新形势。在《深化党和国家机构改革方案》的指导下，2019年原国家质量监督检验检疫总局的出入境检验检疫管理职责和队伍划入海关总署，检验检疫的地位和职责边际得到了进一步明确，检验检疫事业的发展了迎来了新的机遇和挑战。

5. 兽药和饲料添加剂代谢规律及残留检测新技术研究

随着饲料添加剂和兽药的种类及应用规模剧增，人们对兽药残留问题的日益关注以及国际间贸易等原因，需要加强饲料添加剂和兽药代谢规律及检测新技术研究。研究主要兽药和饲料添加剂对人体健康的潜在危害及其特征，毒作用分子机理，毒性化合物的化学和生物学性质，阐明风险特征，提出食品安全标准及其理论依据。研究有害残留物在动物体内吸收、分布、排泄的动力学过程，在组织和产品中的残留规律，在食物链的传递规律，寻找关键控制点，提出有害残留控制的方法、手段和风险预警模型。在检测技术研究上，重点研发简便、快速、灵敏、高通量的残留分析技术，制定相应的技术标准。同时，要利用各种分析技术的特点，开展多技术联用研究，建立动物性食品中药物多残留的定量确证检测技术。

6. 畜牧业环境污染控制技术研究

畜牧业对环境的污染主要来自集约化养殖场的排放物，不仅破坏正常生态平衡和危害人类，还严重制约了现代畜牧业的持续稳定发展。随着国家对环境保护、维护生态平衡和可持续发展的要求日增，解决长期以来被轻视的畜牧业环境污染问题受到重视，成为个急需解决的重要课题。因此，需要根据生态学和生态经济学原理研究畜牧养殖场的环境污染问题，利用畜禽、植物、微生物之间的相互依存关系和现代技术，研究无废物、无污染的畜牧业生产模式，在生态型饲料、畜禽粪污处理及利用技术、人工生态畜牧场技术等方面重点开展研究工作。

7. 动物源性食品安全综合控制技术研究

动物源性食品污染来源广泛，原因复杂，涉及畜牧、兽医、食品等多个行业和领域。从兽医公共卫生学的角度出发，从动物源性食品污染的源头入手，研究畜产品生产源头的动物源性食品污染产生机制，从疾病控制、饲养管理、经营模式等方面研究和开发污染控制技术，并建立一套完整的生产优质、安全、无污染的动物源性食品的技术保障体系，为保障畜牧业健康发展社会安定和人民健康服务。

8. 完善兽医卫生防控体系

长期以来，我国在疫病的控制中一直采用被动监测为主的防控策略，往往不能产生预期效果。要完善人兽共患病防控体系和预警体系，健全重大动物疫情和食品安全事件应急手段，从源头抓起，不能只在事件暴发，甚至造成人员伤亡后才开始重视，才紧急构筑壁垒防止蔓延，这样会贻误控制疫病大面积流行的有利时机。因此，要建立对不同动物疫病的主动监测网络及各种预警预报系统，做到防患于未然。要建立统一的突发公共卫生事件监测、预警与报告网络体系，开展日常监测工作。各级政府的卫生、兽医防疫行政部门根据监测信息，及时分析，并作出预警。发生突发公共卫生事件时，事发地各级人民政府及其有关部门按照分级响应的原则和有关规定作出相应级别的应急反应。

建立动物标识与动物生产和疫病可追溯体系，通过标识对动物饲养、防疫、检疫、屠宰、加工、流通环节的相关信息进行记录，对动物产品及其产品加工全过程监管和跟踪溯源。

　　过去我国畜牧业的主要任务是发展畜禽数量，增加畜禽产品产量，以保障市场供给。现在，养殖数量和畜产品供给量应主要由市场来调节，而保证供给安全动物食品、防止人兽共患病和养殖污染等兽医公共卫生问题已成为目前我国畜牧兽医工作的重要内容。因此，应深入推进供给侧结构性改革，坚持绿色发展、低碳发展、循环发展，促进畜牧业向追求绿色生态可持续发展，更加注重满足质的需求转变。

　　在社会公共卫生事件方面，我国目前在相当范围和程度上，政策和行政手段代替着法律的功能。目前，除散见于各项有关法律、法规和规定中，中国还没有公共卫生的基本法。因此，建立健全我国社会公共卫生法律法规体系和管理体制刻不容缓。

参考文献

［1］De Giusti M，Barbato D，Lia L，et al. Collaboration between human and veterinary medicine as a tool to solve public health problems［J］. Lancet Planet Health，2019，3（2）：e64-e65.

［2］Mardones FO，Hernandez-Jover M，Berezowski JA，et al. Veterinary epidemiology：Forging a path toward one health［J］.Prev Vet Med，2017，137（B）：147-150.

［3］马志永，丁铲. 我国兽医公共卫生的现状［J］. 兽医导刊，2007，17（5）：4-6.

［4］张彦明. 兽医公共卫生学（21世纪教材）［M］. 北京：中国农业出版社，2007.

［5］薛慧文. 兽医公共卫生面临的问题、原因及对策［J］. 动物医学进展，2010，31（5）：217-220.

［6］柳增善，任洪林，卢士英，等. 兽医公共卫生学［M］. 北京：中国轻工业出版社，2010：13-135，351-457，497-507，563-582，598.

［7］吴立志，王金良，肖跃强，等. 猪链球菌2型毒力因子研究进展［J］. 动物医学进展，2012，33（6）：118-121.

［8］张彦明，郑光明，崔言顺，等. 兽医公共卫生学［M］. 北京：中国农业出版社，2003：68-139，140-283.

［9］李国辉，贾斌. 猪旋毛虫的检疫及防控措施［J］. 中国猪业，2014，9（4）：60-62.

［10］陈敏艳，王香敏，朱弘，等. 畜禽产品药物残留危害现状分析［J］. 动物医学进展，2012，33（9）：109-112.

［11］孔志明，许超，李梅，等. 环境毒理学（第五版）［M］. 南京：南京大学出版社，2012：45-69，147-172，183-219.

［12］付朝阳，崔尚金，童光志. 人兽共患传染病及其对动物疫病防治的启示［J］. 动物医学进展，2005，26（4）：111-114.

［13］污染源普查结果显示农业成为主要污染源［J］. 养猪，2010（2）：29.

［14］梁昭平，艾和平. 动物废弃物中病原体的污染及其防控［J］. 家畜生态，2002，23（4）：79-81.

［15］李述，朱培雷，沈建忠，等. 浅谈兽药与环境安全［J］. 中国兽医杂志，2002（7）：45-47.

［16］鄂勇，张晓琳，宋秋霞. 环境内分泌干扰物及其潜在威胁［J］. 东北农业大学学报，2008，39（11）：135-139.

［17］郭志儒，高宏伟. 我国应尽快建立兽医与人医一体化的公共卫生体系［J］. 中国兽医学报，2004，4（3）：209-211.

［18］卢亮平，万康林，徐建国. 人兽共患细菌性疾病防控现状及特征分析［J］. 中国人兽共患病学报，2018，

34（11）：967–970.

［19］周威，胡梁斌，李红波，等. 食物中食源性病原菌检测技术研究进展［J］. 食品研究与开发,2017,38（9）：
213–216.

［20］潘志明，黄金林，焦新安. 食源性人兽共患细菌病及其防控［J］. 兽医导刊，2009（6）：4–7.

［21］黄金林. 食源性致病菌研究动态［J］. 食品安全质量检测学报，2018，9（7）：1477–1478.

撰稿人：丁　铲　焦新安　潘志明　陈鸿军　孟春春　张新玲　梅　琳

执笔人：陈鸿军

兽医内科学发展研究

一、引言

兽医内科学主要是从器官系统的角度研究动物内部器官疾病的病因、发生、发展规律，临床症状、转归、诊断和防治等的一门综合性兽医临床学科。兽医内科学的内容既包括器官系统疾病，也包括以病因命名的营养代谢病、中毒病、遗传病以及应激性疾病等。兽医内科学既是兽医临床学科的主干学科之一，也是其他临床学科的基础。随着我国社会、经济的快速进步与发展，人民生活水平的迅速提高，动物源性食品需求量日益增多。为片面追求产量，目前国内外饲养的畜禽品种多以高产、生长快速为主要目标，如高产奶牛、高产蛋鸡、快大型肉鸡和瘦肉型猪等，加上过度集约化饲养和超高水平的营养供应，导致畜禽对环境因素和应激等外界刺激过度敏感，群发性营养代谢病（如动物微量元素和维生素缺乏症与过多症、高产奶牛能量代谢病、亚急性瘤胃酸中毒和一些家禽营养代谢病等）频频发生。同时营养失衡也引起高产动物免疫力下降，大大增加了动物传染病的发病率，造成重大经济损失。动物中毒病学是临床兽医学科的重要组成部分。随着我国畜牧业生产向集约化和产业化发展，动物中毒病已成为危害动物健康的主要疾病之一，给养殖业造成的经济损失也越来越受到人们的关注，并直接影响动物源性食品的质量和安全。随着我国人民生活水平不断提高，宠物饲养数量不断增加，宠物老龄化以及传染病逐渐得到控制，犬猫等宠物内科疾病的诊疗逐渐成为本学科关注的热点，是本学科研究的另一个新领域。

本学科在人才培养方面也取得了突出成绩，近年来培养了一大批高素质的兽医内科学硕士和博士毕业生，其中王林博士 2011 年获得全国百篇优秀博士论文，徐闯教授获得国家"万人计划"领军人才，一批青年英才活跃在学科前沿，出版了一批高水平的教材和专著，为学科的可持续发展奠定了坚实的基础。

二、兽医内科学学科发展现状

畜禽营养代谢病及中毒病危害畜禽健康，降低我国养殖效益和饲料报酬，阻碍畜禽养殖业健康持续发展，影响生态安全和饲料资源的高效利用，是关乎国计民生的重大问题。本学科近年来主要开展畜禽营养代谢病和中毒病的流行病学、发病机理与代谢特征及主要饲料源毒性物质在畜禽体内的残留消除规律等研究，阐明了一些重要畜禽营养代谢病和中毒病的发病机理，生物学特征和发生发展规律，建立了一些疾病的早期诊断技术和监测技术，研发了一些防控畜禽群发性营养代谢病及中毒病的综合技术。

1. 奶牛营养代谢病防控技术的研究进展

能量代谢病是影响奶牛养殖的最重要营养代谢病，给奶业造成巨大的经济损失。流行病学调查表明，我国奶牛酮病发病率在 15% ~ 35%，主要发生在产后一周（70%）；我国奶牛脂肪肝发病率在 18% ~ 43%，主要发生在产后三周内（89%）。本学科对奶牛围产期营养代谢病的预警、诊断、发病机制和防治进行了系统深入研究。首次在全国开展了上述奶牛普通病的流行病学调查，建立了首个围产期奶牛疾病发病率数据库。明确了酮病和脂肪肝奶牛肝脏脂代谢紊乱的关键环节和调节机制；阐明了肝脏线粒体功能紊乱、内质网应激和氧化应激引起奶牛肝损伤的机制及酮病影响奶牛生产性能的机制。全程跟踪监测围产期牛群代谢普通病病理学特征，筛选构建了疾病特异性早期预警指标体系和预警评估平台，解决了疾病早期预警难和企业操作难的问题；建立了互补式添加剂组方理论，研发了围产期奶牛主要群发普通病群防群控产品、高效饲料添加剂和微生态制剂，解决了疾病群防群控难的问题。先后集成与示范奶牛能量代谢障碍性疾病综合防治技术、奶牛主要群发代谢病早期预警体系、奶牛主要代谢病防治关键技术等技术体系，为规模化牧场高效健康养殖提供了重要技术支持，建立了发病机理—早期预警—群防群控—技术标准的奶牛代谢病创新性研究体系。构建了集约化奶牛场节粮生态养殖技术系统。

针对我国东北、西北等主要奶牛生产区冬季寒冷等特点，建立了"寒区奶牛舍环境控制＋精准营养调控＋疾病早期预警＋粪便废弃物资源化利用"四位一体的奶牛提质增效新模式，通过在示范点推广应用，提高了饲料转化率、奶牛单产水平和生鲜乳质量安全，降低了生产成本，实现了奶牛生产提质增效。该成果 2016 年获得黑龙江省科技进步奖一等奖。

亚急性瘤胃酸中毒是现代高产牛群所面临的最重要的代谢紊乱性疾病，近年研究发现，瘤胃内总挥发性脂肪酸的浓度升高是导致瘤胃 pH 降低的主要原因，乳酸次之。亚急性瘤胃酸中毒导致瘤胃内的大量革兰阴性菌死亡，大量的内毒素从细菌细胞壁中裂解出来，发生内毒素血症，是亚急性瘤胃酸中毒发生发展的主要机制。对该病的防控提出了一系列的综合措施，如加强奶牛的饲养管理，增强奶牛瘤胃的缓冲能力，直接饲喂益生菌，提高细菌的乳酸转化能力和耐酸性，日粮中添加植物提取物等，取得了较好的效果。

2. 家禽营养代谢病防控技术的研究进展

家禽营养代谢病严重影响养禽业的发展，近年来围绕一些群发性营养代谢病如肉鸡腹水综合征、禽痛风、脂肪肝出血综合征、肉鸡胫骨软骨发育不良、蛋鸡骨质疏松以及微量元素和维生素缺乏症与过多症等开展研究，初步阐明了这些疾病的机理，提出了一些有效的防控措施，保障了养禽业的发展。

在复制鸡、鸭、羊、猪等硒缺乏症模型基础上，获得了其临床特征性症状和病理剖检与病理组织变化特点，明确了不同组织硒含量，建立了硒缺乏症诊断标准。首次获得了硒在多种畜禽（鸡、鸭、牛、羊、猪）体内药动学参数，建立了畜禽硒缺乏症预防与治疗方案。利用 iTraq、denovo 测序技术，首次获得了健康和硒缺乏症鸡蛋白组、转录组序列图谱，从 lncRNA-micRNA- 硒蛋白角度阐明了细胞凋亡、程序性坏死在鸡缺硒性骨骼肌和心肌坏死、渗出性素质发病中的作用机制，为防治硒缺乏症和比较医学提供了理论依据。首次克隆出鸡硒蛋白 W 全基因序列，在细胞、鸡胚和本体动物水平上揭示了硒蛋白 W 具有抗氧化、钙调控和维持骨骼肌发育的功能。在上述研究过程中，首次建立了鸡胚硒蛋白敲低方法和嵌合体硒蛋白敲低鸡模型，为硒蛋白功能研究和基因敲低鸡模型的建立提供了方法。该成果获得国家科技进步奖二等奖。

3. 畜禽霉菌毒素中毒防控技术的研究进展

霉菌毒素是霉菌产生的有毒次级代谢产物，广泛污染谷物和饲料，导致其霉败变质、质量下降和营养物质损失等。根据联合国粮食农业组织估算，全球每年的粮食作物约有 20% 由于霉菌毒素污染而被弃用，造成数千亿美元的经济损失。近年来，对饲料原料及配合饲料主要霉菌毒素背景值、霉菌毒素对动物健康危害、霉菌毒素检测技术及霉菌毒素中毒防控技术等进行系统研究，取得了许多重要的成果，对保障养殖业的健康发展和动物源性食品安全发挥了重要作用。阐明了黄曲霉毒素 B_1（AFB_1）、脱氧雪腐镰刀菌烯醇（DON）、玉米赤霉烯酮（ZEA）单独染毒及其联合染毒造成动物抗氧化功能、免疫功能下降；黄曲霉毒素 B_1 抑制雏鸡免疫器官的发育；黄曲霉毒素 B_1 含量与猪瘟疫苗免疫效果存在负相关；进一步阐明了玉米赤霉烯酮和脱氧雪腐镰刀菌烯醇免疫毒性的分子机制。阐明了黄曲霉毒素 B_1 导致胞内 ROS 上升引发氧化应激，可能与 Nrf2 信号通路有关；玉米赤霉烯酮可以激活细胞色素 P450 还原酶依赖的氧化应激，而 P38/MAPK 途径可以激活细胞的保护性自噬来应对这种损伤。阐明了玉米赤霉烯酮可引起断奶仔猪卵巢的卵泡提前发育甚至闭锁，主要途径是诱导 PCNA、Bcl-2 及 Bax 基因异常表达，引起卵巢卵泡异常发育；玉米赤霉烯酮会增加育成期蛋鸡卵巢和输卵管的器官指数，并对卵巢和输卵管组织形态学具有毒性作用；玉米赤霉烯酮导致雄性生殖器官组织和功能损伤的机制。阐明了烟曲霉毒素（FB1）和脱氧雪腐镰刀菌烯醇显著增强玉米赤霉烯酮的生殖毒性。阐明了内质网应激、氧化应激、ATP/AMPK、MAPK、PI3K-AKT-mTOR 等信号通路在玉米赤霉烯酮诱导细胞自噬、凋亡和细胞周期阻滞中作用。阐明了脱氧雪腐镰刀菌烯醇暴露可改变雏鸡神经递质分泌及钙调蛋白含量，导致脑组织脂质过氧化反应及脑部形态结构变化；脱氧雪腐镰刀菌烯醇暴露影响了仔猪海马神经细胞与不同脑部（大脑、小脑、延髓和海马组织）神经递质分泌、脂质过氧化反应及神经钙稳态平衡。

建立烟曲霉毒素间接 ELISA 和胶体金免疫层析检测技术，赭曲霉毒素 A（OTA）与烟曲霉毒素蛋白质芯片检测技术。利用 ELISA 技术研制饲料和动物性食品中玉米赤霉烯酮、α-玉米赤霉烯醇、β-玉米赤霉烯醇、烟曲霉毒素、麦考酚酸含量的检测方法。构建开发商业化快速检测试剂和产品的多种霉菌毒素抗原和抗体。开发了七种霉菌毒素检测技术、新型样品前处理技术及液相色谱质谱联用技术、多种霉菌毒素的单克隆抗体、多种免疫金标速测试纸及其他新型检测技术。开发了黄曲霉毒素 B₁，玉米赤霉烯酮，脱氧雪腐镰刀菌烯醇单抗，组装三合一速检试纸条，首次实现了对三大类霉菌毒素的同时快速检测。基于制备的玉米赤霉烯酮抗体，研发出一种新型的荧光 ELISA 技术。建立了霉菌毒素脱氧雪腐镰刀菌烯醇的标准品制备技术。建立 UPT 上转发光技术检测黄曲霉毒素 B₁、玉米赤霉烯酮和脱氧雪腐镰刀菌烯醇的技术并推广应用。

发现植物源酯化葡甘露聚糖具有吸附饲料中黄曲霉毒素 B₁、玉米赤霉烯酮和脱氧雪腐镰刀菌烯醇的作用。发现多种微生物具有降解黄曲霉毒素 B₁、玉米赤霉烯酮和脱氧雪腐镰刀菌烯醇的作用，使用发酵饲料或饲料中添加微生态制剂对动物健康和生产性能具有良好的效果。阐明了茶多酚对玉米赤霉烯酮与脱氧雪腐镰刀菌烯醇单一及联合染毒致雄性小鼠生殖毒性保护效应；N-乙酰-L-半胱氨酸（NAC）对黄曲霉毒素 B₁ 致犬原代肝细胞毒性作用的保护效应以及 N-乙酰-L-半胱氨酸与硒化黄芪多糖对 ZEA 致猪睾丸支持细胞损伤的保护效应。证明白藜芦醇和抗氧化剂 N-乙酰-L-半胱氨酸对玉米赤霉烯酮引起的生殖细胞毒性具有保护作用。证明硒对脱氧雪腐镰刀菌烯醇免疫毒性的拮抗作用，表明硒可以有效调节猪脾脏淋巴细胞免疫功能，能显著减轻脱氧雪腐镰刀菌烯醇引起的免疫毒性，其中硒蛋白 GPx1 起了关键性的作用。

连续多年开展饲料中主要霉菌毒素背景值调查研究，阐明了饲料原料及配合饲料中黄曲霉毒素 B₁、玉米赤霉烯酮、脱氧雪腐镰刀菌烯醇、烟曲霉毒素、赭曲霉毒素 A（OTA）、T-2 毒素等霉菌毒素背景值和风险预警，为饲料、养殖企业制定防范霉菌毒素危害的措施提供了重要依据。开发了动物组织与代谢产物中多种霉菌毒素的生物标志物，并将其用于动物和人个体水平的毒素暴露分析，开展食品安全暴露评估及毒理危害评价，为食品安全风险评估提供技术保障。

4. 放牧家畜植物中毒防控技术的研究进展

围绕草原毒草基础调查、灾害发生规律、毒性与毒理、绿色防控开展理论研究和技术攻关。①查清了我国天然草原毒草种类 52 科 168 属 316 种，主要优势种为小花棘豆、甘肃棘豆、冰川棘豆、茎直黄芪、瑞香狼毒、白喉乌头、黄帚橐吾及醉马芨芨草等 20 种；西藏、新疆、青海、甘肃、内蒙古、四川等 11 个省区毒草分布面积 3470.58 万公顷，占可利用草原面积 13.29%；编制毒草分布系列图 29 张，建立了草原毒草基础数据库，填补了我国毒草本底数据空白。②查明草原疯草类毒草 47 种，确证疯草毒性成分是苦马豆素，发现棘豆蠕孢菌 *Undfium oxytropis* 是主导疯草毒素生物合成的优势菌，研制出"棘防 E 号"、疯草灵解毒缓释丸等疯草中毒防治药剂 5 种，解决了草原牲畜疯草中毒防治难题。③创建了以生态治理为核心的绿色防控"三·五"技术体系。④建立了西部草原毒草研究中心网络平台 1 个，出版《中国草地重要有毒植物》《中国天然草地有毒有害植物名录》《中国天然草原毒害草综合防控技术》《中国天然草原牲畜毒害草中毒防治技术》和《中国西部天然草地毒害草的主要种类及分布》等著作 10 部；制定国家标准 1 项，创建了有效安全生产技术 2 项。

5. 畜禽应激综合征防控技术研究进展

据报道，全球各种应激性疾病给畜禽产业造成的损失每年高达 800 亿 ~ 1000 亿美元以上。国内近年来对环境应激、疫苗免疫应激、生殖应激等进行了广泛研究，提出了动物生殖应激综合征、贩运仔猪腹泻综合征、疫苗免疫应激等新疾病；利用蛋白组学解析了肉鸡热应激体内蛋白质变化趋势，鉴定出多个参与肉鸡热应激调控的关键蛋白，初步阐明了应激机理，提出了"动物亚健康调控"理论，针对"畜禽应激综合征"这一典型的亚健康状态，创制出"保健养殖"模式，特别是针对生猪应激性疾病防控，通过研发"功能性饲料"发明了"保健养猪技术"，该技术及其配套产品在全国 22 个省市得到推广和应用，取得了显著的经济效益和社会效益。

6. 畜禽营养与免疫的研究进展

动物营养代谢紊乱，不仅会引起营养代谢病，还会影响动物的免疫功能和抗病力。近年来，国内广泛开展微量元素与免疫、维生素与免疫、氨基酸和小肽与免疫等的研究工作，初步阐明了他们影响免疫和抗病力的机理。研究发现，氧化应激可激活 p38/ERK1/2 MAPK 信号通路，促进猪圆环病毒 2 型（PCV2）等病毒的复制，有机硒能阻断氧化应激对 PCV2 复制的促进作用，且 GPX1 和硒蛋白 S 在该过程中起着很重要的作用。在科学阐明有机硒作用机理的基础上，首次提出了将有机硒和益生菌结合起来进行研究的新思路，分离鉴定了能高效转化无机硒成有机硒的益生菌菌株，研制了有机硒转化促进剂，创制了具有有机硒和益生菌等多重功能的富硒复合益生菌饲料添加剂，能有效防控动物的硒缺乏症，同时能调节动物的免疫功能，对防控猪圆环病毒病也有较好的效果。分离筛选了可用于制备小肽的优良益生菌菌株，优化了发酵工艺，创制了多种新型多功能小肽饲料添加剂产品，该类产品具有显著的促生长、调免疫与对致病菌的高效抑制作用，可部分或完全替代饲料中的抗生素。

7. 环境污染与动物健康的研究进展

无机氟中毒是一种全球性人兽共患性地方病。氟化物属于多系统毒性物质，不仅可以导致牙齿与骨骼组织形态改变，还会引起生殖、神经、消化、免疫等系统损害。如在中国、墨西哥、巴西、印度、伊朗、芬兰等许多国家流行病学调查研究均发现，氟与智商和生殖功能降低密切有关。同时，在自然地质作用及人类活动的影响下，某些地区出现了氟中毒与碘缺乏、铅中毒、砷中毒、二氧化硫污染同时存在的现象。因此，发达国家主要是研究其公共卫生安全为主，发展中国家包括中国医学领域更注重地氟病的机理与防治研究。在兽医领域，围绕氟及相关因素单独或联合的硬组织、生殖与神经中毒机理方面取得了系列研究成果。明确了工业氟污染对牛羊的健康与养殖效益影响巨大，主要是损害牙齿质量进而影响采食，损害骨骼而影响运动，降低营养吸收而影响增重与繁殖。发现氟对羊的牙齿与骨相系统的损害首先是影响胶原的发育，进而影响矿物质沉积，此外，氟可通过多种分子机制引起动物生殖、神经、消化、免疫等系统功能损害。结合流行病学和我国的实际，提出了在不可能停止污染的情况下，高污染季节舍饲（不放牧）或者补饲是获得经济效益最有效的防治措施。出版了《氟中毒研究》《环境兽医学》《环境与健康》等著作。

受工业废水、废气和废渣中有害物质的超标排放，农药、化肥和饲料添加剂的滥用，以及人类日常生活废弃物的污染等各方面因素的影响，环境中的重金属等污染物超标现象越来越严重，有毒重金属与环境污染物中毒病时有发生，对畜禽及人类的健康构成严重威胁。因此，针对主要有毒重金属等环境污染物对畜禽的危害与残留特征研究，建立畜禽重金属等环境污染物中毒病的群体监测、预测预报及诊断方法或技术，创制出安全、有效的畜禽专用预防和治疗药物和制剂，是当前畜牧业生产面临的重大问题。近年来，围绕有毒重金属对畜禽的危害与残留特征、畜禽重金属中毒病的分子机理、监测和防控技术等方面协同攻关。胞浆钙超载、内质网应激、死亡受体信号转导等多种细胞凋亡通路均被证实是重金属损伤机体的主要毒性机制，证实硒具有拮抗重金属镉、铅等的毒性作用，能显著降低重金属在组织中的含量，并明确了硒调节氧化应激、免疫、内质网应激、线粒体凋亡等通路，是其拮抗重金属毒性的生物学机制。另外，NAC、硫辛酸、葛根素、槲皮素、海藻糖等对铅镉造成的毒性损伤有一定的保护作用。

8. 影像诊断技术在兽医临床上的应用进展

20 世纪 70 年代前后超声诊断技术开始在兽医临床应用，如用 A 型和 D 型超声诊断仪进行动物的早期妊娠诊断，用 M 型超声仪检查心脏。20 世纪 80 年代以后 B 型超声仪在兽医领域广泛应用，超声检查的范围也不断扩大。随着 CR、DR 的诞生，X 线摄影技术从模拟影像转化成数字影像，这是一个重大的里程碑进展。随着图像质量的提高，不同情况的组织结构可以得到有效鉴别，也大大提高了骨科疾病尤其是关节及软骨疾病的诊断率。另外，CT（普通 CT、螺旋 CT）、超声（分 B 超、彩色多普勒超声、心脏彩超、三维彩超）、核磁共振成像（MRI）、心电图仪器、脑电图仪器等先进的影像学设备在兽医临床的应用，特别是在马病、宠物疾病的诊疗中发挥了重要作用，显著提高了兽医临床诊疗水平。

三、兽医内科学学科国内外发展比较

在养殖业集约化、规模化和产业化快速发展的背景下，我国兽医内科学工作者密切结合国家重大战略需求，开展了一系列创新性的研究，取得的成果在保障养殖业健康发展和动物源性食品安全方面发挥了重要的支撑作用。但兽医内科学在科学研究、人才培养和临床疾病诊疗水平等方面与发达国家相比仍有较大的差距。发达国家对于兽医内科疾病诊疗的总体研究水平较高，在食品动物关注的重点是群发性营养代谢病和中毒病；在理论研究方面，重点是从分子、细胞、代谢和信号通路等方面研究疾病发生的机制；在防控方面，更重视改善环境和营养调控。我国群发性内科疾病的流行病学数据匮乏，养殖企业注重传染病的防控，而对普通内科病造成的危害和经济损失缺乏正确的认识，加之国家在该学科领域的经费支持力度很小，研究的系统性不够，疾病的防控产品不多。

另外，在兽医临床上，国外非常重视小动物和马的内科疾病诊疗，许多先进的诊疗设备应用于临床，对常见和疑难内科病进行了系统深入的研究，研发了专门的防控药物（包括辅助食品）或产品，并有专门的杂志报道相关的研究成果。国内在该领域的研究刚刚起步，大多数仍以跟踪研究为主，缺乏系统性和创新性。

四、我国兽医内科学学科的发展趋势与对策

随着兽医内科疾病的多样化、复杂化以及在畜牧生产和宠物临床上的重要性，其所涉及的领域在广度和深度上都有了显著提高，这主要体现在以下方面：

1. 兽医内科学的研究领域不断拓宽

随着畜牧业现代化、规模化和集约化的发展，动物群体性疾病和多病因性疾病以及一些与免疫力下降和应激相关的疾病，特别是畜禽营养代谢病和中毒病发病率显著增加，给畜牧业生产带来严重的危害，正逐渐成为本学科研究的热点。此外，日益增加的宠物疾病和逐步受到关注的马病、野生动物疾病也极大地丰富了兽医内科学的研究对象。

另外，现代兽医内科学在研究层次上不断深入，已从个体发展到群体，从组织器官水平发展到细胞分子水平，从表型研究发展到基因蛋白质水平，继而到更深层次的表观遗传修饰水平。

2. 高新技术在兽医内科学研究中广泛应用

现代生物学高新技术，如组学技术、生物信息技术、冷冻电镜、晶体衍射、分子影像、高分辨质谱、核磁共振技术等将在兽医内科研究领域得到广泛应用，使我们对动物疾病的认识上升到分子水平，为研发新的诊断方法和药物提供了新的思路，进而使动物疾病的防控能力得到提升。

3. 兽医内科学的发展更强调解决临床实际问题

随着现代养殖模式的改变、养殖规模的不断扩大和贸易的日益频繁，动物疾病日趋复杂化，传播的速度也越来越快，波及的面也越来越广，要求现代兽医内科学的发展要解决更加复杂的临床问题，不断满足和适应生产需要。随着宠物养殖的发展，传染病逐渐得到控制，宠物的老年病、代谢紊乱等内科病更多更复杂。

因此，必须科学认识兽医内科学的战略地位；完善兽医内科学研究的支撑体系；加强兽医内科学研究平台建设；增加兽医内科学基础研究的支持力度，优先资助制约本学科发展的瓶颈领域；广泛吸纳优秀人才并着力培育创新群体；积极开展国际交流与合作，缩短本学科与发达国家差距，摆脱兽医内科学长期处于弱势学科，促使我国兽医内科学学科进入国际先进水平。

未来 5 ~ 10 年，建议兽医内科学研究优先资助以下领域：

1）研究营养、环境、代谢失衡与畜禽群发性营养代谢病发生发展的关系，研发以应用多功能生物饲料添加剂为主的畜禽群发性营养代谢病综合防控技术。

2）研究营养与免疫的关系以及疫病条件下饲料要素与营养需求的最佳适配，研发以营养为基础的防病优质安全动物产品的生产技术。

3）研究持久性有毒化学污染物、真菌毒素等对动物的分子毒性机制，研制快速筛查与生物分析方法，构建生态监控和风险预警技术体系，研发畜禽中毒病的防控关键技术和产品。

4）研究动物生殖应激及其综合征、疫苗免疫应激、仔猪断奶应激、产蛋鸡疲劳综合征、环境应激（热、冷应激）等应激疾病的发病机理和防控关键技术和产品。

5）研制植物成分或植物药物的抗病机制，研发以植物或植物药物的多糖、黄酮、皂苷、生物碱等为主要成分的绿色防病饲料添加剂。

6）针对犬猫老年病、代谢病等，深入研究病因、发病机理，研发诊断和防控产品。

参考文献

［1］ Aschenbach JR, Zebeli Q, Patra AK, et al. Symposium review: The importance of the ruminal epithelial barrier for a healthy and productive cow ［J］. Journal of Dairy Science, 2019, 102（2）: 1866-1882.

［2］ Benedet A, Manuelian CL, Zidi A, et al. Invited review: beta-hydroxybutyrate concentration in blood and milk and its associations with cowperformance ［J］. Animal, 2019, 13（8）: 1676-1689.

［3］ Bradford P. Smith. Large Animal Internal Medicine. 5th Edition, Mosby, 2014, 1-1712.

［4］ Contreras GA, Strieder-Barboza C, De Koster J. Modulating adipose tissue lipolysis and remodeling to improve immune function during the transition period and early lactation of dairy cows ［J］. Journal of Dairy Science, 2018, 101（3）: 2737-2752.

［5］ King MTM, DeVries TJ. Graduate Student Literature Review: Detecting health disorders using data from automatic

milking systems and associated technologies［J］. Journal of Dairy Science, 2018, 101（9）: 8605-8614.

［6］ Peter D. Constable, Kenneth W. Hinchcliff, Stanley H. Done, et al. Veterinary Medicine A Textbook of the Diseases of Cattle, Sheep, Pigs, Goats and Horses（Volume I and II）. 11th edition, Elsevier Ltd, 2017, 1-2214.

［7］ Puppel K, Kuczynska B. Metabolic profiles of cow's blood; a review［J］. Journal of the Science of Food and Agriculture, 2016, 96（13）: 4321-4328.

［8］ Lu H, Quan H, Ren Z, et al. The Genome of undifilum oxytropis provides insights into swainsonine biosynthesis and locoism［J］. Scientific Reports. 2016, 6: 30760.

［9］ Useni BA, Muller CJC, Cruywagen CW. Pre-and postpartum effects of starch and fat in dairy cows: A review［J］. South African Journal of Animal Science, 2018, 48（3）: 413-426.

［10］ Zheng WL, Feng NN, Wang Y, et al. Effects of zearalenone and its derivatives on the synthesis and secretion of mammalian sex steroid hormones: A review［J］. Food and Chemical Toxicology, 2019, 126: 262-276.

［11］ 黄克和，王小龙. 兽医临床病理学（第二版）［M］. 北京：中国农业出版社，2012.

［12］ 农业农村部畜牧兽医局. 中国兽医科技发展报告（2015—2017）［M］. 北京：中国农业出版社，2018.

［13］ 王建华. 兽医内科学（第四版）［M］. 北京：中国农业出版社，2010.

［14］ 王俊东，刘宗平. 兽医临床诊断学（第二版）［M］. 北京：中国农业出版社，2010.

［15］ 张乃生，李毓义. 动物普通病学（第二版）［M］. 北京：中国农业出版社，2010.

撰稿人：刘宗平　黄克和　张海彬　董　强　邓干臻　徐世文　韩　博
王　哲　文利新　赵宝玉　朱连勤　王俊东　张建海　卞建春
执笔人：韩　博　刘宗平

兽医外科学发展研究

一、引言

兽医外科学是研究动物，包括大动物和小动物的外科疾病病因、症状、机理、诊断、治疗和预防规律的一门应用性、实践性很强的临床学科。系统掌握外科疾病诊疗的基本原则、手术方法、操作技能是兽医外科学的基本工作任务。

随着信息时代的来临和生物技术的快速发展，新的外科理论、新技术随之出现，一些新型材料及诊疗设备的大量投放使用，推动兽医外科治疗手段不断进步，极大地促进了兽医外科学的发展。伴随着动物福利在社会日益受到广泛关注，兽医外科治疗理念也在悄然发生着变化。兽医外科治疗更加强调以动物为本，采用科学的方法，充分利用现代先进医疗仪器、设备和器械诊治动物疾病，拯救或者延长动物的生命。强调改善动物术后的生活质量，通过康复治疗技术，恢复动物功能，最大程度地减轻动物的痛苦。在兽医外科诊治过程中，麻醉流程趋于规范，现代吸入麻醉技术已广泛应用于兽医临床，手术安全性得到很大程度的提高。疼痛管理理念和技术已开始在兽医临床得到重视。微创外科已在兽医临床，尤其是小动物临床推广应用。微创手术对患病动物的损伤与应激小，疗效更佳，疑难危重病例的救治成功率更高。

兽医外科学作为兽医临床学科重要支柱学科之一，肩负着众多外科病、多发病的诊治和手术重任，在兽医临床兽医学中占有非常重要的地位。近年来，小动物诊疗业蓬勃兴起。国内外资本进入小动物诊疗业，小动物连锁医院不断扩张，兼并整合，加剧了动物医院的竞争，改变了小动物诊疗业的格局。与此同时，高水平的临床兽医师的需求不断高涨，尤其是能够熟练进行外科手术治疗的兽医师更加受到欢迎，小动物医学应运而生，其发展也迎来了前所未有的机遇。术业有专攻，兽医外科学（小动物医学）的分科初露端倪，延伸出眼科、皮肤科、骨科等方向，涌现出一批专科医生，他们的精耕细作，促进了各自领域的发展。奶牛业、马业等大动物诊疗业的发展也出现了新的趋势。马的用途已经发生了较大的转变，传统马业逐渐转变为综合了文化、体育竞技、休闲娱乐为主的现代马业。马外科病发病率高，治疗周期长，专司马外科病治疗的兽医师十分匮乏，已经成为行业新宠。营养学研究以及疑难疾病发病机理研究常采用兽医外科手术方法建立动物模型，开展在体实验，研究更加贴近临床实际，研究成果有较强的推广价值，实验外科学学科应运而生，已经发展成为兽医外科学学科的一门重要分支。

兽医外科学（小动物医学）学科取得令人瞩目的发展成就与中国畜牧兽医学会兽医外科学分会、小动物医学分会发挥的重要作用是分不开的。近年来，兽医外科学（小动物医学）分会抓住机遇、凝心聚力、鼓足干劲，积极开展学术交流，开展技术培训与推广，提升了中国兽医外科学（小动物医学）的国际学术地位，促进了兽医外科学（小动物医学）学科的又好又快发展。

二、兽医外科学（小动物医学）分会的发展

（一）积极开展学术交流

为了促进兽医外科学科的不断发展，2010—2018 年，兽医外科学分会共举办了 7 次兽医外科学学术研讨会，2 次理事会会议，1 次研究生论坛。2005 年，中国畜牧兽医学会小动物医学分会成立。2005—2011 年，兽医外科学分会与小动物医学分会共同举办学术研讨会。2012 年起，小动物医学分会独立组织召开 4 次学术研讨会（表 40），2 次临床青年教师授课比赛。分会举办的学术活动长期坚持"百花齐放、百家争鸣"的方针，瞄准国际前沿，立足国内实际，围绕兽医外科的热点和难点问题开展学术活动。会议举办期间，国内外专家开展专题报告、论文交流、病例讨论，在促进兽医外科、小动物医学新理论、新知识、新技术的传播方面发挥了重要作用，吸引了众多临床兽医师参会、交流。学术研讨会注重学术活动质量，活跃学术气氛，会员通过参加分会举办的活动，也能及时地获取学科发展信息，调整研究方向，提升研究水平，分会的引领带头作用得到巩固与加强。

表 40　小动物医学分会第 9—12 次学术研讨会

时　间	会议名称	地　点	参加人数
2015 年	小动物医学分会第 9 次学术研讨会	贵　阳	800
2016 年	小动物医学分会第 10 次学术研讨会	成　都	1000
2017 年	小动物医学分会第 11 次学术研讨会 / 第一届兽医临床教师授课比赛	成　都	2000
2018 年	小动物医学分会第 12 次学术研讨会 / 第二届兽医临床教师授课比赛	海　口	2500

兽医外科学分会举办的每次学术活动（表41）都有明确的主题，其主题具有前瞻性、科学性、实用性、可操作性。每次会议围绕主题，设计会议活动内容，精选专题报告题目，开展专题研讨和会前培训。南京农业大学动物医学院承办了2012第二届亚洲兽医外科学会暨第19次中国畜牧兽医学会兽医外科学分会学术研讨会，本次会议的主题是：兽医外科新技术与原理。为了办好这次国际学术会议，2012年2月11—13日，在南京农业大学召开了筹备会议，中国畜牧兽医学会秘书长杨汉春教授参会进行指导。2012年11月23—25日，该会议在南京农业大学成功举办，来自日本等亚洲国家的350余名专家学者、临床兽医师参加了此次会议，极大地扩大了中国兽医外科学分会的国际影响力。2013年在山西农业大学举办了第20次学术研讨会。会议的主题是：平衡麻醉与麻醉监护。2015年8月13—17日，在云南昆明举办第九届兽医外科学会员代表大会暨第21次学术研讨会，由云南农业大学和云南农业职业技术学院承办，其会议主题是：硬组织外科与新技术。2017年6月30日—7月2日在四川成都举办，四川农业大学与西南民族大学承办了第22次学术研讨会，会议主题是：兽医口腔与牙科新技术。2018年8月17日—8月19日，扬州大学承办了第23次学术研讨会，其会议主题是：兽医眼科疾病与诊疗新技术。2019年7月14—16日在广西大学举办第十届兽医外科学分会会员代表大会暨第24次学术研讨会，其会议主题是：兽医神经外科疾病和诊疗新技术。所有这些会议的主题设计都围绕当前我国兽医外科学学科发展的热点、疑难问题，紧密结合兽医外科临床实际，因此，参会人员目的性强，参会热情高涨。

表41　兽医外科学分会第19—23次学术研讨会

时　间	地　点	会议名称	承办单位
2012 年	江苏南京	第二届亚洲兽医外科学会暨第 19 次中国畜牧兽医学会兽医外科学分会学术研讨会	南京农业大学
2013 年	山西太原	兽医外科学分会第 20 次学术研讨会	山西农业大学
2015 年	云南昆明	兽医外科学分会第 21 次学术研讨会	云南农业大学 / 云南农业职业技术学院
2016 年	安徽合肥	中国畜牧兽医学会兽医外科学分会 35 周年纪念会暨外科理事会会议	安徽农业大学 / 安徽科技学院
2017 年	四川成都	兽医外科学分会第 22 次学术研讨会	四川农业大学 / 西南民族大学
2018 年	江苏扬州	兽医外科学分会第 23 次学术研讨会	扬州大学

兽医外科学分会能围绕兽医外科学目前承担的教学和科研工作开展学术活动。每次学术研讨会期间，会议专门安排科研工作突出的兽医外科专家教授，开展国家自然科学基金等课题申报，教学改革，研究生培养等方面的专题报告，帮助高校教师提高业务水平。为

帮助年轻教师得到锻炼和提高，每次兽医外科学分会安排年轻教师承担专题报告，按照《畜牧兽医学报》格式要求撰写会议论文，分会学术委员修改后编入论文集。为鼓励兽医外科研究生参加学术研讨，2018 年学术研讨会举办了首届兽医外科研究生学术论坛，37 名硕士、博士研究生踊跃参加学术会议，进行学术交流，会议评选出 15 篇研究生优秀论文，并进行了表彰。

为深情缅怀为兽医外科学分会的建设与发展奠定基业、奉献一生的前辈们，纪念先人，激励后人，铭记历史，继往开来，弘扬兽医外科学分会优良传统，2016 年 8 月 8—10 日，兽医外科学分会在安徽省合肥市举办了"中国畜牧兽医学会兽医外科学分会 35 周年纪念会暨外科理事会会议"。该会议由安徽农业大学、安徽科技学院承办。会议专门出版了纪念文集，收集整理了分会成立 35 周年以来宝贵的历史资料、事迹材料等。来自全国兽医外科学界知名专家教授到会进行专题报告，对兽医外科学学科发展历程进行了回顾。会议同时举办了兽医外科建设与发展论坛，兽医外科临床研究进展讨论会，并给夏咸柱、王春璈、郭铁、王云鹤、温代如等 43 位 75 岁以上对兽医外科作出突出贡献的老专家颁发了兽医外科"终身成就奖"。该会议的成功举办为兽医外科学学科今后的发展明确了努力方向，在兽医外科学学科发展史上谱写了灿烂辉煌的一页。

（二）积极开展培训活动

随着我国畜牧业的大力发展，特别是小动物临床的快速发展，社会对兽医师需求日益增多，对毕业生从业能力要求不断提高。兽医外科学分会调研发现部分高等院校临床兽医青年教师欠缺临床经验，实验技能水平不够规范，完成复杂手术的能力也仍有待提高，不能很好地完成教学任务。虽然国内关于临床兽医的培训近年来层出不穷，但从业人员素质良莠不齐，目前的培训还不能满足行业发展的需要。为了迅速扭转这种局面，在兽医外科分会广大会员的支持下，兽医外科学分会抓住当时兽医外科学研究的疑难热点问题，自 2012 年以来，共举办了 7 期高校师资培训班（表 42），以帮助高校教师，尤其是青年教师掌握新的外科理念与先进实用技术。兽医外科学分会有相当比例的专家教授担任教学动物医院的院长，并长期从事兽医外科的临床工作，具有丰富的教学和临床经验，这为培训活动的顺利开展奠定了良好的基础。

表 42　兽医外科学分会举办的培训班

时　间	地　点	培训内容	承训单位
2012 年	江苏南京	小动物外科师资培训班	南京农业大学
2013 年	山西太原	兽医外科麻醉与影像学诊断师资培训班	山西农业大学
2015 年	云南昆明	骨骼与关节疾病科师资培训班	云南农业大学 / 云南农业职业技术学院

续表

时 间	地 点	培训内容	承训单位
2016 年	安徽合肥	兽医矫形外科师资培训班	安徽农业大学 / 安徽科技学院
2017 年	四川成都	兽医口腔与牙科新技术师资培训班	四川农业大学 / 西南民族大学
2018 年	江苏扬州	兽医眼科疾病与新技术师资培训班	扬州大学

兽医外科学分会举办的培训活动有几个鲜明的特点：①围绕主题举办培训，保障培训质量。培训活动在学术研讨会之前举办，与学术活动无缝对接，时间紧凑，节省了培训人员参会支出。为了保证培训质量，每次培训初期都限定名额（40 人），然而参训人数均远超预期，最高参训人员 108 人，16 台手术同时进行，参训人员均为高校兽医外科教学和临床业务骨干。兽医外科学分会进行全国协调，全力以赴，调配资源，支持培训活动顺利开展。优秀讲师是保证培训成功的关键。参加培训的讲师均为国内外该领域的顶级专家，分会专门配备了翻译人员，制定详细培训计划和培训教案，培训设备和设施齐全，全程跟踪服务，确保参训人员学有所得、学有所会；②与培训机构合作，双方受益。2016 年，兽医外科学分会与安徽佰陆骨科有限公司合作，在安徽合肥举办两期高校外科师资临床技术培训班。2018 年，兽医外科学分会与万宠传媒兽医高级学苑合作，在扬州大学举办了兽医眼科培训。培训结构无偿提供设施，给予培训活动赞助经费，减少了参训人员支出。此外培训机构也通过与分会合作，扩大了影响，双方互利共赢；③费用低廉，人气高涨。高校兽医外科年轻教师一般科研经费少，但他们的学习劲头很足。为减轻他们的负担，兽医外科学分会举办的培训收费均很低。因此，培训班质量高，人气旺，报名踊跃。2012 年以来，兽医外科学分会培训了兽医临床骨干 500 余人，为提高兽医外科疾病的诊治水平，推动兽医外科的学科建设发挥了很大作用。

（三）积极组织著书

在中国农业出版社和科学出版社的大力支持下，分会会员发挥各自专长，2010 年以来主编了多本国家规划教材，如侯加法教授主编的《小动物外科学》（中国农业出版社），侯加法教授主编的《小动物疾病学》（中国农业出版社），王洪斌教授主编的《兽医外科学》（中国农业出版社），林德贵教授主编的《兽医外科手术学》（中国农业出版社），李建基教授与刘云教授主编的《兽医外科及外科手术学》（中国农业出版社），丁明星教授主编的《兽医外科学》（科学出版社），彭广能教授主编的《兽医外科与外科手术学》（中国农业大学出版社），等等。王洪斌教授、丁明星教授主讲的《兽医外科学》还被评选为国家精品课程。兽医外科学分会、小动物医学分会会员主编的教材、专著与译著反映了学科发展的最新水平，促进了兽医临床工作者外科理论水平及实践能力的提高，为培养我国

兽医外科、小动物医学专门人才发挥了重要作用。

（四）借助新媒体，助力分会发展

现代信息技术的迅猛发展，使新媒体技术在知识、信息传播中的重要作用日益凸显。从 2012 年南京亚洲兽医外科大会开始，兽医外科学分会建立了兽医外科学分会网站，用于分会会议信息的发布，参会人员提交会议论文、注册登记、缴费等，进一步规范了会议的组织流程，方便参会人员及时办理参会手续，受到会员的普遍欢迎。2015 年，兽医外科学分会、小动物医学分会建立中国兽医外科学分会微信群、兽医外科学分会常务理事、小动物医学分会常务理事微信群、小动物医学微信公众号。在这些微信群，分会安排专门人员进行信息的管理，在信息得到快速传播的同时，也有效避免了有害信息的扩散。分会每次会议相关信息均通过新媒体，如微信、QQ 传送，会议活动通过 App 视频录播，会员即使不能到会，仍能通过视频参与交流和学习，极大地提升了分会活动的社会影响力。

（五）会员队伍持续壮大，生机勃勃

2012 年，兽医外科学分会建立了省级联络员制度，他们在发展会员、收缴会费等方面做了大量工作，会员发展很快，队伍不断壮大。目前兽医外科学分会登记会员近 1400 人，新发展团体会员单位 3 家，会员在全国各省、直辖市、自治区均有分布。2018 年，在扬州会议期间，会议还专门安排河北农业大学马玉忠教授作了如何发展兽医外科会员的经验介绍。小动物医学分会与中国兽医师大会共同举办活动，近年来，每次参会会员人数均超过 2000 人，已发展成为在国内外有较大影响的分会活动之一。兽医外科学分会与小动物医学分会的发展壮大，反映了这两个学会组织在兽医临床教学、科研与社会服务领域所作出的巨大贡献及产生的社会影响力。

三、兽医外科学（小动物医学）研究现状与重要进展

（一）小动物复合麻醉的研究

复合麻醉可发挥每种麻醉药物的优点，取长补短，减少单一麻醉药物的不良反应。氯胺酮是一种"分离麻醉剂"，作用部位是弥散丘脑新皮质投射系统。除抑制丘脑新皮质系统外，还可激活边缘系统，使两者功能，即感觉和意识的分离。用药后可迅速透过血脑屏障进入脑内，同时又因在体内重新分布，脑内浓度快速下降，故为短效静脉麻醉药。赛拉嗪属于肾上腺素能受体激动剂，当受体兴奋时可诱导镇痛、镇静，降低运动，抑制条件反应，其镇痛、镇静作用是对中枢的直接抑制，使中枢神经元细胞传导阻滞，对中枢的抑制作用与对自主神经系统的效应有关。咪达唑仑属于苯二氮䓬类药物，主要作用于脑干网状结构和大脑边缘系统，也可通过抑制脊髓神经细胞联络而使肌肉松弛。此类药具有抗焦

虑、镇静、肌松和抗惊厥作用。本身无镇痛作用，但有增强麻醉性镇痛药或全身麻醉药的作用。氯胺酮、赛拉嗪和咪达唑仑是兽医临床上常用的三种麻醉药，虽各有优点，但任何一种单用，均不能获得理想的麻醉效果。南京农业从大学课题组根据当前动物平衡麻醉理论经科学组方将氯胺酮、咪达唑仑及赛拉嗪复合配成小动物专用静脉复合麻醉制剂——舒眠宁。

课题组开展了舒眠宁急性毒性、局部刺激性、稳定性、药物代谢动力学试验。试验结果显示，舒眠宁注射液药效稳定，安全性高。舒眠宁诱导迅速，维持时间短，苏醒快而平稳，对犬各项生理参数影响较小，无明显副作用，有良好的临床应用价值。将舒眠宁注射液应用于幼年犬，给药剂量为 0.01 mL/kg，单次静脉推注后，幼年犬存在短暂的呼吸抑制，对其心血管系统、肝、肾功能无明显影响。舒眠宁单次静脉推注，麻醉起效快，维持麻醉平稳，苏醒快，无呕吐、大量流涎等不良反应。幼年犬肌肉注射复合麻醉药舒眠宁和舒泰，两组药物起效迅速，舒泰的麻醉时间和苏醒时间长于舒眠宁组。舒眠宁组气管插管顺利，舒泰则较困难。舒泰组幼年犬有眼睑、喉及吞咽反射，且流涎严重，发生胃肠臌气，而舒眠宁则少见这些不良现象。两组对呼吸、体温影响小，舒眠宁组的心率和血压先升高后缓慢降低，但均在正常生理范围内，而舒泰组发生心动过速。舒眠宁和舒泰均能满足幼年犬临床麻醉需求，但舒眠宁镇静、肌松效果好于舒泰，且副作用少。60 例临床手术病犬应用舒眠宁麻醉，动物苏醒期平稳，无共济失调，术后恢复良好，对犬肝、肾功能无显著不良影响。手术麻醉效果证明，舒眠宁注射液适用于犬的临床麻醉，麻醉效果确实，苏醒过程平稳。

课题组在舒眠宁复合麻醉剂的研制基础上，将替来他明替代氯胺酮，研制出舒眠宁 Ⅱ 注射液。静脉刺激轻微，无溶血性。试验研究表明，舒眠宁 Ⅱ 可安全、方便用于小动物临床麻醉。舒眠宁 Ⅱ 注射液静脉注射比格犬，诱导迅速平稳，维持时间适宜，苏醒平稳较快。麻醉过程中，镇痛、镇静和肌松效果良好，对各项生理参数影响较小，无明显副作用。舒眠宁 Ⅱ 注射液对血液学指标影响轻微，无明显蓄积毒性，但有一定的剂量依赖性毒性。上述研究成果为舒眠宁和舒眠宁 Ⅱ 的临床推广应用提供了科学依据。南京农业大学研制的舒眠宁复合麻醉剂获得两项国家授权发明专利。

（二）小型猪复合麻醉的研究

小型猪作为实验动物模型被广泛应用在人类解剖学、生理学、生物化学、疾病发生机理和异种器官移植等方面的研究。小型猪的合理保定和麻醉，对保障在操作和麻醉期间人与动物的安全有重要的作用。东北农业大学课题组依据平衡麻醉理论和小型猪的生理特点，通过预试验、科学组方试验、正交验证性试验，以及最佳组方筛选试验，将噻环乙胺、赛拉嗪和强痛宁等组合，研制成一种小型猪复合麻醉剂（XFM）。XFM 麻醉诱导迅速，麻醉维持时间适宜，苏醒平稳；该平衡麻醉剂对小型猪麻醉效果确实，镇痛、镇静、肌松效果理想且均衡；对呼吸、循环系统影响轻微；无明显副作用；可提供 60 ~ 75min 麻醉深度适宜的外科手术时间；对心、脑功能无明显损害，可满足相关领域科研工作和临床诊疗的麻醉需要。通过 XFM 与氯胺酮 + 安定、速眠新 II+ 戊巴比妥钠两种复合麻醉剂在小型猪比较麻醉试验，发现 XFM 的效能更为理想，具有诱导时间短、麻醉维持时间适中、镇静、镇痛及肌松效果确实、对生理参数影响小及苏醒快速平稳等特点。利用 XFM 麻醉实施剖腹探查、脏器牵拉、胃切开、肠管切开以及膀胱切开等手术验证试验，未出现疼痛反应和腹腔脏器涌出现象，进一步证实 XFM 在镇静、镇痛、肌松等方面具有良好的麻醉效能。

为了更好地将 XFM 在临床上推广应用，保障科研试验后小型猪生理功能快速恢复及试验对 XFM 麻醉时间的可控性，课题组依据 XFM 组方药物以及小型猪生理特点，经过系列科学组方试验研制出以阿替美唑、氟马西尼和纳洛酮为主要成分的小型猪特异性麻醉拮抗剂。该颉颃剂催醒效果确实，催醒迅速，无兴奋及复睡现象；对机体主要生理功能影响轻微，安全性高，稳定性好。该拮抗剂可迅速颉颃 XFM 的麻醉作用，加速小型猪生理功能的恢复，可用于 XFM 过量中毒时的急救，提高麻醉的有效性和安全性，满足相关领域科研工作及临床诊疗的麻醉需要。

（三）针刺麻醉的研究

针刺麻醉是根据手术部位、手术病种等，按照循经取穴、辨证取穴和局部取穴原则进行针刺，在得到了麻醉的效果后，在动物清醒状态下进行外科手术的一种方法。在针刺麻醉下手术，动物生理指征稳定、术后恢复迅速。同时，针刺麻醉操作简便，安全有效，经济适用。

电针镇痛效应涉及外周和中枢神经体液众多因素参与，但目前有关电针镇痛的中枢信号及其信号通路的分子研究缺乏。华中农业大学对动物针刺麻醉机理进行了系统研究。该课题组的研究结果显示，电针可显著降低大鼠 PAG、RVM 及 SCDH p38MAPK 的磷酸化水平，并通过抑制中枢神经下行传导通路 p38MAPK 的活化，减轻动物的触痛敏反应。电针可显著抑制氨酸天冬氨酸转运体（GLAST）和谷氨酸转运体 –1（GLT–1）在神经病理疼痛模型中的下调趋势，提示 GLAST 和 GLT–1 参与电针治疗神经病理性疼痛。课题组检测了电针对大鼠苍白球（GP）、尾核（CPU）、伏核（ACB）、杏仁核（AMY）、臂旁核（PBN）、孤束核（SOL）及巨细胞网状核（GRN）中甲硫氨酸 – 脑啡肽（M–ENK）的免疫样活性的影响，发现电针可降低疲劳大鼠的血乳酸和血尿素含量、增加血糖含量，调节运动大鼠苍白球、伏核、尾核、杏仁核、臂旁核、孤束核及巨细胞网状核的甲硫氨酸 – 脑啡肽水平，促使机体恢复运动能力。该结果有助于全面揭示电针治疗疲劳的中枢机制，促进运动医学的发展和针刺疗法在临床上的应用。

课题组在山羊中开展了电针镇痛机理的研究。表明 60Hz 诱导山羊有较好的镇痛效应，这可能与电针广泛激活中枢镇痛相关核团有关。持续电针（6h）诱导镇痛耐受，电针中止可使镇痛耐受在24h内恢复。这一现象可能与中枢脑啡肽、八肽胆囊收缩素、孤啡肽以及它们受体在镇痛相关神经核团或脑区的表达方式有关。课题组通过构建内脏超敏模型，探讨电针对山羊内脏运动反应以及CB1、FAAH和MAGL表达水平的影响，表明电针可有效缓解山羊内脏超敏并增加CB1和降低FAAH、MAGL在ACC、PAG、NRM、GI、NTS、DMV、RVLM、SDH及回肠中的表达量。这些研究阐明了针刺山羊镇痛的神经调节机制以及针刺镇痛耐受的机理，为针刺镇痛在兽医临床上的应用提供了理论基础。

（四）动物肿瘤诊断与治疗研究

乳腺肿瘤是老年犬一种常见的肿瘤性疾病。随着我国兽医临床诊疗水平的提高，对动物肿瘤性疾病的诊断和治疗也受到了越来越多的关注。从比较医学的角度出发，犬乳腺肿瘤和人类乳腺肿瘤在临床特点和分子生物学方面具有很多相似性。犬乳腺肿瘤作为自发动物模型可以很好地用于人类乳腺肿瘤的研究。深入研究犬乳腺肿瘤的发生、发展机制，不但对延长人类最好的朋友——伴侣动物的寿命具有重大的临床意义，而且也可以为人类肿瘤医学开辟新的研究途径。近年来，中国农业大学、东北农业大学、华南农业大学等高校率先在犬乳腺肿瘤的发生、转移及侵袭机理、肿瘤药物的抑癌及其耐药机制、肿瘤干细胞及肿瘤标志物筛选等开展了系列研究。中国农业大学利用免疫组织化学、荧光定量等技术检测热休克蛋白羧基端作用蛋白（CHIP）在犬乳腺肿瘤的表达及基因转录水平，发现CHIP表达与乳腺肿瘤组织病理学诊断的亚型分类和患犬的预后具有显著相关性，表明高表达CHIP是犬乳腺肿瘤预后良好的潜在参考指标。

课题组研究发现，COX-2在犬正常乳腺、癌前增生以及肿瘤组织中的表达存在明显的差异，可作为早期组织向肿瘤转变的提示因子。在微乳球中，COX-2的表达升高与肿瘤的恶性程度相关，并伴随CD44和Oct-3/4的表达上调，进一步提示COX-2在维持肿瘤干细胞亚群的数量及其性能方面具有潜在作用。基因差异表达分析显示，COX-2、EP2、EP4、15-PDGH、β-catenin、Cyclin-D1、Oct-3/4及ALDH1A3表达存在明显差异，说明肿瘤干细胞的富集过程伴随COX-2和Wnt信号通路的异常激活。而对微乳球进行细胞表型和ALDH+细胞亚群的分析结果也显示，微乳球成功富集乳腺肿瘤干细胞，相对于贴壁细胞显示出更强的增殖、迁移、侵袭能力以及在体内形成肿瘤的能力。siRNA干扰或者选择性抑制剂可成功降低肿瘤细胞中的COX-2表达水平，并有效减少肿瘤细胞中CD44+/CD24-、ALDH+细胞亚群的比例以及抑制肿瘤细胞的恶性行为，而这些作用可被PGE2所逆转。抑制COX-2的表达可下调β-catenin和Cyclin D1的蛋白水平，联合顺铂可有效破坏微乳球的形成，增加凋亡细胞的比例。与单独分别给药相比，口服塞来昔布联合腹腔注射顺铂可有效抑制小鼠异位移植肿瘤的生长，减少肿瘤组织中肿瘤干细胞的数目。这一研究结果表明，COX-2/PGE2 对肿瘤干细胞的生物学性能具有重要的调控作用，而这一作用方式可能是通过 Wnt/β-catenin 信号通路来实现的。靶向抑制环氧合酶信号通路对犬乳腺肿瘤干细胞的抑制作用为临床的肿瘤治疗提供了新的依据。这些研究成果为小动物乳腺肿瘤的发病机理、诊断与治疗奠定了良好的基础。

东北农业大学研究团队通过阿司匹林对犬乳腺肿瘤细胞系 CHMp 和 CHMm 体内外抑制机制研究证明，阿司匹林通过下调犬乳腺肿瘤细胞中 PI3K、p-Akt 蛋白的表达水平，抑制 PI3K/Akt 及 Wnt/β-catenin 信号通路，同时阿司匹林降低 VEGF 和增加 E-cadherin 蛋白在犬乳腺肿瘤细胞中的表达水平，阻止犬乳腺肿瘤细胞的迁移及侵袭，进而抑制其转移能力，并证明阿司匹林与顺铂及他莫昔芬联合应用可呈现药物相加作用，增强抗癌效果。本研究团队另一项研究结果采用 small RNA 测序对 3 例配对的犬乳腺浸润性导管癌组织进行测序，共筛选出 278 个差异表达的 miRNAs。其中 134 个 miRNAs 呈现降低的趋势，144 个 miRNAs 表现升高的趋势，与对临床犬乳腺浸润性导管癌 qRT-PCR 验证结果一致，提示 miRNA 等表达变化在犬乳腺肿瘤发生中起着重要作用。

（五）干细胞和组织工程领域的研究

外科疾病治疗的传统方法是以切除病变坏死组织为主，不管切除多少组织，都会造成相应器官的结构和功能受损。如果病变发生在机体重要器官，还要考虑切除后保留组织能否维持机体的生命需要，否则只能放弃治疗。干细胞疗法为组织修复提供了新的治疗手段。近年来，西北农林科技大学在干细胞和组织工程领域开展了多项课题的研究。①将骨髓间充质干细胞（BMSCs）高效诱导分化为胰岛样细胞团治愈模型动物糖尿病。课题组在弄清 BMSCs 生物学特性的基础上，将其体外定向诱导分化为胰岛样细胞团，该细胞团表达胰岛 β 细胞发育相关基因，DTZ 染色阳性，在高糖刺激下分泌胰岛素和 C-肽，且分泌水平随糖浓度而变化，移植到模型鼠体内能治愈糖尿病。该成果荣获 2017 年杨凌示范区科学技术一等奖，2018 年陕西省科学技术二等奖。②采用 BMSCs 和 EPCs 羊膜贴片修复雄犬 3cm 全尿道缺损，1~2 个月内完全治愈。采用荧光蛋白分别标记 BMSCs 和 EPCs，采用标记细胞构建组织工程化羊膜贴片，并用其修复雄犬会阴部长管状尿道缺损。结果，BMSCs+EPCs 羊膜贴片可在 1~2 个月内完全修复犬 3cm 长管状尿道缺损，术后一直排尿正常，尿道通畅、上皮化完整。BMSCs 和 EPCs 在尿道塑型过程中具有协同和互补效应，BMSCs 主要分化为尿道上皮细胞，EPCs 主要分化为血管内皮细胞，两者共同完善黏膜上皮，黏膜下层大部分组织为相邻受体细胞长入形成。③采用组织工程半月板修复犬半月板缺损达到完全治愈效果。课题组分别采用人工打孔的脱细胞基质半月板支架和 3D 打印半月板支架与同种异体 BMSCs 构建组织工程半月板，采用组织工程半月板修复犬半月板缺损，5 个月后达到痊愈效果。④采用组织工程神经修复犬 3cm 坐骨神经缺损取得了与自体神经移植一样的效果。课题组采用同种异体 BMSCs 和神经脱细胞基质支架制备组织工程神经，移植修复模型犬坐骨神经 3cm 缺损，同时在修复肢小腿外侧注射丙酸睾酮。经过神经电生理检测、FG 逆行追踪、腓肠肌湿重比率、腓肠肌和再生神经的组织形态学观察，达到与自体神经移植同样的效果；术后 5 个月，术肢负重和行走姿势基本正常且有跳跃动作。干细胞疗法力求在切除病变坏死组织后再用干细胞和体外生产的工程化组织进行修复，以达到经过体内重塑后完全恢复病变组织和器官的结构和功能。该疗法在兽医外科病的治疗领域有广泛的应用前景。

（六）骨与关节疾病的研究

1. 实验研究

笼养蛋鸡骨质疏松症、肉鸡股骨头坏死（FHN）、肉鸡胫骨软骨发育不良等是危害养禽业最严重的一类骨代谢疾病。这类疾病的临床症状表现为病鸡常呈蹲卧姿势，很少站立和行走，跛行严重，易发生骨折。该类疾病常导致病鸡采食减少，生产性能显著下降，对肉鸡养殖的经济效益造成了严重损失。近年来，南京农业大学课题组从分子、细胞、组织以及整体水平研究了家禽骨代谢病发生发展中的作用、信号传导网络及分子机理，研究成果对于阐明该类疾病的发病机理，诊断和防控都具有重要的意义。①课题组在国内首先开展了鸡成骨细胞、破骨细胞、软骨细胞的分离、培养和鉴定工作，优化和完善了培养条件和操作规范。探讨了钙调节激素在骨重建及骨质疏松的发生中的调节作用及其机理；应用研制中药骨疏康防治蛋鸡骨质疏松试验，取得明显效果，已在蛋鸡业生产推广应用；成功克隆了鸡骨保护素（chOPG）、细胞核因子 kB 受体活化因子配基（chRANKL），进一步阐明鸡 OPG/RANKL/RANK 系统对髓质骨形成的机理；研究了钙离子通道在成骨细胞分化、成熟中的调控作用以及在鸡组织体内的分布，以及钙离子通道对成骨细胞、破骨细胞钙转运与凋亡相关基因表达的影响，证实了钙离子通道在蛋鸡骨质疏松症病理进程中扮演着重要的调控作用。②课题组对肉鸡股骨头坏死的发病机理进行了系统研究，通过糖皮质激素诱导成功建立肉鸡股骨头坏死动物模型，建立了畜禽骨骼质量评估的新的手段和方法。研究结果显示，股骨头坏死肉鸡股骨生长板和关节软骨细胞促凋亡基因表达量显著升高，抗凋亡基因的表达显著降低，软骨细胞脂肪空泡数量和死亡数量显著增加，引发关节软骨稳态破坏和关节软骨损伤。股骨头坏死肉鸡股骨头关节软骨 Collagen-2、Aggrecan，抗凋亡相关基因 Bcl-2 表达量显著降低，PERK、ATF4、CHOP、IRE1、TRAF2、ASK-1、JNK、Caspase-3、Caspase-9 及 Bid 表达量均有不同程度的显著变化，表明内质网应激可诱导软骨细胞凋亡，进而导致肉鸡股骨头坏死的发生。课题组进行了鸡源 VEGF 表达载体的构建工作，获得了活性蛋白，证实了 VEGF 对于血管侵入软骨，促进骨骼的软骨内成骨具有重要的作用。课题组的研究还发现霉菌毒素（T-2、DON）对软骨细胞功能基因的表达有显著的抑制作用，可促进软骨细胞的凋亡。在此基础上，课题组建立的饲料霉菌毒素检测方法，为霉菌毒素对肉鸡骨骼生长发育的影响研究奠定了良好的基础。

2. 临床研究

随着人们生活水平的日益提高，饲养宠物的数量越来越多，但随之而来的兽医临床上小动物骨骼与关节疾病则日趋增多，如骨折、关节脱位、骨关节病等。

20世纪60年代初，瑞士的Müller等提出治疗骨折的4个原则，即骨折解剖复位、坚强内固定、无创伤操作、早期关节活动，即AO（Arbeitsgemeinschaft für osteosynthesis）理论，我国兽医外科的骨折内固定都是建立在这个理论基础上的。也正是由于这个理论，也极大地促进了我国兽医骨折内固定技术的发展。但由于AO理论过分强调骨折治疗的解剖复位和静力固定，导致骨的应力遮挡、血运破坏、钢板下骨质疏松等，引起较高的感染和骨不连的发生率。所以，近20年来，该理论逐渐发展为生物学内固定，即BO（biological osteosynthesis）理论，强调保留软组织血运、相对稳定，不要求绝对解剖复位，只需呈解剖轴线，防止旋转移位和肢体短缩。复位方法从开放式（直视下）复位转变成间接（闭合式）复位。生物学内固定主要有三种，即微创接骨板、外固定支架、插销髓内针。目前我国小动物临床主要用的首先是微创接骨板，其次是外固定支架。

微创接骨板包括有限接触接骨板、点接触接骨板、锁定加压接骨板和微创稳定系统等。这些接骨板可减少传统接骨板与骨表面的接触，增加板钉之间的锁定。目前，小动物临床多用点接触接骨板和有限接触加压接骨板，已广泛用于小动物临床的骨折治疗。由四位年轻的小动物外科医生联合组成小动物矫形外科（small animal orthopedics，SAO）团队，以生物学内固定理念为主旋律，依托安徽佰陆小动物骨科有限公司的培训基地，自2010年以来举办了近50多期小动物矫形外科初、中、高级培训班，培训学员达2000多人。其中大部分来自小动物临床第一线的宠物医生，也有来自高校的老师，甚至有的是年逾花甲的大学教授。

骨外固定支架不是一种新技术，有170多年的历史。它是经皮穿针，通过体外调节装置，将骨针与骨固定，构成一种复合系统，属于临床微创手术。外固定支架广泛用于治疗各种复杂骨折、骨缺损、骨不连及肢体的延长及畸形矫正等内固定难以解决的问题。其优点是极少地破坏骨折处血运，固定牢靠，操作简单省时。过去我国兽医外科临床主要是面向大动物，对它缺乏了解。现在国内小动物外科兴起，加之生物学内固定理念的出现，引起我们的注意。南京农业大学在21世纪初就开展小动物骨折外固定支架的研究。现在国内很多宠物医院已在用这一技术治疗骨折。2015年一位台湾骨科专家介绍，临床90%以上的骨科病例都采用外固定支架技术，引起不小的轰动。

（七）微创外科的研究

微创外科是21世纪外科发展方向之一，而作为外科微创的重要组成部分的腹腔镜技术具有手术视野清晰、出血量少、微创、疼痛反应轻和术后恢复快等特点，已经广泛应用于人类医学，然而该项技术在国内兽医领域的研究和应用还相对缓慢。东北农业大学课题组首次在国内进行了猫的腹腔镜手术的系统研究。确定了猫腹腔镜手术的最佳气腹压值，并把该试验结果运用到腹腔镜泌尿外科手术中，同时进行了腹腔镜手术与常规开腹手术对机体影响的比较。各项监测指标检测结果证明了腹腔镜手术具有创伤小、疼痛轻、术后恢复快等优点。课题组采用腹腔镜成功完成了猫的胃内异物取出。在腹腔镜组，平均手术时间、手术切口长度均显著低于开腹组，术中没有明显出血。在两组手术中，心率、血压均出现了先降低后升高的趋势。体温则均处于持续下降趋势。炎性细胞因子在术后均呈现先升高后降低的趋势。疼痛评估结果显示，开腹组对机体影响要大于腹腔镜组。术后20天探查，伤口都愈合良好。该研究表明，腹腔镜下胃内异物取出术是可行的，且对机体损伤小，在兽医临床有重要的推广应用价值。课题组应用腹腔镜进行了小动物胆囊手术，手术动物没有发生明显不良反应，术后无并发症，充分证明了猫腹腔镜胆囊切除术的安全性。

东北农业大学成功应用腹腔镜开展了小型猪胚胎移植手术。研究发现腹腔镜手术组术中呼吸频率、血氧饱和度和体温略低于开腹手术组，而心率和血压又略高于开腹手术组。腹腔镜手术组在术后应激反应和免疫抑制方面明显低于开腹手术组。腹腔镜手术组术后恢复速度较快，尤其是粘连的发生率极低，表明腹腔镜胚胎移植技术是安全可行的，且对机体损伤小，尤其是极低的粘连发生率，可以增加受体母猪的使用次数，从而减少胚胎移植的经济费用。东北农业大学成功地利用腹腔镜技术对小型猪施行肾部分切除手术，建立了小型猪肾部分切除损伤模型。通过对小型猪围手术期生命体征监测以及呼吸系统、循环系统、肝肾功能等指标的检测，各项指标变化均在安全范围之内，证明腹腔镜肾部分切除术安全可行。

课题组应用腹腔镜手术技术成功建立了小型猪肝脏不同缺血时间和部分切除损伤模型，研究了富氢生理盐水（HRS）干预小型猪肝脏缺血再灌注合并肝部分切除模型，综合评价了富氢生理盐水对术后肝脏再生的干预效果。研究发现：①富氢生理盐水有利于肝缺血再灌注合并肝部分切除后肝组织结构的恢复，减轻炎性细胞浸润，减轻肝窦内皮细胞损伤程度，改善肝脏环境，能够有效地促进肝脏功能恢复。②富氢生理盐水能够上调肝缺血再灌注合并肝部分切除后血清中血管生成因子 VEGF、Ang-1、Ang-2 浓度，说明富氢生理盐水对 VEGF、Ang-1、Ang-2 的分泌调节起到促进作用。③富氢生理盐水促进肝缺血再灌注合并肝部分切除后直接有丝分裂原 HGF、yclin-D1、PCN A 表达量增加，降低肝再生抑制基因 TGF-β1 的表达。说明富氢生理盐水对肝脏再生具有一定的调节促进作用。④富氢生理盐水能有效提高小型猪术后抗氧化酶的活力，减轻肝脏缺血再灌注合并肝损伤引起的氧化应激反应；富氢生理盐水通过抑制促炎因子，增加抗炎因子的表达，减轻术后机体的炎症反应。这些研究为富氢生理盐水在临床上的应用提供了科学的理论依据。

（八）实验外科的研究

1. 奶牛肝脏血管造瘘技术

通过肝脏门静脉和肝静脉安插慢性血管瘘研究奶牛营养代谢性疾病，如奶牛乳房炎、子宫内膜炎、蹄叶炎等是南京农业大学课题组多年来重要研究内容。首先要选择具有良好的组织相容性、不被血管壁排斥、不易引起血液凝固、长期置入奶牛体内不变质的血管瘘材料。经过反复试验，他们选择了与组织相容性最好的硅胶和特氟龙材料，采用硬质的特氟龙管外覆软硅胶管的组合方式。对奶牛采用左侧卧保定，全身麻醉，沿奶牛右侧肋弓下切一 30cm 长的切口，用肋骨牵引器向上牵引肋部，暴露肝脏。

肝脏血管瘘的手术安装技术难度很大，关键在于插管的方法。安装门静脉血管瘘的方法有三种，可以通过肝叶实质插入，也可以在肝门处直接插入，还可以沿门静脉分支向前插入，如从瘤胃静脉和肠系膜静脉插入。通过肝叶实质插入方法，由于插入位置不易掌握，难度较大。从肝门处直接插入门静脉，难度不大，但是手术过程中容易造成门脉处大出血。第三种方法失血量较少，但手术难度也比较大，依靠在手的触觉导引下，把瘘管插入门静脉，但很容易将瘘管错插入其他内脏器官静脉。安装门静脉血管瘘通过肝叶实质插入，手术中应特别注意瘘管前端在门静脉中的位置。因为来自内脏不同器官的血液由不同血管最终汇合到很短的门静脉中，瘘管插入位置不当，取样时很难采到混合血，这样就影响了门静脉血流量和代谢物净流量的计算。肝静脉几乎全部位于肝实质内，无法进行肝静脉的游离，因此很难直接接近肝静脉，但是肝静脉在后腔静脉内开口内径较大，腹侧叶肝静脉在进入后腔静脉时，可在后腔静脉膈肌处用手能触摸到，用套管针可以把导管插入肝静脉中。将肝脏稍往下拉开反转，充分暴露肝的脏面，根据肝静脉的投影，由肝实质插入肝静脉瘘管。

采用肝脏慢性血管瘘技术，通过计算血流量与进出肝脏代谢物浓度差，可以定量地研究各种营养物质和有害物质的变化，比较全面地评价奶牛肝脏的代谢状况，对研究工作具有十分重要的意义和广泛的应用价值。南京农业大学外科组在国内率先成功地建立了奶牛肝脏慢性血管瘘平台，先后做了 80 余案例，成功率在 90% 以上，并将该新技术应用于奶牛营养与代谢病研究中。基于该技术平台共培养了博士研究生 12 名，硕士研究生 30 名，发表 SCI 论文 50 余篇，参与研究工作的博士生获得 2016 年度江苏省优秀博士学位论文，荣获南京农业大学 2016 年度校长奖学金，取得良好的社会与经济效益。

2. 腹主动脉瘤等研究

贵州大学兽医外科课题组主持多项国家自然基金项目，结合当今医学疑难问题，通过动物模型研究腹主动脉瘤、血管支架等，取得丰硕的成果。

1）腹主动脉瘤研究。腹主动脉瘤（abdominal aortic aneurysm，AAA）是腹主动脉受到多种致病因素影响导致弹力纤维与胶原纤维发生改变，血管壁的强度、适应性降低，血管直径增大 50% 以上呈瘤样扩张的动脉退行性疾病，瘤体一旦破裂，病死率高达 90%。课题组建立兔肾下腹主动脉瘤模型，研究吡咯烷二硫氨基甲酸（pyrrolidine dithiocarbamate，PDTC）对腹主动脉瘤扩张的抑制作用，结果表明吡咯烷二硫氨基甲酸能明显抑制腹主动脉瘤的继续扩大。

2）血管搭桥研究。冠心病、高血压是威胁人类健康的头号杀手，冠状动脉旁路搭桥是心血管外科的金标准，然而，移植静脉会发生血管老化，即加速粥样硬化，从而影响移植血管的远期通畅率。研究表明，静脉移植到动脉系统中，其所处的力学环境不同于原来的力学环境，渗流率会数倍于动脉系统的渗流率，这使有害脂质体特别是低密度脂蛋白快速沉积于移植静脉而加速血管老化。由此可见寻找降低搭桥术后早期移植静脉渗流率的方法在临床上极为重要。课题组以兔面静脉重建颈总动脉，一组在移植静脉外加膨化聚四氟乙烯（expanded polytetrafluoroethylene，ePTFE）血管外套，另一组不加膨化聚四氟乙烯血管外套，探讨膨化聚四氟乙烯血管外套对移植静脉渗流率及移植血管加速粥样硬化的影响。研究表明，移植静脉加膨化聚四氟乙烯套管在搭桥术后早期能防止移植静脉过度膨胀，从而达到减小管壁渗流率的目的。在搭桥术后中、晚期，移植静脉加膨化聚四氟乙烯套管能减轻移植静脉的管壁过度增厚和管腔的狭窄，有可能提高其远期通畅率。

3）心血管介入器械研究。肺栓塞是深静脉血栓的一种常见的、潜在的致命性并发症。腔静脉滤器（vena cava filter，VCF）可过滤来自腿部和骨盆的大血栓来防止致命性栓塞的发生。大多数静脉血栓的患者主要采用抗凝治疗，但是由于存在抗凝禁忌或抗凝治疗无效，就需要施行腔静脉滤器安装术。腔静脉滤器作为一种心血管介入器械，一般在数字减影（DSA）设备的支持下植入体内，但该套设备昂贵，不适用于兽医临床。我们探索 B 超引导装置山羊腔静脉滤器的方法，为兽医临床试用和开展腔静脉滤器研究提供依据。本试验成功在 B 超引导下实施山羊腔静脉滤器的植入，以期为兽医临床试用和滤器的相关研究提供借鉴。

（九）矫形外科器械的研究

不锈钢接骨板是矫形外科最早使用的接骨板，也是我国兽医过去最常用的骨科器械，其优点在于制作工艺低，价格低廉，加之很早已投入临床使用，有着完善的临床经验，迄今为止应用范围仍然很广。但是，这类接骨板刚度强，弹性模量高，置入体内后，会产生应力遮挡作用，易发生骨质疏松。另外，因应力集中，易带来接骨板断裂的风险，不利于骨折的愈合。因此，研制一种组织相容性好、弹性模量低的钛合金接骨板应运而生。尤其是随着生物学内固定理念的不断增强以及我国小动物骨折发生率愈发升高的特点，国内有多家公司专门研制适用于小动物的钛合金接骨板。安徽佰陆小动物骨科器械有限公司（兽医外科学分会常务理事单位）就是其中的佼佼者。

他们在国内首次研发了点接触锁定接骨板（point-contact reconstruction locking，PRCL）。PRCL 骨板与骨表面是点接触，相比传统的有限接触骨板，与骨表面的接触面积更小，更好地保证了骨愈合期间的血运；该公司还研制了 PRCL 配套器械，即 PRCL 系统。该系统可对接骨板进行面弯、侧弯和扭转三个方向的塑形重建，使接骨板在术中更好的贴合骨的自然形状；PRCL 接骨板孔的设计非常独特，具有双向动力加压功能，并且其孔内螺纹可以与螺钉螺纹完全咬合，在螺钉拧入的整个行程实现全程任意位置锁定，相比于传统锁定骨板只能实现在螺钉帽处锁定，大大增加了骨板内固定的牢靠性，术中大大降低了螺钉松脱和断裂的风险。PRCL 点接触锁定骨板系统自推出后，立即受到了国内广大宠物医生的喜爱和一致好评，目前已成为中国宠物医院临床骨科使用的主流锁定接骨板系统。他们的产品出口到美国、俄罗斯、芬兰、拉丁美洲、东南亚等 30 多个国家和地区，得到越来越多国外兽医的喜爱和认可。

另外，该公司还研发了其他矫形外科器械：犬严重的髌骨脱位—滑车沟置换（PGR）、犬髋关节发育不良—两次骨盆切开锁定骨板（DPO）、犬前十字韧带断裂—点接触胫骨平台水平矫形锁定骨板（TPLO）及严重的髋关节骨关节病—全髋置换术植入假体材料（THR）等。

四、本学科国内外发展比较

我国兽医外科学（小动物医学）的发展虽然近年来取得了显著进展，但与发达国家相比，学科发展水平还存在较大差距。我国兽医外科学（小动物医学）的教学、科研与社会服务整体落后，学科人才不足，尤其是有创造力、高水平的学术骨干和后备学科带头人缺乏，具有国际视野的优秀人才匮乏，缺乏国家重点项目和经费支持，学科承担的研究项目较少，缺乏标志性的研究成果，进一步阻碍了学科的进步与发展。其次现有兽医外科领域的专家分布地域差距明显，各地学科发展水平参差不齐，新技术、新项目的开展还不够充分，还不能满足社会需求。

五、我国兽医外科学的发展趋势与展望

当前，兽医外科学（小动物医学）学科已经进入分科细致的时代，小动物诊疗业的兴起，加剧了这一趋势。皮肤科、眼科、骨科、牙科、神经外科、肿瘤科、大动物肢蹄病等将成为大动物、小动物诊疗行业的必然发展趋势。CT、MRI、彩超、内窥镜设备的大量装备提高了疑难病症的诊断和治疗水平，微创手术将逐渐在兽医广泛应用。麻醉监护设备的使用已经成为手术必不可少的设备，不同麻醉药物对不同种类、不同年龄动物的麻醉监护研究仍是今后一段时间兽医外科学（小动物医学）研究的重要内容之一。各种新型生物医学材料在兽医外科临床加速推广使用，极大地丰富了兽医外科学（小动物医学）的工作内容，应用前景良好。

参考文献

［1］ 李培德，孙丽盈，翟晓虎，等. 舒眠宁对猫麻醉效果的研究［J］. 畜牧与兽医，2011，43（4）：36-40.

［2］ 刘澜. 舒眠宁对幼年犬麻醉效果及临床应用的研究［D］. 南京农业大学，2013.

［3］ 刘澜，李培德，侯加法. 60例临床手术犬舒眠宁静脉麻醉效果的评价及其对肝、肾功能的影响［J］. 畜牧兽医学报，2013，44（12）：2007-2015.

［4］ 李培德. 复方麻醉剂舒眠宁的研制、临床效果、药代动力学及其对免疫功能的影响［D］. 南京农业大学，2011.

［5］ 姜胜，谭丽娟，李新，等. 小型猪专用复合麻醉剂麻醉后阿替美唑的颉颃效果及其体内药代动力学［J］. 畜牧兽医学报，2014，45（12）：2074-2080.

［6］ Shah Z, Hu M L, Qiu Z Y, et al. Physiologic and biochemical effects of electroacupuncture combined with intramuscular administration of dexmedetomidine to provide analgesia in goats［J］. Am J Vet Res, 2016, 77（3）：252-259.

［7］ Wan J, Ding Y, Tahir AH, et al. Electroacupuncture attenuates visceral hypersensitivity by inhibiting JAK2/STAT3 signaling pathway in the descending pain modulation system［J］. Front Neurosci, 2017, 11：644.

［8］ Wan J, Qiu Z, Ding Y, et al. The Expressing patterns of opioid peptides, anti-opioid peptides and their receptors in the central nervous system are involved in electroacupuncture tolerance in goats［J］. Front Neurosci, 2018, 12：902.

［9］ Yang X, Pei S, Wang H, et al. Tiamulin inhibits breast cancer growth and pulmonary metastasis by decreasing the activity of CD73［J］. BMC Cancer, 2017, 17（1）：255.

［10］ Yu F, Rasotto R, Zhang H, et al. Evaluation of expression of the Wnt signaling components in canine mammary tumors by RT2 Profiler PCR Array and immunochemistry［J］. J Vet Sci, 2017, 18（3）：359-367.

［11］ Wang H, Wang L, Zhang Y, et al. Inhibition of glycolytic enzyme hexokinase II（HK2）suppresses lung tumor growth［J］. Cancer Cell Int, 2016, 16（1）：1-2.

［12］ Pei S, Yang X, Wang H, et al. Plantamajoside, a potential anti-tumor herbal medicine inhibits breast cancer growth and pulmonary metastasis by decreasing the activity of matrix metalloproteinase-9 and -2［J］. BMC Cancer, 2015, 15（1）：965.

［13］ Zhang X, Dai P, Gao Y, et al. Transcriptome sequencing and analysis of zinc-uptake-related genes in Trichophyton mentagrophytes［J］. BMC Genomics, 2017, 18（1）：888.

［14］ Chao Yang, Jia Liu, Yingxue Wang, et al. Aspirin inhibits the proliferation of canine mammary gland tumor cells in vitro and in vivo. Translational Cancer Research, 2017, 6（1）：188-197.

［15］ 孙丽盈，江莎，汪颖，等. 骨外固定支架在小动物临床上的应用［J］. 畜牧与兽医，2009，41（7）：94-97.

［16］ 陆娜云，徐在品，张健梅，等. ePTFE套管对兔搭桥静脉加速粥样硬化的影响［J］. 上海农业学报，2017，33（1）：125-129.

［17］ 张健梅，陆娜云，邓小燕，等. ePTFE套管对兔搭桥术后移植静脉渗流率的影响［J］. 黑龙江畜牧兽医，2016，（9）：40-42+47+282.

撰稿人：刘　云　李宏全　林德贵　金艺鹏　周振雷　侯加法

执笔人：周振雷　侯加法

兽医产科学发展研究

一、引言

兽医产科学学科包括家畜发情、受精、怀孕、分娩及产后期等整个繁殖周期中的繁殖生理过程和繁殖疾病，以及新生仔畜疾病和乳腺疾病等。兽医产科学主要学科内容可分为动物生殖内分泌学（reproductive endocrinology）、生殖生理学（reproductive physiology）、繁殖技术（reproductive technology）、产科疾病（obstetrics）、母畜科学（gynecology）、公畜科学（andrology）、新生仔畜科学（neonatology）和乳腺疾病（udder diseases）。随着兽医产科学学科发展和学科领域的不断扩大，实验动物、经济动物、伴侣动物，以及野生和濒危动物繁殖生理、繁殖技术和繁殖疾病逐步包含进兽医产科学学科范畴，形成了外延更加广阔、内涵更为丰富的动物产科学（theriogenology）。

近年来，兽医产科学紧紧围绕本学科核心内容，针对动物重要产科疾病开展致病机理、防治新理论等基础研究和新技术、新方法的研发与应用。重点解决制约集约化畜牧场生产效益和母畜繁殖效率的动物子宫疾病、卵巢疾病和奶畜乳房炎，并做好动物传染性繁殖障碍疾病的预防与辅助治疗工作。与此同时，紧密结合国家国民经济发展重大需求，并紧跟国际兽医产科学发展趋势积极拓展研究领域，在动物卵子发生与卵泡发育、动物子宫内膜容受性建立与胚胎附植、动物生殖生物钟、动物生殖免疫学、动物胚胎工程、疾病动物模型，以及雄性动物生殖等领域取得了较大进展。

二、本学科我国发展现状

兽医产科学学科内容主要分为动物生殖内分泌学、生殖生理学、繁殖技术、产科学、母畜科学、公畜科学、新生仔畜科学和乳腺疾病等。近年来，兽医产科学学科在兽医产科基础、动物胚胎工程与干细胞、动物产科疾病、奶畜乳房炎、传染病引起的动物繁殖障碍性疾病、雄性动物生殖功能及其调节以及动物生殖毒理等学科领域开展了较多的研究与应用工作。兽医产科学新设备、新技术、新产品研发与应用领域也取得了较大进步。兽医产科学学科建设与人才培养工作发展速度加快。

（一）兽医产科基础

1. 动物生殖内分泌与生殖生理学

在动物生殖内分泌与生殖生理学领域，主要开展了激素、细胞因子和转录因子等对卵巢生殖细胞或体细胞的调控功能或 / 和其机制研究。主要研究工作包括生长卵泡中颗粒细胞分泌的抗缪勒氏管激素（AMH）与卵泡生长发育的关系，以及在其受体 AMHR2 介导下调控 3-α 羟基类固醇脱氢酶（3β-HSD）表达进而调控促黄体素（LH）诱导的类固醇合成；促卵泡素（FSH）对体外培养牛有腔卵泡颗粒细胞和膜细胞类固醇合成相关基因表达的调控作用；LH 通过 PI3K/Akt 通路介导卵泡膜细胞雄激素生成；褪黑素及其受体 MT1/MT2 和 PI3K/Akt 通路介导牛卵泡内膜细胞凋亡与类固醇生成调控；褪黑素通过 AMPK 通路及 Sirt3-SOD2 途径，减轻氧化应激和维持线粒体功能，从而延缓小鼠及其卵巢衰老；牛卵泡发育和闭锁与其颗粒细胞中 WT1 表达与类固醇激素生成及相关基因表达相关；miRNA 参与了动物初情期调控；miR-101-3p 通过靶基因 STC1 调控关中奶山羊卵泡颗粒细胞激素分泌、细胞增殖和细胞凋亡，从而调控卵泡发育。

2. 动物卵子发生及卵泡发育

近年来，在动物卵子发生、卵泡发育过程，以及卵母细胞体内外成熟调控机制的研究中取得了多项原创性研究成果。

（1）动物卵泡发育研究　主要集中于原始卵泡的形成、维持与激活，卵泡颗粒细胞的增殖凋亡及其功能的调控、颗粒细胞与卵母细胞的交互作用、卵泡闭锁以及排卵过程的调控，以及卵泡体外培养研究等。

原始卵泡的形成是一个卵母细胞与体细胞互作的复杂生理过程。研究证明，TGF-β信号通路、JNK 信号通路、RhoGTPase 家族的 Racl 分子、小窝蛋白 CAVEOLIN1（CAV1）、非受体酪氨酸激酶 Janus kinase（JAK）家族蛋白、SP1、MAPK3/1，以及 cAMP 和视黄酸（RA）参与了原始卵泡形成、原始卵泡库建立与维持，或原始卵泡激活。

激素和其他多种因子参与调节卵泡体细胞增殖或凋亡，从而影响卵泡发育。研究工作主要集中于 FSH、KiSS-1 基因编码的肽类激素 Kisspeptins（Kp）、成纤维细胞生长因子（FGFs）、胰岛素样生长因子 -1（IGF-1）、MEX3C 蛋白、Aurora B（丝氨酸 / 苏氨酸激酶）、干扰素诱导的跨膜蛋白 1（IFITM1），以及 miR-4110、miR-101 与 miR-144 等激素、细胞因子和 miRNA 对卵泡体细胞增殖与凋亡研究。

内质网应激（ERS）在卵泡发育过程中起到重要的调控作用。研究证明，内质网膜蛋白 HERP、内质网跨膜蛋白 ATF6、CREB 家族蛋白 XBP1 等蛋白分子参与卵泡颗粒细胞增殖与凋亡，进而调控卵泡发育。并证明 EGF 可通过下调 ATF4、ATF6、CHOP mRNA 水平的表达，对内质网应激诱导的山羊颗粒细胞凋亡具有显著的抑制作用。Ufmylation 修饰与山羊卵泡发育和闭锁密切相关，类泛素蛋白 UFM1 在抑制 ERS 诱导的山羊卵泡颗粒细胞凋亡过程中发挥着重要调控作用。

家畜卵泡发育动态，尤其是反刍动物卵泡发育动态研究，可为对家畜采取高效繁殖技术措施和产科疾病治疗提供有效参考。利用 B 超对湖南滨湖水牛发情周期卵泡发育动态研究发现，滨湖水牛一个发情周期存在 2 个或 3 个卵泡发育波，青年母牛和经产母牛卵泡波出现时间、持续时间、周期卵泡发育存在一定差异。

卵泡闭锁是哺乳动物卵泡发育中的正常生理现象，卵泡闭锁研究对提高雌性动物的繁殖性能具有重要意义。研究表明，FSHR、AKT2 和 APPL1 表达与猪卵泡闭锁以及产活仔数显著相关。

卵母细胞分泌的骨形态发生蛋白 15（BMP15，又名 GDF9B）和生长分化因子 9（GDF9）可通过 miR-375 激活 Smad 信号通路及卵丘细胞扩展相关基因的表达，进而影响卵丘细胞扩展、增殖及凋亡，并具有显著的协同效应。

黄体为排卵后卵泡颗粒细胞分化发育的黄体细胞形成，在维持妊娠和调控发情周期中起到重要作用。研究发现，内质网应激、自噬，核呼吸因子 NRF1，以及 miR-29b，与动物黄体细胞分化、凋亡和黄体退化相关。

卵泡培养是在体外条件下研究卵泡发育及其调控、提高卵泡利用率的基础理论研究及其技术研发的有效模型。近年来，国内研究者先后进行了牛、猪、小鼠等动物不同发育阶段卵泡体外培养研究，并分别采用了如海藻酸盐包埋法、琼脂糖铺底法、微滴培养法、二维微孔板法和三维海藻酸盐水凝胶法等卵泡体外培养方法，并对培养体系进行了不同侧面的优化。

（2）卵子发生与卵母细胞体外成熟　卵子发生过程主要包括随着卵泡发育的进行而发生的卵母细胞充分生长、成熟分裂等生物学现象以及激素、细胞因子和其他调节因子的调控。

哺乳动物卵泡颗粒细胞产生的 C 型钠肽（CNP），在其定位于卵丘细胞的钠肽受体 2（NPR2）介导下，维持卵母细胞减数分裂阻滞。研究证明，CNP 的产生受 FSH 的正调控和 LH 的负调控，促性腺激素与 CNP/NPR2 信号的表达及其调控有着密切的关系，体内外试验均证明 PMSG/FSH 和 hCG/LH 都能够影响 CNP/NPR2 的表达和激活，并且这一过程可能与 EGFR 以及 MAPK3/1 信号通路相关。雌二醇（E_2）/ 雌激素受体（ERs）通过调控 CNP/NPR2 的表达介导了促性腺激素调控的卵母细胞成熟过程。哺乳动物卵母细胞、卵母细胞旁分泌因子以及卵母细胞中 cyclin B1 蛋白，均参与了 CNP 对卵母细胞成熟的调控作用。

近年来进行的卵母细胞体外成熟研究发现，卵母细胞体外成熟过程中，所受到的成熟调控及其机制既存在与卵母细胞体内发育相似的现象，同时也存在与体内完全不同的调控机制。研究证明，CNP 能改善卵母细胞体外成熟效率、成熟质量和后续发育能力。采用添加 CNP 的成熟培养液（第一步）+ 常规培养液（第二步）两步法培养卵母细胞，可显著提高小鼠、山羊、牛等动物卵母细胞体外成熟质量和后续发育能力。17β – 雌二醇（17β – E_2）参与了 CNP/NPR2 介导的卵母细胞体外成熟过程，而且不同浓度雌激素（高浓度或低浓度）对 CNP 介导的山羊卵母细胞减数分裂阻滞的作用表现不同，低浓度雌激素通过核受体 ER_α、ER_β 通路上调 Npr2 mRNA 的表达、促进了 CNP 对山羊卵母细胞减数分裂阻滞的维持作用，有利于体外成熟培养卵母细胞核成熟与胞质成熟同步；而高浓度雌激素通过膜受体 GPR30 通路下调 CNP 受体 Npr2 mRNA 表达，降低了 CNP 对山羊卵母细胞减数分裂阻滞的维持作用，促进了卵母细胞的核成熟。进一步研究发现，雌激素膜受体 GPR30 介导了高浓度 17β–E_2（1μg/mL）对山羊卵母细胞成熟的促进作用，这种作用的发挥与 CNP/NPR2 和 EGF/EGFR 信号通路有关。

研究证明，Rab 蛋白、刺激型异源三聚体 Gs 蛋白 α 亚基（Gsα）、糖原合成激酶 3β（GSK–3β）、BAMBI 基因、PARD6A 或 PARD6B 基因、肿瘤抑制基因（Dlg1），参与了卵子发生和卵母细胞发育调控；KIF20A、GTPase Dynamin2、RhoA 及其效应分子 ROCK，参与了猪卵母细胞成熟及早期胚胎发育；褪黑素可有效缓解卵母细胞氧化应激，显著降低其早期凋亡水平，保护其纺锤体与线粒体完整性，改善其表观修饰，从而提高卵母细胞质量和发育潜力。

3. 动物子宫内膜容受性建立与胚胎附植

近年来，有关子宫内膜容受性建立机制的研究不断深入，对研究着床机理、增加妊娠率、提高产仔数具有重要意义。研究发现，在动物胚胎附植窗口期，受母体来源的孕酮（P_4）、雌二醇（E_2）和孕体来源干扰素 –Tau（IFNT）等激素的共同调控，子宫内膜会发生有利于胚胎附植的组织结构改变，同时子宫内膜中性粒细胞及巨噬细胞数量明显减少、为接纳胚胎提供了良好的免疫内环境。一些基因、蛋白和信号通路参与调控子宫内膜容受性建立，如 I 型主要组织相容性复合体（MHC-1，在牛简称为 BoLA-I），bta-miR-145 和 bta-miR-204，miR-26a，lncRNA882，以及 Hmga2 基因，均被证明参与动物子宫内膜容受性的建立。

基于细胞培养和分子生物学等研究手段的快速发展，越来越多的实验技术被应用到动物胚胎附植研究，并在近年获得了许多有价值的研究成果。研究发现，ERS 关键调控因子葡萄糖调节蛋白 78（GRP78）、内质网应激调控相关蛋白环磷腺苷效应元件结合蛋白亮氨酸拉链转录因子（CREBZF）、环磷腺苷效应元件结合蛋白 3（CREB3）和环磷腺苷效应元件结合蛋白 3 调节因子（CREBRF）均在小鼠胚胎植入位点高表达。利用 P_4、E_2 和 IFNT 联合处理子宫内膜上皮细胞，成功模拟了奶山羊胚胎附植时期子宫激素环境，发现生理水平的 ERS 有利于促进促孕体伸长基因干扰素刺激基因 15（ISG15）、趋化因子 10（CXCL10）

和 S- 腺苷甲硫氨酸基区域蛋白 2（RSAD2）表达，提高前列腺素 E_2（PGE_2）与前列腺素 $F_{2\alpha}$（$PGF_{2\alpha}$）分泌水平比值，增加胎盘滋养层细胞球黏附比率，有利于胚胎附植。ERS 关键蛋白活化转录因子 6（ATF6）通过雷帕霉素靶蛋白（mTOR）介导的自噬通路，调控促孕体伸长基因 *ISG15*、*CXCL10* 和 *RSAD2* 的表达和前列腺素分泌水平。研究证明 CD34 蛋白可能参与胚胎与子宫内膜的黏附；胆固醇转运载体三磷酸腺苷结合盒亚家族成员 1（ABCA1）可能是介导猪胚胎附植的关键因子；膜联蛋白 A8（ANXA8）基因影响猪子宫内膜细胞中胚胎附植标志 LIF 和 EGF 基因的表达，并通过 AKT 信号通路来调控猪子宫内膜细胞的增殖。

4. 生殖生物钟

在哺乳动物生殖生物钟研究领域，国内研究者近年来进行了一些前期研究和探索。研究了不同单色光照射对鸽子产蛋率以及下丘脑—垂体—性腺轴生物钟蛋白表达的影响；生物钟基因 Clock 的单核苷酸多态性与中国汉族男性群体的先天性不育密切相关；生物钟基因 Clock 在调控雌性小鼠生殖钟起到重要作用，Clock 基因敲低增加了小鼠自发性流产风险，并证明 Clock 基因丝氨酸蛋白酶抑制剂 A3K 调控顶体蛋白活力，进而影响雄性小鼠的生殖能力；生物钟可能对蛋黄捕获和蛋壳形成过程中的输卵管漏斗管和子宫产生直接影响。在睾丸生物钟研究中，证明生物钟基因及类固醇合成关键基因节律性表达于地塞米松同步化后的小鼠睾丸间质细胞中，且免疫荧光结果显示生物钟蛋白 BMAL1 在小鼠睾丸间质细胞上呈现节律性表达，提示生物钟系统可能参与睾丸间质细胞睾酮的合成。

5. 动物生殖免疫学

生殖免疫学的核心问题是母体对同种异体抗原的耐受机制，在这个过程中，子宫局部微环境中免疫调节因子是保障妊娠正常进行的必备条件。研究表明，妊娠期间子宫局部免疫微环境中 TWEAK 分泌表达水平与 uNK 细胞功能活性紧密联系。IFN-τ 是反刍动物的妊娠识别信号，也被认为是一种功能性的干扰素，研究表明 IFN-τ 促进子宫内免疫抑制环境的形成，从而有利于妊娠早期奶牛子宫内的胚胎着床。性腺激素 E_2 和 P_4 参与了妊娠确立及妊娠期间子宫局部淋巴细胞的功能调节，而且 E_2、P_4 与 IFN-τ 协同调控 MIC1 和典型 MHC- I 分子（BoLA-A）表达而发挥作用。反刍动物胚源性因素在子宫局部内分泌—免疫调节中具有更为重要的作用，不同类型胚胎对 uNK 细胞表型和分泌活性的不同调节作用。

6. 牦牛产科基础

近年来，系统研究了牦牛生殖系统结构与机能，包括组织解剖特点，机体的免疫、生殖以及适应高寒低氧的形态学基础；揭示了牦牛主要器官适应高寒低氧的分子机理；探明了牦牛不同生殖阶段主要生殖激素的变化规律及其对发情、排卵及产后卵巢机能活动的调节机理，建立了通过激素分析手段监测牦牛发情、适时配种、防止空怀等卵巢活动的有效检测方法；从细胞凋亡角度揭示了牦牛不同生殖阶段生殖生理学特点；探明了外源性因素对牦牛不同生殖阶段和不同来源胚胎发育的影响及调控机理，证明季节变化和恶劣气候及长期营养缺乏，会导致牦牛卵泡发育异常、进而可能导致卵巢功能障碍；运用高通量测序（转录组，小RNA、蛋白质组和全基因组芯片等）筛选青海大通牦牛肉用、抗病性状的功能基因和SNPs标记，并采用转录组学、小RNA和蛋白质组学高通量测序结合生物信息学深入分析挖掘牦牛睾丸发育和精子发生的分子作用机理。

（二）动物胚胎工程与干细胞

1. 动物早期胚胎发育

动物早期胚胎发育受多种激素或非激素因子的调控。研究证明，褪黑素处理有利于提高卵母细胞成熟质量和核移植克隆胚胎的体外发育能力、改善体外发育克隆胚胎质量；牛子宫液外泌体能降低牛体外培养囊胚细胞凋亡比例；MCRS1和CDX2对牛早期胚胎发育中滋养层细胞的分裂分化起着重要作用，NANOG对维持胚胎细胞的多潜能性胚体形成具有关键调控作用。

兽医产科学领域专家团队参与了我国哺乳动物早期胚胎空间发育研究工作，研究者利用实践十号空间微重力科学与空间生命科学实验卫星，开展了"微重力条件下哺乳动物早期胚胎发育研究"，实时观察太空环境中哺乳动物早期胚胎发育过程、探讨太空环境对胚胎发育的作用机制。在2016年4月发射的我国SJ-10科学实验卫星进行的科学实验中，"小鼠早期胚胎在太空中顺利完成从2细胞到囊胚的全程发育，这是世界上首次实现哺乳动物胚胎在太空的发育"。

2. 幼畜体外胚胎生产和移植技术

幼畜体外胚胎生产和移植技术（JIVET）可缩短优良畜种或优秀个体的时代间隔。近年来研究者们利用JIVET，开展不同品种羊的JIVET快速繁殖，对羔羊超数排卵、卵母细胞体外成熟、体外受精、胚胎体外培养和胚胎移植等一系列JIVET技术程序进行了优化。

3. 动物克隆重编程机理与克隆效率

近年来，研究工作者围绕动物克隆重编程机理和克隆效率的提高，开展了一系列创新性研究工作。

研究发现，在哺乳动物受精和胚胎基因组激活过程中存在大量可变剪接的转换，同时发现克隆胚胎存在异常的可变剪接。针对异常可变剪接的修复开发了转录组精确编辑工具CRISPR-Cas13d工具酶，通过对克隆胚胎发生异常可变剪接的ABI2基因的修复提高了克隆牛的出生成活率。通过生物信息分析探究了可变剪接在小鼠胚胎植入前发育过程中的重要作用，结果表明在卵母细胞时期可变剪接与差异表达协同调控卵母细胞及受精前的发育，可变剪接可能通过影响细胞的分裂及分化而影响小鼠胚胎的发育，受精后可变剪接与差异表达的协调作用消失。

在克隆动物异常发育和改善克隆胚胎发育方面。分析发现克隆牛发育异常和死亡与

H19、IGF2 和 XIST 等印记基因的异常去甲基化相关；揭示了牛早期胚胎发育失败的成因，主要是由于表观重编程不完全引起，包括 DNA 甲基化、组蛋白甲基化和组蛋白乙酰化等；绘制了牛的全基因组 DNA 甲基化图谱，并发现异染色质区重复序列 DNA 甲基化重编程失败是牛克隆胚胎发育失败的关键所在；牛 SCNT 和 IVF 胚胎在合子基因组激活（ZGA）时期存在异常高水平的组蛋白 H3 第九位赖氨酸残基三甲基化（H3K9me3）和二甲基化（H3K9me2）修饰。通过高通量测序筛选出成熟精子特异或高表达的 miRNAs，经生物信息学分析和双荧光素酶报告试验分析关键的精子特异 miRNAs 的靶基因及其生物调控作用（已经研究的主要包括 miRNA-449b，miRNA-301a，miRNA-34c，miRNA Bta-miR-202，miR-101，miRNA-183 等）；并利用功能缺失策略研究了这些精子特异关键 miRNA 对受精胚胎发育、基因表达及表观重编程的影响；利用功能获得性试验研究了这些精子特异性关键 miRNAs 对体细胞克隆胚胎的质量及克隆效率的影响。研究证明，牛磺熊去氧胆酸（TUDCA）处理血清饥饿的牛胎儿成纤维细胞，可减少血清饥饿供体细胞的应激反应，作为供体细胞有利于牛克隆胚胎的发育；绵羊克隆胚胎在 1- 细胞、2- 细胞和囊胚阶段都表现为高水平的 H3K9me3/2；毛壳素和人源重组 KDM4D 蛋白都能使供体细胞中 H3K9me3/2 水平降低，其中人源重组 KDM4D 蛋白能促进克隆胚胎的发育；Vc 处理血清饥饿的供体细胞能使细胞中 5hmC 水平升高、5mC 水平降低，提高克隆胚胎的囊胚质量；Vc 直接处理克隆胚胎或体外受精胚胎均能促进胚胎发育。

4. 基因编辑与家畜抗病育种、性状育种和疾病动物模型创制

近年来，利用抗病基因敲入或敲除，并与转基因阳性细胞核移植技术结合，创立了牛羊抗病转基因技术体系，创制抗乳腺炎、抗结核病等一批抗病牛羊育种新材料；利用基因精确编辑技术，生产出抗病基因编辑牛、羊和提高生产性能的陕北白绒山羊（显著提高产绒产肉性状）、滩羊（显著提高产肉性状）和西农萨能奶山羊（提高乳汁质量），提升了我国牛羊抗病育种和种质创新水平。利用基因修饰灵长类动物模型平台，先后优化了食蟹猴辅助生殖技术，利用 CRISPR/Cas9 基因编辑技术创制 p53、MCPH1、HBB 和 SHANK3 等多种基因突变猴及其所致疾病模型，并开展了灵长类动物基因治疗研究。

5. 卵母细胞与胚胎冷冻保存

在卵母细胞和胚胎冷冻保存基础理论和应用研究方面，围绕提高卵母细胞和胚胎冷冻存活率，进行了冷冻对小鼠卵母细胞和早期胚胎 DNA 损伤，基因表达，表观遗传修饰、发育能力、生物安全以及发育潜能的影响，提出了应用表观遗传修饰剂和生物小分子提高卵母细胞和胚胎存活与发育的技术策略。针对小鼠早期卵裂阶段胚胎样本的批量冻存，研发了高效的小鼠早期卵裂阶段（2- 细胞）胚胎批量玻璃化冷冻程序，并开展了 2- 细胞胚胎线粒体冷冻损伤评估与白藜芦醇修复胚胎线粒体冷冻损伤技术研究，阐明了其修复机制。在家畜胚胎冷冻技术研发与应用方面，研发出适合于生产应用的羊玻璃化冷冻保护液套装。

6. 动物干细胞

在动物干细胞研究与应用领域，建立了永生化的奶山羊、猪、牛雄性生殖干细胞株和猪胰腺干细胞系和羊水干细胞系；建立了山羊、猪、牛胚胎干细胞和 iPS 细胞研究平台和技术体系，挖掘动物多能干细胞关键调控因子和调控机制；建立了小鼠和人类胚胎干细胞及 iPS 细胞向生殖细胞分化及其机理研究技术平台；建立了永生化犬脂肪间充质干细胞株和间质干细胞，验证了干细胞治疗关节炎和皮肤损伤的潜能。利用"3i"（三种小分子化合物，即 MEK 通路抑制剂 PD184352、ALK5 通路抑制剂 SB431542 和 GSK3β 通路抑制剂 BIO）体系分离培养小鼠和山羊胚胎干细胞的研究结果表明，添加 BIO 的培养体系可以支持无饲养层、无血清条件下小鼠 ESCs 的建系，在添加有 BIO、SB431542 和 PD184352 三种小分子化合物的培养体系中可以分离得到山羊类 ESCs。在双峰驼胚胎多能干细胞的分离与鉴定方面进行了初步探索。

（三）动物产科疾病

近年来，我国科研、生产工作者在动物产科疾病，尤其是动物子宫疾病和卵巢疾病防治方面进行了大量的研发与试验示范工作，取得了多项研究进展。

1. 动物子宫疾病

调查研究发现，围产期是奶牛疾病的高发阶段，约 75% 的奶牛疾病都发生在产后一个月内；我国荷斯坦奶牛因繁殖疾病而淘汰的比例高达 21% ~ 25%，导致人工授精的受胎率下降 10% ~ 20%。

研究发现，细菌感染是引起奶牛产后子宫内膜炎的主要病因，发挥主要致病作用的优势菌群包括梭菌属、隐秘杆菌属、吲哚嗜胨菌属、拟杆菌属等。以大肠杆菌为代表的革兰氏阴性菌在侵入子宫后可以被子宫内膜上皮细胞的 Toll 样受体所识别，引起炎症反应，改变子宫微环境，进而引起卵巢功能异常，卵泡发育受阻，黄体持续时间改变，雌激素、孕激素、前列腺素等生殖激素分泌紊乱，造成奶牛不发情、不排卵、产奶量下降、产犊数下降等后果。研究发现靛红、阿魏酸、安石榴苷、丹参水提取物、咖啡酸、苦参碱等药物具有抵抗大肠杆菌 LPS 诱导的子宫内膜炎作用；皮质醇激素可通过调控 NF-κB 活化及 MAPK 磷酸化抑制奶牛子宫内膜炎发生。基于模式细胞及小鼠等动物模型的研究表明，中草药对治疗或缓解奶牛子宫内膜炎中具有一定作用。

2. 动物卵巢疾病

在生产中发病率较高的卵巢疾病主要包括持久黄体、卵巢囊肿、卵巢静止等，其发生原因主要与饲养管理不良或混乱、饲料营养结构不合理有关，同时环境因素和遗传因素以及长期患有子宫疾病也是导致卵巢并发症的重要原因。

关于动物卵巢疾病的研究与防治工作主要集中在寻找动物生殖周期内发挥调控作用的特异性基因，从而开发基因靶向调控卵巢功能的方案。主要包括绵羊卵巢 leptin 相关

lncRNA 研究，蛋白 StAR 和 Rab-8a 研究，G 蛋白偶联受体，以及 X 相关抑制因子凋亡蛋白的相关研究。在卵巢疾病治疗方面，主要研究工作包括子宫灌注中药消囊散治疗奶牛卵泡囊肿和藿芪灌注液治疗奶牛卵巢静止和持久黄体研究及临床试验；证明淫羊藿及其有效成分淫羊藿多糖对小鼠卵泡发育、受精有正向调节作用，并表现对卵泡细胞的抗凋亡作用和抗氧化作用。

3. 反刍动物繁殖障碍性疾病

反刍动物繁殖障碍性疾病越来越受到研发人员和生产单位的重视。在产后护理和产后监控方面，由于奶牛分娩后糖、脂肪、钙等的营养代谢障碍，并由于各种应激造成免疫力下降，分娩后 1 个月内各种疾病的发病率显著升高，针对此阶段的奶牛进行全群的程序化护理和监控是近年来的重点研发方向。在反刍动物同期排卵技术研发与应用方面，用激素进行奶牛同期排卵处理已经在规模化牛场中广泛使用，羊同期发情、同期排卵技术也逐步走向生产应用。重点研发内容是如何根据母畜群的实际情况来进行同期排卵处理程序的调整（包括激素的搭配和处理程序等），以及定时输精未孕母畜的及早鉴定与再次输精技术。在母畜妊娠诊断方面，早期妊娠诊断能够有效提升母畜人工输精效率，进一步提高受胎率和繁殖性能，B 超妊娠诊断技术已广泛应用与牛、羊妊娠诊断。生物传感监测系统在奶牛场逐步使用，用以判断奶牛发情、监测能量负平衡状态，鉴定新产奶牛酮病、子宫炎、低血钙等状况，也可以提示奶牛是否感染乳房炎。

4. 宠物产科疾病诊疗

随着国内宠物行业的蓬勃兴起，宠物疾病诊疗技术发展很快，近几年来大型医疗设备 CT 和核磁等在很多宠物医院已逐步配备；宠物疾病诊疗手段已得到了普遍应用，如内分泌检测、C 反应蛋白筛查等。

在宠物产科疾病诊疗方面，生殖激素检测得到广泛应用，睾酮、雌二醇和孕酮的检测已在临床日常应用。宠物基因缺陷筛查已应用到临床，亲子鉴定技术，育种前雄性和雌性基因测序的使用，为优良品种后代的繁育提供了可靠保障，并已开始尝试进行遗传病的治疗和纠正。宠物冷冻精液保存和阴道内窥镜输精技术的应用提高了宠物的繁殖效率和高经济价值品种的高效繁殖。在宠物胚胎工程领域，成功克隆了世界第一只基因编辑犬，犬的克隆技术已逐步市场化推广，获得了世界第一只体外培养和体外受精犬，克隆成功世界第一只宠物猫。宠物干细胞治疗产科疾病已得到日益普及，在应用间充质干细胞治疗母犬子宫内膜炎和公犬少精症领域已取得了一定的临床疗效。

（四）奶畜乳房炎

奶畜乳腺疾病是目前影响奶牛和奶山羊养殖效益和奶畜健康的重要临床疾病之一。近年来，国内科研生产工作者在奶牛、奶山羊乳房炎监测、治疗技术等方面开展了大量研发工作。

研究发现，奶牛乳房炎主要致病菌包括金黄色葡萄球菌、无乳链球菌、环境性链球菌（停乳链球菌、乳房链球菌、粪肠球菌等）、凝固酶阴性葡萄球菌、大肠杆菌、肺炎克雷伯菌等。其中金葡菌和无乳链球菌具有传染性，可通过挤奶设备或挤奶员在牛群中传播导致乳房炎；其他细菌主要来自环境，在不同情况下进入乳房内引起乳房炎。研究工作者开展了奶牛乳房炎致病菌的几个大型调查研究工作，结果表明金黄色葡萄球菌是传染性致病菌中分离率最高的致病菌，并证明我国大罐奶乳样中的致病菌主要为传染性致病菌。

从牧场个体层面上来看，在乳房炎高发时，通过有效地分析病原菌，判断其属于传染性还是环境性致病菌，有利于牧场高发风险因素评估；通过持续监控全年乳房炎病原菌，建立牧场乳房炎"病原库"，能更好地对本牧场乳房炎的发生进行有效管控；对牧场内乳房炎现行治疗方案进行评估和优化，有利于乳房炎有效治疗方案的制订。从牧场整体层面上来看，进行乳房炎致病菌的流行病学调查，可对现阶段致病菌的特点进行宏观了解，并对不同区域和不同管理模式下的乳房炎进行对比和剖析。

在奶牛乳房炎致病菌的传播方面，我国学者认为牛舍中所用垫料的类型和管理方式对乳房健康和乳房炎发病率影响很大。干沙垫料由于不支持细菌的生长繁殖而被认为是提升乳房健康的"黄金垫料"，而奶牛场目前常用的有机垫料容易引起环境性致病菌的存留。气候和季节因素对临床乳房炎发病率具有很大影响，夏季炎热多雨、高温高湿环境下乳房炎发病率增高。由于不同地区或不同养殖集团之间牛场管理模式存在的差异，其乳房炎防控水平也存在明显差异。

在奶牛乳房炎发生发展的病理机制方面，研究了奶牛乳腺炎发生过程中，乳腺上皮细胞与乳腺组织中基质细胞的相互作用，发现了基质细胞在乳腺炎发展过程中对乳腺上皮细胞的泌乳、免疫应答等功能发挥着重要的调节作用。研究了病原菌及其致病因子对乳腺上皮细胞的生物学性质及功能的影响，运用高通量测序、生物信息学分析和一系列分子生物学实验方法对感染条件下乳腺上皮细胞进行检测，筛选、验证、明确了一批参与乳腺炎过程的基因、环状 RNA，长链非编码 RNA，揭示了乳腺炎发生与基因调控、机体细胞因子、机体防御之间的关系。

奶牛乳房炎致病菌的多重耐药现象十分普遍和严重，已经引起相关部门的关注。我国大型奶牛场奶牛乳房炎致病菌耐药基因进化和传播机制正在深入研究，治疗乳房炎的抗生素替代品抗菌肽的研发也已逐步开展。成功构建了乳房炎患病与健康奶牛外周血白细胞和乳腺组织中差异表达 cDNA 文库，确定了乳腺组织膜蛋白中新的乳房炎易感性相关生物分子、潜在的药物治疗靶标及新的炎症调节位点。在临床型乳房炎绵羊乳腺组织组中发现了9个共有的差异表达基因，为下一步更深入探究绵羊乳房炎免疫学分子机制提供了方向。

另外，奶畜乳房炎蛋白组学、转录组学、基因组学、代谢组学、表观遗传学等组学研究方面也取得了一定的研究进展，对进一步解析乳房炎致病机制及其预防和治疗具有理论和实践意义。

（五）传染病引起的动物繁殖障碍性疾病

我国因传染病引发的家畜繁殖障碍性疾病形势严峻，对畜牧养殖业造成了严重经济损失，而且危及畜牧兽医从业者的卫生安全。近年来，我国科技工作者在布鲁氏菌病和猪传染病引起的繁殖障碍疾病防控方面做了多项研究工作。

1. 布鲁氏菌病

近年来，对于布鲁氏菌的研究主要集中在毒力相关基因功能的揭示。布鲁氏菌引起流产的机制并不清楚，但在感染的妊娠母畜胎盘发现存在布鲁氏菌赤藓糖醇大量聚集、作为布鲁氏菌的碳源，表明导致感染母畜流产的最重要的原因可能是由于布鲁氏菌在胎盘滋养层细胞中大量增殖而引起。研究发现，布鲁氏菌侵袭滋养层细胞能够引起生殖激素分泌紊乱，如雌激素、孕酮和前列腺素等。布鲁氏菌引起生殖激素水平的变化主要发生在妊娠后期，即分娩前期，布鲁氏菌能够提前启动妊娠家畜分娩过程，诱发流产或早产。研究者利用山羊胎盘滋养层细胞和子宫内膜上皮细胞共培养及孕激素联合使用，构建了山羊妊娠子宫体外模型，发现布鲁氏菌 S2 株侵染妊娠子宫体外模型过程中，主要通过打破滋养层细胞的内分泌平衡和子宫内膜上皮细胞的容受性，而不是损害滋养层细胞的迁移和侵袭能力来引起妊娠母畜的流产和早产，这一过程伴随着内质网应激反应的发生。山羊滋养层细胞中转入布鲁氏菌 T4SS 效应蛋白 VceC 的真核表达载体能够引起孕酮分泌的降低，但不影响雌激素的分泌。脂多糖（LPS）作为布鲁氏菌的主要毒力因子之一，在以布鲁菌脂多糖作为诱导药物建立阻碍胚胎着床的小鼠模型试验中，随着布鲁菌脂多糖用药剂量的升高，平均着床胚胎数逐渐降低，甚至不能着床。布鲁菌脂多糖调节小鼠子宫内膜蜕膜化过程，是导致小鼠妊娠失败的原因之一。

2. 猪的传染性繁殖障碍疫病

近年来，我国猪的繁殖障碍性疾病多以传染性疫病引发为主，主要病原包括猪细小病毒（PPV）、猪伪狂犬病毒（PRV）、猪繁殖与呼吸综合征病毒（PRRSV）、猪瘟病毒（CSFV）、猪圆环病毒 2 型（PCV2）、猪乙型脑炎病毒（JEV）和衣原体等。研究者们在猪传染性繁殖障碍疫病的检测方法建立和疫苗研制方面进行了大量探索。在检测方法方面，建立了猪伪狂犬病毒、猪圆环病毒 2 型、猪细小病毒、猪繁殖与呼吸综合征病毒、猪瘟病毒和猪乙型脑炎病毒的实时荧光定量 PCR 检测方法，该方法具有较高的灵敏度和特异性，可用于公猪精液的监测；建立了猪繁殖与呼吸综合征病毒的荧光原位杂交检测法，能够在感染早期对猪繁殖与呼吸综合征病毒进行定位检测；建立了猪流产嗜性衣原体阻断 ELISA 检测方法和 JEV E-III 抗原域蛋白间接 ELISA 检测方法。在疫苗研发方面，改进了猪瘟病毒疫苗真空冷冻干燥技术，并创新研发了猪瘟病毒和猪繁殖与呼吸综合征病毒疫苗泡沫干燥剂型，筛选出了无明胶、无蛋白的冷冻干燥耐热保护剂配方 D4 和泡沫干燥保护剂配方 T28C-38、T28C-5，弥补了现有疫苗存在的突出问题；构建了乳腺特异性表达 PCV2 和 CSFV 免疫保护蛋白的奶山羊成纤维细胞系；构建并验证了猪流产嗜性衣原体 Pmpl8N–rVCG 疫苗；优化了猪瘟病毒和猪繁殖与呼吸综合征病毒的免疫程序，获得了较好的临床效果。在致病机制方面，研究证实猪细小病毒感染可诱导猪黄体细胞凋亡、抑制孕酮产生，并揭示了其机制；猪细小病毒感染通过激活细胞内 Fas/Fas L 介导的死亡受体通路和 p53 介导的线粒体通路诱导猪胎盘滋养层细胞凋亡。构建了靶向猪繁殖与呼吸综合征病毒的 shRNA 转基因克隆胚胎，为进一步抗猪繁殖与呼吸综合征转基因育种奠定了基础。

（六）雄性动物生殖功能及其调节

在雄性动物生殖功能及其调节领域，主要在雄性动物生殖功能、雄性动物生殖功能调节和精子发生及其调节等方面开展研究工作，并取得了多项研究结果。

1. 雄性动物生殖功能研究

近年来，在雄性生殖功能研究方面，尤其是在不同发育阶段雄性山羊、绵羊和小鼠睾丸中相关蛋白表达及其功能研究取得了多项研究成果。在小鼠，发现内质网应激相关蛋白 Luman 在不同发育阶段小鼠生殖系统中具有广泛性的表达，睾丸间质细胞中 Luman 的缺失能够通过影响类固醇激素合成相关核受体的启动子活性上调睾酮合成相关酶的表达。在山羊，通过转入端粒酶真核表达载体的方法构建了山羊睾丸间质细胞系，利用细胞系对内质网应激相关蛋白对睾丸间质细胞功能的影响进行了研究分析。在绵羊，通过对 *Dmrt1*、*Dmrt7*、*Boule* 和 *Dazl* 基因在不同发育阶段绵羊睾丸组织中的动态表达规律，证明这些基因参与调控公羊的精子发生过程。同时，一些新技术在研究工作中得以应用，如利用 2-DE 和 MALDI-TOF-TOF 质谱技术建立并比较分析了不同发育期绵羊睾丸蛋白质组成的差异；将双向电泳技术用于白牦牛睾丸发育及精子发生的研究，发现随着年龄的增加，有多个蛋白质参与白牦牛睾丸发育，并发现热休克蛋白 60 通过下丘脑—垂体—睾丸轴对白牦牛睾丸支持细胞增殖产生正向调控作用。

2. 雄性动物生殖功能调节

在激素及其人工合成的类似物对雄性动物生殖功能调节方面，研究证明 FSH、17β-E2、甲状腺激素（tTH）具有调控睾丸体细胞增殖的作用；转录因子磷脂酰肌醇-4，5-二磷酸三激酶/蛋白激酶 B（PI3K/Akt）和 mTOR 参与低浓度的 17β-E_2 调节仔猪睾丸支持细胞增殖的作用；转录因子 Luman 和 Zhangfei 在出生至性成熟的小鼠睾丸中的表达水平呈现正相关性且通过改变蛋白的表达水平而影响小鼠睾酮的生成；促性腺激素释放激素 2（GnRH2）的类似物—多抗原肽（GnRH2-MAP）和重组 GnRH-1 具有免疫原性，可作为免疫学去势的有效免疫原。

在细胞因子对雄性动物生殖功能调节研究中发现，细胞因子可以通过与靶受体结合来传递信息，如转化生长因子 β（TGF-β）和肿瘤坏死因子 α（TNF-α）。Nesfatin-1 为一种主要表达于下丘脑—垂体—睾丸中的多肽，是摄食调节因子核组蛋白 2（UNCB2）经

激素酶原转化酶剪切后的片段之一，Nesfatin-1可通过调控睾酮合成相关的酶和FSH、LH及睾酮浓度的作用来发挥调控生殖轴的作用。

有关特殊蛋白对雄性动物生殖功能调节的研究表明，视黄醇结合蛋白（RBP）是动物体内一种特异运载蛋白，其参与维生素A的代谢；鸟嘌呤核苷酸结合-S亚基（Gαs）由G蛋白亚基进行编码，表达于不同年龄阶段的公羊睾丸和附睾中，说明Gαs在精子发生和公羊的生殖系统发挥重要作用；过表达GDF9可以增加牛睾丸间质细胞的增殖，增加BCL-2基因的表达，降低Caspase-3基因的表达抑制细胞凋亡的发生。

在MicroRNA调节动物生殖功能研究方面，对白牦牛睾丸的MicroRNA-Messenger RNA进行综合分析，揭示了miR-574和靶基因AURKA在牦牛睾丸的发育和繁殖中发挥了关键作用。对白牦牛睾丸不同发育阶段的蛋白质组学分析研究发现，牦牛睾丸的29个差异表达蛋白质参与调控雄性生殖系统的功能。利用高通量测序技术和实时定量PCR分析技术验证出3个新发现的miRNA对绵羊生殖器官的发育及生殖功能具有重要调节作用。Micro RNA-1285参与AMPK调控的仔猪支持细胞增殖，并参与高浓度的17β-E2对仔猪睾丸支持细胞的抑制作用。

有关环境变化对雄性动物生殖功能调节的研究中发现，热应激可诱导仔猪睾丸支持细胞乳酸生成、诱导支持细胞的自噬，提高仔猪支持细胞内氧化应激水平。黄芩苷和葛根素等植物提取物被用来改善热应激诱导的细胞损伤和凋亡。

研究人员成功克隆得到牦牛与精子的迁移关系密切的CLDN3基因序列，经同源性分析发现牦牛和黄牛的氨基酸序列完全相同。

（七）动物生殖毒理

近年来，国内生殖毒理学方面的研究也越来越深入，取得了一些新的进展，并呈现出一些新的特点。

1. 生殖细胞遗传毒性研究广泛开展

体外单一生殖细胞培养或者多种生殖细胞共培养技术在生殖毒性研究方面应用较为普遍。首先，通过体内给药的方法检测毒物对动物生殖系统的影响，主要包括睾丸和卵巢的损伤情况、血清中性激素水平测定，包括交配率、怀孕率和产仔数等在内的生育力测定；在此基础上，针对特定生殖细胞研究毒物的作用及可能的分子机制，如卵母细胞、卵巢颗粒细胞、早期胚胎、子宫内膜基质细胞、支持细胞、睾丸间质细胞、生精细胞或精原干细胞等生殖细胞。除哺乳动物，模式动物也是生殖毒性研究常用的研究对象，尤其是遗传毒性研究。

2. 研究对象更加广泛、多毒物暴露对动物生殖的影响受到重视

生殖毒性研究对象除常见的霉菌毒素、农药、重金属和有机化合物外，还包括新出现的环境内分泌干扰物、纳米材料、中药提取物以及转基因植物等。研究较多的主要包括玉

米赤霉烯酮在内的镰刀菌属的霉菌毒素、除草剂与有机磷农药、重金属、环境内分泌干扰物，以及纳米材料和转基因植物。除了单一毒物的生殖毒性研究外，多种毒物对动物生殖的复合影响也越来越受到重视。

3. 生殖毒性的分子机制研究逐渐深入

目前，生殖毒理研究主要集中在引起生殖细胞功能异常和死亡的分子机制方面，如玉米赤霉烯酮和环境内分泌干扰物引起的生殖细胞功能异常和凋亡。转录组学和蛋白质组学的理论系统和技术方法已经广泛应用于生殖毒理的研究，如蛋白质组学被用于分析胎盘对低剂量重金属镉暴露的屏障作用及分子机制，转录组学被用于研究纳米二氧化钛可能通过氧化应激诱导睾丸组织氧化损伤抑制精子生成和活力。

4. 生殖毒性抑制和预防外来物质生殖毒性的研究工作逐渐展开

生殖毒性研究越来越深入，毒理机制也越来越清晰。为了减轻对生殖细胞的毒性，研究人员尝试利用不同的药物进行缓解，如番茄红素、姜黄素、蒙脱石类霉菌毒素脱毒剂等均被证明能够缓解毒物或毒素的生殖毒性。基因编辑技术在毒性研究方面也有了广泛的应用，通过敲除或过表达信号通路中的关键蛋白对激活引起细胞毒性的通路进行抑制达到降低或者减缓毒性的作用，通过基因编辑生产抗毒的实验动物可能也是未来的一个发展方向。

总之，毒性研究的生殖细胞的种类越来越多，研究对象的毒性也越来越广泛。通过毒理机制的研究，阐明对生殖细胞的毒性机制，为产科学的发展提供了强有力的理论和实验支持。

（八）兽医产科学新设备、新技术、新产品

近年来，兽医产科学临床诊疗设备、诊疗技术和新产品研发和推广力度进一步加大。

兽医产科学常用的 B 型超声诊断仪影像质量有较大的提升，设备生产厂家有所增加，推广应用数量迅速增加，甚至已成为规模化养殖场妊娠诊断和子宫卵巢疾病诊断的主要手段，同时也形成了数字化、小型化和便携式等不同的发展方向。

兽医临床上利用生殖激素测定进行产科病准确诊断使用越来越广泛，规模化养殖场逐步开始使用激素测定技术进行母畜妊娠诊断，激素测定方法已由过去的放射免疫测定（RIA）发展到采用更为经济和方便的酶联免疫吸附试验（ELISA）。

兽医产科临床用药的种类、剂型研发速度加快，成功研发了一批治疗母畜子宫疾病、卵巢疾病、乳腺疾病的药物，尤其是兽医产科和繁殖领域应用较多的生殖激素新产品研发速度进一步加快，如氨基丁三醇前列腺素 $F_{2\alpha}$、烯丙孕素口服制剂、多潘立酮、戈拉瑞林等。促卵泡素等糖蛋白类激素的人工重组研发力度也进一步加大，人工重组的长效和短效促卵泡素正在进行临床试验和审批。

（九）兽医产科学学科建设与人才培养

近年来，兽医产科学学科总体发展较好，已在多个单位形成了具有学科优势的兽医产

科学学科团队，其中西北农林科技大学兽医产科学学科团队和甘肃农业大学兽医产科学学科团队已经在学科平台建设、人才梯队建设、基础研究水平、技术研发能力和人才培养质量等方面具有明显的学科优势，其他单位的兽医产科学学科团队也在逐步发展成熟。兽医产科学学科拥有教育部首批"全国高校黄大年式教师团队"，多个省级科研创新团队和国家、部省级人才。依托这些学科团队，为兽医产科学培养了一大批师资力量和基础研究与应用技术研发人才队伍。

三、本学科国内外发展比较

在兽医产科学基础研究领域，本学科与生殖生物学、动物繁殖学等学科深度融合，同时，也涉及生殖免疫、生殖毒理等方面，研究内容均处于国际研究的热点和前沿，在国家项目的支持下，取得了快速的发展，发表了大量高水平论文，同时也为相关学科领域的发展培养了大批青年人才。在前沿科技领域，如动物胚胎工程、转基因体细胞克隆与家畜基因编辑育种等方面，取得了国际先进水平的成果。在新兴科学领域，如相关"组学"和生殖生物钟调控等方面，相关研究基本与国外同步或业已起步。

在应用研究领域，与发达国家相比，尚存在较大的差距，尤其是在家畜规模养殖条件下的群体化繁殖与繁殖障碍性疾病管理方面，由于该方面直到2008年才有国家专项的支持，我国的相关研究目前还落后于生产应用。小动物产科学的应用基础与实践近年来取得了显著的进步，与发达国家的差距正在逐步缩小。

四、本学科我国的发展趋势与对策

随着生命学科的相互渗透和兽医学的发展，兽医产科学学科与生殖生物学、动物营养学、繁殖育种学等学科深度融合，兽医产科学的研究和应用已经进入细胞及分子水平，基因编辑技术等前沿新兴技术也已经展现出广阔的应用前景。新的诊疗方法和技术，包括大数据智能化技术等已不断被广泛应用于兽医产科学工作。兽医产科学学科的研究应不断适应新形势，进一步把新的诊疗技术用于疾病诊断和治疗，将胚胎工程、基因编辑技术用于提高动物的繁殖效率和新品种培育，并从分子水平开展有关技术理论研究。

（一）新发病的防治与监控

近年来，新出现的青年牛生殖道支原体性不孕症、奶牛支原体乳腺炎、大肠杆菌性乳房炎、夏季乳房炎等，都需要尽快研究出有效的诊断和防治方法。一些原来属于传染病学研究范畴的疾病，如猪繁殖呼吸综合征等引起猪的流产、死胎、不孕症等在生产中表现越来越突出。由于激素类药物质量不稳定及使用不当而导致胚胎死亡和流产以及卵巢功能紊乱，激素及抗生素类药物的应用范围等，都应引起兽医产科工作者的重视。特色经济动物的繁殖生理和产科疾病的研究也是一个新领域。对国内外报道的新发病，更应该随时提高警惕，严格进行监控，尤其是随着国际上精液和胚胎交流的日趋频繁，对经精液和胚胎传播的一些新病，如疯牛病及新的人兽共患病等应该特别重视检疫。

（二）高新技术对兽医产科学的挑战

分子生物学和分子遗传学对多学科的全面渗透，使传统产科学受到了挑战。从生殖内分泌学的发展趋势来看，从 20 世纪 80 年代后期开始，已由激素对细胞作用的研究深入细胞内激素亚单位的合成和多种因子在细胞内的调控作用的研究，并且已由对动物的个体研究深入到对生殖细胞和胚胎内分泌功能的研究。作为生命科学的一个分支，兽医产科学也应深入胚胎工程和基因工程领域，将高新技术应用于兽医产科学研究和生产实践。

（三）学科发展对兽医产科学的影响

基因组学、蛋白组学、生物信息学、疾病相关基因的识别、基因编辑、分子生物学与生物化学、细胞生物学、发育生物学等近年来的重大进展均对兽医产科学的教学和科研产生了明显的影响。随着诸多生物的基因组全序列测定的完成，生命科学进入了"功能基因组"时代，人类将在了解遗传物质 DNA 全部序列的基础上去研究和阐明基因组的功能，从而揭开生命的奥秘，许多疾病也可以用分子词汇进行诠释。功能基因组学的研究可显著提高兽医产科学学术水平、体系也会更加完整，与此相关的教学过程和教学设计也将会发生明显变化。

（四）市场经济发展的冲击

目前，我国的家畜养殖已经进入转型升级阶段，规模化养殖条件下，疾病发生规律和养殖场的实际需求均发生重大变化。因此，在科学技术上要锐意创新，创造更加有效且便于推广的药械，例如继续简化激素测定技术，研发现场快速测定试剂盒；研制各种激素制剂或疫苗，有效地控制动物的发情与排卵；研究常规的兽医产科治疗药物和治疗方法，降低成本；研究及简化繁殖技术，使其更能适应我国养殖业的需要。

参考文献

［1］Cao Z, Luo L, Yang J, et al. Stimulatory effects of NESFATIN-1 on meiotic and developmental competence of porcine oocytes［J］. Journal of Cellular Physiology, 2019, 234（10）: 17767-17774.

［2］Chang W, Yang Q, Zhang H, et al. Role of placenta-specific protein 1 in trophoblast invasion and migration［J］.

Reproduction, 2014, 148（4）：343-352.

［3］ Chen H, Gao L, Yang D, et al. Coordination between the circadian clock and androgen signaling is required to sustain rhythmic expression of Elovl3 in mouse liver［J］. Journal of Biological Chemistry, 2018, 294（17）：7046-7056.

［4］ Chen J, Chen T, Ding Y, et al. Baicalin can attenuate the inhibitory effects of mifepristone on Wnt/β-catenin pathway during peri-implantation period in mice［J］. Journal of Steroid Biochemistry and Molecular Biology, 2015（149）：11-16.

［5］ Ding B, Cao Z, Hong R, et al. WDR5 in porcine preimplantation embryos：expression, regulation of epigenetic modifications and requirement for early development［J］. Biology of Reproduction, 2017, 96（4）：758-771.

［6］ Fan J, Yu S, Cui Y, et al. Bcl-2/Bax protein and mRNA expression in yak（Bos grunniens）placentomes［J］. Theriogenology, 2017, 104：23-29.

［7］ Feng C, Wang X, Shi H, et al. Generation of ApoE deficient dogs via combination of embryo injection of CRISPR/Cas9 with somatic cell nuclear transfer［J］. Journal of Genetics and Genomics［J］, 2018, 45（1）：47-50.

［8］ Gao Y, Wu H, Wang Y, et al. Single Cas9 nickase induced generation of NRAMP1 knockin cattle with reduced off-target effects［J］. Genome Biology and Evolution, 2017, 18（1）：13.

［9］ Geng T, Liu Y, Xu Y, et al. H19 lncRNA promotes skeletal muscle insulin sensitivity in part by targeting AMPK［J］. Diabetes, 2018, 67（11）：2183-2198.

［10］ Gong J, Zhang Q, Wang Q, et al. Identification and verification of potential piRNAs from domesticated yak testis［J］. Reproduction, 2018, 155（2）：117-127.

［11］ Gong Z, Liang H, Deng Y, et al. FSH receptor binding inhibitor influences estrogen production, receptor expression and signal pathway during in vitro maturation of sheep COCs［J］. Theriogenology, 2017, 101：144-150.

［12］ Jiao Z, Yi W, Rong Y, et al. Microrna-1285 regulates 17 beta-estradiol-inhibited immature boar sertoli cell proliferation via adenosine monophosphate-activated protein kinase activation［J］. Endocrinology, 2015, 156（11）：4049-4070.

［13］ Ke Q, Li W, Lai X, et al. TALEN-based generation of a cynomolgus monkey disease model for human microcephaly［J］. Cell Research, 2016, 26（9）：1048-1061.

［14］ Li T, Lu Z, Luo R, et al. Expression and cellular localization of double sex and mab-3 related transcription factor 1 in testes of postnatal Small-Tail Han sheep at different developmental stages［J］. Gene, 2018, 642：467-473.

［15］ Lu M, Zhang R, Yu T, et al. CREBZF regulates testosterone production in mouse Leydig cells［J］. Journal of Cellular Physiology, 2019, 234（12）：22819-22832.

［16］ Lu R, Yuan T, Wang Y, et al. Spontaneous severe hypercholesterolemia and atherosclerosis lesions in rabbits with deficiency of low-density lipoprotein receptor（LDLR）on exon 7［J］. EBioMedicine, 2018, 36：29-38.

［17］ Pan Y, Wang M, Baloch A, et al. FGF10 enhances yak oocyte fertilization competence and subsequent blastocyst quality and regulates the levels of CD9, CD81, DNMT1, and DNMT3B［J］. Journal of Cellular Physiology, 2019, 234（10）：17677-17689.

［18］ Qi X, Shang M, Chen C, et al. Dietary supplementation with linseed oil improves semen quality, reproductive hormone, gene and protein expression related to testosterone synthesis in aging layer breeder roosters［J］. Theriogenology, 2019, 131：9-15.

［19］ Su F, Guo X, Wang Y, et al. Genome-wide analysis on the landscape of transcriptomes and their relationship with DNA methylomes in the hypothalamus reveals genes related to sexual precocity in jining gray goats［J］. Frontiers in Endocrinology, 2018, 9：501.

［20］ Wang Y, Wang J, Li H, et al. Characterization of the cervical bacterial community in dairy cows with metritis and during different physiological phases〔J〕. Theriogenology, 2018, 108（3）: 306–313.

〔21〕 Wei Q, Zhou C, Yuan M, et al. Effect of C-type natriuretic peptide on maturation and developmental competence of immature mouse oocytes in vitro〔J〕. Reproduction Fertility and Development, 2017, 29（2）: 319–324.

〔22〕 Wu H, Wang Y, Zhang Y, et al. TALE nickase-mediated SP110 knockin endows cattle with increased resistance to tuberculosis〔J〕. Proceedings of the National Academy of Sciences of the United States of America, 2015, 112（13）: E1530–E1539.

〔23〕 Yang D, Jiang T, Liu J, et al. CREB3 regulatory factory-mTOR-autophagy regulates goat endometrial function during early pregnancy〔J〕. Biology of Reproduction, 2018, 98（5）: 713–721.

〔24〕 Yang J, Zhang Y, Xu X, et al. Transforming growth factor-β is involved in maintaining oocyte meiotic arrest by promoting natriuretic peptide type C expression in mouse granulosa cells〔J〕. Cell Death & Disease, 2019, 10（8）: 558.

〔25〕 Yin G, Li W, Lin Q, et al. Dietary administration of laminarin improves the growth performance and immune responses in Epinepheluscoioides〔J〕. Fish & Shellfish Immunology, 2014, 41（2）: 402–406.

〔26〕 Yin S, Jiang X, Jiang H, et al. Histone acetyltransferase KAT8 is essential for mouse oocyte development by regulating reactive oxygen species levels〔J〕. Development, 2017, 144（12）: 2165–2174.

〔27〕 Zhang H, Wei Q, Gao Z, et al. G protein-coupled receptor 30 mediates meiosis resumption and gap junction communications downregulation in goat cumulus-oocyte complexes by 17 beta estradiol〔J〕. Journal of Steroid Biochemistry and Molecular Biology, 2019, 187: 58–67.

〔28〕 Zhang J, Qu P, Zhou C, et al. MicroRNA-125b is a key epigenetic regulatory factor that promotes nuclear transfer reprogramming〔J〕. Journal of Biological Chemistry, 2017, 292（38）: 15916–15926.

〔29〕 Zhang W, Xie X, Wu D, et al. Doxycycline attenuates leptospira-induced IL-1 beta by suppressing NLRP3 inflammasome priming〔J〕. Frontiers in Immunology, 2017, 8: 857.

〔30〕 Zhao L, Ji X, Zhang XX, et al. FLCN is a novel Rab11A-interacting protein that is involved in the Rab11A-mediated recycling transport〔J〕. Journal of Cell Science, 2018, 131（24）: jcs218792.

〔31〕 Zhao Y, Zhang Y, Li J, et al. MAPK3/1 participates in the activation of primordial follicles through mTORC1-KITL signaling〔J〕. Journal of Cellular Physiology, 2018, 233（1）: 39711.

〔32〕 Zhou C, Wang Y, Zhang J, et al. H3K27me3 is an epigenetic barrier while KDM6A overexpression improves nuclear reprogramming efficiency〔J〕. Faseb Journal, 2019, 33（3）: 4638–4652.

〔33〕 Zhou Y, Sharma J, Ke Q, et al. Atypical behaviour and connectivity in SHANK3-mutant macaques〔J〕. Nature, 2019, 570（7761）: 326–331.

撰稿人: 马保华　靳亚平　周　栋　陈华涛　林鹏飞　韩　博　钟友刚

执笔人: 马保华　靳亚平

中兽医学发展研究

一、引言

中兽医学起源于中国，扎根中国，承载了中国特色的理论体系和诊疗手段，有2000多年的应用历史，与中医学理论相通、一脉相承，有自身独特的哲学基础、理论体系、诊疗方法，构成一门完整的、相当于现代兽医学各学科总和的综合性兽医学体系。中兽医学是充分体现中国传统文化精髓的特色学科。

本着中国传统文化理论，中兽医学研究方法形成了自身特色，主张对动物进行整体、活体的即时性观察，在临床上对实际发生的自然病例进行诊疗研究，并注重以语言描述性的方法来表达和记录。这与现代兽医学的微观化观察、模型研究、量化表达形成互补。在治疗态度上，中兽医强调对动物自身正气的合理调动，强调整体调节，运用中药、针灸等传统疗法，在很多现代医学难治的疾病上取得了突出的效果，有不可替代的价值。这种中国传统文化带来的优势，已经引起国际兽医界的重视。近年来不断有欧美国家学者、学生前来交流、学习，使中兽医学成为我国在农业领域的优势学科。

中兽医诊疗始终遵循整体观念和辨证论治两大基本特点，同时强调动物机体与自然环境和谐共生的思想；在治疗理念上强调未病先防、既病防变，注重疏导、协调而非对抗，充分重视调动机体自身机能来祛除病邪、恢复健康；在治疗手段上注重利用中草药、针灸等对动物体亲和性好、毒副作用低的天然疗法。中兽医技术的应用，对减少化药的滥用、提高疗效有重要意义，对维护"养殖业安全、产品质量安全、生态安全、公共卫生安全"四大安全有重要意义，有利于维护大健康，充分符合国家的"质量兴农、绿色兴农"战略，有利于乡村振兴和建设绿色中国。

二、本学科我国发展现状

（一）中兽医理论研究

整体观念和辨证论治是中兽医理论体系的重要特征，对理论的继承、发扬和创新推动着学科的发展。近5年来，在中兽医理论研究方面取得了如下进展：

1. 经络本质研究

整体观是中兽医学理论体系的重要特点，是中兽医理论研究必须坚持的要素。对动物体的观察、研究应注重整体性，注重机体的联络关系。当前的研究常将机体等同于单细胞生物，而忽视了微循环系统这一维持细胞环境的结构，更忽视了该系统在生理、病理和医学中的作用。将中医传统理论与近年来的试验研究相结合，提出"经脉是呈有序态的微血管网络"的理论。微血管网络的基本特性是：微血管分布丰富且具有结构有序的特性；微血管的舒缩活动具有一致性和有序性；能对血液和组织液中异常物质及早作出应答，具有高度敏感的特性；经脉存在的主要原因是为了维持处于相对低血压区细胞的环境。在此基础上，提出了"经络的本质是动物体维持细胞环境的结构，即微循环；针灸和中药等中兽医疗法的作用机理在于保护动物体维持细胞环境的结构、激活其功能"的理论，对中兽医以及中医基础理论研究起到了推动作用。

2. 证型研究

中兽医诊疗工作中，首先需要分析疾病各证候间的关系，确定证型，梳理出清晰的病机，再针对病机提出治疗原则，继而制订出治疗方案。证型是中兽医理论研究的重要环节。

近年来的研究中，在病证结合的基础上，遵循整体性与动态性原则，以代谢组学、蛋白质组学及宏基因组学方法，建立了病证结合、方证相应的辨证论治研究方法。建立了病程不同阶段中兽医诊断指标、西医病理生化指标以及多组学评价指标相结合的系统评价指标体系。通过对各指标体系之间的相关性研究，在整体网络范围内对有助于阐明大肠湿热证的特异性指标进行了搜索，阐明了大肠湿热证动态变化规律，将整体指标与特异性指标相结合，提高了"治未病"的能力。在用郁金散、白头翁汤等传统方剂治疗大肠湿热证的有效性研究中，通过对生理、生化、病理学指标及代谢产物的检测，综合评价药效，为进一步研究中药方剂治疗大肠湿热证的现代研究提供了理论基础。东北农业大学则在防治犊牛、仔猪、雏鸡大肠湿热的临床实践中，筛选出以板蓝根、乌梅、诃子等中药组成的复方制剂"蓝梅子口服液"，对由大肠杆菌、沙门氏菌引起的大肠湿热证收到良好效果，在雏鸡饲养阶段使用，降低了雏鸡的死淘率，提高了经济效益，完全替代了生产单位原先使用的恩诺沙星。

瘫证主要是由气、血瘀滞引起的局部组织器官出现的失调或障碍，是犬病临床的一种较为常见的难治疾病，以肢体痿弱无力甚至瘫痪为特征，现代兽医学治疗方案的效果很有限。在中兽医疗法促进创伤修复的研究中发现，活血化瘀的治则对痿证的治疗有较好疗效，尤其是乳香的疗效确切。通过神经功能指数、神经传导速度以及雪旺细胞在神经损伤修复中的作用研究，发现在大鼠坐骨神经损伤模型上，乳香及其活性成分对外周神经损伤修复具有促进作用。

在细菌性疾病与中兽医证型的研究方面，发现细菌病的证型是由细菌毒素所决定；产生不同毒素的同一科属细菌，其引起的证型不同；产生相同细菌毒素的不同细菌，其引起的证型相同；细菌毒素的靶细胞以微血管内皮细胞为主，细菌感染器官的相对特异性与不同器官微血管及其内皮细胞的异质性相关；水肿、充血、出血、炎症、发热等病理症状均与微血管内皮细胞分泌的因子失衡相关。

（二）中兽医在畜牧业生产中的应用

近年来，我国畜牧业生产已由量的供应逐渐向质的供应转化，中兽医药在防治疾病、保健、提高畜产品品质等方面发挥着重要作用。中兽药领域近5年共获国家新兽药证书57项。其中二类新兽药4个，三类新兽药44个，四类新兽药9个；另有3个增加靶动物的产品。新兽药靶动物涵盖鸡、猪、牛和犬，产品适应证主要包括畜禽胃肠道和呼吸道疾病、肝肾损伤、乳房炎、应激等，以及用于产后保健、提高生产性能等方面。

1. 中兽医在猪病的应用进展

猪链球菌病是临床常见疾病。由柴胡、紫草、穿心莲、金银花、黄连、石榴皮、甘草等中药组成的中药复方饲料添加剂，通过超微粉碎技术制成超微散剂，使得药材所含成分容易被吸收，能有效抗菌、抗炎、解热镇痛，并可激发免疫、迅速恢复机体功能，对猪链球菌病治愈率达90.32%。

仔猪断奶腹泻已经成为养猪业常见问题之一，主流的抗生素防治易导致细菌耐药性问题。健脾益气的经典方剂参苓白术散可显著降低哺乳仔猪腹泻率、促进仔猪生长，明显提高仔猪生产性能。大鼠试验发现，参苓白术散可有效调整盐酸林可霉素所致的大鼠肠道菌群区系变化，恢复菌群的多样性，并能在一定程度上修复盐酸林可霉素所致腹泻对大鼠肠黏膜的损伤，提高机体抗氧化功能，明显改善腹泻对大鼠血液生化指标的不良影响。

子宫内膜炎是影响母猪繁殖的主要疾病，患病母猪由于子宫受炎症、炎性产物及细菌毒素等因素的影响，致使性周期紊乱，导致屡配不孕。由益母草、红花、枳实、蒲公英等组成的灌注液能有效抗菌、抗炎，促进恶露排出，迅速恢复子宫功能，对治疗黏液性子宫内膜炎有良好效果，治愈率达90%以上，同时解决了产后胎衣不下、恶露不尽和繁殖功能障碍的问题。

冬季腹泻是南方地区猪、牛常见问题。中兽药制剂可在2天之内治愈猪和奶牛的腹泻，有效阻止动物的死亡。经过10多个区县几十家养殖场的试验示范，在西医西药疗效不显著甚至无效的情况下，中兽药的有效率在 95% 以上。

2. 中兽医在牛病的应用进展

子宫内膜炎可导致奶牛初次发情时间延迟和配种次数增加，致使产奶量和妊娠率下降，淘汰率增高，给奶牛业造成巨大经济损失。西北农林科技大学研制的"丹连花子宫灌注液"由黄连、连翘、丹参和红花等组成，具有清热燥湿，活血化瘀的功效，对大肠杆菌、金黄色葡萄球菌、无乳链球菌等具有显著抑菌作用；对奶牛子宫内膜炎治愈率达到80%，有效率在 90% 以上。

乳房炎是造成奶业经济损失的重要原因之一。以鱼腥草、党参、益母草和瓜蒌等饲用植物组成的"党参双草瓜蒌散"，可显著降低高体细胞数奶牛乳汁中的体细胞数，改善乳品质，提高产奶量。小鼠试验提示其抗炎机制可能是抑制 NF-κB 信号通路的激活，进而降低了促炎因子的分泌量。从白术中提取多糖，制成白术多糖乳剂在高体细胞奶牛的乳房淋巴结部位皮下注射，可以减少奶牛乳腺的感染，显著降低牛奶中的体细胞含量和 NAGase 酶的活性，显示对隐性乳房炎具有治疗作用。以金银花、黄芩、蒲公英、苦地丁、青翘、益母草、地榆、丹参和枳壳组方用于治疗奶牛乳房炎，以超微粉直接入药为最佳。

奶牛肢蹄病是影响奶业生产另一大疾病。以苦参、黄柏为主研制的"蹄浴粉"，和以血竭、乳香、没药等中药组成的"防腐生肌膏"，在临床治疗中对新鲜创、陈旧创、腐蹄病均收良效；制剂工艺以药用豆油代替麻油，以超微粉碎代替油炸，提高了中药成分利用率，减少了制药废弃物。

奶牛热应激严重影响夏季产奶量，重者导致死亡。以三轮蒿 25%~50%、牛至15%~35%、蓝刺头 15%~35%、卷丹 10%~25% 组方，可有效防治奶牛的热应激症状，提高夏季奶牛产奶量和乳品质，降低热应激奶牛乳房炎的发病率，且无有害残留，经济效益良好。

3. 中兽医在禽病的应用进展

禽大肠杆菌病主要引起败血症、气囊炎、腹膜炎等，常和霉形体病合并感染，又常继发于其他传染病，治疗困难，成为危害养禽业的重要传染病。由白头翁、地锦草、黄连、山楂、地榆、甘草等中药组成配方治疗鸡大肠杆菌病自然发病的鸡只，死亡率显著下降，治愈率达到 96%，给药次数少，价格低廉。

鸡白痢主要危害雏鸡，造成病雏精神萎顿，肛门堵塞，在母鸡则产蛋量明显减少。双黄连制剂的治愈率超过 90%，而其预防作用更加突出，通过预防性给药，能够使鸡白痢预防率达到 100%。

鸡新城疫是高度接触性传染病，死亡率高，对养鸡业危害严重。将黄芪、绞股蓝、蒲公英、苦参、秦皮组方制成口服液添加于患鸡饮水，使血凝抑制抗体效价、脾脏系数、法氏囊系数均显著增长，还可拮抗地塞米松对鸡免疫机能的抑制作用。

传染性喉气管炎传播快，死亡率较高，在我国较多地区发生和流行，严重危害养鸡业的发展。将山豆根、板蓝根、连翘、黄芩、栀子、甘草等组成中药复方进行治疗，可使该病的死亡率降到4%以下，病程缩短到2～3日。

鸡球虫病主要由柔嫩艾美耳球虫引起，主要危害7～15日龄的雏鸡，发病率与死亡率较高。以解毒驱虫、止血止痢、燥湿健脾中药进行体外抑制卵囊孢子化试验和体内抗球虫试验筛选组方，最终获得以苍术、野菊花、白头翁、白术、乌梅等中药为主的复方制剂，对鸡球虫感染具有明显治疗作用。

番鸭呼肠孤病毒主要引起感染鸭免疫抑制，造成肠道黏膜组织和免疫系统损伤，发病率为30%～90%，病死率为60%～80%，给南方水禽业带来巨大损失。从中药多糖中筛选出猴头菇多糖用于预防给药，可使染毒番鸭推迟发病时间，降低死亡率80%。

小鹅瘟是危害养禽业比较严重的疾病之一。以宣肺清热、消暑化湿、生津止渴、清营解毒、透热养阴、凉血滋阴、补益脾肾为原则，以马齿苋、黄连、黄芩、连翘、双花、白芍、地榆、栀子为主组方，可改善感染雏鹅的临床症状，并减轻其脑、心、肝、脾、肺、肾、十二指肠、盲肠、直肠的损伤，并能减少病毒在机体内的存在时间，显著提高人工感染小鹅瘟病毒鹅胚的存活率。

4. 中兽药疫苗佐剂进展

人参叶口服液、人参茎叶总皂苷颗粒可提高免疫抑制鸡的免疫功能。用以人参茎叶皂苷为主要成分的疫苗稀释剂稀释弱毒疫苗后免疫鸡，可以促进抗体的提前产生，并对以下疫苗显示出佐剂作用：猪细小病毒疫苗、猪丹毒疫苗、猪口蹄疫病毒疫苗、猪流行性腹泻病毒疫苗、猪伪狂犬病毒疫苗、奶牛金黄色葡萄球菌疫苗、犬狂犬病毒疫苗、鸡新城疫疫苗、禽流感疫苗、传染性支气管炎病毒疫苗、鸡传染性法氏囊病毒疫苗。

5. 提高生产性能的中兽药饲料添加剂进展

芪楂口服液，可以使肉鸡的非特异性免疫功能以及免疫 ND、IBD、AIH9 和 AIH5 疫苗后的抗体水平显著提高，使鸡群的发病率显著降低，同时还可显著促进肉鸡的生长，使肉鸡 42 日龄时的出栏重平均增加 100g 左右；黄藿口服液，可使蛋鸡的非特异性免疫功能以及免疫 ND、IBD 疫苗后的抗体水平显著提高，使鸡群的发病率显著降低，同时还可使蛋鸡 180 日龄时的产蛋率较空白对照组平均增加近 5 个百分点。

玉屏风颗粒，能显著提高仔猪血清中 IFN-γ、IL-2 及抗体水平，显著提高猪瘟疫苗免疫效果，增强仔猪消化机能，促进仔猪生长发育。河北农业大学以淫羊藿、黄芩、黄芪、干姜、白术、续断、苏梗、熟地、艾叶和当归提取物，配合维生素 A、维生素 E、维生素 C、布他磷、L-赖氨酸、L-精氨酸、甘氨酸锰、蛋氨酸锌、蛋氨酸铜、甘氨酸亚铁和吡啶甲酸铬等营养素原料，制成母猪用复合中药营养添加剂。中药提取物和营养素具有明显的协同效果，具有提高母猪产仔、泌乳等繁殖性能以及仔猪的生长性能的作用，适合对母猪疲劳综合征的预防和治疗。

兔用保健中药添加剂五子衍宗丸可使公兔爬胯行为显著增强，采精量、精子成活率显著提高，畸形率显著降低；消暑促精散除可在夏季维护公兔爬胯行为和精子质量外，还使公兔体位保持正常水平；健胃保健散可在精料减半情况下，使幼兔的平均日增重达到38g，提高其绒毛高度与隐窝深度的比值，提高血清中生长激素、T3和T4的含量，提高断奶仔兔空肠IGF-IRmRNA丰度；白术保胎散可提高怀孕母兔血清中孕酮含量。

由小茴香、白芷、紫苏、草果、豆蔻、山奈、桂皮、陈皮等中药组成的中药复方饲料添加剂，改善反刍动物肉质风味。经临床应用及实验室研究表明，以1%的添加量添加于基础日粮中，本组方能明显提高安徽白山羊平均日增重，改善其肉品质（嫩度和风味等）；又因本添加剂添加量小，长期使用无毒副作用，且原料易得，成本低廉，能显著增加肉食品的附加值。

（三）伴侣动物疾病的中兽医治疗

1. 犬瘟热和犬细小病毒病

犬瘟热和犬细小病毒病分别是犬临床致死率最高和次高的传染病。通过动物模型研究，对犬瘟热辨证为气血两燔、邪陷心包，以高热、口干、脓性眼眵、鼻流脓涕、鼻镜干燥、便溏、重者神昏抽搐为主症，取清热解毒、凉血养阴、镇惊开窍之治则，研制了角藤地黄胶囊；对犬细小病毒病辨证为湿热蕴结、血瘀积滞型，以发热、不食、里急后重、稀便或血便、呕吐为主症，取清热利湿、凉血解毒、消积导滞之治则，研制了苦参止痢胶囊，两药经临床应用，对犬瘟和细小病毒病均取得了良好疗效。

2. 犬真菌性皮肤病

真菌性皮肤病常是宠物与人的共患病。现代抗真菌药毒性相对较大，且用药周期较长。以蛇床子、地肤子、百部、地榆、川楝子、萹蓄组方，经超声提取技术制成外用洗剂，能有效杀菌止痒、抗炎消肿、疗程短、见效快，治愈率达到73%及以上，尤其适合治疗细菌、真菌混合感染，甚至出现皮肤大面积脱毛的重症病例。由艾叶、土槿皮、苦参等5味组成的治疗宠物真菌性皮肤病的中药外用膏剂，通过常规煎煮提取配合辅料制成，对犬感染性皮肤病的治愈率达到80%及以上。

3. 犬变应性接触性皮炎

通过建立变应性接触性皮炎小鼠模型，研制了主要成分为当归、金银花、黄芩、茯苓等的中药皮炎片，对犬变应性接触性皮炎有较好治疗作用。

4. 中药麻醉

主要成分为洋金花、闹羊花、附子、天仙子等的宠物专用注射型中兽药麻醉剂，剂型使用方便，非常适合于动物临床手术的全身麻醉。经大量的动物实验证实，该中药麻醉剂麻醉效果温和，麻醉效果好，副作用小。

5. 动物疼痛管理

针对宠物临床疼痛这一症状，依据中兽医理论，研发出了杜仲当归止痛片。研究表明杜仲当归止痛片能用于多种原因所引起的疼痛，通过有效减轻宠物的疼痛感而改善其生存状况。

6. 犬骨折治疗

骨折是宠物临床上的常见疾病，目前主要采用内固定手术整复。筋骨七厘散可提高血清 ALP 活性，降低血钙含量、升高血磷含量来促进钙盐沉积，提高血清 BMP、TGF-β 与 IGF-1 含量，明显提高实验犬骨愈合中 X 线片的评分分值。

（四）中兽药药理研究进展

1. 中药抗内毒素损伤

通过大肠杆菌内毒素活化体外培养的大鼠小肠黏膜微血管内皮细胞，并以此为模型研究中药成分对微血管内皮细胞的保护作用。研究表明，中药单体苦参碱、槲皮素等可通过调控 TLR4、NF-κB、Erk1/2、P38 MAPK、JNK1/2 等信号转导通路的激活状态，进而影响下游炎性因子的表达，抑制促炎因子 IL-1β、IL-6、TNF-α 的分泌，促进抗炎因子 IL-10 的分泌，从而实现对肠黏膜微血管内皮细胞的有效保护。

2. 中药促进成骨

通过对临床常用中药的促成骨机制进行研究，发现多种补肾中药及成分（单味药女贞子、制何首乌、巴戟天、当归、补骨脂、骨碎补、肉苁蓉、仙茅等，单体成分齐墩果酸、熊果酸、补骨脂素、麦角甾苷、松果菊苷、柚皮苷、二苯乙烯苷、阿魏酸、巴戟天多糖、仙茅苷等）能够通过促进成骨细胞增殖、分化、矿化及抑制其凋亡等多种方式发挥促骨形成的作用。研究还发现补肾中药促成骨作用是通过调控细胞增殖相关因子 IGF-1，线粒体凋亡相关因子 BCL2 和 BAX，促分化矿化因子 BMP2、COL1A1 和 OCN，以及破骨细胞生存调控因子 OPG 和 RANKL 而实现的，这些生化过程与 ERK、p38MAPK、JNK、AKT、ER、PKC 及 NF-kB 等信号转导通路密切相关，从分子水平确认了补肾中药对骨系统疾病的治疗作用。

3. 中药抗炎

对中药蒲公英抗炎活性成分和抗炎机理的研究发现，蒲公英黄酮能缓解 LPS 诱导的大鼠乳腺损伤，抑制 NF-κB 和 I-κB 的蛋白表达，并显著降低促炎因子 TNF-α、IL-6、IL-1β 和升高抗炎因子 IL-10 的含量；蒲公英黄酮类单体成分木犀草素、槲皮素、异鼠李素、香叶木素以及芹菜素均能抑制 LPS 刺激的 RAW264.7 后的 NO、TNF-α、IL-1β 和 IL-6 的升高，其中以木犀草素及槲皮素的抑制活性最强；木犀草素及槲皮素能显著地抑制 iNOS mRNA 及 TNF-α mRNA 转录量的增高，可显著抑制 NF-κB 信号通路中 IκBα 蛋白与 p65 蛋白的磷酸化。

4. 中药对肺组织的保护作用

禽大肠杆菌病是由禽致病性大肠杆菌（APEC）引起的常见疾病，是家禽发病率和死亡率的重要原因。目前，细菌群体感应系统及其抑制剂的研究已成为微生物学研究的新热点。五味子醇甲可显著减弱乳酸脱氢酶（LDH）的释放及 APEC 对鸡 II 型肺细胞的黏附以减少细胞损伤，降低 AI-2 分泌、生物膜形成和 APEC 毒力基因的表达，并降低促炎细胞因子 IL-1β、IL-6、IL-8 和 TNF-α 的表达。治疗后，p-p65 和 p-IκB 在 NF-κB 信号通路中的表达显著下降，显著降低 p-JNK、p-p38 MAPK 蛋白的表达水平。在对黄芩苷抗炎作用的研究过程中发现，黄芩苷对大肠杆菌诱导的鸡肺损伤具有保护作用。在建立的肺损伤模型的基础上发现黄芩苷可以降低模型动物的死亡率，降低其肺的病理损伤和干湿比重，同时能降低 MPO 活性，减少炎性细胞因子 L-1β、TNF-α、IL-6 的释放，这些生化过程与 NF-kB 等信号转导通路密切相关，从分子水平上证明了黄芩苷对大肠杆菌诱导的肺损伤的保护作用。

5. 中药解毒

全氟辛酸是一种新型持久性有机污染物，在敏感的妊娠期接触后，将影响仔代的生存及生长发育，并对肝脏造成严重损害。研究发现，枸杞多糖（LBP）能够在一定程度上缓解妊娠期母鼠染毒 PFOA 所致子代雄鼠的生殖毒性作用；显著缓解 PFOA 引起的仔鼠肝脏损伤，使仔鼠肝脏边缘出血减少，坏死面积减少，坏死程度降低，肝脏指数降低。显著降低谷草转氨酶和谷丙转氨酶的含量，升高肝脏抗氧化能力；显著降低 8-OHdG 水平和 HDAC 活性。枸杞多糖可有效缓解 PFOA 染毒后 Acox1 mRNA 表达量的上调幅度。本研究在减轻环境污染对动物生殖和发育的影响方面提供了新思路，并对为枸杞的滋补肝肾作用提供科学解释。

双酚 A 是一种环境雌激素，被广泛用于食品、婴儿奶瓶等的制造。双酚 A 具有生殖毒性，扰乱性激素水平，影响生殖脏器发育及相关蛋白的表达。菟丝子治疗动物由 BPA 导致的生殖障碍的试验结果表明，该中药有效缓解了 BPA 对生殖系统和后代发育的损伤。BPA 可使母鼠 AMH、StAR、Bax 的表达水平显著升高，CYP11a1、Kitlg、Bcl-2 的表达水平显著降低。菟丝子黄酮显著缓解 BPA 引起的上述因子的变化，起到一定的保护作用。孕鼠妊娠期间染毒 BPA，可导致子代雄鼠睾丸生长受阻，相关基因表达受到不良影响，而菟丝子黄酮对 BPA 的伤害作用显示出显著的缓解效应。

过量摄入镉可导致鸡肝脏和睾丸的损伤，姬松茸多糖和灵芝多糖对镉诱导的鸡肝脏、睾丸等器官毒性损伤可起到显著的保护作用。

6. 中药的免疫调控作用

通过对黄芪多糖、淫羊藿多糖、人参皂苷、蜂胶多糖、蜂胶黄酮等 10 余种中药成分的免疫增强作用机理的研究，发现多种多糖成分具有免疫增强作用，从中筛选出了具有较强的免疫增强作用的 5 种中药成分；以筛选出的 5 种中药成分组成复方，通过系列试验比

较，筛选出 2 个效果较好的中药成分复方，其增强免疫作用优于单一中药成分，能够显著提高新城疫疫苗和猪瘟疫苗的免疫效果。

合欢皮皂苷有效部位 AJSAF 是有效的免疫刺激剂，它可激活免疫细胞和刺激免疫系统，能够提高新城疫疫苗受免鸡的抗体水平，可进一步开发成兽用疫苗佐剂；AJSAF 能激活 RAW264.7 细胞，促进其向 M1/M2 平衡的方向极化，并且该调控作用可能与刺激钙离子水平上升、激活 ERK1/2 层级反应从而激活 CREB 转录因子有关。此外，该研究首次探索了 lncRNA（A_30_P01018532）在 AJSAF 调控 RAW264.7 细胞中的角色，为 lncRNA 的进一步研究奠定了基础。

从玉屏风总多糖和其各组分多糖（黄芪多糖、白术多糖、防风多糖）体外对鸡腹腔巨噬细胞的免疫调节活性研究发现，与各组分多糖相比较，玉屏风总多糖在一定浓度显著增强鸡腹腔巨噬细胞的增殖和吞噬活性，可明显刺激 NO 和细胞因子 TNF-α、IL-1β、IL-6 和 IFN-β 分泌，显著提高共刺激因子 CD80 和 CD86 的表达水平。玉屏风总多糖作为佐剂配合 NDV-IV 系苗免疫雏鸡，在某些时间点能显著提高血清抗体效价，促进 T 淋巴细胞增殖，促进淋巴细胞进入 S 期和 G2/M 期，提高 CD4+ 和 CD8+T 淋巴细胞的百分率和雏鸡免疫器官指数。

7. 中药消除细菌耐药性

应用高通量实时荧光定量 PCR 方法检测小檗碱对多药耐药大肠杆菌耐药基因的影响，结果显示小檗碱处理后多药耐药大肠杆菌共有 18 个耐药基因发生显著变化，其中 acrR、mexE、sul2、mdtH、mdtL、cpxR、phoQ、pmrC 显著下调，mdtE、gyrA、gyrB、macA、macB 显著上调，bacA、acrE、emrK 消失，mdtA 和 baeR 新产生。小檗碱通过阻碍大肠杆菌多药耐药外排泵表达，影响细胞壁合成，导致耐药质粒丢失和上调抗生素靶蛋白表达等多方面影响细菌抗药性。河北农业大学另有研究显示，赤芍水提物和芍药苷与磷霉素钠联合用药均具有协同抑制多重耐药大肠杆菌 E320 的作用（FICI ≤ 0.5）。其主要机制为芍药苷与 AcrB 蛋白受体上 Phe628.Phe615、Val612.Ile277、Asn274、Gly179.Phe178 等氨基酸残基结合抑制耐药大肠杆菌外排泵活性，明显阻滞尼罗红的外排，同时显著降低大肠杆菌 AcrB mRNA 的表达量。研究结果为临床提供一种有效的抗菌增敏剂，对治疗耐药菌引起的细菌感染具有重要意义。

在对中药单体抗细菌毒力基因的研究中发现，15 种中药单体中，生物碱类中药单体盐酸小檗碱、黄酮类中药单体黄芩素、黄芩苷和胡黄苷 II 对 2 株供试沙门氏菌 spvC、invA、Spi_4D、SopB、SsaQ 和 MgtC 6 种毒力基因的相对表达表现出较强的全部或部分抑制作用，优于其他中药单体。

8. 中药杀灭寄生虫

研究发现，丁香酚具有杀灭兔痒螨的作用，能调节谷胱甘肽 S- 转移酶（GST）、儿茶素酸（CA）和硫氧还蛋白（TRX）的 mRNA 表达。通过组学研究发现，PPAR、NF-kappa-b、TNF、Rap-1 和 Ras 信号通路可能是丁香酚参与螨类杀灭过程的主要途径。丁香酚有望成为一种新型的杀螨剂。

（五）中兽医针灸作用及机理研究

针刺镇痛是传统医学的瑰宝，也是神经科学的重要研究领域之一。近年来在针刺镇痛研究方面发现：钾离子透入痛阈测定法可作为反刍动物痛阈定量测定方法；山羊是针刺镇痛研究的理想模型动物；中枢体液物质参与针刺镇痛；针刺可诱导山羊释放阿片肽、胸腺素 -β 等中枢镇痛相关活性物质；突触结合蛋白、谷氨酰胺受体、谷氨酸转运体、GABA 转运体、MAPKs 等；不同频率电刺激诱导镇痛的机制不同，60Hz 为反刍动物电针镇痛最适宜频率，与其他频率相比能激活更广泛的中枢核团释放脑啡肽、β - 内啡肽和强啡肽；在山羊内脏疼痛模型上采用脊髓鞘内注射激动剂或抑制剂证实了膜蛋白激活受体 -2、降钙素基因相关肽、P 物质、谷氨酸转运体、大麻素以及 MAPs、P38 和 Jak-state 信号通路参与针刺缓解内脏疼痛的调节；通过脊髓鞘内注射谷氨酸转运体抑制剂，证实针刺通过调节谷氨酸转运体和突触结合蛋白 1 缓解神经病理性疼痛，阐明了针刺缓解神经性疼痛的机制；经体内外试验发现 let-7b-5p（一种 miRNA）通过调控脑啡肽和 MAPKs 信号通路参与反复针刺耐受调节；胸腺素 β4 通过调节中枢阿片肽和抗阿片肽平衡的倾斜以及其受体的改变，导致持续针刺耐受的形成；发现两条重要的针刺镇痛中枢神经环路：弓状核—中脑导水管灰质—中缝大核 / 蓝斑—脊髓背角和下丘脑（腹内侧核、弓状核）—垂体。

炎症性肠病在人群中的发病率逐年增高，动物肠道炎症也是阻碍困扰养殖业的重要疾病之一。在针刺穴位对三硝基苯磺酸（TNBS）诱导大鼠结肠炎的治疗效应及其机制研究中发现，穴位电针和针刺留针均可明显减轻结肠病变，显著降低 TNF-a、IL-1β、IL-6 等炎性细胞因子和髓过氧化物酶、同型半胱氨酸的表达；Western-blot 检测发现 NF-κB 信号通路中关键蛋白（IκB-a、p65）的磷酸化水平显著下降，但升高了 Bcl-2/Bax 比值。这提示电针和针刺留针均能减轻 TNBS 引起的结肠病变，该作用与其免疫调节、抑制炎症和细胞凋亡密切相关。

在兽医针灸手法研究方面，以犬作为研究对象，采用烧山火针法隔日针刺大椎穴，连续增持 4 周。针刺后试验组的淋巴细胞数变化显著高于对照组，其他细胞均有不同程度的升高，但差异不显著；T 淋巴细胞亚群中，针刺组的 CD4+、CD8+ 亚群的百分比均显著高于对照组；针刺后针刺组的外周血细胞因子 TGF-β 含量较对照组，从第 2 周开始显著升高，mRNA 的表达量显著增加。

在激光对大鼠创伤治疗效果的研究中发现，氦氖激光可以显著促进伤口愈合。处理后的第 5 日，创口直径明显小于阳性对照组，第 6 日时，创口直径均明显小于阳性对照组和药物处理组；激光照射可显著抑制 IL-1β 的分泌，促进 TGF-β、IL-6 和 TNF-α 的分泌。

（六）药学研究进展

1. 中药的脂质体包封技术

通过不同方法制备地黄多糖、枸杞多糖、红景天苷、蜂胶黄酮等多种中药成分脂质体，比较药物被脂质体包封前后的免疫增强活性，结果发现药物经脂质体包封后，其对疫苗免疫后血清抗体效价、淋巴细胞增殖及细胞因子的分泌等方面的促进作用得到明显提高，特别是在免疫中后期，表现为维持高的抗体效价和淋转细胞增殖效果，能显著延长疫苗免疫后免疫效果，具有明显的缓释和控释作用，且效果明显好于中药成分和空白脂质体，表明中药成分被脂质体包封后免疫增强效果显著增强。这对传染性疾病的防治具有重要意义。

2. 化学修饰和纳米化提高多糖生物活性

对香菇多糖、海带多糖等多糖进行硫酸化修饰后，其抗病毒作用得到明显提高，且能够提高机体免疫力。另外，中药多糖被制备成脂质体或聚乳酸纳米粒后不仅可以提高药物溶解性和延长药物在体内代谢，还可以利用纳米粒的小尺寸效应及表面效应更好的发挥佐剂活性，从而提高疫苗免疫效果。

三、本学科国内外发展比较

中兽医学是中国特色学科，有独特的理论指导和方法论，在很多现代医学难治的疾病上取得了突出的效果，有不可替代的价值。这种中国传统文化带来的优势，已经引起国际兽医界的重视。近年来不断有欧美国家学者、学生前来交流、学习，使中兽医学成为我国在国际农业领域的优势学科。

（一）中兽医研究方面

近年来，国内中兽医学的研究一方面秉承着中国特色，注重整体观和辨证论治，密切结合临床生产，开发防治动物疾病的新技术，相关成果已在我国畜牧业生产中广泛应用，产生了较好的经济效益；另一方面也融合了现代医学的技术和方法，对中兽医证型理论、中药、针灸进行了组织、细胞、分子层面的研究，阐释了中兽医诊疗的现代医学机理，推动了中西兽医的结合、互通。

国外与中兽医相似的研究，主要是以现代医学的指导思想和技术手段，分析植物药的作用效果及其机理，但大多集中在医学领域，在兽医专业领域的相关研究尚不多见。

（二）中兽医临床生产方面

我国是中兽药生产、销售和使用大国，产品涉及养猪业、奶牛业、养禽业、特种经济动物等方面的疾病防治。截至目前，全国有超过 300 家企业从事中兽药生产加工，中兽药年均销售总额近 50 亿元。中兽医药在畜牧业生产中扮演着越来越重要的角色。部分中兽药已打开了国际市场，开始销往国外。国外在畜牧业中兽药开发方面基本仍是空白。

在动物疾病个体化诊疗方面，尤其是伴侣动物为主的行业，国内各诊疗单位逐渐开展了中兽医门诊，中兽医疗法开始逐渐普及。国外的宠物及马匹疾病的个体治疗中，中兽医疗法的使用也已经形成了一定的规模，但主要集中在针灸治痛方向，而中药的使用相对较少。

（三）中兽医教学方面

我国各农业高校基本均开设中兽医必修课，中国农业大学已获批恢复 5 年制中兽医专业本科招生，河北农业大学、西南大学已恢复中兽医专业 4 年制本科招生，为中兽医人才培养奠定了基础。国家执业兽医资格考试包含中兽医试题内容，分值占比约 15%。在继续教育方面，近年来不断开展了各种形式的中兽医线上、线下继续教育课程。中国畜牧兽医学会中兽医学分会在学术年会上举办了中兽医技术培训、中兽医临床分会场、青年教师教学培训，为中兽医继续教育提供了有效的平台。中国农业大学、西北农林科技大学、西南大学等高校，通过开展中兽医对外本科教学，积极发挥了文化传播的作用。

国外，在高校教学方面，经美国兽医协会认证的全世界 41 所兽医院校中的 22 所配备了认证兽医针灸师，至少有 16 所已经开设了兽医针灸、食疗等的专门课程，有 4 所院校计划在未来 5 年内开设该课程，另有至少 18 所院校将相关内容附加于其他课程中。在继续教育方面，美国兽医协会年会、北美兽医年会、西部兽医年会、世界小动物兽医师年会等地区或世界组织均定期提供中兽医继续教育课程。

四、本学科的发展趋势与对策

近年来，化药的耐药性、残留、环境污染等问题严重。中兽医以其特有的优势，在维护大健康方面起着重要作用。在新的历史时期，国家提出振兴传统文化、树立文化自信的号召。在这种历史条件下，作为中国特色农业学科的中兽医将迎来其大好的发展时机。

（一）中兽医学科的发展思路和目标

1. 发展思路

切实发挥中兽医学优势，振兴中国传统文化，建设文化自信，发展绿色养殖，质量兴农，建设健康中国，是中兽医学科的总体发展思路。

2. 发展目标

在现有基础上，通过应用传统和现代的研究方法，更好地阐释中兽医基础理论；通过

与畜牧业生产相结合的临床研究，不断开发新的中兽医诊疗技术，推广中兽医药，减少抗生素等化药在畜牧业的使用，减少对环境的污染，提高动物产品的品质和安全性。使中兽医学科成为中国特色的世界一流学科，成为文化自信和"双一流"建设的重要支撑。

（二）中兽医学科的重点规划领域

1. 基础理论研究

中兽医学基础理论具有中国特色，是根据中国传统哲学的指导，在临床实践的基础上，经过思辨的过程而产生的，需要保持中兽医学术发展的历史特点，维护学科的中国特色。中兽医现代研究是中西结合的重要途径。结合了现代医学理论和实验方法的研究，不仅有利于中兽医学术的发展和传播，还有利于为现代医学的研究方向提供启发和指导。今后 5 年内，需要加强对整体、活体动物和自然病例的观察和研究，加强对中兽医藏象理论、病机理论以及不同动物中兽医证型的研究，抓住动物生理、病理规律的主线，为疾病的中兽医诊断、中兽药的研发提供可靠的理论依据。

2. 临床应用研究

中兽医学立足的根本在于临床应用。历史上，中兽医学科为我国人类和动物的健康作出了重要贡献。在当今畜牧业快速发展，动物存栏数猛增、畜禽疾病频繁发生的情况下，中兽医学科应继续加强传统理论与临床的结合，加强应用型研究，注重解决畜牧业生产实际问题，不断创新，推出畜禽疾病的有效防治方案，为养殖业安全、农产品质量安全、生态安全、公共卫生安全保驾护航。尤其需要聚焦非洲猪瘟等影响畜牧业经济最严重的热点问题，努力解决关系国计民生的重大动物疾病。在个体治疗方面，重点加强伴侣动物及马属动物的疾病诊疗研究，提高个体化精准治疗的服务质量。通过应用研究，反过来也可促进理论的创新和发展。

3. 中兽医人才培养体系

学科要发展，人才和教育是根本。以中国畜牧兽医学会中兽医学分会为代表的各学术团体应积极举办各种形式的培训、进修和研讨，大力加强中兽医青年工作者的理论和实践能力，提高教学水平，搞好学术传承工作。当前社会对中兽医人才的需求不断增强，有必要尽快在有条件的农业高校设置中兽医学本科专业，培养更多的高素质中兽医临床型人才。如何在新的教学条件下恢复中兽医本科专业教学是今后 5 年内的重点工作方向之一。在教学中，既需要继承前人的积累，又需要开拓创新，不断探索适合新时期学生特点的中兽医理论阐述方式。在教材建设方面，应重点结合现代声像科技手段，编写新形态教材，弥补此前教学中以理论为主而感性认识不足的短板，加强实验、实践教学，做到教、考、用一体化，使学生能学以致用。

4. 中国特色的学术评价体系

中兽医是兽医领域的中医，以其固有特色吸引着世界各国学者的目光，是我国农业领域唯一对外开展本科教学的学科，是"双一流"建设的重要基础，但目前国内对中兽医学科的理解和重视程度均与其特殊的学科地位并不相符，存在着"墙内开花墙外香"的问题。未来 5 年内，中兽医学科应继续夯实基础，保持自身特色，把我国的优秀传统文化推向世界。同时也需要和中医学科深度交叉，加大在国内的宣传力度，使国人重新认识中国传统兽医学的学术价值和特色所在，从而建立创新的、具有中国特色的学术评价体系，重视传统理论研究，重视临床研究，保障中兽医学科沿着其固有特色正常发展，推动文化自信建设。

面对中兽医学科的发展趋势和现存问题，要匡扶中兽医事业的发展，需要有力的组织保障，应加强各级中兽医相关学会、协会，各类标准委员会、产业联盟在学科发展中的作用；需要有效的政策保障，在制定国家、行业的政策和法规时加入对中兽医特色的特殊考量，建立合理的学术评价体系，设立中兽药审评的绿色通道，对中兽医诊疗行为作出必要的法律保护；需要资源投入的保障，对中兽医特色的研究提供经费支持；在教育保障方面，尽快恢复中兽医本科专业的招生。在国际合作方面，应开拓国际视野，在"一带一路"建设、南南合作等国际项目中，恰当展现中兽医的文化价值和生产价值。

参考文献

［1］ 张亚辉，姚万玲，文艳巧等 . 郁金散对大肠湿热证大鼠血清免疫球蛋白与抗氧化相关因子的调节作用［J］. 畜牧兽医学报，2018，49（9）：2044-2053.

［2］ 张晓松，马琪，文艳巧等 . 苦豆草治疗大肠湿热证大鼠血清代谢组学研究［J］. 药学学报，2018，53（1）：111-120.

［3］ 文艳巧，姚万玲，杨朝雪等 . 郁金散对大肠湿热证模型大鼠血清及肠道组织胃肠激素的影响［J］. 畜牧兽医学报，2017，48（6）：1140-1149.

［4］ 韩名书，姜晓文，康欣等 . 乳香提取物对大鼠皮肤周围神经损伤修复影响［J］. 中国兽医学报，2014，34（5）：804-806.

［5］ 施丽薇，顾晗，刘明江等 . 针刺对溃疡性结肠炎大鼠结肠炎性细胞因子及细胞凋亡的影响［J］. 针刺研究，2017（1）：56-61.

［6］ Yao WL，Yang CX，Wen YQ，et al. Treatment effects and mechanisms of Yujin Powder on rat model of large intestine dampness-heat syndrome［J］. Journal of Ethnopharmacology，2017，202：265-280.

［7］ Jiang XW，Zhang BQ，Qiao L，et al. Acetyl-11-keto-β-boswellic acid extracted from Boswellia serrata promotes Schwann cell proliferation and sciatic nerve function recovery［J］. Neural Regeneration Research，2018，13（3）：484-491.

［8］ Han C，Yang JK，Song PY，et al. Effects of Salvia miltiorrhiza Polysaccharides on Lipopolysaccharide-Induced Inflammatory Factor Release in RAW264.7 Cells［J］. Journal of Interferon & Cytokine Research，2018，38（1）：29-37.

［9］ Zhang T，Chen J，Wang CG，et al. The therapeutic effect of Yinhuangerchen mixture on Avian infectious laryngotracheitis［J］. Poultry Science，2018，（97）：2690-2697.

［10］ Song PY, Li DY, Wang XD, et al. Effects of perfluorooctanoic acid exposure during pregnancy on the reproduction and development of male offspring mice［J］. Andrologia, 2018, 50：e13059.

［11］ Zhai L, Li Y, Wang W, et al. Effect of oral administration of ginseng stem-and-leaf saponins（GSLS）on the immune responses to Newcastle disease vaccine in chickens［J］. Vaccine, 2011, 29（31）: 5007-5014.

［12］ Zhai L, Wang Y, Yu J, et al. Enhanced immune responses of chickens to oral vaccination against infectious bursal disease by ginseng stem-leaf saponins［J］. Poultry Science, 2014, 93（10）: 2473-2481.

［13］ Yu J, Chen Y, Zhai L, et al. Antioxidative effect of ginseng stem-leaf saponins on oxidative stress induced by cyclophosphamide in chickens［J］. Poultry Science, 2015, 94（5）: 927-933.

［14］ Ni JX, Bi SC, Xu W, et al. Improved immune response to an attenuated pseudorabies virus vaccine by ginseng stem-leaf saponins（GSLS）in combination with thimerosal（TS）［J］. Antiviral Research, 2016, 132（8）: 92-98.

［15］ Feng YB, Zhao XJ, Lv F, et al. Optimization on Preparation Conditions of Salidroside Liposome and Its Immunological Activity on PCV-2 in Mice. Evidence-Based Complementary and Alternative Medicine, 2015, 2015：178128.

［16］ Huang Y, Liu ZG, Bo RN, et al. The enhanced immune response of PCV-2 vaccine using Rehmannia glutinosa polysaccharide liposome as an adjuvant.［J］. International Journal of Biological Macromolecules, 2016, 86: 929-936.

［17］ Wang DY, Luo L, Zheng SS, et al. Cubosome nanoparticles potentiate immune properties of immunostimulants［J］. International Journal of Nanomedicine, 2016, 11: 3571-3583.

［18］ Xing J, Liu ZG, Huang YF, et al. Lentinan-Modified Carbon Nanotubes as an Antigen Delivery System Modulate Immune Response in Vitro and in Vivo［J］. ACS Applied Materials & Interfaces, 2016, 8（30）: 19276-19283.

［19］ Luo L, Qin T, Huang YF, et al. Exploring the immunopotentiation of Chinese yam polysaccharide poly（lactic-co-glycolic acid）nanoparticles in an ovalbumin vaccine formulation\r, in vivo［J］. Drug Delivery, 2017, 24（1）: 1099-1111.

［20］ Liu C, Zhang C, Lv WJ, et al. Structural Modulation of Gut Microbiota during Alleviation of Suckling Piglets Diarrhoea with Herbal Formula［J］. Evidence-Based Complementary and Alternative Medicine, 2017, 2017: 1-11.

［21］ Lv WJ, Liu C, Ye CX, et al. Structural modulation of microbiota during alleviation of antibiotic-associated diarrhea with herbal formula［J］. International Journal of Biological Macromolecules, 2017, 105（3）: 1622-1629.

撰稿人：刘钟杰　范　开　穆　祥　魏彦明　黄一帆　王德云

执笔人：刘钟杰　范　开

附 录

附录1　国家自然科学奖兽医学学科获奖成果目录

（2000—2019 年）

一等奖（空缺）

二等奖

序号	成果名称	主要完成人	获奖年度
1	禽流感病毒进化、跨种感染及致病力分子机制研究	陈化兰（中国农业科学院哈尔滨兽医研究所） 于康震（中国农业科学院哈尔滨兽医研究所） 邓国华（中国农业科学院哈尔滨兽医研究所） 周继勇（浙江大学） 李泽君（中国农业科学院哈尔滨兽医研究所）	2013
2	动物流感病毒跨种感染人及传播能力研究	陈化兰（中国农业科学院哈尔滨兽医研究所） 施建忠（中国农业科学院哈尔滨兽医研究所） 邓国华（中国农业科学院哈尔滨兽医研究所） 杨焕良（中国农业科学院哈尔滨兽医研究所） 李雁冰（中国农业科学院哈尔滨兽医研究所）	2019

资料来源：科学技术部。

（编辑　刘　琳）

附录2 国家技术发明奖兽医学学科获奖成果目录

（2000—2019年）

一等奖（空缺）

二等奖

序　号	成果名称	主要完成人	获奖年度
1	鸡传染性法氏囊病病毒快速检测试纸条的研制	张改平（河南省农业科学院） 肖治军（河南省农业科学院） 邓瑞广（河南省农业科学院） 李学伍（河南省农业科学院） 郭军庆（河南省农业科学院） 王选年（河南科技学院）	2004
2	禽流感、新城疫重组二联活疫苗	陈化兰（中国农业科学院哈尔滨兽医研究所） 步志高（中国农业科学院哈尔滨兽医研究所） 葛金英（中国农业科学院哈尔滨兽医研究所） 田国彬（中国农业科学院哈尔滨兽医研究所） 李雁冰（中国农业科学院哈尔滨兽医研究所） 邓国华（中国农业科学院哈尔滨兽医研究所）	2007
3	鸭传染性浆膜炎灭活疫苗	程安春（四川农业大学） 汪铭书（四川农业大学） 朱德康（四川农业大学） 贾仁勇（四川农业大学） 陈　舜（四川农业大学） 黎　渊（成都天邦生物制品有限公司）	2013
4	传染性法氏囊病的防控新技术构建及其应用	周继勇（浙江大学） 于　涟（浙江大学） 荣　俊（长江大学） 杜元钊（青岛易邦生物工程有限公司） 刘　爵（北京市农林科学院） 程太平（长江大学）	2013
5	基于高性能生物识别材料的动物性产品中小分子化合物快速检测技术	沈建忠（中国农业大学） 江海洋（中国农业大学） 吴小平（北京维德维康生物技术有限公司） 王战辉（中国农业大学） 温　凯（中国农业大学） 丁双阳（中国农业大学）	2015
6	安全高效猪支原体肺炎活疫苗的创制及应用	邵国青（江苏省农业科学院） 金洪效（江苏省农业科学院） 刘茂军（江苏省农业科学院） 冯志新（江苏省农业科学院） 熊祺琰（江苏省农业科学院） 何正礼（江苏省农业科学院）	2015

续表

序　号	成果名称	主要完成人	获奖年度
7	良种牛羊高效克隆技术	张　涌（西北农林科技大学） 周欢敏（内蒙古农业大学） 权富生（西北农林科技大学） 李光鹏（内蒙古大学） 王勇胜（西北农林科技大学） 刘　军（西北农林科技大学）	2016
8	动物源食品中主要兽药残留物高效检测关键技术	袁宗辉（华中农业大学） 彭大鹏（华中农业大学） 王玉莲（华中农业大学） 陈冬梅（华中农业大学） 陶燕飞（华中农业大学） 潘源虎（华中农业大学）	2016
9	猪传染性胃肠炎、猪流行性腹泻、猪轮状病毒三联活疫苗创制与应用	冯　力（中国农业科学院哈尔滨兽医研究所） 时洪艳（中国农业科学院哈尔滨兽医研究所） 陈建飞（中国农业科学院哈尔滨兽医研究所） 佟有恩（哈尔滨维科生物技术开发公司） 张　鑫（中国农业科学院哈尔滨兽医研究所） 王牟平（哈尔滨国生生物科技股份有限公司）	2018
10	基因Ⅶ型新城疫新型疫苗的创制与应用	刘秀梵（扬州大学） 胡顺林（扬州大学） 刘晓文（扬州大学） 王晓泉（扬州大学） 何海蓉（中崇信诺生物科技泰州有限公司） 曹永忠（扬州大学）	2019

资料来源：科学技术部。

（编辑　刘　琳）

附录3　国家科学技术进步奖兽医学学科获奖成果目录

（2000—2019年）

一等奖

序号	成果名称	主要完成人	主要完成单位	获奖年度
1	H5亚型禽流感灭活疫苗的研制及应用	于康震、陈化兰、田国彬、辛朝安、唐秀英、廖明、张苏华、李雁冰、冯菊艳、李晓成、罗开健、施建忠、乔传玲、姜永萍、邓国华	中国农业科学院哈尔滨兽医研究所、华南农业大学、上海市畜牧兽医站、农业部动物检疫所动物流行病研究中心	2005

兽医学学科发展报告

续表

序号	成果名称	主要完成人	主要完成单位	获奖年度
2	重要动物病毒病防控关键技术研究与应用	金宁一、廖明、程世鹏、涂长春、高玉伟、何启盖、刘棋、赵亚荣、任涛、闫喜军、肖少波、金扩世、鲁会军、辛朝安、吴威	中国人民解放军军事医学科学院军事兽医研究所、华南农业大学、中国农业科学院特产研究所、华中农业大学、广西壮族自治区动物疫病预防控制中心、北京大北农科技集团股份有限公司	2012

二等奖

序号	成果名称	主要完成人	主要完成单位	获奖年度
1	猪口蹄疫病毒系统发生树及其应用	谢庆阁、赵启祖、刘在新、常惠芸、刘卫	中国农业科学院兰州兽医研究所	2000
2	中国蓝舌病流行病学及控制研究	张念祖、李志华、张开礼、张富强、李华春、邹福中、肖雷、向文彬、朱建波、杨承瑜	云南省（农业部）热带亚热带动物病毒病重点实验室	2000
3	犬五联弱毒疫苗的研制	夏咸柱、殷震、范泉水、黄耕、武银莲、李金中、乔贵林、袁书智、何洪彬、钟志宏	中国人民解放军军需大学	2000
4	伪狂犬病鄂A株分离鉴定及分子生物学与综合防治研究	陈焕春、金梅林、周复春、何启盖、方六荣、吴斌、吴美洲、韩琦、杨宏、姬雅周	华中农业大学、中牧实业股份有限公司、河南省兽医防治站	2001
5	雏番鸭细小病毒病病原发现、诊断和防治	程由铨、胡奇林、林天龙、李怡英、陈少莺、周文谟、程晓霞、吴振充	福建省农业科学院畜牧兽医研究所、福建省农业科学院生物技术中心、福建省莆田市畜牧兽医技术服务中心	2002
6	鸡传染性法氏囊病中等毒力活疫苗（NF8株）的研制	刘秀梵、卢存义、袁金城、甘军纪、刘玉云、王培铺、汪爱芬、高崧、张如宽、邹祖华	扬州大学、中牧实业股份有限公司南京药械厂	2003
7	鸡毒支原体病疫苗、诊断试剂和综合防治技术的研究与应用	宁宜宝、冀锡霖、李嘉爱、陈洪科、郭俊卿、高和义、王卓明、蔡祈英、陈裕瑞	中国兽医药品监察所、广东省生物药厂、河南省兽医防治站	2004
8	猪病毒性腹泻二联疫苗	马思奇、佟有恩、冯力、王明、李伟杰、周金法、于文涛、魏凤祥、孟宪松、朱远茂	中国农业科学院哈尔滨兽医研究所、哈尔滨维科生物技术开发公司	2004
9	伪狂犬病基因缺失疫苗的研究与应用	郭万柱、娄高明、徐志文、孙迎中、石谦、王琴、王印、王小玉、李永诚、汪铭书	四川农业大学、四川华神农大动物保健有限公司、韶关学院、四川动物防疫监督总站	2005
10	鸡传染性喉气管炎重组鸡痘病毒基因工程疫苗	童光志、王云峰、张绍杰、智海东、仇华吉、李त华、彭金美、王柳、周艳君、田志军	中国农业科学院哈尔滨兽医研究所	2006

276

序号	成果名称	主要完成人	主要完成单位	获奖年度
11	动物性食品中药物残留及化学污染物检测关键技术与试剂盒产业化	沈建忠、吴永宁、何方洋、丁双阳、李敬光、江海洋、苗虹、肖希龙、张素霞、万宇平	中国农业大学、中国疾病预防控制中心营养与食品安全所、北京望尔生物技术有限公司	2006
12	猪链球菌病研究及防控技术	陆承平、何孔旺、范红结、姚火春、张苏华、华修国、孙建和、倪艳秀、刘佩红、王建	南京农业大学、江苏省农业科学院、上海市畜牧兽医站	2007
13	生猪主要违禁药物残留免疫试纸快速检测技术	张改平、邓瑞广、杨艳艳、李学伍、王自良、王选年、王爱萍、肖治军、杨继飞、邢广旭	河南省动物免疫学重点实验室、河南科技学院、河南百奥生物工程有限公司	2008
14	新兽药喹烯酮的研制与产业化	赵荣材、李剑勇、王玉春、薛飞群、徐忠赟、李金善、严相林、张继瑜、梁剑平、苗小楼	中国农业科学院兰州畜牧与兽药研究所、中国万牧新技术有限责任公司、北京中农发药业有限公司	2009
15	猪繁殖与呼吸综合征防制技术及应用	蔡雪辉、童光志、郭宝清、刘永刚、田志军、王洪峰、柴文君、周艳君、仇华吉、刘文兴	中国农业科学院哈尔滨兽医研究所	2010
16	禽白血病流行病学及防控技术	崔治中、秦爱建、孙淑红、曲立新、成子强、杜岩、郭慧君、金文杰、柴家前、朱瑞良	山东农业大学、扬州大学、山东益生种畜禽股份有限公司	2011
17	动物流感系列快速检测技术的建立及应用	金梅林、陈焕春、吴斌、张安定、周红波、邱伯根、宋念华、徐晓娟、郭学波、但汉并	华中农业大学、武汉科前动物生物制品有限责任公司、湖北省动物疫病预防控制中心、湖南省兽医局	2011
18	猪主要繁殖障碍病防控技术体系的建立与应用	王金宝、漆世华、吴家强、崔尚金、任慧英、李俊、张秀美、周顺、舒银辉、李曦	山东省农业科学院畜牧兽医研究所、武汉中博生物股份有限公司、中国农业科学院哈尔滨兽医研究所、青岛农业大学	2011
19	禽用浓缩灭活联苗的研究与应用	王泽霖、张许科、王川庆、孙进忠、赵军、陈陆、王新卫、王忠田、杜元钊、苗玉和	河南农业大学、普莱柯生物工程股份有限公司、青岛易邦生物工程有限公司、辽宁益康生物股份有限公司	2012
20	猪鸡病原细菌耐药性研究及其在安全高效新兽药研制中的应用	王红宁、王建华、曹薇、张安云、杨鑫、李守军、刘兴金、高荣、李保明、邹立扣	四川大学、重庆大学、天津瑞普生物技术股份有限公司、洛阳惠中兽药有限公司、中国农业大学、四川农业大学	2012
21	高致病性猪蓝耳病因确诊及防控关键技术研究与应用	田克恭、遇秀玲、徐百万、张仲秋、蒋桃珍、孙明、周智、倪建强、曹振、王传彬	中国动物疫病预防控制中心、中国兽医药品监察所、北京世纪元亨动物防疫技术有限公司	2013
22	我国重大猪病防控技术创新与集成应用	金梅林、陈焕春、何启盖、吴斌、漆世华、方六荣、张安定、周红波、蔡旭旺、徐高原	华中农业大学、武汉中博生物股份有限公司、武汉科前生物股份有限公司	2016

续表

序号	成果名称	主要完成人	主要完成单位	获奖年度
23	针对新传入我国口蹄疫流行毒株的高效疫苗的研制及应用	才学鹏、郑海学、刘国英、陈智英、刘湘涛、王超英、齐鹏、魏学峰、张震、郭建宏	中国农业科学院兰州兽医研究所、金宇保灵生物药品有限公司、申联生物医药（上海）股份有限公司、中农威特生物科技股份有限公司、中牧实业股份有限公司	2016
24	重要食源性人兽共患病原菌的传播生态规律及其防控技术	焦新安、方维焕、黄金林、蔡会全、李肖梁、潘志明、宋厚辉、巢国祥、许明曙、殷月兰	扬州大学、浙江大学、上海康利得动物药品有限公司、浙江青莲食品股份有限公司	2017
25	动物专用新型抗菌原料药及制剂创制与应用	刘雅红、吴连勇、黄青山、曾振灵、方炳虎、黄显会、程雪娇、孔梅、丁焕中、张晓会	华南农业大学、齐鲁动物保健品有限公司、上海高科联合生物技术研发有限公司、广东温氏大华农生物科技有限公司、天津市中升挑战生物科技有限公司、洛阳惠中兽药有限公司	2019

资料来源：科学技术部。

（编辑　刘琳）

附录4　一、二类新兽药——生物制品名录

（2015—2019 年）

疫 苗			
序号	名　称	类别	研制单位	注册年度
1	大菱鲆迟钝爱德华氏菌活疫苗（EIBAV1 株）	一类	华东理工大学、浙江诺倍威生物技术有限公司、广东永顺生物制药股份有限公司、上海纬胜海洋生物科技有限公司	2015
2	鸭坦布苏病毒病灭活疫苗（HB 株）	一类	北京市农林科学院、瑞普（保定）生物药业有限公司、扬州优邦生物药品有限公司、乾元浩生物股份有限公司	2016
3	鸭坦布苏病毒病活疫苗（WF100 株）	一类	齐鲁动物保健品有限公司	2016
4	兔出血症病毒杆状病毒载体灭活疫苗（BAC-VP60 株）	一类	江苏省农业科学院兽医研究所、国家兽用生物制品工程技术研究中心、南京天邦生物科技有限公司、山东华宏生物工程有限公司、贵州福斯特生物科技有限公司	2017
5	猪口蹄疫 O 型病毒 3A3B 表位缺失灭活疫苗（O/rV-1 株）	一类	中国农业科学院兰州兽医研究所、中牧实业股份有限公司、中农威特生物科技股份有限公司	2017

续表

序号	名　称	类别	研制单位	注册年度
6	猪口蹄疫 O 型、A 型二价灭活疫苗（Re-O/MYA98/JSCZ/2013 株 +Re-A/WH/09 株）	一类	中国农业科学院兰州兽医研究所、中农威特生物科技股份有限公司、金宇保灵生物药品有限公司、申联生物医药（上海）股份有限公司	2017
7	禽流感 DNA 疫苗（H5 亚型，pH5-GD）	一类	中国农业科学院哈尔滨兽医研究所、华派生物工程集团有限公司、哈尔滨维科生物技术开发公司、上海海利生物技术股份有限公司、天津瑞普生物技术股份有限公司、山东信得动物疫苗有限公司	2018
8	猪链球菌病、副猪嗜血杆菌病二联亚单位疫苗	一类	华中农业大学、武汉科前生物股份有限公司、天津瑞普生物技术股份有限公司、国药集团扬州威克生物工程有限公司	2019
9	大菱鲆鳗弧菌基因工程活疫苗（MVAV6203 株）	一类	华东理工大学、上海浩思海洋生物科技有限公司	2019
10	重组禽流感病毒（H5+H7）二价灭活疫苗（H5N1 Re-8 株 +H7N9 H7-Re1 株）	一类	中国农业科学院哈尔滨兽医研究所、哈尔滨维科生物技术有限公司	2019
11	鳜传染性脾肾坏死病灭活疫苗（NH0618 株）	一类	中山大学、广东永顺生物制药股份有限公司、广州渔跃生物技术有限公司、北京时信成生物科技有限公司、广东渔跃生物技术有限公司	2019
12	猪流感病毒 H1N1 亚型灭活疫苗（TJ 株）	二类	华中农业大学、武汉科前动物生物制品有限责任公司、武汉中博生物股份有限公司、中牧实业股份有限公司	2015
13	水貂出血性肺炎二价灭活疫苗（G 型 WD005 株 +B 型 DL007 株）	二类	齐鲁动物保健品有限公司	2015
14	山羊传染性胸膜肺炎灭活疫苗（山羊支原体山羊肺炎亚种 M1601 株）	二类	中国农业科学院兰州兽医研究所、山东泰丰生物制品有限公司、哈药集团生物疫苗有限公司、青岛易邦生物工程有限公司	2015
15	小反刍兽疫活疫苗（Clone 9 株）	二类	中国兽医药品监察所、北京中海生物科技有限公司、新疆天康畜牧生物技术股份有限公司、新疆畜牧科学院兽医研究所（新疆畜牧科学院动物临床医学研究中心）	2015
16	水貂出血性肺炎二价灭活疫苗（G 型 DL15 株 +B 型 JL08 株）	二类	中国农业科学院特产研究所、吉林特研生物技术有限责任公司	2016
17	牛病毒性腹泻 / 黏膜病灭活疫苗（1 型，NM01 株）	二类	华威特（北京）生物科技有限公司、华威特（江苏）生物制药有限公司、吉林硕腾国原动物保健品有限公司、新疆天康畜牧生物技术股份有限公司	2016

序号	名　　称	类别	研制单位	注册年度
18	牛病毒性腹泻 / 黏膜病、传染性鼻气管炎二联灭活疫苗（NMG 株 +LY 株）	二类	中国兽医药品监察所、金宇保灵生物药品有限公司、扬州优邦生物药品有限公司	2016
19	水貂犬瘟热、病毒性肠炎二联活疫苗（CL08 株 + NA04 株）	二类	上海启盛生物科技有限公司、国药集团扬州威克生物工程有限公司	2017
20	猪瘟病毒 E2 蛋白重组杆状病毒灭活疫苗（Rb–03 株）	二类	天康生物股份有限公司	2017
21	禽脑脊髓炎、鸡痘二联活疫苗（YBF02 株 + 鹌鹑化弱毒株）	二类	中国兽医药品监察所、青岛易邦生物工程有限公司、天津瑞普生物技术股份有限公司、普莱柯生物工程股份有限公司	2017
22	鸡传染性鼻炎（A 型 +B 型 +C 型）三价灭活疫苗	二类	北京市农林科学院、中国兽医药品监察所、乾元浩生物股份有限公司、北京信得威特科技有限公司、华派生物工程集团有限公司	2018
23	水貂出血性肺炎、多杀性巴氏杆菌病、肺炎克雷伯杆菌病三联灭活疫苗（血清 G 型 DL1007 株 +RC1108 株 +ZC1108 株）	二类	军事科学院军事医学研究院军事兽医研究所、吉林和元生物工程股份有限公司、吉林省牧艾生物科技有限公司、吉林嘉汇生物技术有限公司、北京万牧源农业科技有限公司	2019
24	口蹄疫 O 型、A 型二价 3B 蛋白表位缺失灭活疫苗（O/rV–1 株 +A/rV–2 株）	二类	中国农业科学院兰州兽医研究所、中牧实业股份有限公司、中农威特生物科技股份有限公司、内蒙古必威安泰生物科技有限公司	2019
25	鸡传染性法氏囊病免疫复合物疫苗（CF 株）	二类	北京中海生物科技有限公司、青岛易邦生物工程有限公司、华派生物工程集团有限公司、福建圣维生物科技有限公司、中崇信诺生物制药泰州有限公司	2019

其他生物制品

序号	名　　称	类别	研制单位	注册年度
1	重组鸡白细胞介素 –2 注射液	一类	大连三仪动物药品有限公司	2017
2	犬血白蛋白注射液	一类	中国人民解放军军事科学院军事医学研究院、北京博莱得利生物技术有限责任公司、泰州博莱得利生物科技有限公司	2018

诊断制品

序号	名　　称	类别	研制单位	注册年度
1	布鲁氏菌抗体检测试纸条	一类	中国兽医药品监察所、浙江迪恩生物科技股份有限公司、唐山怡安生物工程有限公司、上海快灵生物科技有限公司	2017
2	猪肺炎支原体等温扩增检测试剂盒	一类	中国农业大学、成都农业科技中心、中农承信（成都）生物科技有限公司、北京紫陌科技有限公司	2019
3	口蹄疫病毒非结构蛋白 2C3AB 抗体检测试纸条	二类	中国农业科学院兰州兽医研究所、中农威特生物科技股份有限公司	2015

序号	名　　　称	类别	研制单位	注册年度
4	山羊传染性胸膜肺炎间接血凝试验抗原、阳性血清与阴性血清	二类	中国农业科学院兰州兽医研究所、中农威特生物科技股份有限公司	2015
5	猪肺炎支原体 ELISA 抗体检测试剂盒	二类	北京大北农科技集团股份有限公司、福州大北农生物技术有限公司、北京科牧丰生物制药有限公司	2016
6	牛支原体 ELISA 抗体检测试剂盒	二类	中国农业科学院哈尔滨兽医研究所、哈尔滨国生生物科技股份有限公司、哈尔滨维科生物技术开发公司、瑞普（保定）生物药业有限公司、金宇保灵生物药品有限公司	2017
7	猪轮状病毒胶体金检测试纸条	二类	洛阳普莱柯万泰生物技术有限公司、国家兽用药品工程技术研究中心	2017
8	犬细小病毒胶体金检测试纸条	二类	武汉中博生物股份有限公司	2018
9	副猪嗜血杆菌病间接血凝试验抗原、阳性血清与阴性血清	二类	中国农业科学院兰州兽医研究所、中农威特生物科技股份有限公司	2018
10	猪流行性腹泻病毒胶体金检测试纸条	二类	洛阳普泰生物技术有限公司、国家兽用药品工程技术研究中心、河南农业大学	2018
11	鸡传染性支气管炎病毒 ELISA 抗体检测试剂盒	二类	中国农业科学院哈尔滨兽医研究所、哈尔滨国生生物科技股份有限公司、哈尔滨维科生物技术开发公司	2018
12	牛结核病 γ–干扰素 ELISA 检测试剂盒	二类	华中农业大学、武汉科前生物股份有限公司、广州悦洋生物技术有限公司	2019
13	牛结核病 IFN–γ 夹心 ELISA 检测试剂盒	二类	扬州大学、中国兽医药品监察所、中国农业科学院北京畜牧兽医研究所、南京太和生物技术有限公司、青岛瑞尔生物技术有限公司	2019
14	非洲猪瘟病毒荧光 PCR 检测试剂盒	二类	中国动物疫病预防控制中心、北京森康生物技术开发有限公司、洛阳莱普信信息科技有限公司、深圳真瑞生物科技有限公司	2019
15	犬腺病毒 1 型胶体金检测试纸条	二类	洛阳普泰生物技术有限公司、国家兽用药品工程技术研究中心、北京天恩泰生物科技有限公司	2019
16	犬腺病毒（血清 1、2 型）胶体金检测试纸条	二类	洛阳普泰生物技术有限公司、国家兽用药品工程技术研究中心、北京天恩泰生物科技有限公司	2019

资料来源：农业部 / 农业农村部，截至 2019 年 12 月底。

注：注册年度即农业部 / 农业农村部批准公告年度。

（编辑　李俊平）

附录5 一、二类新兽药——化学药品及中成药名录

（2015—2019 年）

化学药品			
序号	名　称	类别	注册年度
1	维他昔布	一类	2016
2	维他昔布咀嚼片	一类	2016
3	亚甲基水杨酸杆菌肽	二类	2015
4	亚甲基水杨酸杆菌肽可溶性粉	二类	2015
5	马波沙星	二类	2015
6	马波沙星注射液	二类	2015
7	马波沙星片	二类	2015
8	赛拉菌素	二类	2016
9	赛拉菌素滴剂	二类	2016
10	氨基丁三醇前列腺素 F2α	二类	2017
11	氨基丁三醇前列腺素 F2α 注射液	二类	2017
12	D–氯前列醇钠	二类	2017
13	D–氯前列醇钠注射液	二类	2017
14	烯丙孕素	二类	2018
15	烯丙孕素内服溶液	二类	2018
16	加米霉素	二类	2018
17	加米霉素注射液	二类	2018
18	布他磷原料	二类	2018
19	复方布他磷注射液	二类	2018
20	头孢洛宁原料	二类	2018
21	头孢洛宁乳房注入剂（干乳期）	二类	2018
22	匹莫苯丹原料	二类	2018
23	匹莫苯丹咀嚼片	二类	2018
24	泰地罗新原料	二类	2019
25	泰地罗新注射液	二类	2019
中成药			
序号	名　称	类别	注册年度
1	香菇多糖	二类	2017
2	香菇多糖粉	二类	2017
3	博普总碱	二类	2019
4	博普总碱散	二类	2019

资料来源：农业部 / 农业农村部，截至 2019 年 12 月底。

注：注册年度即农业部 / 农业农村部批准公告年度。

（编辑　徐士新）

附录6　兽医学学科代表性学术论文（TOP10）

（2015—2019年）

动物解剖学与组织胚胎学

序号	作　者	论文题目	刊登期刊
1	Gao T，Wang Z，Dong Y，et al.	Role of melatonin in sleep deprivation-induced intestinal barrier dysfunction in mice	J Pineal Res，2019，67（1）：e12574
2	Lin J，Xia J，Zhang T，et al.	Genome-wide profiling of microRNAs reveals novel insights into the interactions between H9N2 avian influenza virus and avian dendritic cells	Oncogene，2018，37（33）：4562-4580
3	Shi J，Ma X，Su Y，et al.	MiR-31 Mediates Inflammatory Signaling to Promote Re-Epithelialization during Skin Wound Healing	J Invest Dermatol，2018，138（10）：2253-2263
4	Bou G，Liu S，Sun M，et al.	CDX2 is essential for cell proliferation and polarity in porcine blastocysts	Development，2017，144（7）：1296-1306
5	Hu J，Cao X，Pang D，et al.	Tumor grade related expression of neuroglobin is negatively regulated by PPAR γ and confers antioxidant activity in glioma progression	Redox Biol，2017，12：682-689
6	Wang J，Li X，Wang L，et al.	A novel long intergenic noncoding RNA indispensable for the cleavage of mouse two-cell embryos	EMBO Rep，2016，17（10）：1452-1470
7	Gao Y，Su J，Guo W，et al.	Inhibition of miR-15a Promotes BDNF Expression and Rescues Dendritic Maturation Deficits in MeCP2-Deficient Neurons	Stem Cells，2015，33（5）：1618-1629
8	Yin Y，Qin T，Wang X，et al.	CpG DNA assists the whole inactivated H9N2 influenza virus in crossing the intestinal epithelial barriers via transepithelial uptake of dendritic cell dendrites	Mucosal Immunol，2015，8（4）：799-814
9	Yang J，Zhou F，Xing R，et al.	Development of Large-Scale Size-Controlled Adult Pancreatic Progenitor Cell Clusters by an Inkjet-Printing Technique	ACS Appl Mater Interfaces，2015，7（21）：11624-11630
10	Wang J，Li X，Zhao Y，et al.	Generation of cell-type-specific gene mutations by expressing the sgRNA of the CRISPR system from the RNA polymerase II promoters	Protein Cell，2015，6（9）：689-692

动物生理学与生物化学

序号	作　者	论文题目	刊登期刊
11	Hu S，Qiao J，Fu Q1，et al.	Transgenic shRNA pigs reduce susceptibility to foot and mouth disease virus infection	Elife，2015 19；4：e06951
12	Zhu C，Xu P，He Y，et al.	Heparin Increases Food Intake through AgRP Neurons	Cell reports，2017，20，2455-2467
13	Yang Y，Jia Y，Sun Q，et al.	White light emitting diode induces autophagy in hippocampal neuron cells through GSK-3-mediated GR and ROR α pathways	Aging（Albany NY），2019 Mar 28；11（6）：1832-1849
14	Chen A，Chen XD，Cheng SQ，et al.	FTO promotes SREBP1c maturation and enhances CIDEc transcription during lipid accumulation in HepG2 cells	BBA-Molecular and Cell Biology of Lipids，2018；1863：538-548

续表

序号	作　者	论文题目	刊登期刊
15	Xie Z，Pang D，Yuan H，et al.	Genetically modified pigs are protected from classical swine fever virus. PLoS Pathog	PLoS Pathog，2018 13；14（12）：e1007193
16	Zhang J，Qiu J，Zhou Y，et al.	LIM homeobox transcription factor Isl1 is required for melatonin synthesis in the pig pineal gland	J Pineal Res，2018，65（1）：e12481
17	Yan H，Zhang J，Wen J，et al.	CDC42 controls the activation of primordial follicles by regulating PI3K signaling in mouse oocytes	BMC Biol，2018，16（1）：73
18	Hu，Yun；Sun，Qinwei；Hu，Yan；et al.	Corticosterone-Induced Lipogenesis Activation and Lipophagy Inhibition in Chicken Liver Are Alleviated by Maternal Betaine Supplementation	JOURNAL OF NUTRITION，2018.148（3）：316-325
19	T. Wang，Y. Q. Xu，Y. X. Yuan，et al.	Succinate induces skeletal muscle fiber remodeling via SUNCR1 signaling pathway	EMBO reports，2019.201947892，e47892
20	Xu，B.，S.C. Zang，S.Z. Li，et al.	HMGB1-mediated differential response on hippocampal neurotransmitter disorder and neuroinflammation in adolescent male and female mice following cold exposure	Brain Behav Immun，2019. 76：223-235

兽医病理学

序号	作　者	论文题目	刊登期刊
21	Li Z，Zhao K，Lv X，et al.	Ulk1 Governs Nerve Growth Factor/TrkA Signaling by Mediating Rab5 GTPase Activation in Porcine Hemagglutinating Encephalomyelitis Virus-Induced Neurodegenerative Disorders	Journal of Virology，2018；92（16）：e00325-18
22	Chaosi Li，Di Wang，Wei Wu，et al.	DLP1-dependent mitochondrial fragmentation and redistribution mediate prion-associated mitochondrial dysfunction and neuronal death	Aging Cell，2018 Feb；17（1）：e12693
23	Luo X，Zhang X，Wu X，et al.	Brucella Downregulates Tumor Necrosis Factor-α to Promote Intracellular Survival via Omp25 Regulation of Different MicroRNAs in Porcine and Murine Macrophages	Frontiers in Immunology，2018 Jan 17；8：2013
24	Hussain T，Zhao D，Shah SZA，et al.	MicroRNA 27a-3p Regulates Antimicrobial Responses of Murine Macrophages Infected by Mycobacterium avium subspecies paratuberculosis by Targeting Interleukin-10 and TGF-β-Activated Protein Kinase 1 Binding Protein 2	Frontiers in Immunology，2018 Jan 11；8：1915
25	Liu C，Dong J，Waterhouse GIN，et al.	Electrochemical immunosensor with nanocellulose-Au composite assisted multiple signal amplification for detection of avian leukosis virus subgroup J	Biosensors and Bioelectronic，2018，101：110-115
26	Xiaomin Zhao，Xiangjun Song，Xiaoyuan Bai，et al.	microRNA-222 Attenuates Mitochondrial Dysfunction During Transmissible Gastroenteritis Virus Infection	Mol Cell Proteomics，2019. 18（1）：51-64
27	Liu T，Xiao P，Li R，et al.	Increased Mast Cell Activation in Mongolian Gerbils Infected by Hepatitis E Virus	Frontiers in Microbiology，2018 Oct 2；9：2226

续表

序号	作　者	论文题目	刊登期刊
28	Feng Jin Shao，Yi Tian Ying，Xun Tan，et al.	Metabonomics profiling reveals biochemical pathways associated with pulmonary arterial hypertension in broiler chickens	Journal of proteome Research，2018 Oct 5;17(10):3445– 3453
29	Ping Kuang，Huidan Deng，Huan Liu，et al.	Sodium fluoride induces splenocyte autophagy via the mammalian targets of rapamycin（mTOR）signaling pathway in growing mice	Aging，2018，10（7）：1649–1665
30	Shuli Lv，Jinliang Sheng，Shiyi Zhao，et al.	The detection of brucellosis antibody in whole serum based on the lowfouling electrochemical immunosensor fabricated with magnetic Fe3O4@Au@PEG@HA nanoparticles	Biosensors and Bioelectronics，2018 Oct 15；117：138–144

兽医药理学与毒理学

序号	作　者	论文题目	刊登期刊
31	Liu YY，Wang Y，Walsh TR，et al.	Emergence of plasmid–mediated colistin resistance mechanism MCR–1 in animals and human beings in China：a microbiological and molecular biological study	Lancet Infect Dis，2016，16（2）：161–168
32	Li H，Chen Y，Zhang B，et al.	Inhibition of sortase A by chalcone prevents Listeria monocytogenes infection	Biochem Pharmacol，2016，106：19–29
33	Jian Sun，Run–Shi Yang，Qijing Zhang，et al.	Co–transfer of blaNDM–5 and mcr–1 by an IncX3–X4 hybrid plasmid in Escherichia coli	Nat Microbiol，2016，1：16176，
34	Wang Y，Zhang R，Li J，et al.	Comprehensive resistome analysis reveals the prevalence of NDM and MCR–1 in Chinese poultry production	Nat Microbiol，2017，2：16260
35	Wang Y，Tian GB，Zhang R，et al.	Prevalence，risk factors，outcomes，and molecular epidemiology of mcr–1–positive Enterobacteriaceae in patients and healthy adults from China：an epidemiological and clinical study	Lancet Infect Dis，2017，17：390–399
36	Wicha SG，Chen C，Clewe O，et al.	A general pharmacodynamic interaction model identifies perpetrators and victims in drug interaction	Nature Communications，2017，8（1）：2129
37	Shen Y，Zhou H，Xu J，et al.	Anthropogenic and environmental factors associated with high prevalence of mcr–1 carriage in humans across China	Nat Microbiol，2018，3（9）：1054–1062
38	Dong G，Pan Y，Wang Y，et al.	Preparation of a broad–spectrum anti–zearalenone and its primary analogues antibody and its application in an indirect competitive enzyme–linked immunosorbent assay	Food Chem，2018，247：8–15
39	Xiong W，Wang Y，Sun Y，et al.	Antibiotic–mediated Changes in the Faecal Microbiome of Broiler Chickens Defines the Incidence of Antibiotic Resistance Genes	Microbiome，2018，6（1）：34
40	He T，Wang R，Liu D，et al.	Emergence of plasmid–mediated high–level tigecycline resistance genes in animals and humans	Nat Microbiol，2019，DOI：org/10.1038/ s41564–019–0445–2

兽医免疫学

序号	作　者	论文题目	刊登期刊
41	Du J, Ge X, Liu Y, et al.	Targeting Swine Leukocyte Antigen Class I Molecules for Proteasomal Degradation by the nsp1α Replicase Protein of the Chinese Highly Pathogenic Porcine Reproductive and Respiratory Syndrome Virus Strain JXwn06	J Virol, 2015 Oct 21; 90（2）：682-93
42	Chen X, Bai J, Liu X, et al.	Nsp1α of Porcine Reproductive and Respiratory Syndrome Virus Strain BB0907 Impairs the Function of Monocyte-Derived Dendritic Cells via the Release of Soluble CD83	J Virol, 2018 Jul 17; 92（15）.pii: e00366-18
43	Wang J, Wang Z, Liu R, et al.	Metabotropic glutamate receptor subtype 2 is a cellular receptor for rabies virus	PLoS Pathog, 2018 Jul 20; 14（7）：e1007189
44	Chang Z, Jiang N, Zhang Y, et al.	The TatD-like DNase of Plasmodium is a virulence factor and a potential malaria vaccine candidate	Nat Commun, 2016 May 6; 7：11537
45	Hu B, Zhang Y, Jia L, et al.	Binding of the pathogen receptor HSP90AA1 to avibirnavirus VP2 induces autophagy by inactivating the AKT-MTOR pathway	Autophagy, 2015; 11（3）：503-15
46	Zhu J, Miao Q, Tang J, et al.	Nucleolin mediates the internalization of rabbit hemorrhagic disease virus through clathrin-dependent endocytosis	PLoS Pathog, 2018 Oct 19; 14（10）：e1007383
47	Sun P, Zhang S, Qin X, et al.	Foot-and-mouth disease virus capsid protein VP2 activates the cellular EIF2S1-ATF4 pathway and induces autophagy via HSPB1	Autophagy, 2018; 14（2）：336-346
48	Shi J, Deng G, Kong H, et al.	H7N9 virulent mutants detected in chickens in China pose an increased threat to humans	Cell Res, 2017 Dec; 27（12）：1409-1421
49	Zeng XY, Tian GB, Shi JZ, et al	Vaccination of poultry successfully eliminated human infection with H7N9 virus in China	Science China-Life Sciences, 2018; 61（12）：1465-73
50	Yu Pang, Hayashi Yamamoto, Hirokazu Sakamoto, et al	Evolution from covalent conjugation to non-covalent interaction in the ubiquitin-like ATG12 system	Nat Struct Mol Biol, 2019 Apr; 26（4）：289-296

兽医微生物学

序号	作　者	论文题目	刊登期刊
51	Zhao D, Liu R, Zhang X, et al.	Replication and virulence in pigs of the first African swine fever virus isolated in China	Emerg Microbes Infect, 2019, 8：438-447
52	Liang L, Jiang L, Li J, et al.	Low polymerase activity attributed to PA drives the acquisition of the PB2 E627K mutation of H7N9 avian influenza virus in mammals	MBio, 2019, 10：e01162-19
53	Zhu Z, Yang F, Cao W, et al.	The pseudoknots region of the 5' untranslated region is a determinant of viral tropism and virulence of foot-and-mouth disease virus	J Virol, 2019, doi: 10.1128/JVI.02039-18

续表

序号	作　者	论文题目	刊登期刊
54	Ke W，Fang L，Tao R，et al.	Porcine reproductive and respiratory syndrome virus E protein degrades porcine cholesterol 25-hydroxylase via the ubiquitin-proteasome pathway	J Virol，2019，doi：10.1128/JVI.00767-19
55	Lin L，Xu L，Lv W，et al.	An NLRP3 inflammasome-triggered cytokine storm contributes to Streptococcal toxic shock-like syndrome（STSLS）	PLoS Pathog，2019，15：e1007795
56	Ma Z，Peng J，Yu D，et al.	A streptococcal Fic domain-containing protein disrupts blood-brain barrier integrity by activating moesin in endothelial cells	PLoS Pathog，2019，15：e1007737
57	Song J，Liu Y，Gao P，et al.	Mapping the nonstructural protein interaction network of porcine reproductive and respiratory syndrome virus	J Virol，2018，92：e01112-18.
58	Hu J，Ma LB，Nie YF，et al.	A microbiota-derived bacteriocin targets the host to confer diarrhea resistance in early-weaned piglets	Cell Host Microbe，2018，24（6）：817-832
59	Su F，Wang Y，Liu G，et al.	Generation of transgenic cattle expressing human beta-defensin 3 as an approach to reducing susceptibility to Mycobacterium bovis infection	FEBS J，2016，283：776-790
60	Zhou L，Wang Z，Ding Y，et al	NADC30-like strain of porcine reproductive and respiratory syndrome virus，China	Emerg Infect Dis，2015，21：2256-2257

兽医传染病学

序号	作　者	论文题目	刊登期刊
61	Zhang Y，hang Q，Kong H，et al	H5N1 hybrid viruses bearing 2009/H1N1 virus genes transmit in guinea pigs by respiratory droplet	Science，2013，21；340（6139）：1459-63
62	Zhang Q，Shi J，Deng G，et al.	H7N9 influenza viruses are transmissible in ferrets by respiratory droplet	Science，2013，26；341（6144）：410-4
63	Li Y，Zhou L，Zhang J，et al	Nsp9 and Nsp10 contribute to the fatal virulence of highly pathogenic porcine reproductive and respiratory syndrome virus emerging in China	PLoS Pathog，2014 Jul 3；10（7）：e1004216.
64	Dong Xuan，et al.	Avian leucosis virus in indigenous chicken breeds，China	Emerging Microbes & Infections，2015，4（12）：e76
65	Dong N，Fang L，Zeng S，et al	Porcine deltacoronavirus in mainland China	Emerg Infect Dis，2015，21（12）：2254-2255
66	Meng C，et al.	Evolution of Newcastle Disease Virus Quasispecies Diversity and Enhanced Virulence after Passage through Chicken Air Sacs	Journal of Virology，2015：JVI.01801-15
67	Ding Y，Zhu D，Zhang JM，et al	Virulence determinants，antimicrobial susceptibility，and molecular profiles of Erysipelothrix rhusiopathiae strains isolated from China	Emerging Microbes and Infections，2015 Nov；4（11）：e69
68	WU Q，ZHAO X，BAI Y，et al	The first identification and complete genome of senecavirus a affecting pig with idiopathic vesicular disease in China	Transboundary & emerging diseases，2017，64（5）：1633

续表

序号	作 者	论文题目	刊登期刊
69	Shi J, Deng G, Ma S, et al	Rapid Evolution of H7N9 Highly Pathogenic Viruses that Emerged in China in 2017	Cell Host Microbe. 2018 Oct 10; 24（4）: 558–568.
70	Fu L, Xie C, Jin Z	The prokaryotic Argonaute proteins enhance homology sequence–directed recombination in bacteria	Nucleic Acids Research, 2019 Apr 23; 47（7）: 3568–3579

兽医寄生虫学

序号	作 者	论文题目	刊登期刊
71	Zhu X Q, Korhonen P.K, Cai H.M, et al	Genetic blueprint of the zoonotic pathogen Toxocara canis	Nature communication 2015.6: 6145
72	Wang S, Wang, S, Luo Y, et al.	Comparative genomics of *Taenia saginata* and *T.asiatica* reveals adaptive evolution of Asian tapeworm in switching to a new intermediate host.	Nature Communication 2016 .7: 12845
73	Zhu L, Zhao J, Wang J, et al.	MicroRNAs Are Involved in the Regulation of Ovary Development in the Pathogenic Blood Fluke *Schistosoma japonicum*	PLoS Pathogen 2016, 12（2）: e1005423
74	Guo Y Q, Roellig D M, Li N, et al.	Multilocus sequence typing tool for Cyclospora *cayetanensis*	Emerging Infectious Diseases 2016, 22（8）: 1464–1467
75	Yong Fu, Xia Cui, Sai Fan, et al.	Comprehensive Characterization of *Toxoplasma* Acyl Coenzyme A–Binding Protein TgACBP2 and Its Critical Role in Parasite Cardiolipin Metabolism	mBio 2018 Oct 23; 9（5）. e01597–18. doi: 10.1128/mBio.01597–18
76	Liu J, Zhu L, Wang J, et al.	*Schistosoma japonicum* extracellular vesicle miRNA cargo regulates host macrophage functions facilitating parasitism	PLoS Pathogen 2019 doi.org/10.1371/ journal.ppat.1007817
77	Ruiqi Hua, Yue Xie, Hongyu Song, et al.	*Echinococcus canadensis* G8 Tapeworm Infection in a Sheep, China, 2018	Emerging Infectious Diseases 2019, 25（7）: 1420–1422
78	Feng–Cai Zou, Zhao Li, Jian–Fa Yang, et al.	Cytauxzoon felis Infection in Domestic Cats, Yunnan Province, China, 2016	Emerging Infectious Diseases 2019, 25（2）: 353–354
79	Wang ZD, Wang B, Wei F, et al.	A new segmented virus associated with human febrile illness in China	N Engl J Med, 2019 May 30; 380（22）: 2116–2125
80	Gong S, He B, Wang Z, et al.	Nairobi sheep disease virus RNA in ixodid ticks, China, 2013	Emerg Infect Dis, 2015 Apr; 21（4）: 718–20

续表

兽医公共卫生学

序号	作　者	论文题目	刊登期刊
81	Xiong D，Song L，Geng SZ，et al.	Salmonella Coiled-Coil- and TIR-Containing TcpS evades the innate immune system and subdues inflammation	Cell Reports 2019，28（3）：804-818
82	Kang XL，Pan ZM，Jiao XA	Amino acids 89-96 of Salmonella flagellin：a key site for its adjuvant effect independent of the TLR5 signaling pathway	Cellular & Molecular Immunology 2017，14（12）：1023-1025
83	Zhang H，Zhang Z，Wang Y，et al.	Fundamental Contribution and Host Range Determination of ANP32A and ANP32B in Influenza A Virus Polymerase Activity	J Virol，2019 Jun 14；93（13）. pii：e00174-19. doi：0.1128/JVI.00174-19. Print 2019 Jul 1
84	Wang J，Zeng Y，Xu S，et al.	A Naturally Occurring Deletion in the Effector Domain of H5N1 Swine Influenza Virus Nonstructural Protein 1 Regulates Viral Fitness and Host Innate Immunity	J Virol，2018 May 14；92（11）. pii：e00149-18.
85	Yang H，Chen Y，Qiao C，et al.	Prevalence，genetics，and transmissibility in ferrets of Eurasian avian-like H1N1 swine influenza viruses	Proc Natl Acad Sci U S A. 2016 Jan 12；113（2）：392-7
86	Li C，Jiao S，Wang G，Gao Y，et al.	The Immune Adaptor ADAP Regulates Reciprocal TGF-β 1-Integrin Crosstalk to Protect from Influenza Virus Infection	PLoS Pathog，2015 Apr 24；11（4）：e1004824
87	Sun Y，Zheng H，Yu S，et al.C.	Newcastle disease virus V protein degrades mitochondrial antiviral-signaling protein to inhibit host type I interferon production via E3 ubiquitin ligase RNF5	J Virol，2019 Jul 3. pii：JVI.00322-19
88	Tu Z，Xu M，Zhang J，et al.	Pentagalloylglucose inhibits the replication of rabies virus via mediating the miR-455/SOCS3/STAT3/IL-6 pathway	J Virol，2019 Jun 26. pii：JVI.00539-19
89	Jia M，Liu Z，Wu C，et al.	Detection of Escherichia coli O157：H7 and Salmonella enterica serotype Typhimurium based on cell elongation induced by beta-lactam antibiotics	Analyst，2019 Aug 7；144（15）：4505-4512
90	Zhou B，Luo Y，Nou X，et al.	Inactivation dynamics of Salmonella enterica，Listeria monocytogenes，and Escherichia coli O157：H7 in wash water during simulated chlorine depletion and replenishment processes	Food Microbiol，2015 Sep；50：88-96

兽医内科学

序号	作　者	论文题目	刊登期刊
91	Han D，Gu X，Gao J，et al.	Chlorogenic acid promotes the Nrf2/HO-1 anti-oxidative pathway by activating p21Waf1/Cip1 to resist dexamethasone-induced apoptosis in osteoblastic cells	Free Radic Biol Med 2019 Jun；137：1-12
92	Gan F，Zhou X，Zhou Y，et al.	Nephrotoxicity instead of immunotoxicity of OTA is induced through DNMT1-dependent activation of JAK2/STAT3 signaling pathway by targeting SOCS3	Arch Toxicol 2019 Apr；93（4）：1067-1082

续表

序号	作 者	论文题目	刊登期刊
93	Chen MH, Li XJ, Shi QX, et al.	Hydrogen sulfide exposure triggers chicken trachea inflammatory injury through oxidative stress-mediated FOS/IL8 signaling	Journal of Hazardous Materials 2019 Apr; 368: 243-254
94	Jin X, Jia TT, Liu RH, et al.	The antagonistic effect of selenium on cadmium-induced apoptosis via PPAR-gamma/PI3K/Akt pathway in chicken pancreas	Journal of Hazardous Materials 2018 Sep 5; 357: 355-362
95	Yang TS, Cao CY, Yang J, et al.	miR-200a-5p regulates myocardial necroptosis induced by Se deficiency via targeting RNF11	Redox Biology 2018 May; 15: 159-169
96	Xu Yang, Xuliang Zhang, Jian Zhang, et al.	Spermatogenesis disorder caused by T-2 toxin is associated with germ cell apoptosis mediated by oxidative stress	Environmental Pollution 2019 Aug; 251: 372-379
97	Zilong Sun, Sujuan Li, Yuxiang Yu, et al.	Alterations in epididymal proteomics and antioxidant activity of mice exposed to fluoride	Arch Toxicol 2018, 92 (1): 169-180
98	Wang J, Wei Z, Zhang X, et al.	propionate protects against lipopolysaccharide-induced mastitis in mice by restoring blood-milk barrier disruption and suppressing inflammatory response	Front Immunol 2017 Sep 15; 8: 1108
99	Gen Li, Xudong Niu, Shiyu Yuan, et al.	Emergence of morganella morganii subsp. morganii in dairy calves, China	Emerging Microbes & Infections 2018, 7 (1): 172
100	Jiang K, Yang J, Guo S, et al.	Peripheral circulating exosomes-mediated delivery of miR-155 as a novel mechanism for acute lung inflammation	Molecular Therapy 2019 doi: https://doi.org/10.1016/j.ymthe.2019.07.003

兽医外科学

序号	作 者	论文题目	刊登期刊
101	Ma Jun, Xiao Jianhua, Liu Han, et al.	Spatiotemporal pattern of peste des petits ruminants and its relationship with meteorological factors in China	Prev Vet Med, 2017, 147: 194-198
102	Gao Xiang, Qin Hongyu, Xiao Jianhua, et al.	Meteorological conditions and land cover as predictors for the prevalence of Bluetongue virus in the Inner Mongolia Autonomous Region of Mainland China	Prev Vet Med, 2017, 138: 88-93.
103	Ma N, Chang G, Huang J, Wang Y, et al.	Cis-9, trans-11-CLA Exerts an Anti-inflammatory Effect in Bovine Mammary Epithelial Cells after E.coli Stimulation through NF-κB Signaling Pathway	Journal of Agricultural and Food Chemistry, 2019, 67 (1) 193-202
104	Zhang X, Dai P, Gao Y, et al.	Transcriptome sequencing and analysis of zinc-uptake-related genes in Trichophyton mentagrophytes	BMC Genomics, 2017, 18 (1): 888
105	Wan J, Qiu Z, Ding Y, et al.	The expressing patterns of opioid peptides, anti-opioid peptides and their receptors in the central nervous system are involved in electroacupuncture tolerance in goats	Frontiers in Neuroscience, 2018, 12: 902

序号	作 者	论文题目	刊登期刊
106	Li Q，Zhao X，Wang S，et al.	Letrozole induced low estrogen levels affected the expressions of duodenal and renal calcium-processing gene in laying hens	Gen Comp Endocrinol，2018，255：49-55
107	Sun Panpan，Sun Na，Yin Wei，Sun Yaogui，et al.	Matrine inhibits IL-1β secretion in primary porcine alveolar macrophages through MyD88/NF-κB pathway and NLRP3 inflammasome	Vet Res，2019，50（1）：53
108	Wang H，Liu KJ，Sun YH，et al.	Abortion in donkeys associated with Salmonella abortus equi infection	Equine Vet J，2019，doi：10.1111/evj.13100
109	孟范勇，邓益锋，杨俊花，等	TRPV6基因沉默对蛋鸡十二指肠和空肠钙离子跨细胞转运相关蛋白表达的影响	畜牧兽医学报，2018，49（11）：213-221
110	沈晓燕，姚大伟，龚国华，等	犬脑干脑炎的MRI诊断	中国兽医学报，2018，38（5）：1019-1022

兽医产科学

序号	作 者	论文题目	刊登期刊
111	Cao Z，Luo L，Yang J，et al.	Stimulatory effects of NESFATIN-1 on meiotic and developmental competence of porcine oocytes	Journal of Cellular Physiology，2019，234（10）：17767-17774
112	Ding B，Cao Z，Hong R，et al.	WDR5 in porcine preimplantation embryos：expression，regulation of epigenetic modifications and requirement for early development	Biology of Reproduction，2017，96（4）：758-771
113	Zhang H，Wei Q，Gao Z，et al.	G protein-coupled receptor 30 mediates meiosis resumption and gap junction communications downregulation in goat cumulus-oocyte complexes by 17 beta estradiol	Journal of Steroid Biochemistry and Molecular Biology，2019，187：58-67
114	Feng C，Wang X，Shi H，et al.	Generation of ApoE deficient dogs via combination of embryo injection of CRISPR/Cas9 with somatic cell nuclear transfer	Journal of Genetics and Genomics，2018，45（1）：47-50
115	Zhou Y，Sharma J，Ke Q，et al.	Atypical behaviour and connectivity in SHANK3-mutant macaques	Nature，2019，570（7761）：326-331
116	Lu M，Zhang R，Yu T，et al.	CREBZF regulates testosterone production in mouse Leydig cells	Journal of Cellular Physiology，2019，234（12）：22819-22832
117	Chen H，Gao L，Yang D，et al.	Coordination between the circadian clock and androgen signaling is required to sustain rhythmic expression of Elovl3 in mouse liver	Journal of Biological Chemistry，2019，294（17）：7046-7056
118	Yang D，Jiang T，Liu J，et al.	CREB3 regulatory factory-mTOR-autophagy regulates goat endometrial function during early pregnancy	Biology of Reproduction，2018，98（5）：713-721

续表

序号	作 者	论文题目	刊登期刊
119	Gao Y, Wu H, Wang Y, et al.	Single Cas9 nickase induced generation of NRAMP1 knockin cattle with reduced off-target effects	Genome Biology, 2017, 18: 13
120	Wu H, Wang Y, Zhang Y, et al.	TALE nickase-mediated SP110 knockin endows cattle with increased resistance to tuberculosis	Proceedings of The National Academy of Sciences of The United States of America, 2015, 112 (13): E1530-E1539

中兽医学

序号	作 者	论文题目	刊登期刊
121	张亚辉, 姚万玲, 文艳巧等	郁金散对大肠湿热证大鼠血清免疫球蛋白与抗氧化相关因子的调节作用	畜牧兽医学报, 2018, 49 (9): 2044-2053
122	张晓松, 马琪, 文艳巧等	苦豆草治疗大肠湿热证大鼠血清代谢组学研究	药学学报, 2018, 53 (1): 111-120
123	文艳巧, 姚万玲, 杨朝雪等	郁金散对大肠湿热证模型大鼠血清及肠道组织胃肠激素的影响	畜牧兽医学报, 2017, 48 (6): 1140-1149
124	韩名书, 姜晓文, 康欣等	乳香提取物对大鼠皮肤周围神经损伤修复影响	中国兽医学报, 2014, 34 (5): 804-806
125	施丽薇, 顾晗, 刘明江等	针刺对溃疡性结肠炎大鼠结肠炎性细胞因子及细胞凋亡的影响	针刺研究, 2017 (1): 56-61
126	Yao WL, Yang CX, Wen YQ	Treatment effects and mechanisms of Yujin Powder on rat model of large intestine dampness-heat syndrome	Journal of Ethnopharmacology, 2017, 202: 265-280
127	Zhang T, Chen J, Wang CG, et al.	The therapeutic effect of Yinhuangerchen mixture on Avian infectious laryngotracheitis	Poultry Science, 2018, (97): 2690-2697
128	Yu J, Chen Y, Zhai L, et al.	Antioxidative effect of ginseng stem-leaf saponins on oxidative stress induced by cyclophosphamide in chickens	Poultry Science, 2015, 94 (5): 927-933
129	Feng YB, Zhao XJ, Lv F, et al.	Optimization on Preparation Conditions of Salidroside Liposome and Its Immunological Activity on PCV-2 in Mice	Evidence-Based Complementary and Alternative Medicine, 2015, 2015: 178128
130	Liu C, Zhang C, Lv WJ, et al.	Structural Modulation of Gut Microbiota during Alleviation of Suckling Piglets Diarrhoea with Herbal Formula	Evidence-Based Complementary and Alternative Medicine, 2017, 2017: 1-11

注: 本表所列论文篇目由中国畜牧兽医学会各相关分会推选提供。

（编辑 石 娟）

附录 7　兽医学学科重大研究项目概览

（2015—2019 年）

序号	课题名称	主持人	主持单位	执行时间
国家自然科学基金重大项目				
1	猪繁殖与呼吸综合征病毒的致病机理的研究	张改平	河南农业大学	2016—2020
国家自然科学基金重大研究计划项目				
2	源于鸡内源性白血病病毒的反义长非编码 RNA 的功能及表观遗传学调控机制研究	崔恒宓	扬州大学	2016—2018
国家自然科学基金重点项目				
3	抗细菌溶血素先导结构的发现及靶标确证	邓旭明	吉林大学	2012—2016
4	弓形虫与宿主互作的转录组及蛋白组研究	朱兴全	中国农业科学院兰州兽医研究所	2013—2017
5	基于转基因球虫模型研究禽类保护性免疫应答产生的机制	索　勋	中国农业大学	2013—2018
6	猪繁殖和呼吸综合征病毒 ORF1b 影响其致病性的分子机制	杨汉春	中国农业大学	2014—2018
7	狂犬病病毒糖蛋白致病与免疫逃避机制研究	傅振芳	华中农业大学	2014—2018
8	微小隐孢子虫 IId 亚型家族起源及区域独特性遗传结构形成机制	张龙现	河南农业大学	2014—2018
9	猪垂体促性腺激素合成和分泌的分子机理	崔　胜	中国农业大学	2015—2019
10	H9N2 亚型禽流感病毒基因变异对病毒生物学特性的影响机制	刘金华	中国农业大学	2015—2019
11	传染性法氏囊病毒（IBDV）感染宿主细胞的分子基础与致病机理	郑世军	中国农业大学	2015—2019
12	非肌肉肌球蛋白重链 II-A 介导猪繁殖与呼吸综合征病毒感染的分子机制	周恩民	西北农林科技大学	2015—2019
13	传染性法氏囊病强、弱毒侵染宿主细胞的分子机制	王笑梅	中国农业科学院哈尔滨兽医研究所	2015—2019
14	鸡源碳青霉烯类抗生素耐药大肠杆菌的产生机制和适应性研究	沈建忠	中国农业大学	2016—2019
15	TccSR 和 TcfSR 在布鲁氏菌致病过程中的分子调节机制	陈创夫	石河子大学	2016—2019
16	新疆重要自然宿主和媒介昆虫携带人兽共患病毒的病原生态学与分子流行病学研究	涂长春	军事医学研究院军事兽医研究所	2016—2019
17	新城疫病毒劫持宿主细胞蛋白翻译系统的机制研究	丁　铲	中国农业科学院上海兽医研究所	2016—2020
18	旋毛虫免疫抑制关键蛋白分子的分离、鉴定及其作用机制探究	刘明远	吉林大学	2016—2020

续表

序号	课题名称	主持人	主持单位	执行时间
19	Ipr1 蛋白抗结核的机理研究	张 涌	西北农林科技大学	2016—2020
20	对巨噬细胞 HIV 病毒储库的清除策略研究	王晓钧	中国农业科学院哈尔滨兽医研究所	2016—2018
21	microRNAs 调控猪繁殖和呼吸综合征病毒感染和细胞嗜性的分子机制研究	封文海	中国农业大学	2017—2021
22	胰岛素降解酶在隐孢子虫入侵的作用机制	冯耀宇	华东理工大学	2017—2021
23	传染性法氏囊病病毒蛋白 VP3 调控病毒复制的自噬调控机制研究	周继勇	浙江大学	2017—2021
24	A 型流感病毒的核质穿梭及其对病毒复制的影响	刘文军	中国科学院微生物研究所	2017—2021
25	猪瘟病毒新型细胞受体的鉴定及其介导病毒入侵的分子机制	仇华吉	中国农业科学院哈尔滨兽医研究所	2017—2021
26	鸡白痢沙门菌诱导 Th2 应答的抗原发掘及免疫机制研究	焦新安	扬州大学	2018—2022
27	碳青霉烯耐药基因的溯源及传播机制研究	刘雅红	华南农业大学	2018—2022
28	孕酮和雌二醇影响弓形虫入侵和增殖的机制	刘 群	中国农业大学	2018—2022
29	猪 δ 冠状病毒辅助蛋白拮抗 I 型干扰素的机制及其对致病性的影响	肖少波	华中农业大学	2018—2022
30	肠杆菌科细菌广泛耐药株 / 耐药基因在动物及相关环境的传播与影响研究	汪 洋	中国农业大学	2019—2022
31	禽 C 型偏肺病毒感染的分子致病机制	刘 爵	北京市农林科学院	2019—2023
32	H9N2 亚型禽流感病毒激活鸡 T 细胞免疫应答的分子机制	廖 明	华南农业大学	2019—2023
33	猪新型冠状病毒病原生物学研究	石正丽	中国科学院武汉病毒研究所	2019—2023
34	丝氨酸蛋白酶和补体对包虫—宿主界面微环境的调控及病理形成机制的研究	张文宝	新疆医科大学	2019—2023
35	东方巴贝斯虫对宿主特异性致病的差异机制研究	赵俊龙	华中农业大学	2020—2024
国家自然科学基金重点国际（地区）交流合作项目				
36	动物重要寄生虫全基因组测序及功能分析的合作研究	朱兴全	中国农业科学院兰州兽医研究所	2013—2016
37	泛耐药肠杆菌科细菌在动物、食品 / 环境、人之间的传播及其影响研究	沈建忠	中国农业大学	2016—2019
38	鸡球虫树突状细胞刺激性抗原的确定及其应用	李祥瑞	南京农业大学	2016—2019

续表

序号	课题名称	主持人	主持单位	执行时间
39	质粒协助沙门氏菌的适应性及其机制研究	刘雅红	华南农业大学	2016—2020
40	细胞因子风暴在猪胸膜肺炎放线杆菌致病过程中的作用和调控机制	雷连成	吉林大学	2016—2020
41	中英全球食品安全：家禽健康发展中的肿瘤病控制	成子强	山东农业大学	2017—2020
42	抗沙门氏菌三型分泌系统天然化合物的筛选及作用机理研究	邓旭明	吉林大学	2017—2021
43	猪源 MRSA 流行克隆的形成机制研究	吴聪明	中国农业大学	2018—2020
44	沙门氏菌、大肠杆菌以及弯曲杆菌对家禽生物安全影响	沈张奇	中国农业大学	2018—2020
45	狂犬病病毒调节血脑屏障打开机制研究	傅振芳	华中农业大学	2018—2022
46	动物戊型肝炎病毒跨种属感染、复制及致病的分子机制	周恩民	西北农林科技大学	2018—2022
47	禽流感病毒禽源宿主互作因子的挖掘及功能研究	金梅林	华中农业大学	2019—2023
48	微小隐孢子虫和人隐孢子虫新发亚型家族产生的遗传机制	肖立华	华南农业大学	2019—2023
国家杰出青年科学基金项目				
49	兽医药理学与毒理学	刘雅红	华南农业大学	2011—2015
50	兽医寄生虫学	冯耀宇	华东理工大学	2015—2019
51	兽医药理学与毒理学	刘健华	华南农业大学	2017—2021
52	兽医寄生虫学	胡 薇	复旦大学	2017—2020
53	兽医传染病学	曹胜波	华中农业大学	2018—2021
国家自然科学基金创新研究群体项目				
54	动物传染病	陈化兰	中国农业科学院哈尔滨兽医研究所	2016—2021
国家自然科学基金地区基金重点项目				
55	犬抗细粒棘球绦虫免疫保护机制研究及长效疫苗的研制	张文宝	新疆医科大学	2014—2017
国家科技重大专项				
56	MSFRI 在视网膜疾病猕猴繁育与动物模型评价中的应用	陈正礼	四川农业大学	2013—2018
57	抗病转基因牛新品种培育	张 涌	西北农林科技大学	2016—2020
58	鲁西黄牛 MSTN 基因敲除与 fat—1/fad3	权富生	西北农林科技大学	2016—2020
59	猪蓝耳、乙脑病毒易感或抗性基因鉴定与验证	李新云	华中农业大学	2018—2019

续表

序号	课题名称	主持人	主持单位	执行时间
国家重点基础研究发展计划项目（"973"计划）				
60	诱导多能干细胞（iPS）猪与小型猪疾病模型	刘忠华	东北农业大学	2011—2015
61	原始卵泡形成与募集的调控机制	夏国良	中国农业大学	2013—2017
62	畜禽重要病原菌抗生素耐药性形成、传播与控制的基础研究	沈建忠	中国农业大学	2013—2017
63	猪繁殖与呼吸综合征病毒与宿主相互作用调控病毒复制及宿主免疫应答的机制	杨汉春	中国农业大学	2014—2018
64	猪繁殖力的生理学及相关遗传调控机理	崔　胜	中国农业大学	2014—2018
65	牛羊重要寄生虫致病机制的分子基础	朱兴全	中国农业科学院兰州兽医研究所	2015—2020
国家高技术研究发展计划项目（"863"计划）				
66	畜禽养殖数字化关键技术与设备研发	赫晓燕	山西农业大学	2013—2017
国家科技支撑计划				
67	奶牛乳房炎亚单位多肽疫苗研制	赵兴绪	甘肃农业大学	2011—2015
68	肉牛生产质量监测关键技术研发与示范	姚　刚	新疆农业大学	2011—2015
69	新疆牧区商品牛羊安全健康饲养技术研究与集成示范	姚　刚	新疆农业大学	2012—2016
70	特种资源加工技术集成与产品	邓旭明	吉林大学	2013—2016
71	灵长类动物人类重大疾病模型的研究与示范	陈正礼	四川农业大学	2013—2017
72	新型动物药剂创制与产业化关键技术研究	张继瑜	中国农科院兰州畜牧与兽药研究所	2015—2019
73	重大动物疫病防控关键技术研究	周继勇	浙江大学	2015—2019
公益性行业（农业）科研专项项目				
74	畜禽福利养殖关键技术体系研究与示范	赵茹茜	南京农业大学	2010—2015
75	兽药残留及动物源病原菌耐药性控制技术研究	沈建忠	中国农业大学	2012—2016
76	动物源病原菌耐药性传播机制研究	刘雅红	华南农业大学	2012—2016
77	羊驼繁育及产业化关键技术研究与示范	董常生	山西农业大学	2013—2017
78	新型动物专用复方制剂的研制与应用	肖希龙	中国农业大学	2013—2017
79	放牧动物蠕虫病防控技术研究与示范	朱兴全	中国农业科学院兰州兽医研究所	2013—2017
80	动物源性沙门菌病防控技术研究与示范	焦新安	扬州大学	2014—2018
国家重点研发计划项目				
81	重要新发突发病原体防治、处置技术与产品研究	金宁一	中国人民解放军军事医学研究院	2016—2018

序号	课题名称	主持人	主持单位	执行时间
82	动物流感病毒遗传变异与致病机理研究	陈化兰	中国农业科学院 哈尔滨兽医研究所	2016—2020
83	猪重要疫病的诊断与检测新技术研究	郭军庆	河南省农业科学院	2016—2020
84	国产化高等级病原微生物模式实验室	王笑梅	中国农业科学院 哈尔滨兽医研究所	2016—2018
85	环境对畜禽繁殖健康影响的生理机制	张宏福	中国农科院 北京畜牧兽医研究所	2016—2019
86	猪初始态（Naive）多能干细胞系建立及多能性调控机制解析	刘忠华	东北农业大学	2016—2020
87	畜禽重要病原耐药性检测与控制技术研究	刘雅红	华南农业大学	2016—2020
88	重要热带病传播相关的入侵媒介生物及其病原体的生物学特性研究	吴忠道	中山大学	2016—2018
89	主要入侵生物的生物学特性研究	孙江华	中国科学院动物研究所	2016—2018
90	生物安全监测网络系统集成技术研究	孙岩松	中国人民解放军 军事医学研究院	2016—2018
91	国家生物安全监测网络系统集成技术研究	刘翟	中国科学院微 生物研究所	2016—2018
92	针对 EBOV、MERS–CoV、ZIKV、DENV、CHIKV 造成的五种新发突发外来疫病的宿主和相关媒介的生物防控技术与产品的研发	金侠	中国科学院 上海巴斯德研究所	2016—2018
93	新发与再现畜禽重大疫病的致病与免疫机制研究	童光志	中国农业科学院 上海兽医研究所	2016—2020
94	重大突发动物源性人兽共患病跨种感染与传播机制研究	谭文杰	中国疾病预防控制中心 病毒病预防控制所	2016—2020
95	重要神经嗜性人兽共患病免疫与致病机制研究	曹胜波	华中农业大学	2016—2020
96	家禽重要疫病诊断与检测新技术研究	王云峰	中国农业科学院 哈尔滨兽医研究所	2016—2020
97	牛羊重要疫病诊断与检测新技术研究	才学鹏	中国兽医药品监察所	2016—2020
98	宠物疾病诊疗与防控新技术研究	扈荣良	中国人民解放军 军事医学研究院 军事兽医研究所	2016—2020
99	潜在入侵的畜禽疫病监测与预警技术研究	吴绍强	中国检验检疫 科学研究院	2016—2020
100	种禽场高致病性禽流感、新城疫、禽白血病、沙门氏菌病综合防控与净化技术集成与示范	吴艳涛	扬州大学	2016—2020

续表

序号	课题名称	主持人	主持单位	执行时间
101	种畜场口蹄疫净化技术集成与示范	张永光	中国农业科学院 兰州兽医研究所	2016—2020
102	家禽重要免疫抑制病诊断新技术研究	秦爱建	扬州大学	2016—2020
103	猪重要疫病的诊断与检测新技术研究	石 磊	河南省农业科学院	2016—2020
104	新型动物药剂创制与产业化	袁宗辉	华中农业大学	2017—2019
105	卵巢早衰病因学及临床防治研究	夏国良	中国农业大学	2017—2020
106	畜禽重要疫病病原学与流行病学研究	涂长春	中国人民解放军 军事医学研究院 军事兽医研究所	2017—2020
107	畜禽重要病原菌的病原组学与网络调控研究	周 锐	华中农业大学	2017—2020
108	畜禽重要胞内菌基因调控及其与宿主互作的 分子机制研究	何正国	华中农业大学	2017—2020
109	猪重要疫病免疫防控新技术研究	仇华吉	中国农业科学院 哈尔滨兽医研究所	2017—2020
110	鸡重要疫病免疫防控新技术研究	彭大新	扬州大学	2017—2020
111	水禽重要疫病免疫防控新技术研究	汪铭书	四川农业大学	2017—2020
112	牛羊重要疫病免疫防控新技术研究	毛开荣	中国兽医药品监察所	2017—2020
113	动物疫病生物防治性制剂研制与产业化	钱爱东	吉林农业大学	2017—2020
114	动物重大疫病新概念防控产品研发	李一经	东北农业大学	2017—2020
115	畜禽疫病防控专用实验动物开发	刘长明	中国农业科学院哈尔滨 兽医研究所	2017—2020
116	珍稀濒危野生动物重要疫病防控与驯养繁殖 技术研发	刘 全	中国人民解放军 军事医学研究院 军事兽医研究所	2017—2020
117	边境地区外来动物疫病阻断及防控体系研究	王志亮	中国动物卫生与 流行病学中心	2017—2020
118	烈性外来动物疫病防控技术研发	李金祥	中国农业科学院 北京畜牧兽医研究所	2017—2020
119	畜禽群发普通病防控技术研究	王九峰	中国农业大学	2017—2020
120	中兽医药现代化与绿色养殖技术研究——中 兽药的绿色养殖技术集成与应用推广	李宏全	山西农业大学	2017—2020
121	牛羊重要疫病免疫防控新技术研究	陈建国	华中农业大学	2017—2020
122	防治畜禽呼吸、消化系统疾病的现代中兽药 产品创制	曾建国	湖南农业大学	2017—2020
123	新型生物识别材料库的构建及其制备关键技 术研究	沈建忠	中国农业大学	2018—2021

续表

序号	课题名称	主持人	主持单位	执行时间
124	畜禽药物的代谢转归与耐药性形成机制研究	汪 洋	中国农业大学	2018—2020
125	畜禽重要胞内寄生原虫的寄生与免疫机制研究	陈启军	沈阳农业大学	2018—2021
126	畜禽肠道健康与消化道微生物互作机制研究	姚军虎	西北农林科技大学	2018—2021
127	严重危害畜禽的寄生虫病诊断、检测与防控新技术	殷 宏	中国农业科学院兰州兽医研究所	2018—2021
128	畜禽重要人兽共患寄生虫病源头防控与阻断技术研究	刘明远	吉林大学	2018—2021
129	畜禽重要病原共感染与协同致病机制研究	丁 铲	中国农业科学院上海兽医研究所	2018—2020
130	非洲猪瘟等外来动物疫病防控科技支撑	朱鸿飞	中国农业科学院北京畜牧兽医研究所	2018—2020
131	生物安全高效应对产品研发技术体系研究	步志高	中国农业科学院哈尔滨兽医研究所	2018—2020
132	高致病性病毒转录复制过程关键蛋白质机器的功能和干预机制	陈新文	中国科学院武汉病毒研究所	2018—2022
133	重要人兽共患食源性病原微生物在动物养殖和屠宰过程中的风险监测和防控技术研究	黄金林	扬州大学	2018—2020
134	整合鸡 GWAS 及肠道菌群信息揭示其生长调控作用机理	刘华珍	华中农业大学	2018—2020
135	猪伪狂犬病、猪瘟区域净化与根除及种猪场高致病性蓝耳病净化技术集成与示范	吴 斌	华中农业大学	2019—2021
136	种畜场牛结核和布鲁氏菌病综合防控与净化技术集成与示范	杜 锐	吉林农业大学	2019—2021
农业部引进国际先进农业科学技术计划（"948"项目）				
137	羊驼毛用性状改良育种材料的引进与应用	董常生	山西农业大学	2011—2015
138	降解角蛋白类废弃物的耐热菌种的引进、应用和改良与关键的固体发酵设备的引进	杨德吉	南京农业大学	2015—2015
教育部"创新团队发展计划"滚动支持项目				
139	转基因克隆动物	李子义	吉林大学	2017—2019
140	兽用抗菌药的安全性评价研究	刘雅红	华南农业大学	2018—2020
141	动物医学生物工程	马忠仁	西北民族大学	2018—2020
142	牛、羊重要传染病防控关键技术研究	王玉炯	宁夏大学	2018—2020

资料来源：中国畜牧兽医学会相关分会。

（编辑 刘 琳）

附录 8　兽医学学科重大学术活动概览

（2015—2019 年）

序　号	学术活动	举办时间	地　　点	参加人数
1	2015 年中国狂犬病年会	2015 年 4 月	武　汉	400
2	中国畜牧兽医学会生物技术学分会暨中国免疫学会兽医免疫分会第九届动物疫病（禽病）防控技术论坛	2015 年 4 月	宁　波	251
3	中国畜牧兽医学会兽医内科与临床诊疗学分会第八次全国会员代表大会暨学术研讨会、动物毒物学分会第六次全国会员代表大会暨第十四次学术研讨会	2015 年 7 月	大　庆	260
4	中国畜牧兽医学会小动物医学分会第 9 次学术交流大会	2015 年 7 月	贵　阳	800
5	中国畜牧兽医学会兽医病理学分会第二十一次学术研讨会	2015 年 7 月	太　原	289
6	中国畜牧兽医学会中兽医学分会第一届中兽药现代研究与开发进展报告会	2015 年 7 月	潍　坊	200
7	中国畜牧兽医学会兽医寄生虫学分会第十三次学术研讨会	2015 年 7 月	哈尔滨	430
8	第三届水禽疫病防控研讨会	2015 年 8 月	成　都	170
9	中国畜牧兽医学会兽医外科学分会第 21 次学术研讨会	2015 年 8 月	昆　明	350
10	中国畜牧兽医学会动物传染病学分会第十六次学术研讨会	2015 年 9 月	济　南	600
11	中国畜牧兽医学会生物技术学分会暨中国免疫学会兽医免疫分会第十届动物疫病（猪病）免疫防控技术论坛	2015 年 9 月	成　都	306
12	2015 中国猪业科技大会暨中国畜牧兽医学会 2015 年学术年会	2015 年 9 月	厦　门	2000
13	中国畜牧兽医学会动物药品学分会新兽药研发相关问题研讨会	2015 年 10 月	杭　州	260
14	中国畜牧兽医学会兽医药理毒理学分会第十一次会员代表大会暨第十三次学术讨论会	2015 年 10 月	长　沙	630
15	中国畜牧兽医学会口蹄疫学分会第十五次学术研讨会	2015 年 11 月	广　州	295
16	中国畜牧兽医学会禽病学分会第四届全国禽病分子生物技术青年工作者会议	2015 年 11 月	天　津	200
17	中国畜牧兽医学会中兽医学分会 2015 年学术年会暨首届中兽医诊疗技术培训班	2015 年 11 月	南　宁	450

序　号	学术活动	举办时间	地　　点	参加人数
18	中国畜牧兽医学会兽医产科学分会第七次全国会员代表大会暨第十二次学术研讨会	2015 年 11 月	杨　凌	224
19	中国畜牧兽医学会兽医食品卫生学分会第十三次学术研讨会	2015 年 12 月	北　京	150
20	中国畜牧兽医学会生物技术学分会暨中国免疫学会兽医免疫分会第十一届哈兽研维科生物动物疫病（禽病与猪病）防控技术论坛会	2016 年 4 月	海　口	260
21	2016 中国狂犬病年会	2016 年 4 月	北　京	400
22	全国包虫病防控技术研讨会	2016 年 5 月	乌鲁木齐	50
23	中国畜牧兽医学会小动物医学分会第 10 次学术交流大会	2016 年 7 月	成　都	1800
24	中国畜牧兽医学会兽医公共卫生学分会第五次学术研讨会	2016 年 7 月	通　辽	150
25	中国畜牧兽医学会兽医病理学分会第二十二次学术研讨会	2016 年 7 月	海　口	233
26	中国畜牧兽医学会动物生理生化学分会第十四次学术交流会	2016 年 8 月	长　沙	380
27	中国畜牧兽医学会动物解剖及组织胚胎学分会第十九次学术研讨会	2016 年 8 月	郑　州	320
28	第 25 届世界家禽大会暨中国畜牧兽医学会2016 年学术年会	2016 年 9 月	北　京	4210
29	中国畜牧兽医学会生物制品学分会第八次全国会员代表大会暨 2016 年学术年会	2016 年 9 月	成　都	200
30	中国畜牧兽医学会动物药品学分会第五次全国会员代表大会暨 2016 年学术年会	2016 年 9 月	成　都	227
31	中国畜牧兽医学会兽医寄生虫学分会成立三十周年纪念活动暨第 14 次学术研讨会	2016 年 9 月	北　京	305
32	中国畜牧兽医学会兽医影像技术学分会第十五次学术研讨会	2016 年 10 月	泰　安	200
33	中国畜牧兽医学会生物技术学分会暨中国免疫学会兽医免疫分会第十二次学术研讨会	2016 年 10 月	昆　明	400
34	中国畜牧兽医学会中兽医学分会 2016 年学术研讨会暨中兽药新产品研发研讨会	2016 年 10 月	成　都	480
35	中国畜牧兽医学会兽医产科学分会第十三次学术研讨会	2016 年 10 月	宁　波	184
36	中国畜牧兽医学会动物微生态学分会第十二次全国学术研讨会	2016 年 11 月	青　岛	303

续表

序 号	学术活动	举办时间	地 点	参加人数
37	中国畜牧兽医学会第八届全国畜牧兽医青年科技工作者学术研讨会	2016 年 11 月	绍 兴	310
38	中国畜牧兽医学会第一届"青年拔尖人才"学术论坛	2017 年 3 月	井 冈 山	120
39	2017 年中国狂犬病年会	2017 年 4 月	杭 州	800
40	第五届全国人畜共患病学术研讨会	2017 年 4 月	南 京	500
41	中国畜牧兽医学会生物技术学分会暨中国免疫学会兽医免疫分会第十三届哈兽维科动物疫病防控技术论坛会、学术研讨会	2017 年 5 月	青 岛	300
42	2017 全国包虫病防控技术研讨会	2017 年 6 月	成 都	130
43	中国畜牧兽医学会兽医外科学分会第 22 次学术研讨会	2017 年 7 月	成 都	250
44	中国畜牧兽医学会小动物医学分会第 11 次学术交流大会	2017 年 7 月	成 都	2000
45	中国畜牧兽医学会犬学分会第八次全国会员代表大会暨第 17 次全国犬业科技学术研讨会	2017 年 7 月	太 原	260
46	第四届水禽疫病防控学术研讨会暨第五届全国禽病分子生物学技术青年学者论坛	2017 年 7 月	泰 安	400
47	中国畜牧兽医学会兽医病理学分会第九次全国会员代表大会暨第二十三次学术研讨会	2017 年 7 月	锦 州	308
48	中国畜牧兽医学会兽医内科与临床诊疗学分会 2017 年学术研讨会	2017 年 8 月	成 都	400
49	中国畜牧兽医学会动物传染病学分会第九次全国会员代表大会暨第十七次全国学术研讨会	2017 年 8 月	贵 阳	550
50	中国畜牧兽医学会中兽医学分会 2017 年学术研讨会暨中兽药产品研发研讨会 2017 年第二次会议	2017 年 8 月	郑 州	460
51	2017 中国猪业科技大会	2017 年 9 月	重 庆	2112
52	中国畜牧兽医学会兽医食品卫生学分会第十四次学术研讨会	2017 年 9 月	北 京	200
53	中国畜牧兽医学会动物药品学分会 2017 年学术研讨会	2017 年 9 月	兰 州	240
54	2017 年兽医生物技术与生物制品学术论坛	2017 年 9 月	常 州	400
55	中国畜牧兽医学会口蹄疫学分会第十六次学术研讨会	2017 年 10 月	青 岛	260
56	中国畜牧兽医学会兽医药理毒理学分会第十四次学术讨论会暨成立 30 周年纪念大会	2017 年 10 月	青 岛	700

序　号	学术活动	举办时间	地　点	参加人数
57	中国畜牧兽医学会 2017 年学术年会	2017 年 11 月	海　口	800
58	中国畜牧兽医学会第二届"青年拔尖人才"学术论坛	2018 年 1 月	杭　州	160
59	2018 年中国狂犬病年会	2018 年 4 月	长　沙	1500
60	中国畜牧兽医学会小动物医学分会第四次全国会员代表大会暨第 12 次学术交流大会	2018 年 4 月	海　口	2500
61	第一届热带虫媒病与病媒生物防控高峰论坛	2018 年 4 月	海　口	200
62	第二十五届国际猪病大会暨 2018 国际猪繁殖与呼吸综合征学术研讨会（IPVS 2018）	2018 年 6 月	重　庆	5599
63	中国畜牧兽医学会兽医外科学分会第 23 次学术研讨会	2018 年 7 月	扬　州	150
64	中国畜牧兽医学会兽医公共卫生学分会第三次全国会员代表大会暨第六次学术研讨会	2018 年 7 月	乌鲁木齐	260
65	中国畜牧兽医学会兽医病理学分会第二十四次学术研讨会	2018 年 7 月	青　岛	352
66	首届全国中兽医青年工作者教学及临床研讨会	2018 年 7 月	北　京	71
67	第十二届马立克氏病与家禽疱疹病毒国际学术研讨会	2018 年 7 月	扬　州	300
68	中国畜牧兽医学会动物解剖及组织胚胎学分会第二十次学术研讨会	2018 年 8 月	呼和浩特	400
69	中国畜牧兽医学会生物技术学分会第十三次学术研讨会	2018 年 8 月	哈尔滨	400
70	中国畜牧兽医学会兽医影像技术学分会第八次全国会员代表大会暨第十六次学术研讨会	2018 年 8 月	昆　明	293
71	中国畜牧兽医学会中兽医学分会第九次全国会员代表大会暨 2018 学术研讨会、中兽药新产品研发研讨会	2018 年 8 月	太　原	490
72	中国畜牧兽医学会动物药品学分会 2018 年学术年会	2018 年 9 月	武　汉	320
73	中国畜牧兽医学会生物制品学分会暨中国微生物学会兽医微生物学专业委员会学术论坛	2018 年 9 月	武　汉	400
74	中国畜牧兽医学会兽医寄生虫学分会第八次全国会员代表大会暨第 15 次学术研讨会	2018 年 10 月	长　沙	548
75	中国畜牧兽医学会动物毒物学分会第十五次学术研讨会	2018 年 10 月	长　沙	120
76	中国畜牧兽医学会动物生理生化学分会第八次全国会员代表大会暨第十五次学术交流会	2018 年 10 月	武　汉	400

续表

序　号	学术活动	举办时间	地　点	参加人数
77	中国畜牧兽医学会兽医产科学分会第十四次学术研讨会	2018 年 10 月	重　庆	324
78	中国畜牧兽医学会动物微生态学分会第十三次全国学术研讨会暨绿色生态畜牧业战略发展论坛	2018 年 11 月	广　州	413
79	中国畜牧兽医学会 2018 年学术年会	2018 年 11 月	南　宁	1050
80	中国畜牧兽医学会第三届"青年拔尖人才"学术论坛	2019 年 1 月	武　汉	200
81	第二届热带虫媒病与病媒生物防控高峰论坛	2019 年 4 月	博　鳌	300
82	2019 年人兽共患病国际研讨会暨中国狂犬病年会	2019 年 5 月	合　肥	2000
83	2019 中国水禽饲养技术、生物安全与环境控制学术研讨会	2019 年 7 月	清　远	300
84	中国畜牧兽医学会小动物医学分会第 13 次学术交流大会暨 2019 年中国小动物医学大会	2019 年 7 月	大　理	1400
85	中国畜牧兽医学会兽医外科学分会第十次全国会员代表大会暨第 24 次学术研讨会	2019 年 7 月	南　宁	150
86	中国畜牧兽医学会兽医病理学分会第二十五次学术研讨会	2019 年 7 月	天　津	351
87	中国畜牧兽医学会中兽医学分会 2019 年学术研讨会暨中兽药研发与应用研讨会第二次会议	2019 年 8 月	银　川	470
88	中国畜牧兽医学会动物微生态学分会五届四次理事会暨动物微生态制剂学术研讨会	2019 年 8 月	郑　州	158
89	中国畜牧兽医学会兽医内科与临床诊疗学分会第九次全国会员代表大会暨学术研讨会	2019 年 8 月	合　肥	420
90	中国畜牧兽医学会动物传染病学分会第十八次全国学术研讨会	2019 年 8 月	武　汉	1100
91	2019 中国猪业科技大会暨中国畜牧兽医学会 2019 年学术年会	2019 年 9 月	青　岛	1150
92	中国畜牧兽医学会兽医药理毒理学分会第十二次会员代表大会暨第十五次学术讨论会	2019 年 10 月	兰　州	600
93	中国畜牧兽医学会口蹄疫学分会第十七次学术研讨会	2019 年 10 月	腾　冲	260
94	中国畜牧兽医学会禽病学分会第六届全国禽病分子生物技术青年工作者会议	2019 年 10 月	洛　阳	200
95	中国畜牧兽医学会生物制品学分会 2019 年学术论坛	2019 年 10 月	泰　兴	230

续表

序号	学术活动	举办时间	地　点	参加人数
96	中国畜牧兽医学会动物药品学分会新兽药研发相关问题研讨会	2019 年 10 月	郑　州	300
97	中国畜牧兽医学会兽医食品卫生学分会第十五次学术研讨会	2019 年 12 月	济　南	200

资料来源：中国畜牧兽医学会和各相关分会。

（编辑　石　娟）

附录 9　兽医学学科核心期刊目录

（截至 2019 年年底）

序号	期刊名称	英文刊名	出版刊号	主办单位	刊期	创刊年份	核心期刊
1	畜牧兽医学报	*Chinese Journal of Animal and Veterinary Sciences*	CN11-1985/S	中国畜牧兽医学会	月刊	1956	①核心库②③④⑤
2	中国兽医科学	*Veterinary Science in China*	CN62-1192/S	中国农业科学院兰州兽医研究所	月刊	1971	①扩展库②③④
3	中国预防兽医学报	*Chinese Journal of Preventive Veterinary Medicine*	CN23-1417/S	中国农业科学院哈尔滨兽医研究所	月刊	1979	①扩展库②③④
4	中国兽医学报	*Chinese Journal of Veterinary Science*	CN22-1234/R	吉林大学	月刊	2003	①扩展库②③④
5	畜牧与兽医	*Animal Husbandry & Veterinary Medicine*	CN32-1192/S	南京农业大学	月刊	1935	②③④
6	动物医学进展	*Progress in Veterinary Medicine*	CN61-1306/S	西北农林科技大学	月刊	1980	②③④
7	中国动物传染病学报	*Chinese Journal of Animal Infectious Diseases*	CN31-2031/S	中国农业科学院上海兽医研究所	双月刊	1993	②③④
8	中国畜牧兽医	*China Animal Husbandry & Veterinary Medicine*	CN11-4843/S	中国农业科学院北京畜牧兽医研究所	月刊	2002	②③④⑤
9	中国兽药杂志	*Chinese Journal of Veterinary Drug*	CN11-2820/S	中国兽医药品监察所	月刊	1955	②④⑤
10	中国兽医杂志	*Chinese Journal of Veterinary Medicine*	CN11-2471/S	中国畜牧兽医学会	月刊	1953	③④

续表

序号	期刊名称	英文刊名	出版刊号	主办单位	刊期	创刊年份	核心期刊
11	黑龙江畜牧兽医	*Heilongjiang Animal Science &Veterinary Medicine*	CN23-1205/S	黑龙江省畜牧兽医学会	半月刊	1958	③④
12	中国动物检疫	*China Animal Health Inspection*	CN37-1246/S	中国动物卫生与流行病学中心	月刊	1982	④⑤

注：①为中国科学引文数据库核心库来源期刊。源自中国科学院文献情报中心（2019–2020）。

②为中国科技论文统计源期刊（中国科技核心期刊）。源自中国科学信息研究所。

③为中文核心期刊。源自北京大学《中文核心期刊要目总览（2017版，第8版）》（2018年出版）。

④为中国农业核心期刊。源自中国农业出版社《中国农业核心期刊概览2014》。

⑤为开放获取期刊。

（编辑　石　娟）

ABSTRACTS

Comprehensive Report

Advances in Veterinary Medicine

Veterinary medicine is the science of studying the laws of animal life and preventing, diagnosing and treating its diseases. There are two distinct veterinary academic systems in China, namely traditional veterinary medicine and modern veterinary medicine. These two coexisting academic systems play their respective advantages in clinical practice and jointly promote the development of Chinese veterinary disciplines. Specialization, independence and institutionalization have become the mainstream of contemporary Chinese veterinary education, research and clinical practice activities.

Veterinary medicine originated in animal husbandry, but current veterinary research is not limited to the simple diagnosis and treatment of livestock and poultry diseases, but extends to the study of disease prevention and other economic animals, companion animals, aquatic animals, ornamental animals, laboratory animals and wild animals. Diagnosis and treatment, and related to public health, medicine, biology, the environment and other fields. Veterinary medicine not only provides strong technical support for the development of animal husbandry, but also plays a huge guarantee for social public health, providing a rich experimental platform for life science research.

Animal anatomy, histology and embryology is one of important basic disciplines of animal science and veterinary medicine. In recent years, this discipline has developed rapidly, mainly

including: the increase in the variety of research animals; the display of various changes in morphology at the molecular level; the study on the changes of animal morphological structure, from the perspective of multiple factors of time and space; the thorough research on the formation mechanism and regulation mechanism of morphological structure; the increasing combination of basic research and practical application; the widely application of digitalization and information technology; the fruitful achievement in teaching research and teaching reform; compared with foreign countries, many teaching and research achievements are on the top. The future development direction is to continue to deepen basic research, strengthen the promotion and application of scientific research achievements, promote cross-disciplinary integration, popularize digital anatomy, and create an environmentally-friendly environment of anatomical teaching.

As an indispensable part of modern veterinary medicine, in recent years, the animal physiology and biochemistry has received extensive attention from scientists and made obvious progress.In the field of animal growth metabolism, we have screened several kinds of nutrients that can play a role in epigenetic regulation and studied their specific mechanism in a variety of epigenetic pathways just like DNA methylation, histone acetylation, and miRNAs. We also focus on skeletal muscle development and the role of adipokines ZAG in the regulation of Lipid metabolism. In the field of reproductive physiology, we have systematically studied the female embryo development, male gamete development, embryo implantation and maternal-fetal dialogue, which has laid a solid foundation for researching the regulation of livestock pregnancy. In the field of animal immunity and stress, we have explored regulation mechanism of cold stress on homeostasis and analyzed the influence of chronic stress on the metabolic function of livestock and poultry. The frequency and diversity of Ig coding genes at different developmental stages of swine has been found.In the field of digestive physiology of ruminants, significant progress has been made in the development and function of rumen tissue, rumen digestion and escape technology, and research on improving or regulating rumen digestion performance. In short, animal physiology and biochemistry as a basic discipline of animal medicine, its development has laid a good foundation for the development of veterinary science.

Veterinary pathology is the study of etiology, pathogenesis, and prognosis of animal diseases, as well as the alterations to morphology and physiology. The fundamental task of veterinary pathology is to explore the mechanism of animal diseases, providing necessary theories to understand cognition, prevention, control and treatment. Therefore, veterinary pathology plays an indispensable role in animal diseases. Currently, veterinary pathology has made a significant progress in several areas including discipline development, mechanism exploration, specific services and cultivation of professionals with contributions of practitioners who were taken "pathology-based, in-depth exploration, precise service" as the guiding ideology. Those progress mainly reflected below: The appearance of new methods, technologies, and appliances of pathology led to extension of veterinary pathology application field in all directions; breakthroughs were achieved by delving into the mechanism of major animal diseases, common diseases and new emerging diseases; close combination with animal clinical diagnoses were built to solve practical problems; Service area in pathological diagnoses were expanded to cover livestock, wild animals, aquatic animals, laboratory animals, as well as companion animals in clinical practice, and pathological evaluation of drug toxicity; Academic atmosphere was significantly improved;. Basic education in this field was gradually enhanced, as multiple classic translations and original atlas about veterinary pathology were published. Meanwhile, the application of microscope interactive and digital section scanning platform obviously improves the teaching quality. The growing number of veterinary pathological practitioners and active academic exchanges are reflective of connection and integration between subjects, and other potential advantages. To actively respond to the national call, we gave full play to pathology expertise, and devoted to poverty alleviation through science and technology. The technological standards for veterinary pathology was established and action of animal health monitoring was carried on by years. Insight into the development needs of the industry, and promoting the veterinary pathology industry self-discipline, could improve comprehensive operational capabilities of pathologists. There are opportunities and challenges which implies that we catch up with the development of veterinary pathology, internal motivation in the industry, will accelerate construction and development of veterinary pathology, promote the expansion of veterinary pathologists and improve business capacity, in order to better serve practice and make a greater contribution to the health of human and animals.

Veterinary pharmacology and toxicology is a basic and applied discipline, which is an important component of basic veterinary medicine. In recent years, systematic and in-depth research has been carried out in veterinary pharmacology and toxicology, including veterinary pharmacodynamics, toxicology, drug resistance, pharmacokinetics, veterinary drug residues, and consistency evaluation of new veterinary drugs. Pharmacodynamics mainly focuses on the field of anti-infective drugs, especially the increasingly drug resistance of pathogenic bacteria in livestock and poultry; toxicology mainly focuses on toxicological safety evaluation of new veterinary drugs(or feed additives) and existing veterinary drugs(or feed additives) with incomplete toxicological data; drug resistance is mainly concerned with carbapenemase-

producing pathogens, *mcr-1* gene-carrying pathogens and methicillin-resistant *Staphylococcus aureus*; pharmacokinetics mainly focuses on pharmacokinetics/pharmacodynamics synchronization model and physiological pharmacokinetics, formulation of rational medication schemes for veterinary clinical commonly used drugs, prediction of dose adjustment and species extrapolation, and reducetion of drug resistance; the field of veterinary drug metabolism and residue develops the research of comparative metabolic kinetics and *in vivo* disposal of more than 10 important veterinary drugs in experimental animals and food animals. The development trends and strategies in the next five years are as following: ①Finding new drug targets and drug resistance reduction products is an important task in pharmacodynamics; ②Improving the safety evaluation of veterinary drugs and feed additives, and strengthening the standardization of evaluation process are the development trends of toxicology; ③Drug resistance research should focus on drug resistance monitoring and drug resistance reduction; ④Pharmacokinetics should play more roles in veterinary drug consistency evaluation, rational drug use and drug resistance control; ⑤Veterinary drug residues should develop the early warning technology and reference materials of veterinary drug residues as well as the integration of standardization and monitoring of veterinary drug residues.

Veterinary immunology is an important core discipline of veterinary medicine, which has extensive links and overlaps with veterinary microbiology, veterinary epidemiology and veterinary parasitology. Veterinary immunology is a branch of immunology that studies the structure and function of animal immune system, the mechanisms of immune response. Veterinary immunology aims to understand the composition of different animal immune systems, immune recognition and response to infection, and to develop new diagnostic, preventive and therapeutic techniques. In the past five years, with the continuous innovation of immunology technology and theory, the field of veterinary immunology has developed rapidly with the following features and progress: ①New techniques are applied rapidly in the research of veterinary immunology; ②Composition of immune system of poultry, pig, cattle, horse, sheep and other animals has been continuously studied; ③Field of infection and immunity has become a hot spot in the field of veterinary immunology, and a series of molecular mechanisms of antiviral natural immune response have been discovered; ④Many novel molecular immunology mechanism have been discovered, especially in the pathogen recognition, activation and regulation of innate immune signaling pathway, and the antagonism and escape mechanism of pathogens.

From 2015 to 2019, the discipline Veterinary microbiology in China has achieved fruitful results in the discovery and identification of new pathogens, functional cognition of microbial structure,pathogenesis and immune control. With the application of next-generation sequencing technology, it is becoming more accurate and convenient to do monitoring, identification and pathogenicity research on new and variant pathogens.

Through whole-genome analysis of pathogens causing major animal diseases such as foot-and-mouth disease, avian influenza, Newcastle disease, swine fever, pseudorabies, porcine blue-ear disease and swine streptococcosis, a large number of functional genes of great value were screened. The structure-function relationship of the virulence-associated proteins, the interaction between pathogenic microorganisms and their target cells and the molecular basis of pathogenicity to the host were revealed.

Microbial drug resistance research has attracted much attention. In the past five years, Chinese scholars have published more than 9,000 research papers on bacterial drug resistance, which is 1.37 times that of the previous five years. A new gene known as *mcr-1*, which can make bacteria resistant to colistin, was first reported in China in 2015. The emergence and spread of drug-resistant bacteria has prompted research into the development of alternative disease control strategies. Antibiotic substitutes such as antimicrobial peptides, microecological preparations and bacteriophage have become one of today's scientific research hotspots.

A series of important detection techniques are increasingly developed, from LAMP, qPCR and genechip technology to RNA sequencing and single-cell sequencing, and from ELISA, colloidal gold test strips to liquid chips, metabolomics analysis and biosensors. They has improved not only the specificity and sensitivity of microbial detection, but also the ability to probe new microbes from big data, providing important guarantees for early warning and tracking of new epidemics.

In recent years, the subject of animal infectious diseases in China has made rapid development and major breakthroughs in scientific research, personnel training, achievement transformation, condition construction, application demonstration, system integration, animal epidemic prevention system and prevention and control mechanism construction. A series of papers have been published in international famous journals such as *Nature*, *Science*, *PNAS*, and a number of new technologies and techniques have been established. The number of patents has increased dramatically, the application and approval of new veterinary medicine certificates has been accelerated, and a series of scientific research achievements have been achieved. Scientific research talents and innovative teams have emerged. All these achivement laid a solid foundation for the sustainable development of this subject, the effective prevention and control of animal

infectious diseases, which ensures the healthy and orderly development of animal husbandry in China, as well as the safety of people's lives, social harmony, economic prosperity and long-term stability of the country.

Veterinary parasitology revolves around important parasitic diseases of livestock and poultry and zoonotic parasitosis. A number of scientific research projects such as the "973" project, the 13th Five-year National key R&D Program of China, and the National Natural Science Foundation have been undertaken, and the number of published papers has increased in some important international academic journals. It has obtained several new veterinary drug registration certificates, and scientific and technological awards. The number of experts selected for various talent projects has also increased significantly. Academic exchanges are active at home and abroad, and many experts are well known in the international academic circles.

Researches on important parasitic diseases have been carried out such as coccidiosis, neosporosis, schistosomiasis, haemonchosis, acariasis, and vector-borne diseases, and many international advanced achievements have been achieved during the past years. A few live vaccines for chicken coccidiosis have been used in production in China. Gene regulatory expression technology was successfully applied to *Neospora caninum*, and a platform has been established for the research of parasitic nematode microinjection technology. Serological and molecular biological methods are established for detection of piroplasmosis in livestock, and the industry standards of "Diagnostic Technology of Bovine Theileriasis" and "Diagnostic Technology of Bovine Babesiosis"have been declared.

It has studies in depth the important zoonotic parasitic diseases including toxoplasmosis, cryptosporidiosis, schistosomiasis, echinococcosis, and trichinosis. In-depth and systematical studies have been conducted regarding to toxoplasmosis and cryptosporidiosis in China, and many articles have been published in important international journals. The epidemic situation of schistosomiasis continues to decline, and the overall goal of the National Plan for the Prevention and Control of Schistosomiasis in the Middle and Long Term（2014-2015）has been achieved on schedule. It has formulated and revised the agricultural industry standard of "Diagnostic Techniques for Echinococcosis（NY/T1466）". The control strategy of "single extinction pathogen"for non-polluting canine deworming has popularized in nearly 200 counties in echinococcosis high-incidence areas, and compulsory immunization is required by using the recombinant protein vaccine against sheep hydatidosis in epidemic areas. Successful establishment of non-blind-zone immunological diagnosis and testing technology for trichinella spiralis.Institute of Zoonosis in Jilin University was identified as food parasitic disease cooperation center of OIE Asia Pacific in 2014.

Several new veterinary medicine certificates have been obtained for anti-parasitic drugs. Moreover, chicken coccidiosis vaccine and recombinant protein vaccine for sheep echinococcosis have been also obtained new veterinary drug certificates.

Veterinary public health (VPH) is a component of public health that focuses on the application of veterinary science to protect and improve the physical, mental and social well-being of humans. VPH has progresses in the following areas: Zoonosis control, food production and safety, the emergence of resistance to antimicrobial drugs and environmental contamination etc. VPH concerns all areas of food production and safety, zoonosis control, environmental protection and animal welfare. The active surveillance of animal diseases, their distribution routes and control of emerging and re-emerging diseases is one of the major tasks of VPH. Other issues may concern the use of animals in science, not only for experimentation, but also the use of transgenic animals and xenotransplantation.

In 2018-2019, the discipline of VPH in China developed rapidly and achieved remarkable progresses in Zoonosis and food safety, including the detection sensitivity of pathogens, the protection measures of Zoonosis, and the control of environmental contamination caused by veterinary activities, etc. Although African swine fever spread in China from 2018 and the virus is not a public health threat, it has changed the pork production chain from controlling ASF contamination. From then on, establishment of VPH units at all levels, effective surveillance for zoonotic diseases, institution of legal framework to define role of VPH services, creation of public health awareness, collaborative works with health departments, improving laboratory facilities and training programs for the veterinarian are keys to ensure better VPH services.

The research carried out in veterinary internal medicine mainly focused on epidemiology and pathogenesis of nutrition metabolic and poisoning diseases, and elimination rule of feed-origin toxic residuals in livestock and poultry. Disorders of energy metabolism in dairy cattle including ketosis and fatty liver disease were systematically studied, and key technologies of regulating and controlling metabolic diseases in perinatal cows were established. Feed additives were developed to prevent and control heat stress syndrome diseases in cattle and swine.The pharmacokinetic parameters of selenium in various livestock and poultry were obtained, and the prevention and treatment of selenium deficiency in livestock and poultry were established. 316 species of 168 genera of 52 families of poisonous herbs in the natural grassland of China were identified.

Among them, there are 20 dominant species including Oxytropisglabra, Oxytropiskansuensis and Oxytropisglacialis. Studies on the hazards of major environmental contaminants including mainly heavy metals have been performed, and the results have confirmed that selenium could antagonize the toxicity of heavy metals such as cadmium and lead, and significantly reduce the levels of heavy metals in tissues. These studies have also suggested that the molecular biological mechanisms by which selenium antagonizes the toxicity of heavy metals are via the regulation of oxidative stress, immunity, endoplasmic reticulum stress and mitochondrial apoptosis.

In 2019, the discipline of veterinary surgery in China developed steadily and achieved remarkable progress in discipline construction practice, scientific research, teaching, technology extension and social services. The major development of the discipline of veterinary surgery involves : Academic exchanges is active; The application of new veterinary surgical techniques is now in the ascendant. The branch of veterinary surgery is growing and becoming more and more prominent. Textbooks and monographs of veterinary surgery are continuously published. New progress has been made in scientific research fields of veterinary surgery.

The main content of veterinary obstetrics includes reproductive endocrinology, reproductive physiology, reproductive technology, obstetrics, gynecology, andrology, neonatology and udder diseases. Due to the increasing scale of breeding of experimental animals, economic animals and companion animals, as well as the increasing attention of wild and endangered animals, the reproductive physiology, reproductive technology and reproductive diseases associated with these have also been absorbed into this subject. Therefore, a more and more category-enriched theriogenology has been formed.

In recent years, veterinary obstetrics has closely focused on the core content of obstetrics discipline. Basic research in pathogenic mechanism and new theory of prevention and the development and application of new technology for important animal reproductive diseases have all been carried out. Veterinary obstetrics also focuses on uterine diseases, ovarian diseases and mastitis of dairy animals. It also combines the major needs of the national economic development, follows the trend of international veterinary obstetrics, and actively expands the research field, and has achieved a series of important achievements in animal oogenesis and follicular development, animal endometrial receptivity establishment and embryo implantation, animal reproductive immunology, animal transgenic somatic cell cloning and reprogramming of cloned embryos, animal precision gene editing technology, and male reproduction.

Traditional Chinese Veterinary Medicine（TCVM）is a comprehensive veterinary system with the characteristics of Chinese civilization, which is equivalent to the sum of the various disciplines of modern veterinary medicine. Based on the theory of Chinese Traditional culture, the research methods of veterinary medicine have formed their own characteristics, advocating the immediate observation of animals as a whole *in vivo*, the clinical diagnosis and treatment of natural cases occurring in clinic, and paying attention to the expression and recording of language descriptive methods. This is complementary to the microscopic observation, model research and quantitative expression of modern veterinary medicine. Regarding the treatment attitude, TCVM therapy emphasizes the protection and utilization of animals' self-regulation function and overall regulation. Utilization of traditional Chinese medicine, acupuncture and so on, has exerted good effects on many diseases which are difficult to cure with therapies of modern medicine. In the past five years, the diagnosis and treatment of animal's colon dampness and heat syndrome have been carried out in the aspect of syndromes.

In clinical treatment, porcine, bovine uterine inflammation and diarrhea, cow mastitis, limb hoof disease, poultry virus infectious diseases and parasitic diseases of Chinese veterinary drug preparations; animal feed additives and vaccine adjuvants were developed. In the aspect of companion animals, some traditional Chinese veterinary medicine for the treatment of viral infectious diseases, fungal skin diseases, fractures and so on have been developed, as well as Chinese herbal anesthetics. In the aspect of acupuncture and moxibustion treatment, the influence of traditional acupuncture technique on immune function, the effect of laser on wound healing and the study of acupuncture in the treatment of colitis were carried out. In the aspect of pharmacological research, the anti-inflammatory, detoxification, enhancement of immunity and elimination of bacterial resistance of traditional Chinese medicine were studied. And the study of Chinese herbal preparations was carried out. The biological activity and utilization rate of Chinese herbal medicine were improved by liposome encapsulation of traditional Chinese medicine technology and nanotechnology technology.

As of 2019, more than 300 traditional Chinese veterinary medication companies in China sell about 5000 million yuan on average per year.In the next 5 years, the subject of veterinary medicine should pay attention to combining clinically applied research, strengthen the study of basic theoretical innovation, the prevention and treatment of major animal diseases, and strive to enhance the undergraduate teaching of TCVM.On the basis of inheriting previous experience, we should explore the way of expounding Chinese veterinary theory suitable for the characteristics of students in the new period, combining with modern audio and video technology to write new forms of teaching materials in order to strengthen experimental and practical teaching, so that

students can learn to apply. We also should build the academic evaluation system with Chinese characteristics to ensure the normal development of veterinary discipline along its inherent characteristics. What's more, we shall strengthen publicity work by popularizing the knowledge of traditional Chinese Veterinary Medicine in society domestically, expanding foreign exchanges and teaching, and actively participating in international cooperation projects such as Belt and Road.

Written by Liu Lin

Reports on Special Topics

Advances in Animal Anatomy, Histology and Embryology

Animal anatomy, histology and embryology is one of important basic subjects in animal husbandry and veterinary medicine. In recent years, with the development of science and technology, the ancient animal anatomy, histology and embryology also have taken on an entirely new look. It is mainly reflected in the following aspects:

First, the number of animal species in the study increased. Except for the traditional livestock, poultry and companion animals, exotic and native species with excellent biological characteristics have gradually become the research object, such as alpacas with excellent hair color genes, cold-tolerant yaks, camels that can endure hunger and thirst, endangered and protected animal elks, northeast swine, the ostrich of high economic value, sika deer, Chinese turtle, zebrafish, macaque and so on. Second, the application of new theory and technology has promoted the development of this discipline. At present, the study of the morphological structure of the animal organism has deepen into the level of molecules and proteins, time and space, as well as the mechanism of action and regulation, which achieved certain results. Such as the cytological mechanism and molecular network of the occurrence of alpaca hair color characters have been revealed, and it has achieved phenotypic transformation of hair color occurred in model animals by using miRNA, transgenic the animal experimental procedures and animal models have been established and improved. Meanwhile, in the study of embryology, transgenic cloned animals, stem cells, somatic

cell cloning, embryo cell reprogramming and other aspects have made some progress. Third, the combination of basic research and production practice is increasing. For example, the application of modern neurobiological research methods such as high-voltage freezing electron microscope, electronic transfection and brain slice cultures focus on the current hot issues in animal husbandry production. The studies of melatonin/NFκB pathway mediated intensive production stress leading to intestinal inflammation（intestinal mucosa injury and flora disorder）, and the pathogenic mechanism of intestinal mucosa in piglets caused by an intestinal coronavirus PEDV invading through the nasal cavity provides morphological and theoretical basis for animal husbandry production. Among them, the formation of visual circuits in avian and the effect of monochromatic light on the expression of production traits and immune function in chickens achieved the Beijing Scientific and Technological Award. Fourth, the application of digital and information technology become more and more extensive. The online class such as micro-class, *Mooc*, wisdom education, flip classroom, interactive teaching and mobile APP are widely used. A new model of animal anatomy tissue and organ experiment teaching was established. Three teaching projects in the national virtual simulation experiments were obtained, which improved the teaching quality and get the better effect. Finally, teaching research and teaching reform have been fruitful.

Compared with foreign countries, many teaching and research achievements are at the forefront. In the future, we will continue to deepen in the basic research, strengthen the promotion and application of scientific research results, promote interdisciplinary integration, popularize digital anatomy, and create an environmentally friendly and healthy anatomy teaching environment.

Written by Chen Yaoxing, Cui Yan, Peng Kemei, Lei Zhihai, He Xiaoyan,
Dong Yulan, Cao Jing,Wang Haidong

Advances in Animal Physiology and Biochemistry

As an indispensable part of modern veterinary medicine, in recent years, the animal physiology and biochemistry has received extensive attention from scientists and made obvious progress.

In the field of animal growth metabolism, we have screened several kinds of nutrients like Betaine and Sodium Butyrate which can play a certain role in epigenetic regulation and studied their specific mechanism in a variety of epigenetic pathways just like DNA methylation, histone acetylation, and miRNAs. We have separated and established the MSCs adipogenic differentiation cell model from pigs, and on this basis, we have systematically finished the study about the relationship between FSP27 protein and lipid droplet formation, development and fat accumulation. We also focus on the role of lipid metabolism related factors ZAG, Resistin, STEAP4 in lipometabolism, as well as the regulation of the skeletal muscle intermediate metabolites on growth metabolism regulation of the pig. In the field of reproductive physiology, we have systematically studied the female embryo development, male gamete development, embryo implantation and maternal-fetal dialogue, which have laid a solid foundation for researching the regulation of livestock pregnancy. In the field of lactation physiology, a mass of research has been done on the synthesis process and regulation mechanism of butterfat and lactoprotein in livestock. It has been found that the feeding of mixed roughage and concentrate in lactating dairy cows can increase the synthesis of butterfat and lactoprotein by increasing the amino acid and short-chain fatty acid content in breast arteries. In the field of neuroendocrine, the mechanism of environmental endocrine disruptor signaling to regulate the synthesis and secretion of pituitary gonadotropin has been revealed. In addition, the mechanism of transcription factor Isl-1 regulating melatonin synthesis has been elucidated. In the field of stress physiology, we have explored development of cold stress in animal homeostasis and homeostasis reconstruction. We have also studied the effects of sustained heat stress on pig growth and reproductive performance and explored the relevant mechanisms. Furthermore, we have analyzed the influence of chronic stress on the metabolic function of livestock and poultry. In the field of metabolism and immunity, the frequency and diversity of Ig coding genes at different developmental stages of swine has been found. More importantly, we have been looking for safe antibiotic alternatives and various feed additives have been found, like peptide, fatty acids and complex-probiotic-preparation. The specific mechanism by which they stimulate the immune system and enhance the body's immunity has been studied. This also provides a basis for future Nonreactive Breeding development. In the field of digestive physiology of ruminants, significant progress has been made in the development and function of rumen tissue, rumen digestion and escape technology, and research on improving or regulating rumen digestion performance. At the same time, the work is under way to research the effects of functional amino acids and small peptides, functional lipids and bioactive plant extracts on the regulation of livestock and poultry growth. In short, animal physiology and biochemistry as a basic discipline of animal medicine, its development

has laid a good foundation for the development of animal medicine science.

Written by Cui Sheng, Xia Guoliang, Zhao Ruqian, Luo Qiujiang, Zhang Yongliang,

Jiang Qingyan, Zhang Caiqiao, Yang Huanmin, Liu Juxiong, Ouyang Hongsheng,

Hu Jianmin, Li Shize, Liu Weiquan, Yang Xiaojing

Advances in Veterinary Pathology

Veterinary pathology is the study of etiology, pathogenesis, and prognosis of animal diseases, as well as the alterations to morphology and physiology. The fundamental task of veterinary pathology is to explore the mechanism of animal diseases, providing necessary theories to understand cognition, prevention, control and treatment. Therefore, veterinary pathology plays an indispensable role in animal diseases. Currently, veterinary pathology has made a significant progress in several areas including discipline development, mechanism exploration, specific services and cultivation of professionals with contributions of practitioners who were taken "pathology-based, in-depth exploration, precise service" as the guiding ideology. Those progress mainly reflected below: The appearance of new methods, technologies, and appliances of pathology led to extension of veterinary pathology application field in all directions; breakthroughs were achieved by delving into the mechanism of major animal diseases, common diseases and new emerging diseases; close combination with animal clinical diagnoses were built to solve practical problems; Service area in pathological diagnoses were expanded to cover livestock, wild animals, aquatic animals, laboratory animals, as well as companion animals in clinical practice, and pathological evaluation of drug toxicity; Academic atmosphere was significantly improved; Basic education in this field was gradually enhanced, as multiple classic translations and original atlas about veterinary pathology were published. Meanwhile, the application of microscope interactive and digital section scanning platform obviously improves the teaching quality. The growing number of veterinary pathological practitioners and active academic exchanges are reflective of connection and integration between subjects, and other potential advantages. To actively respond to the national call, we gave full play to pathology expertise, and devoted to poverty alleviation through science and technology. The technological standards for veterinary pathology was established and action of animal health monitoring was carried on by years. Insight into the development needs of the industry, and promoting the veterinary pathology industry self-discipline, could improve comprehensive operational capabilities of pathologists.

By reviewing the history and looking forward to the future in this field, we find that the development of veterinary pathology in China should pay more attention to exerting the advantages and characteristics of disciplines and solidifying the foundation simultaneously. While focusing on the basic research and its applications, we should further strengthen the relationship with clinical medicine so as to play an important role in basic theory and technology of pathology in the process of disease diagnosis, and then offer a better service to practice. Also, we are supposed to further intensify the connotation and extension of pathology, consolidate the links with other disciplines, and strive to expand and innovate the emerging, interdisciplinary and marginal subjects of pathology. Besides, we ought to enhance the vitality and cohesion of the Veterinary Pathology Branch, promote international and domestic academic exchanges as well as scientific and technological cooperation to make great efforts to construct a high-level team of veterinary pathology; Furthermore, an improvement on the quality of veterinary pathology in teaching materials and works are needed to promote professional abilities. Finally, we should correspondingly improve the overall level of veterinary pathology, academic influence and scientific and technological innovation ability, to reach a new height in veterinary pathology field in China.

Written by Gao Feng, Xu Leren, Zhao Deming, Yang Lifeng

Advances in Veterinary Pharmacology and Toxicology

Veterinary pharmacology and toxicology is a basic and applied discipline, which is an important component of basic veterinary medicine. In recent years, the discipline of veterinary pharmacology and toxicology has closely focused on the development of animal husbandry and veterinary drug industry in China, and developed systematic and in-depth research in

the fields of pharmacodynamics, toxicology, drug resistance, pharmacokinetics, veterinary drug residues, and consistency evaluation of new veterinary drugs, etc., with significant research progress in drug resistance monitoring and veterinary drug residue detection technology. The advances in veterinary pharmacology and toxicology are as following: pharmacodynamic research mainly focuses on the field of anti-infective drugs, especially the increasingly serious problem of drug resistance of pathogenic bacteria in livestock and poultry, and innovative research around the national strategic needs for the prevention and control of drug-resistant bacteria is carried out; toxicology is mainly focuses on the toxicological safety evaluation of new veterinary drugs (or feed additives), as well as the existing veterinary drugs (or feed additives) with high toxicity or incomplete toxicological information; drug resistance is mainly concerned with carbapenemase-producing pathogens, *mcr-1* gene-carrying pathogens and methicillin-resistant *Staphylococcus aureus*, and the research on detection and control technology of drug resistance of important pathogens in livestock and poultry, metabolism of livestock and poultry drugs and mechanism of drug resistance formation are carried out; pharmacokinetics mainly focuses on pharmacokinetics/ pharmacodynamics synchronization model and physiological pharmacokinetics, formulation of rational medication schemes for veterinary clinical commonly used drugs, prediction of dose adjustment and species extrapolation, and the drug resistance generation; the field of veterinary drug metabolism and residues develops the comparative metabolic dynamics and *in vivo* disposal of important veterinary drugs in experimental animals and food animals. The research of veterinary pharmacology and toxicology in the fields of bacterial resistance, pharmacokinetics/pharmacodynamics synchronization model, physiological pharmacokinetics, veterinary drug residue detection technology has reached the international advanced level. Pharmacodynamic research has made some progress, but the original achievements are insufficient, and toxicology research needs to be systematically standardized. In the next five years, the development strategies of veterinary pharmacology and toxicology are as following: I. it is an important task in pharmacodynamics to find new drug targets and drug resistance reducing products; II. There are development requirements of toxicology to improve the safety evaluation of veterinary drugs and feed additives and strengthen the standardization of evaluation process; III. the field of drug resistance should not only strengthen monitoring bacterial drug resistance, but also develop the research of drug resistance control and reduction; IV. pharmacokinetics should play a greater role in the drug consistency evaluation, rational drug use and drug resistance control; V. the field of veterinary drug residues should strengthen the research of veterinary drug residues early warning technology and veterinary drug residues reference materials, and strengthen the integration of standardization and monitoring.

Written by Yuan Zonghui, Zeng Zhenling, Xiao Xilong,
Deng Xuming, Xu Shixin,Qiu Yinsheng, Huang Lingli

Advances in Veterinary Immunology

In the past five years, with the continuous innovation of immunology technology and theory, the field of veterinary immunology has developed rapidly. With the fast development of life sciences, novel molecular technology such as next-generation sequencing technology, omics technology, molecular markers techniques, gene targeting technology, cloning technology were rapidly applied to veterinary immunology research, which accelerate the speed of the research on molecular immune mechanism from different animals and the development of a variety of molecular diagnosis and vaccine products.

The composition of immune system of poultry, pig, cattle, horse, sheep and other animals has been continuously studied, and achieved rapid progress. The main research directions are to study components of innate immunity and adaptive immunity of different species, to understand differences in immune molecules and mechanisms among different animals. The scientific discoveries achieved in the field greatly enriched the veterinary immunological theory.

The field of infection and immunity has become a hot spot in the field of veterinary immunology. The studies on a large number of severe diseases that impact animal husbandry in China have been carried out, including but not limited to foot and mouth disease, avian influenza, Newcastle disease, porcine reproductive and respiratory syndrome, porcine circovirus disease, Africa swine fever, equine infectious anemia, and bacteria caused diseases. A series of molecular mechanisms of innate immune response against different pathogens and pathogen-host interaction had been discovered, especially in the pathogen recognition, activation and regulation of innate immune signaling pathway, the antagonism and escape mechanism of pathogens, as well as the pathogen-induced metabolic disturbances.

In recent years, new and re-emerging infectious diseases such as small ruminant diseases, porcine reproductive and respiratory syndrome, African swine fever caused huge impact to husbandry. Research on these diseases revealed specific cellular and humoral immune response after infection. Constant research on immunology of different diseases, including avian influenza, foot and mouth disease, classical swine fever, small ruminant diseases, and porcine reproductive and respiratory syndrome, fast updates awareness of pathogens and promotes the development and application of novel vaccines. Surveillance on the diseases status and vaccination efficiency has been conducted consistently, which provide direct evidences for vaccine evaluation and updating.

In-depth studies have been conducted on the immune reaction of different vaccines and the vaccination program, especially on their ability to stimulate protective immune response, the vaccine protection period, and the vaccine interference problems. Systemic analysis and optimization of vaccination programme improved the vaccine efficiency, reduced vaccine usage, and provided solutions for green healthy husbandry.

Research on marker vaccine for disease eradication was carried out. Differentiating infected from vaccinated animals（DIVA）vaccine has high safety, high efficiency, wide spectrum, low dosage and marked characteristics. Novel materials have been used as immune stimulant and adjuvant to enhance the efficiency of vaccination. These studies have been rapidly promoted in the research of vaccines against swine fever, foot-and-mouth disease, avian influenza, brucellosis and other major diseases. The feasibility of relevant immunological labels and immunological detection methods for distinguishing immunity from infection were evaluated.

In short, veterinary immunology underwent rapid progress and many studies have changed their positions from "following" to "leading". The veterinary immunology development has gradually formed China's own characteristics.

Written by Bu Zhigao, Wang Xiaomei, Yang Hanchun, Ni Xueqin, Wang Xiaojun

Advances in Veterinary Microbiology

From 2015 to 2019, the discipline veterinary microbiology in China has achieved fruitful results in discovery and identification of new pathogens, functional cognition of microbial structure, pathogenesis and immune control.

In pathogen surveillance, due to the application of next-generation sequencing technology, it is becoming more accurate and convenient to do monitoring, identification and pathogenicity research. Some new and variant pathogens have been identified. In 2015, the pathogen causing hydropericardium hepatitis syndrome (HHS) in broilers was determined to be a novel fowl adenovirus serotype 4 (FAdV-4) . In 2017, H5N6 influenza virus was isolated from goose and demonstrated to be transmissible between chickens and geese. In 2017, a novel swine enteric alphacoronavirus (SeACoV) was first discoveried in Guangdong, which was confirmed to represent the fifth porcine coronavirus.In 2018, China reported its first outbreak of African swine fever,and the rapid and accurate identification of its pathogen has played a positive role in controlling the epidemic effectively.

As for microbial structure, function and pathogenic mechanism,recent advances in multiple types of omics approaches have made it possible to accurately explain the virulence and pathogenic mechanism of microorganisms at the molecular level. It also allows for the acquisition of many potential molecular targets for the development of diagnostic methods and vaccines. Through whole-genome analysis of pathogens causing major animal diseases such as foot-and-mouth disease, avian influenza, Newcastle disease, swine fever, pseudorabies, porcine blue-ear disease and swine streptococcosis, a large number of functional genes of great value were screened. The structure-function relationship of the virulence-associated proteins, the interaction between pathogenic microorganisms and their target cells and the molecular basis of pathogenicity to the host are being revealed.

Microbial drug resistance research has attracted much attention. In the past five years, Chinese scholars have published more than 9,000 research papers on bacterial drug resistance, which is

1.37 times that of the previous five years. A new gene known as *mcr-1*, which can make bacteria resistant to colistin, was first reported in China in 2015. This plasmid-mediated gene has a very high carrying rate in *Escherichia coli* in animal gut and can be transferred horizontally by conjugation, which explains the reasons for the rapid increase of domestic colistin resistance at the molecular level. Simultaneously, the emergence and spread of drug-resistant bacteria have prompted research into the development of alternative disease control strategies. Antibiotic substitutes such as antimicrobial peptides, microecological preparations and bacteriophage have become one of today's scientific research hotspots.

In recent years, the concept of "One World, One Health" has been increasingly recognized. Rapid development has been presented on the research fields about microbial detection techniques and methods for animal quarantine, early warning, environmental biomonitoring and food safety supervision.A series of important detection techniques are increasingly developed, from LAMP, qPCR and gene chip technology to RNA sequencing and single-cell sequencing, and from ELISA, colloidal gold test strips to liquid chips, metabolomics analysis and biosensors.They have improved not only the specificity and sensitivity of microbial detection, but also the ability to probe new microbes from big data, providing important guarantees for early warning and tracking of new epidemics.

Although the development of veterinary microbiology in China has reached the international advanced level in most fields, scientific research is limited to partial innovation through technical tracking and research object replacement. More attention still should be paid to open up major innovations of new directions. Therefore, it would be the major development of China veterinary microbiology's future efforts that how we can give full play to its advantages to catch up with the world's advanced level.

Written by Ding Jiabo, Liu Yongjie, Wu Zongfu, Chen Jinding,
Ni Xueqin, Han Jun, Lei Liancheng

Advances in Veterinary Infectious Disease

The study of veterinary infectious disease is a branch of veterinary medicine. The prevalence and development of infectious diseases in livestock, poultry, pets, special economic animals and wildlife are the main topics, as well as the epidemic law, the theory and method of preventing, controlling and eliminating these infectious diseases. The cardinal research contents cover the etiology, pathogenic ecology, epidemiology, diagnosis, treatment and prevention of infectious diseases that are detrimental to animal health in order to carry out comprehensive prevention and control. The goal of this subject is to develop effective strategies for diagnosis, treatment, control, purification, prevention and even eradication of infectious diseases. Importantly, it serves to control and/or eradicate animal infectious diseases and, as a consequence, to supports the vigorous development of animal husbandry, wildlife protection and public health. Obviously, this discipline is one of the fastest growing subjects in the field of veterinary medicine in recent years.

Since the reform and opening up, the subject of animal infectious diseases in China has made rapid progress in scientific research, personnel training, facility construction, social services and transformation of achievements. The featured advances have been achieved in epidemiology, pathology and pathogenesis, immunology, diagnosis, integrated prevention and control techniques and methods in the etiology of severe infectious diseases. The consequence of the discipline development steadily promotes the persistent development of animal husbandry and the effective improvement of animal disease preventing system, prevention and control mechanism and measures. Many academic articles have been published on international famous journals such as Nature, Science, Nature Communications, PNAS. And a variety of novel technologies, processes and methods have been developed. A large number of patents have been approved and authorized. The number of new veterinary medicine certificates increased, the application and approval of new veterinary medicine certificates accelerated, and a series of scientific research achievements represented by the first prize of national scientific and technological progress were achieved. Scientific research talents and innovative teams represented by academicians, scholars of the Yangtze River and winners of the National Outstanding Youth Fund emerged, which paved

the way for the sustainable development of the discipline. These achievements have become the main original innovative force in the field of animal infectious disease prevention and control and efficient breeding in China. They have provided important talents, technology, products and intellectual support for the effective prevention and control of severe animal infectious diseases and the invasion of foreign animal disease. Those mentioned above have effectively guaranteed the animal products in major events such as the Beijing Olympic Games and the Shanghai World Expo. Product safety has successfully coped with the post-disaster epidemic prevention of major natural disasters such as the Wenchuan Earthquake. Horse nose gangrene has been eradicated throughout the country and horse-borne poverty has basically been eradicated. The epidemic situation of bovine pneumonia and the negligible risk of mad cow disease have been internationally recognized. The outbreaks of small ruminant disease and African swine fever have been effectively controlled in a timely manner, and highly pathogenic poultry have been basically eradicated. The epidemic intensity of major animal diseases such as influenza and foot-and-mouth disease has declined year by year. In 2018, China declared itself as a country without type I foot-and-mouth disease in Asia. In conclusion, the developed discipline has been providing a strong scientific and technological driving force for China's economic construction, effectively expanding and driving the development of modern agriculture in China.

Written by Jin Ningyi, Wang Jiaxin, Li Chang, Liao Ming, Li Junping, Jiao Xinan, Liu Jinhua,
Jin Meilin, Jiang Ping, Gao Yuwei, Cheng Anchun, Wang Xiaojun, Zhang Qiang, He Hongbin,
Cheng Shipeng, Wen Xintian, Zhu Zhanbo, Du Jian, Lu Huijin

Advances in Veterinary Parasitology

Veterinary parasitology revolves around important parasitic diseases of livestock and poultry and zoonotic parasitosis. A number of scientific research projects such as the "973" project, the 13th Five-year National key R&D Program of China, and the National Natural Science Foundation have been undertaken, and the number of published papers has increased in some important international academic journals. It has obtained several new veterinary drug registration certificates, and scientific and technological awards. The number of experts selected for various talent projects has also increased significantly. Academic exchanges are active at home and abroad, and many experts are well known in the international academic circles.

Researches on important parasitic diseases have been carried out such as coccidiosis, neosporosis, schistosomiasis, haemonchosis, acariasis, and vector-borne diseases, and many international advanced achievements have been achieved during the past years. A few live vaccines for chicken coccidiosis have been used in production in China. Gene regulatory expression technology was successfully applied to *Neospora caninum*, and a platform has been established for the research of parasitic nematode microinjection technology. Serological and molecular biological methods are established for detection of piroplasmosis in livestock, and the industry standards of "Diagnostic Technology of Bovine Theileriasis" and "Diagnostic Technology of Bovine Babesiosis" have been declared.

It has studies in depth the important zoonotic parasitic diseases including toxoplasmosis, cryptosporidiosis, schistosomiasis, echinococcosis, and trichinosis. In-depth and systematical studies have been conducted regarding to toxoplasmosis and cryptosporidiosis in China, and many articles have been published in important international journals. The epidemic situation of schistosomiasis continues to decline, and the overall goal of the National Plan for the Prevention and Control of Schistosomiasis in the Middle and Long Term (2014-2015) has been achieved on schedule. It has formulated and revised the agricultural industry standard of "Diagnostic Techniques for Echinococcosis (NY/T1466) ". The control strategy of "single extinction pathogen" for non-polluting canine deworming has popularized in nearly 200 counties in echinococcosis high-incidence areas, and compulsory immunization is required by using the recombinant protein vaccine against sheep hydatidosis in epidemic areas. Successful establishment of non-blind-zone immunological diagnosis and testing technology for *Trichinella spiralis*. Institute of Zoonosis in Jilin University was identified as food parasitic disease cooperation center of OIE Asia Pacific in 2014.

Several new veterinary medicine certificates have been obtained for anti-parasitic drugs. Moreover, chicken coccidiosis vaccine and recombinant protein vaccine for sheep echinococcosis have been also obtained new veterinary drug certificates.

In summary, some achievements have been made in veterinary parasitology research in China. Nevertheless, there are still obvious shortcomings: ① parasitosis is still very serious and the annual economic losses are huge; ② the specificity and sensitivity of diagnosis and monitoring technology are not normalized and standardized enough; ③ the research and development of

anti-parasitic drugs is lagging behind; ④ most of the parasitic vaccines are still in the research stage; ⑤ basic research is weak; ⑥ investment is obviously insufficient in research on parasitic diseases of aquatic animals. Scientific research on some important zoonotic parasitic diseases will be the key development direction of veterinary parasitology.

Written by Liu Qun, Zhang Longxian, Han Qian, Guan Guiquan, Zhang Luping,
Pan Baoliang, Wang Rongjun, Liu Jing, Yang Guangyou, Liu Xiaolei

Advances in Veterinary Public Health

Veterinary public health (VPH) is a component of public health that focuses on the application of veterinary science to protect and improve the physical, mental and social well-being of humans.In several countries, activities related to VPH are organized by the chief veterinary officer.Conventionally veterinary public health has progresses in the following areas:

Zoonosis control. A zoonosis may be defined as any disease and/or infection which is naturally transmissible between animals and man.They are a major public concern. Headlines on issues like avian influenza, African swine fever virus (ASFV) and salmonella of eggs have dominated for the last 5 years.The picture in China may be quite different as far as zoonosis are concerned. In developed countries, the consumer has very little contact with the live animal, limiting transmission from live animals to the general public. In addition, food safety is extremely regulated. Despite this food borne disease is still a big problem in developed countries. In the EU in 2006, a total of 175,561 confirmed cases of campylobacteriosis were reported from 21 member states and reported cases will only represent the tip of the iceberg.Veterinary public health concerns the surveillance and control of zoonosis at many different levels be it via disease control programmes at farm level or wild animals or in the abattoir.

Food production and safety. It is desirable to consider food production as a chain, with animals reared on the farm (pre-harvest) then going for primary processing (harvest) , secondary processing and distribution followed by final preparation (all post-harvest) . This "farm to fork" concept can be easily described by considering a beef animal on a farm going to slaughter at the abattoir, then the hamburger production plant, then being distributed to a supermarket. The hamburger is then sold, taken home, stored, cooked and eaten. Veterinary public health concerns all aspects of food production chain from controlling epidemic diseases that may impact on agriculture, to ensuring slaughter is conducted safely and humanely, to informing the public on safe ways to store and cook hamburgers.

Environmental contamination. Environmental pollutants that arise through the keeping and use of animals may include pollution of the air, land or water. It can arise through animal waste products as well as chemicals that may be used during production (e.g. insecticides, antibiotics, etc.) .

In addition, practicing vets will also produce potential environmental contaminants in the form of used needles, syringes, animal tissue and other clinical waste. All of these materials have to be dealt with in a safe and controlled way.

This aspect of veterinary public health deals with a number of ethical issues. Welfare of animals is an ever-present issue regardless of the setting, whether it concerns pet animals, production animals or wild animals. Where the line that defines acceptable and unacceptable welfare conditions lies is different for different individuals from different countries and cultures, however, it is common for minimum welfare standards to be defined in legislation. Other issues may concern the use of animals in science, not just for experimentation, but the use of transgenic animals (an animal who has had its genome deliberately altered by genetic engineering techniques as opposed to selective breeding) and xenotransplantation (the transplantation of organs or tissues from one species to another) or the emergence of resistance to antimicrobial drugs due to their use in animals.

Written by Ding Chan, Jiao Xinan, Pan Zhiming, Chen Hongjun,
Meng Chunchun, Zhang Xinling, Mei Lin

Advances in Veterinary Internal Medicine

In the past 5 to 10 years, the epidemiology, pathogenesis and metabolic characteristics of nutritional and metabolic diseases and toxicosis of livestock and poultry as well as the residual

elimination of toxic substances from main feedstuff in livestock and poultry were studied in Veterinary Internal Medicine. The review systematically investigated the epidemiology of energy metabolic disorders (such as ketosis and fatty liver) in dairy cows, first established bovine perinatal disease incidence database, developed an early warning system, and clarified the mechanisms of ketosis and fatty liver disorders in dairy cows. It is clear that the characteristics of metabolic stress in perinatal period of dairy cows are fat mobilization and oxidation imbalance. The related indexes of disease prediction in the perinatal period of dairy cattle are screened, and the key technology of biological antioxidants regulating metabolic stress was established in that period. The new mode of "environment control + precise nutrition control + early warning of disease + resource utilization of fecal waste" was constructed, which improved feed conversion rate, milk yield and fresh milk quality. In view of the stress syndrome of livestock and poultry, especially the stress disease of pigs, the "health care pig raising technology" was established through "functional feed"; the feed additive that can prevent and control the heat stress syndrome of cows and pigs was manufactured, which can effectively prevent the heat stress syndrome in cows and pigs.

The pharmacokinetic parameters of selenium in a variety of livestock and poultry were obtained, prevention and treatment plan for selenium deficiency in livestock and poultry was established; new probiotic strains were isolated and identified, and new selenium and zinc source probiotic feed additives were created, which provided guarantee for prevention and control of selenium and zinc deficiency and improved the immune function of animals. 316 species belonging to 168 genera and 52 families were identified in the natural grassland of China. 20 dominant species were Oxytropis microphylla, Oxytropis Gansu, Oxytropis glacialis and so on. 29 maps of the distribution of poisonous grass were compiled, the basic database of poisonous grassland was established, and the "three five" technical system of green control with ecological governance as the core was established. It is found that the damage of fluoride to the teeth and bone system of sheep is first to affect the development of collagen, and then affect the mineral deposition; combined with the epidemiology and the reality of our country, it is proposed that house feeding (no grazing) or supplementary feeding in high polluted season is the most effective prevention and control measures to obtain economic benefits. The base line of mycotoxins in feed stuff raw materials and compound feeds, the harmful effect of mycotoxins to animal health, the detection strategy of mycotoxins detection and prevention were systematically investigated, and many important data were collected, which played an important role in ensuring the healthy development and the safety of animal derived food. The study on the harm and residual characteristics of the main toxic heavy metals and other environmental pollutants in livestock and poultry was carried out. The group monitoring, prediction and diagnosis methods or techniques of the toxic diseases of the heavy metals and other environmental pollutants in livestock and poultry were established. It was confirmed that selenium has the antagonistic effect on the toxicity of heavy metals such as cadmium and lead, and can significantly reduce the content of heavy metals in tissues. It is also clear that selenium regulates oxidative stress and immunity Endoplasmic reticulum stress, mitochondrial apoptosis and other pathways are the biological mechanisms of its antagonism to heavy metal toxicity. In addition, DR, CT, ultrasound, magnetic resonance imaging (MRI) , electrocardiograph, electroencephalograph and other advanced imaging equipments have been widely used in veterinary clinic, especially in diagnosis and treatment of horse and pets diseases, which have significantly improved the clinical diagnosis and treatment.

Written by Liu Zongping, Huang Kehe, Zhang Haibin, Dong Qiang, Deng Ganzheng,
Xu Shiwen, Han Bo, Wen Lixin, Zhao Baoyu, Zhu Lianqin, Wang Jundong,
Zhang Jianhai, Bian Jianchun, Wang Zhe

Advances in Veterinary Surgery

Veterinary surgery is a clinical discipline that studies the etiology, symptoms, mechanisms, diagnosis and treatment of animal surgical diseases. It is the basic works of veterinary surgery discipline to systematically master the fundamental principles, methods, techniques and skills of diagnosis and treatment of surgical diseases. With the development of veterinary surgical treatment methods, the development of veterinary surgery has been greatly promoted. In recent years, veterinary surgery has developed steadily and achieved remarkable progress in many fields.

(1) Academic exchanges is active. The branch of veterinary surgery regularly holds academic conference to organize academic exchanges. Each academic activity has a clear theme, focusing on the theme to explore new progress, new theory, new technology, new problems, and new challenges in the discipline field. A large number of participants attend the conference. Academic atmosphere is prevails.

(2) Training events are carried out actively. In recent years, the branch of veterinary surgery held

eight training programs according to the actual situation of clinical development in China, trained more than 500 university teachers and veterinary clinical backbone of doctors, and promoted the extension and application of new veterinary surgical techniques.

（3）National-plan textbooks, monograph and translation books of veterinary surgery have been published continuously, which play important roles in training veterinary surgery and small animal medicine professional veterinarians in China.

（4）The membership of the branch of veterinary surgery expanded steadily. More than 1400 registered members of the branch of veterinary surgery.

（5）New progress has been made in scientific research fields. Compound anesthetics for small animals and mimiature pigs have been developed. These compound anesthetics affect animal physiological parameters slight, are safe and efficient, and meet the needs of scientific research and clinical veterinary research in related fields. Acupuncture anesthesia is a special anesthesia method. According to the operation site and the type of disease, acupuncture is carried out on the base of the principles of acupoint selection and meridians, syndrome differentiation and local acupoint region. After the effect of local anesthesia is obtained, the awake animals can be operated. Under acupuncture anesthesia, the animal physiological indications are stable and recover rapidly. At the same time, acupuncture anesthesia is simple, safe, effective and economical in animals.The diagnosis and treatment of animal tumors investigate the pathogenesis of breast tumors and discover new diagnostic markers. New drugs have been administrated for treatment of animal tumors. Stem cell therapy provides a new method for tissue repair and demonstrates great application in veterinary clinic. The further study of bone and joint diseases reveal the pathogenesis of these diseases, which is of great value to prevent and control the bone metabolic diseases in livestock and poultry. Minimally invasive surgery, experimental surgery and orthopaedic surgery have achieved some landmark results, which promote the construction and development of the discipline.

（6）Veterinary surgery discipline has entered an era of delicate division of disciplines. The trend becomes increasingly prominent. It enriches the content of discipline development because of the emergence of multiple branches. The high-value equipment is equipped in a number of animal hospitals, which improves the level of diagnosis and treatment of difficult diseases.

Written by Hou Jiafa, Zhou Zhenlei, Liu Yun, Li Hongquan, Lin Degui, Jin Yipeng

Advances in Veterinary Obstetrics

The main content of veterinary obstetrics includes reproductive endocrinology, reproductive physiology, reproductive technology, obstetrics, gynecology, andrology, neonatology and udder diseases. In addition, due to the increasing scale of breeding of experimental animals, economic animals and companion animals in recent years, as well as the increasing attention of wild and endangered animals, the reproductive physiology, reproductive technology and reproductive diseases associated with these have also been absorbed into this subject. Therefore, a more and more category-enriched theriogenology has been formed.

In recent years, veterinary obstetrics has closely focused on the core content of this discipline. Basic research in pathogenic mechanism and new theory of prevention and also the development and application of new technology and methods for important animal reproductive diseases have all been carried out. To improve the production efficiency of intensive livestock farms and the reproductive efficiency of dams, it also focuses on the veterinary clinical, especially the three reproductive diseases, namely uterine diseases, ovarian diseases and mastitis of dairy animals. Moreover, to prevent the infectious reproductive obstacle disease, a lot of prevent and assistant treatment work has successfully conducted. At the same time, it closely combines the major needs of the country's national economic development, closely follows the development trend of international veterinary obstetrics, and actively expands the research field, and has achieved a series of important achievements and progress in the following fields.

(1) In the field of animal oogenesis and follicular development, from the perspectives of gene expression (overexpression and interference) and signal pathway (activation or inhibition) , explain the role of hormones, growth factors and other regulatory factors in animal follicle development and atresia, oocyte maturation and other reproductive physiology processes and its regulatory mechanisms have laid a theoretical foundation for veterinary obstetrics and related research.

(2) In the field of animal endometrial receptivity establishment and embryo implantation, clarifying the correlation between endoplasmic reticulum stress and embryo attachment, doing in-

depth study on the mechanism of endometrial receptivity establishment excavating and revealing the mechanism of the key genes involved in endometrial receptivity.

（3）In the field of animal reproductive circadian clocks, the relationship between the clock genes in reproductive system and their expression products and certain reproductive activities has been preliminarily described in several animals.

（4）In the field of animal reproductive immunology, the regulation mechanism of reproductive hormones and local immune cells in the uterus, and the regulation mechanism of local endocrine-immune regulation network of uterus were elucidated.

（5）Animal transgenic somatic cell cloning and reprogramming of cloned embryos have become the most active research content in the field of animal embryo engineering. The combination of animal embryo engineering and precision gene editing technology has promoted the development and application of disease-resistant breeding, excellent characters breeding of the livestock and disease animal models, especially in the field of cattle, goat and sheep gene editing it is at the world's leading level. Also, the research and application of cloned canine and cloned cats, as well as gene-editing canine, are among the world's most advanced.

（6）In the field of male reproduction in animals, research on spermatogenesis, reproductive regulation of male animals and reproductive toxicology has been carried out, and many results have been obtained.

Written by Ma Baohua, Jin Yaping, Zhou Dong, Chen Huatao,
Lin Pengfei, Han bo, Zhong Yougang

Advances in Traditional Chinese Veterinary Medicine

Traditional Chinese Veterinary Medicine（TCVM）is a comprehensive veterinary system with the characteristics of Chinese civilization, which is equivalent to the sum of the various branches of modern veterinary medicine.

Rooted in the theory of Chinese traditional culture, the research methods of veterinary medicine have formed their own characteristics, advocating the direct observation on animals as a whole in vivo, studies on natural cases in the clinic, and paying attention to the expression and recording via language descriptive methods. What mentioned above is complementary to the microscopic observation, model researches and quantitative demonstration of modern veterinary medicine.

TCVM therapy emphasizes the protection and utilization of animals' self-regulating functions. The application of traditional Chinese medicine and acupuncture has exerted great effects on various diseases that are difficult to cure with modern medical therapies.

In the past five years, basic scientific researches on the essence of meridians, on the effect of acupuncture on animals with the dampness-heat syndrome of colonitis and on the relationship between TCVM syndrome and bacterial diseases have been carried out.

As for clinical treatments, Chinese veterinary drugs for porcine, bovine uterine inflammation and diarrhea, mastitis and limb-hoof disease of cows, poultry virus infectious diseases and parasitic diseases; animal feed additives and vaccine adjuvants have been developed.

For companion animals, traditional Chinese veterinary medicine on viral infectious diseases, fungal skin diseases, bone fractures and anesthesia have been also developed.

In the aspect of acupuncture and moxibustion, studies on the mechanism of the anesthetic effect of acupuncture and on the effect of acupuncture in the treatment of colitis were carried out.

Regarding pharmacological researches, effects of anti-inflammation, detoxification, enhancement of immunity and elimination of bacteria resistance of traditional Chinese medicine were studied. Targeting at increasing the clinical effect of Traditional Chinese Veterinary drugs, studies on Chinese herbal formulation have been performed. Till 2019, the total revenue of more than 300 traditional Chinese veterinary medication companies in China is about 5000 million yuan on average per year.

Three universities in China have restored the recruitment and enrollment of the major of Traditional Chinese Veterinary Medicine, establishing the foundation to promote the process of cultivation of talents for the field of TCVM.

Academic exchanges of TCVM have been open between China Agricultural University and a great number of foreign universities. Up till now, hundreds of foreign vet students from multiple vet schools in the UK and the United States have come to CAU for the course of Traditional

Chinese veterinary medicine, which not only benefits these vet students but also helps promote TCVM, a type of traditional culture and technique, to the world.

In the next 5 years, attention should be paid to clinically applied researches, strengthening the study of basic theoretical innovation, the prevention and treatment for major animal diseases, and the enhancement of undergraduate education of TCVM.

On the basis of inheriting previous experience, we should explore the way of elaborating theories of Traditional Chinese Veterinary Medicine suitable for the characteristics of students in this era, combining with modern audio and video technology to create new forms of teaching materials in order to strengthen experimental and practical teaching, so that students can learn the way of practical application.

We will also set up the academic evaluation system with Chinese characteristics to ensure the normal development of veterinary discipline along with its inherent characteristics. What's more, we shall strengthen publicity work by popularizing the knowledge of traditional Chinese Veterinary Medicine in our domestic society, expanding foreign exchanges and teaching, and actively participating in international cooperation projects such as the Belt and Road Project.

Written by Liu Zhongjie, Fan Kai, Mu Xiang, Wei Yanming, Huang Yifan, Wang Deyun

索　引